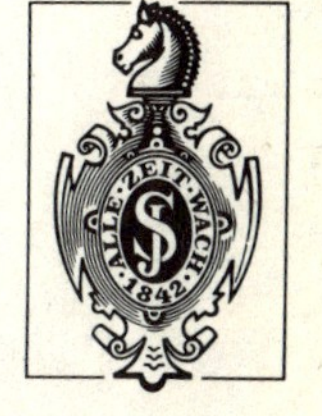
ALLE ZEIT WACH
1842

Rolf Isermann

Identifikation dynamischer Systeme 1

Grundlegende Methoden

Zweite neubearbeitete und erweiterte Auflage

Mit 108 Abbildungen

Springer-Verlag
Berlin Heidelberg New York
London Paris Tokyo
Hong Kong Barcelona Budapest

Prof. Dr.-Ing. Dr. h.c. Rolf Isermann
Institut für Regelungstechnik,
Fachgebiet Regelsystemtechnik und Prozeßautomatisierung,
TH Darmstadt, Landgraf-Georgstraße 4,
6100 Darmstadt, FRG

ISBN 3-540-54924-2 Springer-Verlag Berlin Heidelberg New York

CIP-Titelaufnahme der Deutschen Bibliothek
Isermann, Rolf:
Identifikation dynamischer Systeme/Rolf Isermann --
Berlin ; Heidelberg; New York; London; Paris; Tokyo;
Hong Kong; Barcelona; Budapest: Springer.
1. Grundlegende Methoden. - 2., neubearbeitete und erw. Aufl.-1992
ISBN 3-540-54924-2

Satz: Macmillan, India Ltd., Bangalore 25;
Offsetdruck: Colordruck Dorfi GmbH, Berlin; Bindearbeiten: Lüderitz & Bauer, Berlin.
60/3020 5 4 3 2 1 0 Gedruckt auf säurefreiem Papier

Vorwort zur 2. Auflage

Die zweite Auflage unterscheidet sich von der ersten nicht nur durch eine andere drucktechnische Gestaltung, sondern auch durch einige Änderungen, Korrekturen und Ergänzungen, die insbesondere auf eine Weiterentwicklung des Gebietes der Identifikation zurückzuführen sind. Im Band 1 wurden die bisher im zweiten Band beschriebenen Kennwerte einfacher Übertragungsglieder in das Kapitel 2 aufgenommen. Ferner enthält Band 1 am Ende der wichtigsten Kapitel Übungsaufgaben. Kapitel 15 von Band 2 wurde durch das Eigenverhalten rekursiver Parameterschätzverfahren erweitert. Die Parameterschätzung mit kontinuierlichen Signalen (Kap. 23) wurde durch einige neue Erkenntnisse bei der praktischen Anwendung ergänzt. Der Abschnitt 23.3 über Schätzung physikalischer Parameter ist neu hinzugekommen. Die Schätzung von Systemen mit Reibung in Kapitel 27 konnte aufgrund praktischer Erfahrungen erweitert werden. Zur Identifikation mit Digitalrechnern ist der Einsatz von Personalcomputern gekommen (Kap. 28). Schließlich enthalten die letzten Kapitel mehrere neue Anwendungsbeispiele, insbesondere zur Identifikation und Modellbildung von Industrierobotern, Kraftmaschinen, Werkzeugmaschinen und Stell systemen.

Darmstadt, September 1991 Rolf Isermann

Vorwort zur 1. Auflage

Für viele Aufgabenstellungen beim Entwurf, beim Betrieb und bei der Automatisierung technischer Systeme werden in zunehmendem Maße genaue mathematische Modelle für das dynamische Verhalten benötigt. Auch im Bereich der Naturwissenschaften, besonders Physik, Chemie, Biologie und Medizin und in den Wirtschaftswissenschaften hat das Interesse an dynamischen Modellen stark zugenommen. Das grundsätzliche dynamische Verhalten kann dabei auf dem Wege einer theoretischen Modellbildung ermittelt werden, wenn die das System beschreibenden Gesetzmäßigkeiten in analytischer Form vorliegen. Wenn man diese Gesetze jedoch nicht oder nur teilweise kennt, oder wenn einige wesentliche Parameter nicht genau bekannt sind, dann muß man eine experimentelle Modellbildung, Identifikation genannt, durchführen. Hierbei verwendet man gemessene Signale und ermittelt das zeitliche Verhalten innerhalb einer gewählten Klasse von mathematischen Modellen.

Die Systemidentifikation (oder Prozeßidentifikation) ist eine noch relativ junge Disziplin, die sich vor allem in Rahmen der Regelungstechnik seit etwa 1960 entwickelt hat. Sie verwendet Grundlagen und Methoden der Systemtheorie, Signaltheorie, Regelungstheorie und Schätztheorie, und wurde wesentlich geprägt durch die moderne Meßtechnik und digitale Rechentechnik.

In zwei Bänden werden die bekanntesten Methoden der Identifikation dynamischer Systeme behandelt. Dabei wird sowohl auf die Theorie als auch Anwendung eingegangen. Das Werk ist eine Fortsetzung der vom Verfasser im Jahr 1971 im Bibliographischen Institut und im Jahr 1974 im Springer-Verlag erschienenen Bändchen. Der Umfang ist jedoch durch die weitere Entwicklung des Gebietes erheblich angestiegen, so daß die Aufteilung in zwei Bände zweckmäßig war.

Die Behandlung von grundlegenden Methoden der Identifikation dynamischer Systeme erfolgt in Band 1. In Kapitel 1 wird zunächst das prinzipielle Vorgehen bei der Identifikation beschrieben. Die einzelnen Methoden werden nach typischen Merkmalen geordnet und es wird eine Übersicht der verschiedenen Anwendungsmöglichkeiten gegeben.

Dann folgt im Kapitel 2 eine kurze Zusammenstellung der mathematischen Modelle linearer dynamischer Systeme für zeitkontinuierliche und zeitdiskrete Signale. Dabei wird auch auf die einfach ermittelbaren Kennwerte von Übergangsfunktionen eingegangen. Die weiteren Kapitel sind in Teilen zusammengefaßt.

Im Teil A wird zunächst die Identifikation mit nichtparametrischen Modellen für zeitkontinuierliche Signale betrachtet. Dabei wird die Fourieranalyse mit nichtperiodischen Testsignalen, die Frequenzgangmessung mit periodischen Testsignalen und die Korrelationsanalyse mit stochastischen Signalen beschrieben. Dann erfolgt im Teil B die Identifikation mit nichtparametrischen Modellen, aber zeitdiskreten Signalen in Form der Korrelationsanalyse.

Der Teil C widmet sich der Identifikation mit parametrischen Modellen für zeitdiskrete Signale. Der Fall zeitdiskreter Signale wird hier zuerst besprochen, da die zugehörigen Methoden einfacher zu behandeln und weiter entwickelt sind als für zeitkontinuierliche Signale. Es wird zunächst die Parameterschätzung für statische Systeme und dann für dynamische Systeme beschrieben. Die Methode der kleinsten Quadrate in der ursprünglichen, nichtrekursiven Form wird abgeleitet. Dann werden die zugehörigen rekursiven Parameterschätzgleichungen angegeben. Es folgen die Methoden der gewichteten kleinsten Quadrate, mehrere Modifikationen der Methode der kleinsten Quadrate, die Methode der Hilfsvariablen und die stochastische Approximation.

Im Anhang werden verschiedene Grundlagen, Grundbegriffe und Ableitungen zusammengefaßt, die den Stoff einiger Kapitel ergänzen.

Der Band 2 setzt den Teil C mit einer vertiefenden Behandlung der Parameterschätzmethoden fort. Zunächst werden die Maximum-Likelihood-Methode und die Bayes-Methode beschrieben, die von einer statistischen Betrachtungsweise ausgehen. Dann folgt eine Parameterschätzmethode mit nichtparametrischem Zwischenmodell. In besonderen Kapiteln wird auf die rekursiven Parameterschätzmethoden und damit verbunden, auf die Parameterschätzung zeitvarianter Prozesse eingegangen. Weitere Kapitel über numerisch verbesserte Schätzmethoden, ein Vergleich verschiedener Parameterschätzmethoden, die Parameterschätzung im geschlossenen Regelkreis und verschiedene Probleme (Wahl der Abtastzeit, Ermittlung der Modellordnung, integrale Prozesse, usw.) schließen den Teil C ab.

Zur Identifikation mit parametrischen Modellen, aber zeitkontinuierlichen Signalen in Teil D werden zunächst verschiedene Verfahren zur Parameterbestimmung aus Übergangsfunktionen, die sog. Kennwertermittlung, beschrieben, sofern sie nicht schon in Abschnitt 2.1 betrachtet werden. Dann folgen die Parametereinstellmethoden mit Modellabgleich, die im Zusammenhang mit der Analogrechentechnik entstanden sind, Parameterschätzmethoden für Differentialgleichungen und für gemessene Frequenzgänge.

Der Teil E ist der Identifikation von Mehrgrößensystemen gewidmet. Es werden zunächst die verschiedenen Modellstrukturen und dann geeignete Identifikationsmethoden mittels Korrelation und Parameterschätzung betrachtet.

Einige Möglichkeiten zur Identifikation nichtlinearer Systeme werden in Teil F beschrieben. Hierbei steht die Parameterschätzung von dynamischen Systemen mit stetig und nichtstetig differenzierbaren Nichtlinearitäten im Vordergrund.

Schließlich wird im Teil G auf die praktische Durchführung der Identifikation eingegangen. Es werden zunächst einige Angaben zu praktischen Aspekten, wie besondere Geräte, die Elimination besonderer Störsignale, die Verifikation der erhaltenen Modelle und die Identifikation mit Digitalrechnern gemacht. Dann erfolgen Anwendungsbeispiele für mehrere technische Prozesse. Diese Beispiele zeigen exemplarisch, daß die meisten der behandelten Identifikationsmethoden in verschiedenen Einsatzfällen auch praktisch erprobt wurden.

Das Werk richtet sich an Studenten, Ingenieure in der Forschung und Praxis und an Wissenschaftler aus dem Bereich der Naturwissenschaften, die an einer Einführung und vertieften Behandlung der Identifikation dynamischer Systeme interessiert sind. Dabei werden lediglich Grundkenntnisse der Behandlung linearer, dynamischer Systeme vorausgesetzt. Der erste Band entspricht weitgehend einer Vorlesung (2 Stunden Vorlesung, 1 Stunde Übung) an der Technischen Hochschule Darmstadt ab dem sechsten Semester. Dabei wird der Stoff in der Reihenfolge der Kapitel 1, A1, A2, 2, 3, 4, 5, A3, 6, 7, 8, 9, 10 behandelt, also der etwas verkürzte Inhalt des Bandes 1.

Viele der Methoden, Untersuchungen und Ergebnisse wurden in zahlreichen Studien- und Diplomarbeiten seit 1966 und in besonderen Forschungsarbeiten seit 1972 erarbeitet. Hierzu möchte ich sowohl den damaligen Studenten als auch den Institutionen zur Forschungsförderung, besonders der Deutschen Forschungsgemeinschaft (DFG) und dem Bundesministerium für Forschung und Technologie (BMFT) sehr danken.

Der Verfasser dankt ganz besonders seinen Mitarbeitern, die in mehrjähriger Zusammenarbeit an der Untersuchung und Entwicklung von Identifikationsmethoden, der Erstellung von Programmpaketen, Simulationen auf Digitalrechnern, Anwendungen mit Prozeßrechnern und Mikrorechnern und schließlich durch das Korrekturlesen wesentlich am Entstehen dieses Buches beteiligt weren. Hierbei danke ich besonders den Herren Dr.-Ing. U. Baur, Dr.-Ing. W. Bamberger, Dr.-Ing. S. Bergmann, Dr.-Ing. P. Blessing, Dr.-Ing. W. Goedecke, Dr.-Ing. H. Hensel, Dr.-Ing. R. Kofahl, Dr.-Ing. H. Kurz, Dr.-Ing. K.-H. Lachmann, Dr.-Ing. W. Mann, Dipl.-Ing. K.H. Peter, Dr.-Ing. R. Schumann und Dr.-Ing. F. Radke. Mein Dank gilt ferner dem Springer-Verlag für die Herausgabe des Buches. Schließlich möchte ich mich noch sehr bei Frau M. Widulle für die sorgfältige Gestaltung des gesamten Textes mit der Schreibmaschine bedanken.

Darmstadt, April 1987 Rolf Isermann

Inhaltsübersicht Band 2

Inhaltsverzeichnis

Verzeichnis der Abkürzungen

Es werden nur die häufig vorkommenden Abkürzungen und Symbole angegeben.

Buchstaben-Symbole

a, b	Parameter von Differentialgleichungen oder Differenzengleichungen des *Prozesses*
c, d	Parameter von Differenzengleichungen *stochastischer Signale*
d	Totzeit $d = T_t/T_0 = 1, 2, \ldots$
e	Regeldifferenz $e = w - y$ (auch $e_w = w - y$) oder Gleichungsfehler bei Parameterschätzung oder Zahl $\mathrm{e} = 2{,}71828\ldots$
f	Frequenz, $f = 1/T_p$ (T_p Schwingungsdauer) oder Parameter
g	Gewichtsfunktion
h	Parameter
i	ganze Zahl oder laufender Index oder $\mathrm{i}^2 = -1$
j	ganze Zahl oder laufender Index
k	diskrete Zeiteinheit $k = t/T_0 = 0, 1, 2, \ldots$
l	ganze Zahl oder Parameter
m	Ordnung der Polynome $A(\,)$, $B(\,)$, $C(\,)$, $D(\,)$
n	Störsignal
p	ganze Zahl
$p(\,)$	Verteilungsdichte
r	ganze Zahl
s	Variable der Laplace-Transformation $s = \delta + \mathrm{i}\omega$
t	kontinuierliche Zeit
u	Eingangssignal des Prozesses, Stellsignal, Steuergröße $u(k) = U(k) - U_{00}$
v	nichtmeßbares, virtuelles Störsignal
w	Führungsgröße, Sollwert $w(k) = W(k) - W_{00}$
x_i	Zustandsgröße
y	Ausgangssignal des Prozesses $y(k) = Y(k) - Y_{00}$
z	Variable der z-Transformation $z = \mathrm{e}^{T_0 s}$
$\mathrm{A}(s)$	Nennerpolynom von $G(s)$
$\mathrm{B}(s)$	Zählerpolynom von $G(s)$

$A(z)$	Nennerpolynom der z-Übertragungsfunktion des Prozeßmodells	
$B(z)$	Zählerpolynom der z-Übertragungsfunktion des Prozeßmodells	
$C(z)$	Nennerpolynom der z-Übertragungsfunktion des Störsignalmodells	
$D(z)$	Zählerpolynom der z-Übertragungsfunktion des Störsignalmodells	
$G(z)$	z-Übertragungsfunktion	
$G(s)$	Übertragungsfunktion für zeitkontinuierliche Signale	
$H(\ )$	Übertragungsfunktion eines Halteglieds	
K	Verstärkungsfaktor, Übertragungsbeiwert	
M	ganze Zahl	
N	ganze Zahl oder Meßzeit	
S	Leistungsdichte	
T	Zeitkonstante oder Periode einer Schwingung	
T_{95}	Einschwingzeit einer Übergangsfunktion auf 95% des Endwertes	
T_0	Abtastzeit, Abtastintervall	
T_p	Schwingungsdauer	
T_t	Totzeit	
U	Eingangsgröße des Prozesses (Absolutwert)	
V	Verlustfunktion	
Y	Ausgangsgröße des Prozesses (Absolutwert)	
$\boldsymbol{b}$	Steuervektor	
$\boldsymbol{c}$	Ausgangsvektor	
$\boldsymbol{n}$	Störsignalvektor	$(r \times 1)$
$\boldsymbol{u}$	Stellgrößenvektor, Steuergrößenvektor	$(p \times 1)$
$\boldsymbol{v}$	Störsignalvektor	$(p \times 1)$
$\boldsymbol{x}$	Zustandsgrößenvektor	$(m \times 1)$
$\boldsymbol{y}$	Ausgangsgrößenvektor	$(r \times 1)$
$\boldsymbol{A}$	Systemmatrix	$(m \times m)$
$\boldsymbol{B}$	Steuermatrix	$(m \times p)$
$\boldsymbol{C}$	Ausgangs-, Beobachtungsmatrix	$(r \times m)$
$\boldsymbol{F}$	Störmatrix	
$\boldsymbol{G}$	Matrix von Übertragungsfunktionen	
$\boldsymbol{I}$	Einheitsmatrix	
$\boldsymbol{J}$	Informationsmatrix	
$\boldsymbol{P}$	Kovarianzmatrix	
$\boldsymbol{0}$	Nullmatrix	
$\mathcal{A}(z)$	Nennerpolynom z-Übertragungsfunktion, geschlossener Regelkreis	
$\mathcal{B}(z)$	Zählerpolynom z-Übertragungsfunktion, geschlossener Regelkreis	
$\mathfrak{F}(\ )$	Fourier-Transformierte	
$\mathfrak{L}(\ )$	Laplace-Transformierte	
$\mathfrak{z}(\ )$	z-Transformierte	
$\mathcal{Z}(\ )$	Korrespondenz $G(s) \rightarrow G(z)$	
α	Koeffizient	
β	Koeffizient	
γ	Koeffizient	
ε	Fehlersignal	

λ	Standardabweichung des Störsignals $v(k)$, Faktor bei nachlassendem Gedächtnis, Taktzeit bei PRBS
π	3,14159...
σ	Standardabweichung, σ^2 Varianz
τ	Zeitverschiebung
ω	Kreisfrequenz $\omega = 2\pi/T_p$ (T_p Schwingungsdauer)
Δ	Abweichung, Änderung oder Quantisierungseinheit
Θ	Parameter
$\prod$	Produkt
$\sum$	Summe
$\dot{x}$	$= dx/dt$
x_0	exakte Größe
$\hat{x}$	geschätzte oder beobachtete Größe
$\tilde{x}$, Δx	$= \hat{x} - x_0$ Schätzfehler
$\bar{x}$	Mittelwert
X_{00}	Wert im Beharrungszustand

Mathematische Abkürzungen

$\exp(x)$	$= e^x$
$E\{\ \}$	Erwartungswert einer stochastischen Größe
$var[\ ]$	Varianz
$cov[\ ]$	Kovarianz
dim	Dimension, Anzahl der Elemente
sp	Spur einer Matrix: Summe der Diagonalelemente
adj	Adjungierte
det	Determinante
diag	Diagonal

Indizes

P	Prozeß
R	Regler, Regelalgorithmus
0	exakte Größe
00	Beharrungszustand

Sonstige Abkürzungen

AKF	Autokorrelationsfunktion
AR	Autoregressiver Signalprozeß
ARMA	Autoregressiver Signalprozeß mit gleitendem Mittel
ARMAX	Autoregressiver Signalprozeß mit gleitendem Mittel und exogener Variablen
CLS	Methode der Biaskorrektur
COR-LS	Korrelationsanalyse und LS-Parameterschätzung

Dgl.	Differentialgleichung
DRBS	Diskretes Rausch-Binär-Signal
DSFC	Diskrete Wurzelfilterung in Kovarianzform
DSFI	Diskrete Wurzelfilterung in Informationsform
DUDC	Diskrete UD-Faktorisierung in Kovarianzform
ELS	Erweiterte Methode der kleinsten Quadrate
FFT	Schnelle Fouriertransformation (Fast Fouriertransform)
GLS	Methode der verallgemeinerten kleinsten Quadrate
IVA	Methode der Hilfsvariablen (instrumental variables)
KKF	Kreuzkorrelationsfunktion
LS	Methode der kleinsten Quadrate (least squares)
MA	Signalprozeß mit gleitendem Mittel (moving average)
MIMO	multi-input multi-output (mehrere Eingänge, mehrere Ausgänge)
MISO	multi-input single-output (mehrere Eingänge, ein Ausgang)
ML	Marimum-Likelihood-Methode
MRAS	Adaptives System mit Referenzmodell
m.W.1	mit Wahrscheinlichkeit 1
ODE	Ordinary Differential Equation
PRBS	Pseudo-Rausch-Binär-Signal
PRMS	Pseudo-Rausch-Mehrstufen-Signal
PRTS	Pseudo-Rausch-Tertiär-Signal
RBS	Rausch-Binär-Signale
RELS	Rekursive erweiterte Methode der kleinsten Quadrate
RIV	Rekursive Methode der Hilfsvariablen
RLS	Rekursive LS-Methode
SIMO	single-input multi-output
SISO	single-input single-output
SITO	single-input two-output
STA	Stochastische Approximation
TLS	Methode der totalen kleinsten Quadrate (total least squares)
WLS	Methode der gewichteten kleinsten Quadrate (weighted least squares)
ZVF	Zustandsvariablen-Filter

Anmerkungen

— Testprozesse I, II, . . . , XI zur Simulation: siehe Isermann (1987), Bd. I
— Je nach Zweckmäßigkeit wird als Dimension für die Zeit in Sekunden „s" oder „sec" verwendet („sec" um Verwechslungen mit der Laplace-Variablen $s = \delta + i\omega$ zu vermeiden)
— Die Vektoren und Matrizen sind in den Bildern geradestehend mit Unterstreichung gesetzt. Also entsprechen sich z.B. $\boldsymbol{x} \rightarrow \underline{\mathrm{x}}$; $\boldsymbol{K} \rightarrow \underline{\mathrm{K}}$.

1 Einführung

Das zeitliche Verhalten von Systemen, wie z.B. technischen Systemen aus den Bereichen der Elektrotechnik, Maschinenwesen und Verfahrenstechnik oder nichttechnischen Systemen aus den Bereichen Biologie, Medizin, Chemie, Physik, Ökonomie kann mit Hilfe der Systemtheorie nach einheitlichen mathematischen Methoden beschrieben werden. Hierzu müssen jedoch mathematische Modelle für das statische und dynamische Verhalten der Systeme bzw. seiner Elemente bekannt sein.

Nach DIN 66201 wird unter einem *System* eine abgegrenzte Anordnung von aufeinander einwirkenden Gebilden verstanden. Mit *Prozeß* bezeichnet man die Umformung und/oder den Transport von Materie, Energie und/oder Information. Hierbei ist es zweckmäßig, zwischen Teilprozessen und Gesamtprozessen zu unterscheiden. Teilprozesse sind z.B. die Erzeugung von elektrischer aus mechanischer Energie, die spanabhebende Werkstückbearbeitung, die Wärmeübertragung durch eine Wand oder die chemische Reaktion. Zusammen mit anderen Teilprozessen bilden sie die Gesamtprozesse elektrischer Generator, Werkzeugmaschine, Wärmeaustauscher, chemischer Reaktor. Versteht man nun unter Gesamtprozeß ein "Gebilde", dann ergeben mehrere Gesamtprozesse ein System, also z.B. ein Kraftwerk, eine Fertigungsanlage, eine Heizanlage, eine Kunststoffproduktion. Das Verhalten eines Systems ergibt sich somit aus dem Verhalten seiner Prozesse.

Die Gewinnung der mathematischen Modelle von Prozessen und Systemen und die Darstellung des zeitlichen Verhaltens aufgrund gemessener Signale bezeichnet man auch als *Prozeßanalyse* und *Systemanalyse*. Demzufolge kann man bei der in diesem Buch behandelten experimentellen Analyse von *Prozeßidentifikation* und *Systemidentifikation* sprechen, je nachdem ob man einen Prozeß oder ein System untersucht.

Hinzu kommt bei stochastischen Anregungen noch die *Signalanalyse*, auch *Signalidentifikation* genannt. Durch die Bezeichnung *Identifikation dynamischer Systeme* oder einfach *Identifikation* sollen alle Arten der Identifikation zusammengefaßt werden.

1.1 Theoretische und experimentelle Systemanalyse

Beim Aufstellen von mathematischen Modellen dynamischer Systeme unterscheidet man bekanntlich zwei verschiedene Wege, die *theoretische* und die *experimentelle Systemanalyse*. Im folgenden wird das prinzipielle Vorgehen beider Wege kurz betrachtet. Dabei sind Systeme mit konzentrierten Parametern und Systeme mit verteilten Parametern zu unterscheiden. Die Zustandsgrößen von Systemen mit örtlich *verteilten Parametern* sind sowohl von der Zeit als auch vom Ort abhängig und werden deshalb durch partielle Differentialgleichungen beschrieben. Einfacher zu untersuchen sind Systeme mit *konzentrierten* Parametern, bei denen man zur mathematischen Behandlung die Speicher und Zustandsgrößen als in einem Punkt konzentriert betrachten darf. Sie werden durch gewöhnliche Differentialgleichungen beschrieben.

Bei der *theoretischen Analyse*, auch theoretische Modellbildung genannt, wird das Modell berechnet. Man beginnt mit vereinfachenden Annahmen über den Prozeß bzw. das System, die die Berechnung erleichtern oder überhaupt erst mit erträglichem Aufwand ermöglichen. Dabei geht man wie folgt vor, vgl. Bild 1.1:

(1) Aufstellen der *Bilanzgleichungen* für die gespeicherten Massen, Energien und Impulse. Bei Systemen mit örtlich verteilten Parametern betrachtet man hierzu ein infinitesimal kleines Element, bei Systemen mit konzentrierten Parametern ein endlich großes Element.
(2) Aufstellen der *physikalisch-chemischen Zustandsgleichungen.*
(3) Aufstellen der *phänomenologischen Gleichungen*, wenn irreversible Vorgänge (Ausgleichsprozesse) stattfinden (z.B. Gleichungen für Wärmeleitung, Diffusion oder chemische Reaktion).
(4) Eventuell Aufstellen von *Entropiebilanzgleichungen*, wenn mehrere irreversible Vorgänge stattfinden.

Dies ist ausführlicher in Anhang A2 beschrieben.

Man erhält somit ein System gewöhnlicher und/oder partieller Differentialgleichungen, das auf ein theoretisches Modell mit bestimmter Struktur und bestimmten Parametern führt, wenn es sich explizit lösen läßt. Vielfach ist dieses Modell umfangreich und kompliziert, so daß es für weitere Anwendungen vereinfacht werden muß.

Die Vereinfachung erfolgt dabei bei zeitinvarianten Systemen in folgenden Schritten:

Partielle Differentialgleichung, nichtlinear
↓ Linearisieren
Partielle Differentialgleichung, linear
↓ Approximation mit konzentrierten Parametern
Gewöhnliche Differentialgleichung, n-ter Ordnung, linear
↓ Reduktion der Ordnung
Gewöhnliche Differentialgleichung, $< n$-ter Ordnung, linear.
↓ Ableitungen $\mathrm{d}^j \ldots / \mathrm{d}t^j = 0$
Algebraische Gleichung (statisches Verhalten)

Die ersten Schritte dieser Vereinfachungen können auch bereits durch vereinfachende Annahmen bei der Aufstellung der Grundgleichungen gemacht werden.

Aber auch dann, wenn das Gleichungssystem nicht explizit gelöst werden kann, liefern die einzelnen Gleichungen wichtige Hinweise über die Modellstruktur. So sind z.B. Bilanzgleichungen stets linear und einige phänomenologische Gleichungen in weiten Bereichen linear. Die physikalisch-chemischen Zustandsgleichungen führen oft nichtlineare Beziehungen ein.

Bei der *experimentellen Analyse*, die *Identifikation* genannt wird, erhält man das mathematische Modell aus Messungen. Man geht hierbei stets von A-priori-Kenntnissen aus, die z.B. aus der theoretischen Analyse oder aus vorausgegangenen Messungen gewonnen wurden, vgl. Bild 1.1. Dann werden Ein- und Ausgangssignale gemessen und mittels einer Identifikationsmethode so ausgewertet, daß der Zusammenhang zwischen Ein- und Ausgangssignal in einem mathematischen Modell ausgedrückt wird. Die Eingangssignale können die natürlichen im System auftretenden Betriebssignale oder künstlich eingeführte Testsignale sein. Je nach Anwendungszweck kann man Identifikationsmethoden für parametrische oder nichtparametrische Modelle verwenden, siehe Abschnitt 1.2. Das Ergebnis der Identifikation ist dann ein experimentelles Modell.

Das theoretische und das experimentelle Modell können, sofern sich beide Analysen durchführen lassen, verglichen werden. Stimmen beide Modelle nicht überein, dann kann man aus der Art und Größe der Differenzen schließen, welche einzelnen Schritte der theoretischen oder der experimentellen Analyse zu korrigieren sind, siehe Bild 1.1.

Theoretische und experimentelle Analyse ergänzen sich also gegenseitig. Durch den Vergleich der Modelle entsteht eine erste Rückführung im Ablauf der Analyse. Die Systemanalyse ist im allgemeinen ein iterativer Vorgang. Wenn man nicht gleichzeitig an beiden Modellen interessiert ist, dann kann als resultierendes Modell das experimentelle Modell (Fall A) oder das theoretische Modell (Fall B) gewählt werden. Diese Wahl hängt wesentlich vom Anwendungszweck ab.

Das theoretische Modell enthält den funktionalen Zusammenhang zwischen den physikalischen Daten des Systems und seinen Parametern. Man wird dieses Modell deshalb z.B. dann verwenden, wenn das System schon beim Entwurf bezüglich seines dynamischen Verhaltens günstig ausgelegt oder sein Verhalten simuliert werden soll.

Das experimentelle Modell dagegen enthält als Parameter nur Zahlenwerte, deren funktionaler Zusammenhang mit den physikalischen Daten des Systems unbekannt bleibt. Es kann aber meistens das momentane dynamische Verhalten genauer beschreiben oder es kann mit geringerem Aufwand zu ermitteln sein, was z.B. für die Anpassung einer Regelung oder zur Vorhersage von Signalverläufen besser ist.

Im Fall B liegt der Schwerpunkt auf der theoretischen Analyse. Man verwendet dann die experimentelle Analyse meist nur zur eventuell einmaligen Nachprüfung der Genauigkeit des theoretischen Modells oder zur Ermittlung von Parametern, die anders nicht genau genug zu erhalten sind. Dies ist in Bild 1.1 mit Signalfluß B/1 gekennzeichnet.

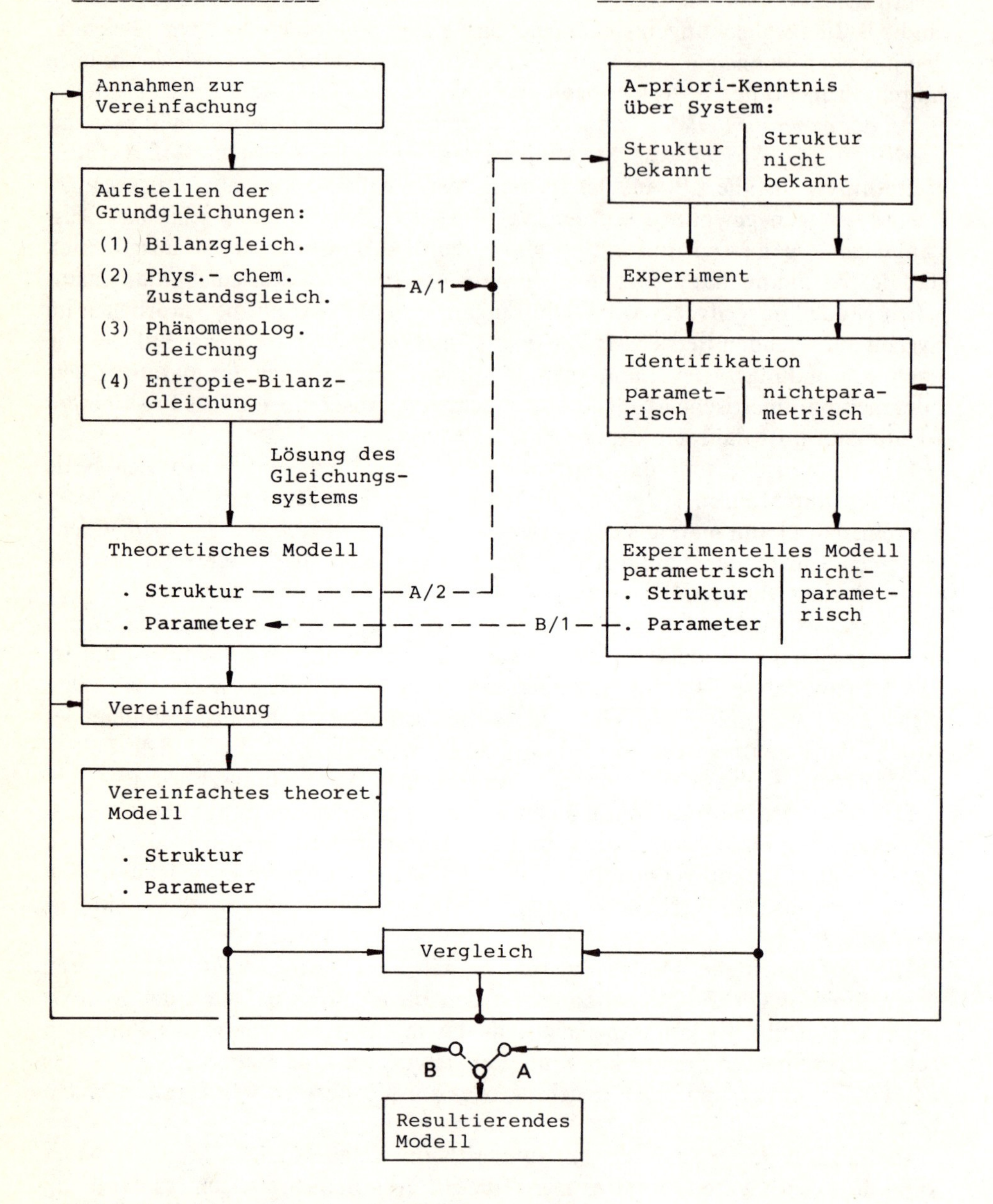

Bild 1.1. Prinzipielles Vorgehen bei der Systemanalyse

Im Fall A liegt der Schwerpunkt dagegen auf der experimentellen Analyse. Man ist dann interessiert, möglichst viel A-priori-Kenntnis aus der theoretischen Analyse zu verwenden, da das die Ganauigkeit des experimentellen Modells erhöhen kann. Am günstigsten ist es, wenn die Struktur des Modells aus der theoretischen Analyse bereits bekannt ist (Signalfluß A/2 in Bild 1.1). Wenn sich die Grundgleichungen des Systems jedoch nicht explizit lösen lassen, zu kompliziert sind oder nicht vollständig bekannt sind, dann kann man aus diesen Gleichungen Informationen über die mögliche Modellstruktur erhalten (Signalfluß A/1).

Aus dieser Aufstellung ist zu erkennen, daß die Systemanalyse im allgemeinen weder rein theoretisch noch rein experimentell durchgeführt wird. Systemanalyse ist vielmehr eine geeignete Kombination theoretischer und experimenteller Methoden, deren einzelne Schritte durch den Anwendungszweck des Modells und durch das System selbst vorgegeben werden.

Der Anwendungszweck des resultierenden Modells bestimmt die erforderliche Genauigkeit des Modells und damit den Aufwand, den man bei der Analyse treiben muß. Dadurch bildet sich in bezug auf Bild 1.1 eine zweite Rückführung vom resultierenden Modell zu den einzelnen Schritten der Analyse aus, also eine zweite Iterationsschleife.

Obwohl die theoretische Analyse prinzipiell mehr Information über ein System liefern kann, sofern die Vorgänge im System bekannt und mathematisch beschreibbar sind, hat die experimentelle Analyse in den letzten 20 Jahren viel Beachtung gefunden. Die Gründe sind hauptsächlich darin zu finden, daß die theoretische Analyse schon bei relativ einfachen Systemen sehr aufwendig werden kann, daß trotz bekanntem theoretischen Modell manche Koeffizienten zu ungenau sind, daß nicht alle Vorgänge des Systems bekannt oder mathematisch beschreibbar sind oder daß manche Systeme zu komplex sind, so daß eine theoretische Analyse zu kostspielig wird.

Die experimentelle Analyse ermöglicht dagegen die Bildung von mathematischen Modellen durch Messung der Ein- und Ausgangssignale für Systeme, die beliebig aufgebaut sein können. Ein großer Vorteil besteht darin, daß dieselben experimentellen Analysemethoden auf die verschiedensten, beliebig komplizierten Systeme anwendbar sind. Durch die Messung von Ein- und Ausgangssignalen kann man jedoch nur Modelle für das Ein- und Ausgangs-Verhalten der Systeme erhalten, also keine Modelle, die die wirkliche innere Struktur beschreiben. Diese Ein/Ausgangs-Modelle reichen jedoch für viele Anwendungszwecke aus. Falls das System die Messung innerer Zustandsgrößen zuläßt, kann natürlich auch Information über die innere Struktur erhalten werden.

Besonders im Zusammenhang mit der Auswertung der gemessenen Ein- und Ausgangssignale durch Digitalrechner sind ab etwa 1965 leistungsfähige Identifikationsmethoden entwickelt worden.

Die verschiedenen Eigenschaften der theoretischen Modellbildung und der Identifikation sind in Tabelle 1.1 zusammengefaßt.

Um die Anwendungsbereiche beider Wege aufzuzeigen, sollen erreichbare Modellgenauigkeit und erforderlicher Aufwand etwas näher betrachtet werden.

Tabelle 1.1. Einige Eigenschaften der theoretischen Modellbildung und Identifikation

Theoretische Modellbildung	*Identifikation*
Modellstruktur folgt aus Naturgesetzen.	Modellstruktur muß angenommen werden.
Beschreibung des Verhaltens von inneren Zustandsgrößen und des Ein/Ausgangsverhaltens.	Es wird nur das Ein/Ausgangsverhalten identifiziert.
Modellparameter werden als Funktion von Systemgrößen angegeben.	Modellparameter sind reine Zahlenwerte, die i.a. keinen Zusammenhang mit den physikalischen Systemgrößen erkennen lassen.
Modell gilt für ganze Klasse eines Prozeßtyps und für verschiedene Betriebszustände. Viele Prozeßgrößen sind aber oft nur ungenau gekannt.	Modell gilt nur für den untersuchten Prozeß für einen bestimmten Betriebszustand. Dafür kann es dieses Verhalten relativ genau beschreiben.
Modell kann auch für ein nicht existierendes System gebildet werden.	Modell kann nur für ein existierendes System identifiziert werden.
Die wesentlichen internen Vorgänge des Systems müssen bekannt und mathematisch beschreibbar sein.	Innere Vorgänge des Systems müssen nicht bekannt sein.
	Da Identifikationsmethoden unabhängig vom einzelnen System sind, kann ein einmal aufgestelltes Identifikations-Softwareprogramm für viele verschiedene Systeme verwendet werden.
Meist großer Zeitaufwand erforderlich.	Meist relativ kleiner Aufwand an Zeit erforderlich.

Die Bilder 1.2a und 1.2b zeigen qualitativ den prinzipiellen Zusammenhang zwischen der jeweils erreichbaren Modellgüte (z.B. mittlerer quadratischer Fehler einer Antwortfunktion) und der *Kenntnis* der für die Systemdynamik relevanten internen Vorgänge (z.B. Anteil der bekannten physikalischen Gesetze oder Genauigkeit der Parameter). Um bei der theoretischen Modellbildung eine brauchbare Modellgüte zu erhalten, muß die Kenntnis der internen Vorgänge relativ gut sein. Dagegen braucht man bei der Anwendung von Identifikationsmethoden zumindest bei linearisierbaren Systemen bedeutend weniger Kenntnisse über die internen Vorgänge (im wesentlichen nur zur Festlegung der Modellstruktur), um Modelle gleicher oder besserer Güte zu erreichen. In diese Bilder werden nun drei typische Systemklassen eingetragen:

ME: Mechanische und elektrische Systeme (z.B. Maschinen, Fahrzeuge, El. Netzwerke, El. Motoren),

ET: Energietechnische Systeme
(z.B. hydraulische und thermische Maschinen, Apparate und Anlagen),

VT: Verfahrenstechnische Systeme
(z.B. thermische und chemische Apparate und Anlagen, mechanische Verfahrenstechnik).

Dann ergeben sich etwa Zusammenhänge, wie in den Bildern 1.2c und 1.2d gezeigt. Hieraus folgt, daß man vor allem bei linearisierbaren energietechnischen und verfahrenstechnischen Systemen durch Methoden der Identifikation oft eine höhere Modellgüte erreichen kann. Aber auch bei mechanischen und elektrischen

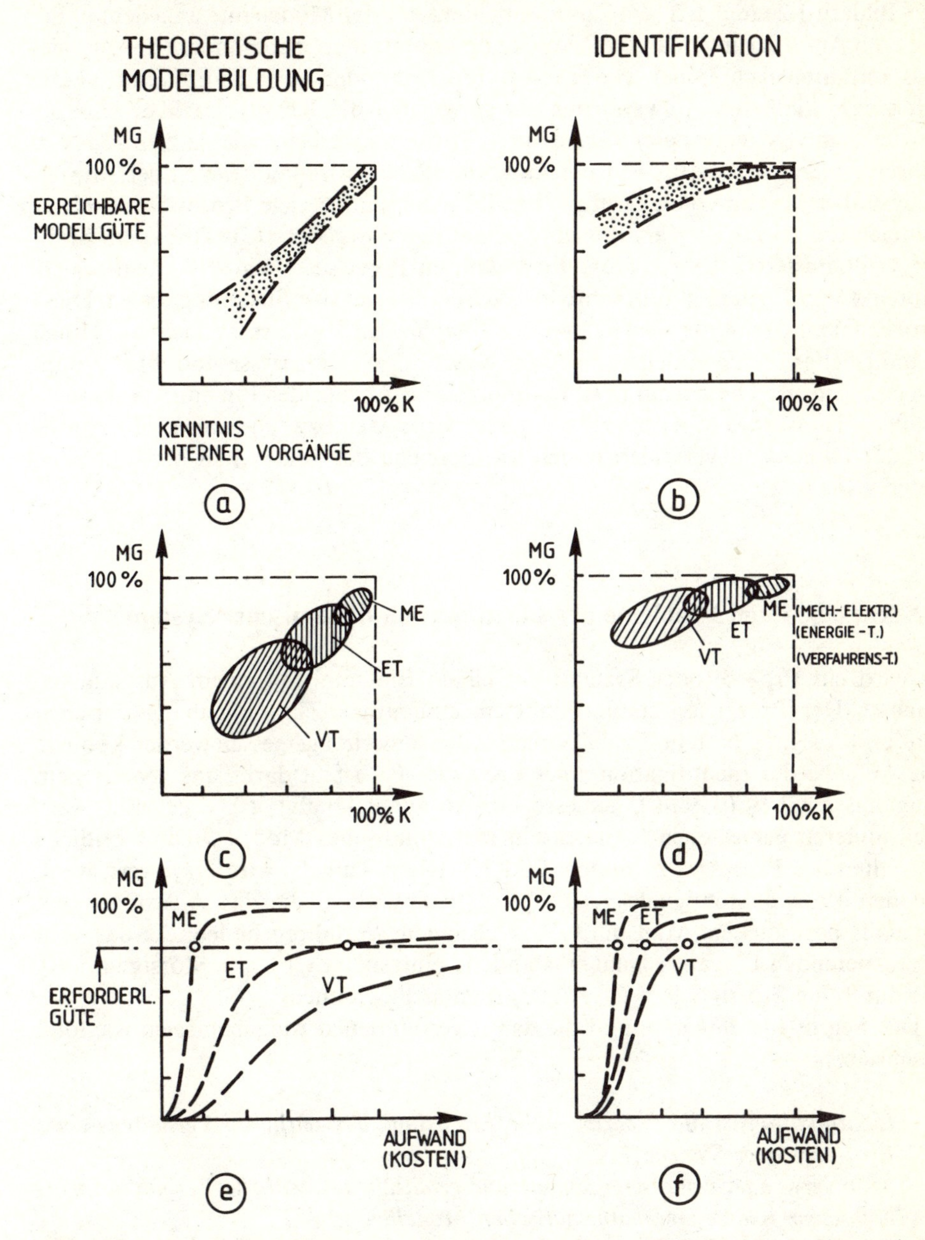

Bild 1.2. Qualitative Zusammenhänge zwischen Modellgüte (MG) und Prozeßkenntnis (K) bzw. Aufwand bei theoretischer Modellbildung und Identifikation

Systemen lassen sich so genaue Modelle erreichen, falls dies notwendig ist. Nun spielt bei praktischen Anwendungen der investierte *Aufwand* eine wichtige Rolle (der in den Bildern 1.2a bis 1.2d unter anderem zu einer gewissen Toleranz der Modellgüte führt). Da dieser maßgeblich die entstehenden Kosten beeinflußt, ist in den Bildern 1.2e und 1.2f sein Zusammenhang mit der Modellgüte angedeutet. Bei höheren Anforderungen an die Modellgüte kommt man insbesondere bei energie- und verfahrenstechnischen Prozessen durch Anwenden der Identifikation häufig mit einem kleineren Aufwand aus. Zwar wurden die Kenntnisse über einzelne Prozesse und Systeme dieser Klasse durch Forschungsarbeiten der letzten 10 bis 20 Jahren laufend verbessert. Für bereits vorhandene Prozeßmodelle ist der Anwendungsaufwand dann auch geringer. Es gibt jedoch noch viele Prozesse mit relativ wenigen quantitativen Kenntnissen der internen Vorgänge (z.B. Trocknen, Mahlen, Vulkanisieren, Extrudieren, Eisen-Hütten-Prozesse, chemische Reaktionen, Bioreaktoren, Prozesse mit mehreren Phasen, konvektive Strömung, usw.). Diese Prozesse kann man als *schwierige* oder *komplizierte* Prozesse bezeichnen. Hinzu kommt bei größeren Anlagen noch die Anzahl der Teilprozesse und ihrer Kopplungen, also die Dimension (z.B. Ordnungszahl, Anzahl der Ein- und Ausgangsgrößen). Dann spricht man von *komplexen Prozessen* bzw. *Systemen.* Mit zunehmender Dimension verschieben sich die Bereiche der Bilder 1.2a bis 1.2d nach unten.

1.2 Aufgaben und Probleme der Identifikation dynamischer Systeme

Es wird ein Prozeß (oder System) mit einem Eingang und einem Ausgang betrachtet. Der Prozeß sei stabil, damit ein eindeutiger Zusammenhang zwischen Ein- und Ausgang besteht. Beide Signale sollen fehlerfrei gemessen werden können. Die Aufgabe der Identifikation eines Prozesses P besteht darin, aus gemessenem Eingangssignal $u_M(t) = u(t)$, gemessenem Ausgangssignal $y_M(t) = y(t)$ und eventuell anderen gemessenen Signalen ein mathematisches Modell für das zeitliche Verhalten des Prozesses zu finden, Bild 1.3. Diese Aufgabe wird erschwert, wenn auf den Prozeß Störsignale $z_1(t), \ldots, z_\nu(t)$ einwirken, die das Ausgangssignal ebenfalls beeinflussen. Man muß dann geeignete Verfahren finden, die das vom interessierenden Eingangssignal entstandene Nutzsignal $y_u(t)$ vom Störsignal $y_z(t)$, das durch die Störsignale $z_1(t), \ldots, z_\nu(t)$ entsteht, trennen.

Der Begriff *Identifikation* und die damit verbundenen Aufgaben seien wie folgt beschrieben:

Identifikation ist die experimentelle Ermittlung des zeitlichen Verhaltens eines Prozesses oder Systems.
Man verwendet gemessene Signale und ermittelt das zeitliche Verhalten innerhalb einer Klasse von mathematischen Modellen.
Die Fehler zwischen dem wirklichen Prozeß oder System und seinem mathematischen Modell sollen dabei so klein wie möglich sein.

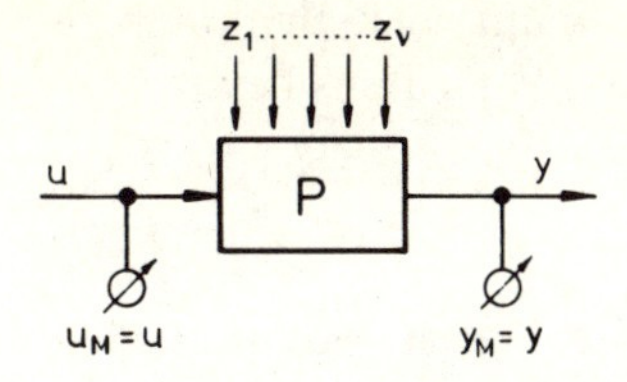

Bild 1.3. Dynamischer Prozeß mit Eingangssignal u, Ausgangssignal y und Störsignalen z_ν

Diese Definition lehnt sich an eine Definition von Zadeh (1962) an. Sie verwendet die Begriffe

— Gemessene Signale,
— Klasse von mathematischen Modellen,
— Fehler zwischen Prozeß und seinem Modell.

Als gemessene Signale werden meistens nur die Ein- und Ausgangssignale verwendet. Wenn es jedoch möglich ist, zusätzlich noch innere Zustandsgrößen des Prozesses zu messen, dann können auch Informationen über die innere Struktur des Prozesses erhalten werden.

Es werde nun ein linearer Prozeß betrachtet. Dann können die einzelnen Störsignalkomponenten in der Ausgangsgröße wegen der Gültigkeit des Superpositionsgesetzes durch ein einziges repräsentatives Störsignal $y_z(t)$ dargestellt werden, das dem Nutzsignal $y_u(t)$ additiv überlagert ist, Bild 1.4.

Wenn dieses Störsignal $y_z(t)$ nicht vernachlässigbar klein ist, dann muß sein fälschender Einfluß bei der Identifikation möglichst weitgehend eliminiert werden. Dazu bedarf es aber einer mit zunehmendem Verhältnis Störsignalpegel/Nutzsignalpegel größer werdenden Meßzeit.

Bei der Identifikation der meisten Prozesse ist folgendes zu beachten:

1) Die zur Verfügung stehende *Meßzeit* T_M ist aus prozeßtechnischen Gründen oder wegen zeitvarianter Eigenschaften der Prozesse immer begrenzt

$$T_M \leqq T_{M,\max} \,. \tag{1.2.1}$$

2) Die maximal zulässige Änderung des Eingangssignales, der *Testsignalhöhe* u_0, ist aus prozeßtechnischen Gründen oder wegen Annahme linearen Prozeßverhaltens immer beschränkt

$$u_0 = u(t)_{\max} - u(t)_{\min} \leqq u_{0,\max} \,.$$

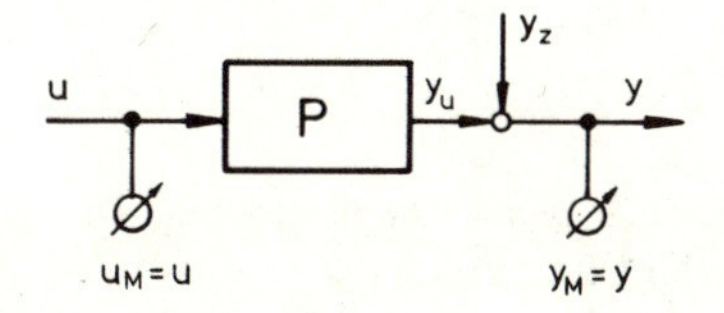

Bild 1.4. Gestörter linearer Prozeß mit einem Eingang und einen Ausgang (SISO: single input/single output)

3) Die maximal zulässige Änderung der *Ausgangsgröße* kann ebenfalls aus prozeßtechnischen Gründen oder wegen Annahme linearen Verhaltens beschränkt sein

$$y_0 = y(t)_{\max} - y(t)_{\min} \leqq y_{0,\max} \,. \tag{1.2.2}$$

4) Das *Störsignal* $y_z(t)$ setzt sich im allgemeinen aus mehreren Komponenten zusammen, die man wie folgt unterscheiden kann, vgl. Bild 1.5.

   a) Höherfrequente quasistationäre stochastische Störsignalkomponente $n(t)$ mit $E\{n(t)\} = 0$. Höherfrequente determinierte Signale mit $\overline{n(t)} = 0$.
   b) Niederfrequente nichtstationäre stochastische oder determinierte Störsignalkomponente $d(t)$.
   c) Störsignalkomponente unbekannten Charakters $h(t)$.

Dabei soll angenommen werden, daß in der stets beschränkten Meßzeit die Störkomponente $n(t)$ als stationäres Signal betrachtet werden kann. Die niederfrequente Störsignalkomponente $d(t)$ wird dann, sofern sie stochastischen Charakter hat, in diesem Zeitabschnitt als nichtstationär zu behandeln sein. Zu den determinierten niederfrequenten Störsignalen zählen z.B. Drift und periodische Signale, letztere mit Periodendauern von z.B. einem Tag oder einem Jahr. Störsignalkomponenten unbekannten Charakters $h(t)$ seien regellos auftretende Signale, die auch für sehr lange Meßzeiten nicht als stationäre stochastische Signale beschreibbar sind. Hierzu gehören z.B. plötzlich auftretende, bleibende oder wieder verschwindende Störungen, „Ausreißer" usw. Diese Störungen können z.B. durch Störungen in der Meßeinrichtung entstehen.

Die üblichen Identifikationsmethoden können im allgemeinen nur die Störsignale $n(t)$ mit zunehmender Meßzeit eliminieren. Hierzu reicht im allgemeinen schon

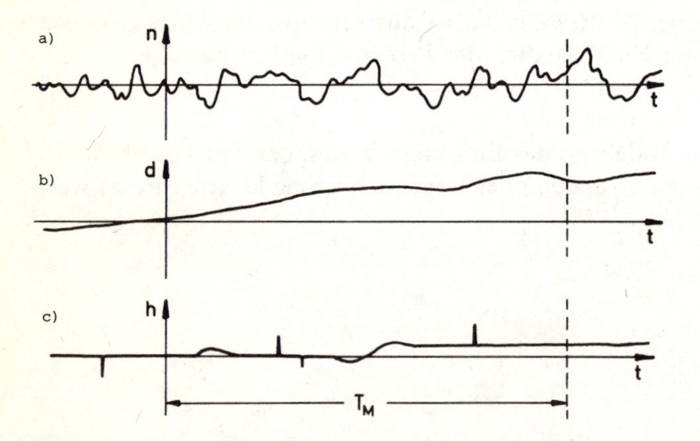

Bild 1.5. Beispiele von Störsignalkomponenten
a hochfrequentes quasistationäres stochastisches Störsignal; **b** niederfrequentes nichtstationäres stochastisches Störsignal; **c** Störsignal unbekannten Charakters

eine einfache Mittelwertbildung oder eine Regression aus. Für die Komponente $d(t)$ benötigt man jedoch besondere Maßnahmen, wie z.B. spezielle Filter oder Regressionsverfahren, die dem jeweiligen Störsignaltyp angepaßt sein müssen. Zum Eliminieren von $h(t)$ kann wenig Allgemeines angegeben werden. Störsignal-Komponenten dieser Art müssen vor der Auswertung entweder "von Hand" oder durch spezielle Filter eliminiert werden.
Leistungsfähige Identifikationsmethoden müssen also das zeitliche Verhalten bei

— gegebenem Störsignal $y_z(t) = n(t) + d(t) + h(t)$
— beschränkter Meßzeit $T_M \leqq T_{M,\max}$
— beschränkter Testsignalhöhe $u_0 \leqq u_{0,\max}$
— beschränktem Ausgangssignal $y_0 \leqq y_{0,\max}$
— unter Beachtung des Anwendungszweckes

so genau wie möglich ermitteln.
Bild 1.6 zeigt den allgemeinen *Ablauf einer Identifikation.* Es sind folgende Schritte zu unterscheiden:

1. *Anwendungszweck*

Es ist wichtig, zunächst den Anwendungszweck zu betrachten, da dieser den Typ des Modells, die Genauigkeitsanforderungen und die Identifikationsmethode festlegt, siehe auch Abschnitt 1.6.

2. *Aufstellen der A-priori-Kenntnisse*

Hierbei sind alle Kenntnisse über die Eigenschaften des Prozesses zusammenzustellen, z.B. das bisher beobachtete Verhalten, die das Verhalten bestimmenden physikalischen Gesetze (siehe theoretische Modellbildung), grobe Modelle aus Vormessungen, Hinweise für lineares oder nichtlineares, zeitinvariantes oder zeitvariantes, proportionales oder integrales Verhalten, Einschwingzeit, Totzeit, Amplitude und Frequenzspektrum der Störsignale, Betriebsbedingungen zur Durchführung der Messungen.

3. *Planung der Messungen*

Aufgrund von 1. and 2. sind dann festzulegen:

— Eingangssignale (natürliche Betriebssignale oder künstliche Testsignale, deren Formen, Amplituden und Frequenzspektren)
— Abtastzeit
— Meßzeit
— Messung im offenen oder geschlossenen Regelkreis
— Off-line- oder On-line-Identifikation
— Geräte zur Erzeugung der Testsignale, Datenspeicherung und Verarbeitung
— Störsignalfilterung.

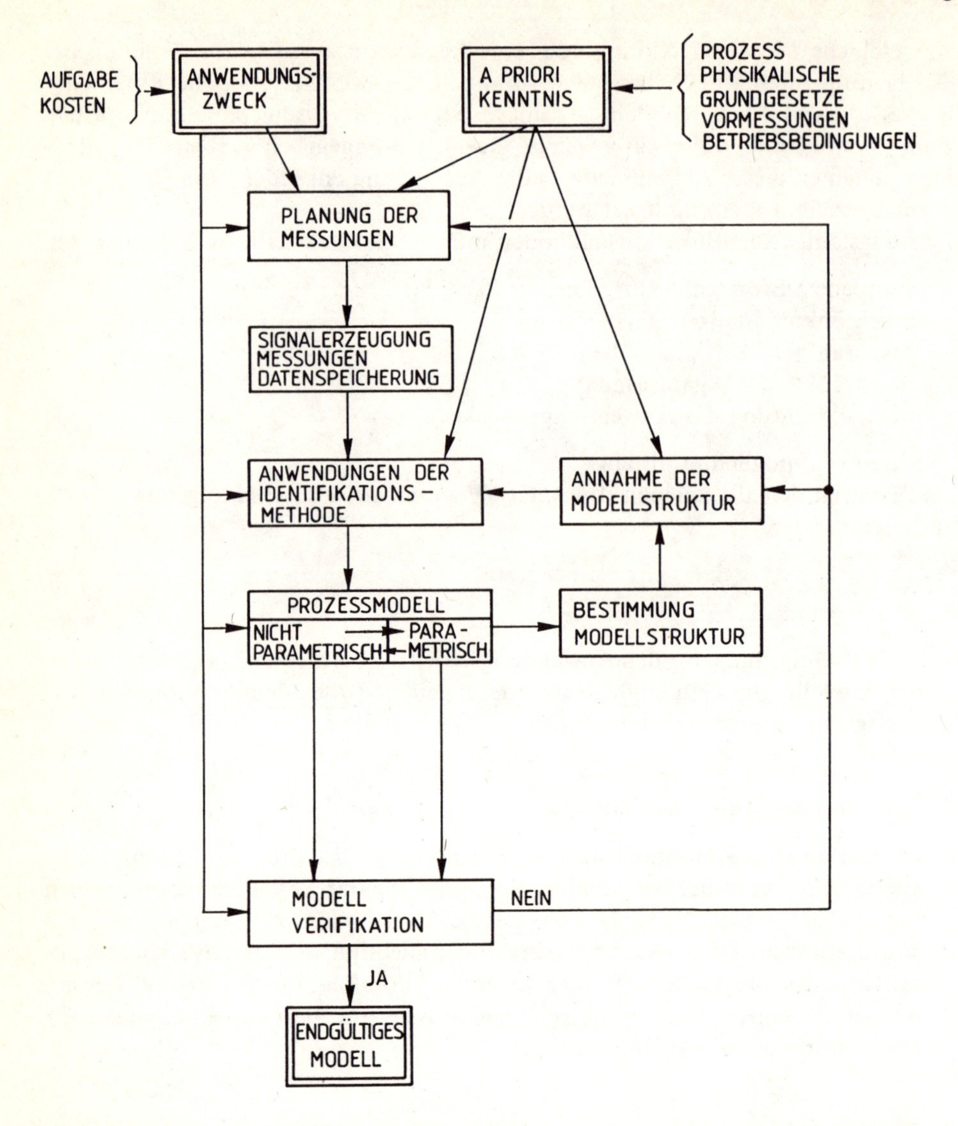

Bild 1.6. Allgemeiner Ablauf einer Identifikation

Hierbei sind die Beschränkungen durch die Betriebsbedingungen des Prozesses, durch die Stellglieder (proportionales Verhalten oder konstante Stellgeschwindigkeit; nichtlineare Kennlinien) und durch die Meßeinrichtung zu beachten. Verschiedene Möglichkeiten der Testsignalerzeugung, Signalmessung und -speicherung sind in Bild 1.7 dargestellt.

4. *Durchführung der Messungen* (Signalerzeugung, -Messung und -Speicherung)

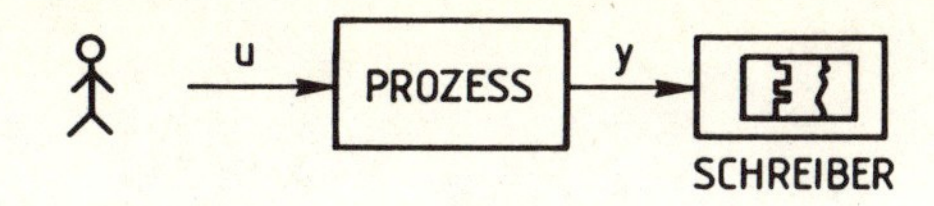

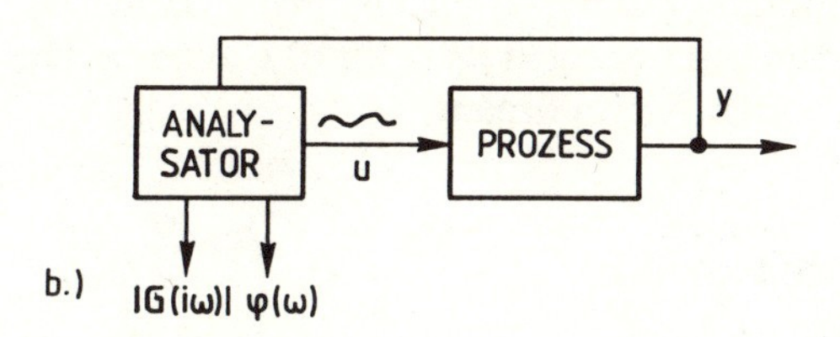

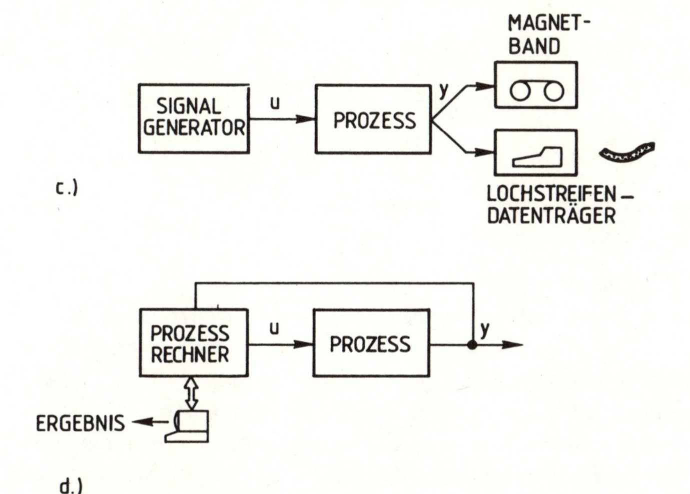

Bild 1.7. Verschiedene Möglichkeiten der Signalerzeugung, Signalmessung und Signalspeicherung. **a** Einfache Prozeßidentifikation durch Erzeugung der Testsignale von Hand und Signalspeicherung durch einen Schreiber; **b** Frequenzganganalysator; **c** Off-line-Identifikation mit Testsignalgenerator und Magnetband oder digitalem Signalspeicher; **d** On-line-Identifikation mit Prozeßrechner

5. *Auswertung der Messungen*

   Anwendung bestimmter Identifikationsverfahren;
   Bestimmung der Modellordnung.

6. *Überprüfung des identifizierten Modells* (Verifikation)

   Zum Beispiel durch Vergleich der gemessenen Ausgangssignale mit den über das Modell berechneten Ausgangssignale oder Vergleich mit theoretisch ermitteltem Modell.

7. *Wiederholung* ab 4. oder 5., falls die

   Verifikation negativ ausfällt.

Nur selten wird das identifizierte Modell in einem Zuge erhalten. Man muß z.B. oft erst Vormessungen durchführen und dann mit besser angepaßten Versuchsparametern oder Versuchsmethoden die Hauptmessungen. Wie Bild 1.6 zeigt, ist die Prozeßidentifikation im allgemeinen ein iterativer Vorgang.

1.3 Klassifikation von Identifikationsmethoden

Nach der im letzten Abschnitt vereinbarten Definition des Begriffes Identifikation lassen sich die Identifikationsmethoden unterscheiden nach

— Klassen von mathematischen Modellen
— Klassen der verwendeten Signale
— Fehler zwischen Prozeß und seinem Modell.

Es ist jedoch zweckmäßig, zusätzlich noch zwei weitere Merkmale zu betrachten:

— Ablauf von Messung und Auswertung (on-line, off-line)
— Verwendete Algorithmen zur Datenverarbeitung.

Die dabei verwendeten Begriffe lassen sich wie folgt beschreiben:
a) *Mathematische Modelle* für das dynamische Verhalten von Prozessen sind Funktionen zwischen Ein- und Ausgangsgrößen bzw. Funktionen zwischen Zustandsgrößen. Mathematische Modelle können deshalb analytisch, in Form einer Gleichung definiert sein oder aber in Form einer Wertetafel oder Kurve. Im ersten Fall sind die Parameter eines Modells in der Gleichung explizit enthalten, im zweiten Fall aber nicht. Da die Parameter eines Modells bei der Identifikation eine besondere Rolle spielen, sollen zunächst zwei Klassen von mathematischen Modellen unterschieden werden

— parametrische Modelle (Modelle mit Struktur)
— nichtparametrische Modelle (Modelle ohne Struktur).

Parametrische Modelle sind also Gleichungen, die die Parameter explizit enthalten. Beispiele sind Differentialgleichungen oder Übertragungsfunktionen in Form eines algebraischen Ausdrucks. Nichtparametrische Modelle geben meist eine Funktion zwischen einem bestimmten Verlauf der Eingangsgröße und der Ausgangsgröße in Form einer Wertetafel oder Kurve an, wie z.B. Gewichtsfunktionen, Übertragungsfunktionen oder Übergangsfunktionen in tabellarischer oder graphischer Darstellung. Sie enthalten die Parameter implizit.

Man könnte auch die Funktionswerte z.B. einer Gewichtsfunktion als „Parameter" auffassen. Dann würde man im allgemeinen jedoch unendlich viele „Parameter" zur Beschreibung des dynamischen Verhaltens brauchen, also ein Modell mit unendlich großer Dimension. Die hier als parametrisch bezeichneten Modelle enthalten dagegen eine endliche Zahl von Parametern.

Beide Hauptklassen von Modellen lassen sich weiter unterteilen nach der Art der Ein- und Ausgangssignale: kontinuierliche Signale oder (zeit)-diskrete (abgetastete Signale).

b) die betrachteten *Eingangssignale* (Testsignale) können determiniert (analytisch beschreibbar), stochastisch (regellos) oder pseudostochastisch (Eigenschaften wie stochastische Signale, aber determiniert) sein.

c) Als *Fehler* zwischen Modell und Prozeß werden in bezug auf die Ableitung eines Identifikationsverfahren verwendet, vgl. Bild 1.8

— Fehler des Ausgangssignals
— Fehler des Eingangssignals
— Verallgemeinerter Fehler.

Aus mathematischen Gründen werden häufig diejenigen Fehler bevorzugt, die linear von den Modellparametern abhängen. Deshalb verwendet man den Ausgangsfehler, wenn z.B. Gewichtsfunktionen als Modell verwendet werden und den verallgemeinerten Fehler für Differentialgleichungen, Differenzengleichungen oder Übertragungsfunktionen.

d) Wenn Digitalrechner bzw. Prozeßrechner zur Identifikation eingesetzt werden, so unterscheidet man bekanntlich zwei Arten der *Kopplung von Prozeß und Rechner*, vgl. Bild 1.9,

— off-line (indirekte Kopplung)
— on-line (direkte Kopplung).

Bei der *Off-line*-Identifikation werden die Daten zunächst in einem Datenspeichergerät (z.B. Schreiber, Magnetbandgerät, Lochstreifenstanzer) gespeichert und zu einem späteren Zeitpunkt in einen Rechner übertragen und ausgewertet. Bei der *On-line*-Identifikation ist der Rechner direkt mit dem Prozeß gekoppelt, erhält also die Daten unmittelbar zugeführt.

e) Bei der Identifikation mit Digital- und Prozeßrechnern kann die Verarbeitung nach verschiedenen *Arten von Algorithmen* erfolgen. Man unterscheidet zunächst, vgl. Bild 1.9,

— Blockverarbeitung
— Echtzeitverarbeitung.

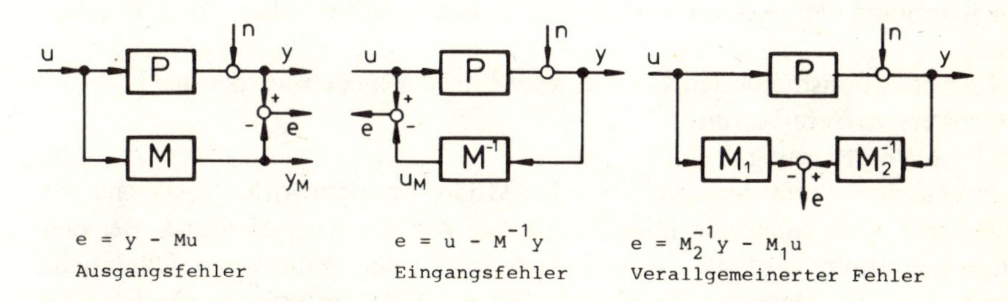

Bild 1.8. Zur Bildung des Fehlers zwischen Modell *M* und Prozeß *P*

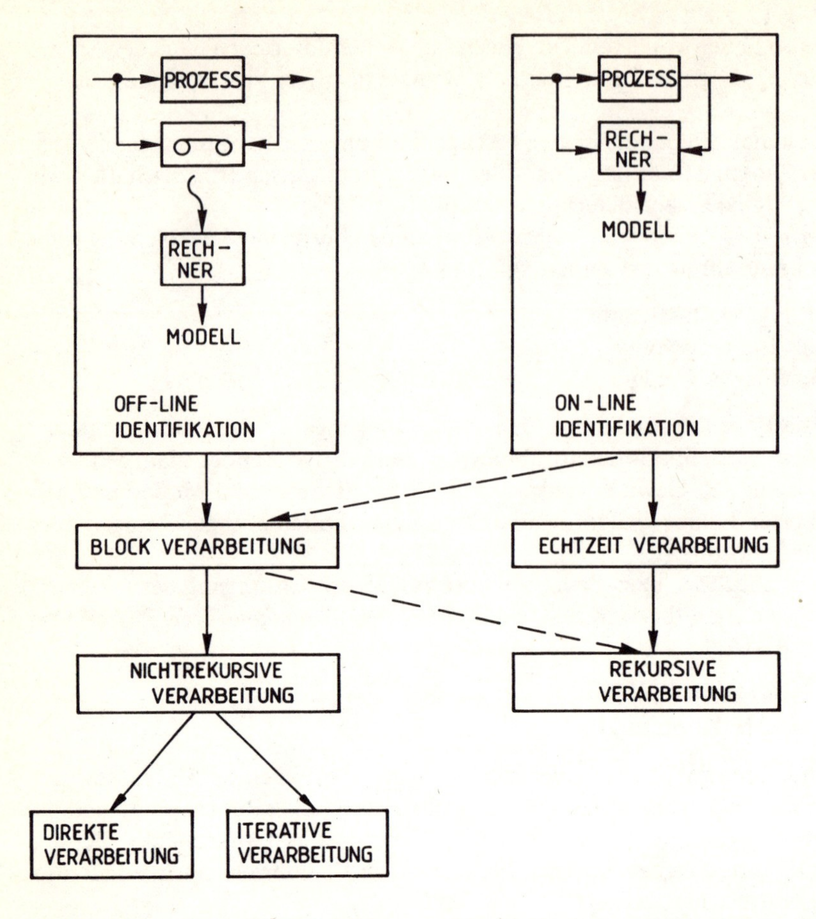

Bild 1.9. Verschiedene Möglichkeiten zur Verarbeitung der Signale bei der Identifikation

Im Fall der *Blockverarbeitung* (batch-processing) werden die vorher gespeicherten Meßdaten in einem Block verarbeitet. Dies wird üblicherweise bei der Off-line-Identifikation angewendet. Wenn dagegen die Verarbeitung der Daten unmittelbar nach ihrer Messung erfolgt, spricht man von *Echtzeitverarbeitung*. Dies setzt eine On-line-Kopplung des Rechners mit dem Prozeß voraus, also einen Prozeßrechner.

f) Die Identifikationsmethoden können ferner unterschieden werden nach
— nichtrekursive Verarbeitung
— rekursive Verarbeitung.

Die *nichtrekursiven* Verfahren berechnen das Modell aus dem vorher gespeicherten Datensatz und sind daher die üblichte Art bei der Blockverarbeitung. Bei den *rekursiven* Verfahren wird das Modell nach jedem neu gemessenen Datenpaar berechnet. Das neue Datenpaar wird also stets zur Verbesserung des Modells aus dem letzten Schritt verwendet. Eine Speicherung der vergangenen Meßdaten ist dann nicht erforderlich. Dies ist die übliche Art bei der Echtzeitverarbeitung und wird *Echtzeitidentifikation* genannt. Rekursive Verfahren können aber auch bei der Blockverarbeitung eingesetzt werden (in Bild 1.9 gestrichelt eingezeichnet).

g) Bei der nichtrekursiven Verarbeitung kann man noch unterscheiden zwischen

— direkte Verarbeitung
— iterative Verarbeitung.

Die *direkten* Verfahren ermitteln das Modell in einem Zug (one shot, one step). Der gemessene Datensatz muß hierzu nur einmal verarbeitet werden. Die *iterativen* Verfahren suchen das Modell schrittweise. Hierbei bilden sich Iterationszyklen, so daß der gemessene Datensatz mehrfach verarbeitet werden muß.

Mit Hilfe dieser Begriffe lassen sich die meisten Identifikationsmethoden klassifizieren.

1.4 Identifikationsmethoden

Die wichtigsten Identifikationsmethoden sollen kurz beschrieben werden. In Bild 1.10 sind einige Merkmale in einer Übersicht dargestellt.

Nichtparametrische Modelle

Die *Frequenzgangmessung* mit periodischen Testsignalen dient zur direkten Ermittlung der Frequenzgangwerte. Gut bewährt hat sich die Auswertung durch orthogonale Korrelation, die in sogenannten Frequenzgangmeßplätzen enthalten ist. Die erforderliche Meßzeit ist bei mehreren erforderlichen Frequenzwerten relativ groß, die erreichbare Genauigkeit sehr groß.

Die *Fourieranalyse* wird hauptsächlich für lineare Prozesse mit kontinuierlichen Signalen zur Ermittlung des Frequenzganges aus Sprung- oder Impulsantwortfunktionen angewandt. Sie ist ein einfaches Verfahren mit relativ kleinem Rechenaufwand, relativ kurzer Meßzeit und empfiehlt sich nur für Prozesse mit kleinem Störsignal/Testsignal-Verhältnis.

Die *Korrelationsanalyse* arbeitet im Zeitbereich und ist sowohl für lineare Prozesse mit kontinuierlichen als auch diskreten Signalen geeignet. Zulässige Eingangssignale sind stochastische oder periodische Signale. Als Ergebnis erhält man Korrelationsfunktionen bzw. in Sonderfällen, Gewichtsfunktionen. Korrelationsverfahren werden bei Prozessen mit großem Störsignal/Testsignal-Verhältnis bevorzugt angewandt. Der Rechenaufwand ist gering.

Die *Spektralanalyse* wird unter denselben Bedingungen wie die Korrelationsanalyse verwendet. Die Auswertung geschieht jedoch über den Frequenzbereich. Es werden Spektraldichten berechnet. Das Ergebnis sind Frequenzgangwerte.

Als A-priori-Information dieser Methode für nichtparametrische Modelle muß nur bekannt sein, daß der Prozeß linearisierbar ist. Eine bestimmte Modellstruktur muß nicht angenommen werden. Deshalb eignen sich diese nichtparametrischen Methoden sowohl für Prozesse mit konzentrierten als auch verteilten Parametern

EINGANGS SIGNAL	MODELL	AUSGANGS SIGNAL	IDENTIFIK. METHODE	MESS/ AUSWERT.- GERÄT	ZULÄSS. STÖR- SIGNAL	DIG. R. KOPPLG.		DATEN- VERARB.		ERREICH- BARE GENAU.- KEIT	ERWEIT. BARKEIT			ANWENDUNGS BEISPIELE
						OFF-LINE	ON-LINE	BLOCK	ECHTZEIT		ZVS	MGS	NLS	
u	$\frac{K}{(1+Ts)^n}$ PARAM.	y	KENNWERT- ERMITTLUNG	SCHREIBER	SEHR KLEIN	–	–	–	–	KLEIN	–	–	–	• GROBES MODELL • REGLEREIN- STELLUNG
	$G(i\omega_\nu)$ NICHTPAR.		FOURIER ANALYSE	SCHREIBER	KLEIN	×	–	×	–	MITTEL	–	×	–	• ÜBERPRÜFUNG THEOR. MODELLE
	$G(i\omega_\nu)$ NICHTPAR.		FREQUENZ- GANG- MESSUNG	• SCHREIBER • F.G. MESS- GERÄT	MITTEL	–	–	–	–	SEHR GROSS	–	×	–	• ÜBERPRÜFUNG THEOR. MODELLE • ENTWURF KLASS. REGLER
	$g(t_\nu)$ NICHTPAR.		KORRELA- TION	• KORRELA- TOR • PROZESS- RECHNER	} GROSS	– ×	– ×	– ×	× ×	} GROSS	×	×	×	• ERKENNUNG SIGNALZUS.HÄNGE • LAUFZEIT- IDENTIFIKATION
	$\frac{b_0+b_1s+\ldots}{1+a_1s+\ldots}$ PARAM.		MODELL- ABGLEICH	ANALOGR.	KLEIN	–	–	–	×	MITTEL	×	–	–	ANALOGE ADAPT. REGELUNG
			PARAM. SCHÄTZ. G.	PROZESSR.	GROSS	×	×	×	×	GROSS	×	×	×	• ENTWURF MODERN. R. • ADAPTIVE REGL. • FEHLERDIAGNOSE

Bild 1.10. Übersicht der wichtigsten Identifikationsmethoden. ZVS: Zeitvariante Systeme; MGS: Mehrgrößensysteme; NLS: Nichtlineare Systeme

mit beliebig komplizierter Struktur. Sie werden bevorzugt zur Überprüfung theoretischer Modelle verwendet, denn dann ist man besonders daran interessiert, keine bestimmte Modellstruktur annehmen zu müssen.

Parametrische Modelle

Bei den Identifikationsmethoden für parametrische Modelle muß eine bestimmte Modellstruktur angenommen werden. Falls die angenommene Struktur zutrifft, sind wegen der höheren A-priori-Information im Zusammenhang mit statistischen Ausgleichsmethoden genauere Ergebnisse zu erwarten.

Am einfachsten sind die Methoden der *Kennwertermittlung.* Hierbei werden aus gemessenen Antwortfunktionen auf nichtperiodische Testsignale bestimmte Kennwerte, wie z.B. Verzugszeit und Ausgleichszeit entnommen, und es werden aufgrund von Tabellen und Diagrammen die Parameter einfacher Modelle bestimmt. Diese Kennwertermittlung ist aber nur für einfache Prozesse anwendbar, wenn nur kleine Störsignale einwirken.

Die *Referenzmodellmethoden* oder *Modellabgleichmethoden* wurden für analog realisierte Modelle mit kontinuierlichen Signalen entwickelt, sie liefern nach Annahme einer bestimmten Modellstruktur die Parameter einer Differentialgleichung oder Differenzengleichung. Für die Eingangssignale gilt meist nur die Voraussetzung, daß alle interessierenden Eigenfrequenzen des Prozesses genügend angeregt werden. Die Referenzmodell-Verfahren haben jedoch zugunsten der Parameterschätzverfahren an Bedeutung verloren.

Parameterschätzmethoden gehen von Differenzengleichungen oder Differentialgleichungen beliebiger Ordnung und Totzeit aus. Durch speziell für dynamische Prozesse entwickelte statistische Ausgleichsverfahren werden Funktionen von Fehlersignalen minimiert. Es sind beliebige Eingangssignale und auch größere Störsignale zulässig. Parameterschätzmethoden lassen sich deshalb vielseitig einsetzen und erlauben auch bei ungünstigem Störsignal/Nutzsignal-Verhältnis noch die Ermittlung genauer Modelle, auch im geschlossenen Regelkreis.

1.5 Testsignale

Zur Identifikation kann man als Eingangssignal entweder die im Betrieb auftretenden natürlichen Eingangssignale verwenden oder künstlich erzeugte Signale, sog. *Testsignale.*

Insbesondere dann, wenn die natürlichen Eingangssignale den Prozeß nicht genügend anregen (z.B. zu kleine Amplitude, ungeeignetes Frequenzspektrum, instationär), was häufig der Fall ist, muß man künstliche *Testsignale* verwenden. Hierzu werden solche Signale bevorzugt, die folgende Eigenschaften besitzen:

— Einfache und reproduzierbare Erzeugung mit oder ohne Signalgeneratoren
— Einfach mathematisch beschreibbar für die jeweiligen Identifikationsmethoden
— Realisierbar mit den gegebenen Stelleinrichtungen
— Anwendbar auf den Prozeß
— Gute Anregung der zu identifizierenden Dynamik.

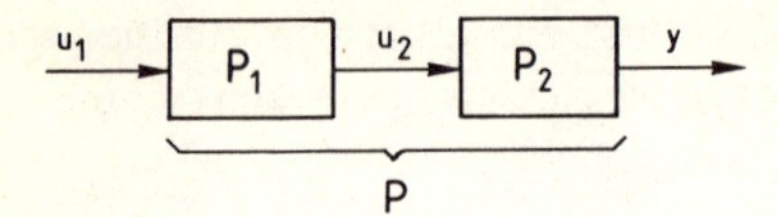

Bild 1.11. Gesamtprozeß P, bestehend aus Stelleinrichtung P_1 und Teilprozeß P_2

Oft kann man, wie in Bild 1.11 dargestellt, das Eingangssignal u_2 eines zu identifizierenden Teilprozesses P_2 nicht direkt beeinflussen, sondern nur über ein vorgeschaltetes Übertragungsglied P_1 (z.B. eine Stelleinrichtung) mit dem Eingangssignal u_1, welches nach einem bestimmten Testsignal u_1 verstellt werden kann. Wenn u_2 gemessen wird, kann das Teilmodell P_2 direkt identifiziert werden, sofern die Identifikationsmethode für dieses Eingangssignal u_2 geeignet ist. Ist die Identifikationsmethode jedoch für ein bestimmtes Testsignal u_1 ausgelegt, dann muß man jeweils das Teilmodell P_1 und das Gesamtmodell P identifizieren und aus beiden P_2 berechnen. Bei linearen Übertragungsgliedern mit Übertragungsfunktionen G gilt dann $G_{P2} = G_P/G_{P1}$.

Eine wesentliche Rolle bei der Erzeugung bestimmter Testsignale spielt das statische und dynamische Verhalten der *Stelleinrichtung*. Diese ist im allgemeinen dem Prozeß vorgeschaltet und entspricht dem Block P_1 im Bild 1.11. Wenn das Modell des Gesamtprozesses P identifiziert werden soll, dann ist P_1 lediglich ein im Gesamtmodell enthaltener Teilprozeß, dessen Modellstruktur geeignet berücksichtigt werden muß. Wenn nur der Prozeß P_2 zu identifizieren und sein Eingangssignal u_2 meßbar ist, dann ist je nach Identifikationsverfahren die Erzeugung bestimmter Testsignale u_2 durch die Stelleinrichtung von Interesse.

Im Bereich industrieller Anlagen unterscheidet man bei den Stelleinrichtungen folgendes Übertragungsverhalten:

I) *Proportionale Stellantriebe*
(pneumatische oder hydraulische Antriebe, mit mechanischer Rückführung oder Gegenfeder)

II) *Integrale Stellantriebe mit veränderlicher Geschwindigkeit*
(hydraulische oder pneumatische Antriebe, drehzahlgesteuerter Gleichstrommotor)

III) *Integrale Stellantriebe mit konstanter Stellgeschwindigkeit*
(Wechselstrommotoren mit Dreipunktschalter)

IV) *Stellantriebe mit Quantisierung*
(Elektrische Schrittmotoren)

V) *Stelleinrichtungen mit Zweipunktschalter*
(z.B. Heizungen).

Zunächst wird das *statische Verhalten* dieser Stelleinrichtungen betrachtet. Die proportionalwirkenden Stelleinrichtungen (Gruppe I) geben die Testsignale linear an den nachfolgenden Prozeß weiter, wenn sie eine lineare statische Kennlinie besitzen. Bei nichtlinearer Kennlinie werden Testsignale mit einer endlichen Änderungsgeschwindigkeit verformt. Wenn jedoch näherungsweise sprungförmige Testsignale verwirklicht werden können, dann verstellt man praktisch nur zwischen zwei Punkten der Kennlinie, so daß der nichtlineare Kennlinienverlauf nicht betrachtet werden muß.

Zum *dynamischen Verhalten* kann folgendes angegeben werden. Während man die Gruppen I), II) und IV) in einem bestimmten Amplitudenbereich oft näherungsweise durch ein lineares Verhalten kennzeichnen kann, haben die Stelleinrichtungen der Gruppen III) und V) grundsätzlich nichtlineares Verhalten. Bild 1.12 zeigt die Auswirkung auf die Erzeugung von bestimmten Testsignalen für je ein Beispiel der Gruppe I und III. Bei den linear übertragenden Antrieben, Bild 1.12a, kann man mit linearen Modellen den Gesamtprozeß P oder die Teilprozesse P_1 und P_2 identifizieren. Falls die Verzögerung des Antriebs P_1 vernachlässigbar klein ist im Vergleich zum dynamischen Verhalten von P_2, darf nach einer sprungförmigen Verstellung von u_1 auch u_2 als sprungförmig angenommen werden. Entsprechendes gilt für die linearen Antriebe mit Stellungsregelung, Bild 1.12b. Der Stellungsregelkreis entspricht dann dem Teilprozeß P_1 in Bild 1.12a. Bei den nichtlinearen Stellantrieben mit konstanter Stellgeschwindigkeit nach Bild 1.12c kann man mit linearen Modellen nur den Prozeß P_2 identifizieren. Das Eingangssignal u_2 bekommt dann eine Rampenform, deren Anstiegszeit von der Amplitude abhängt.

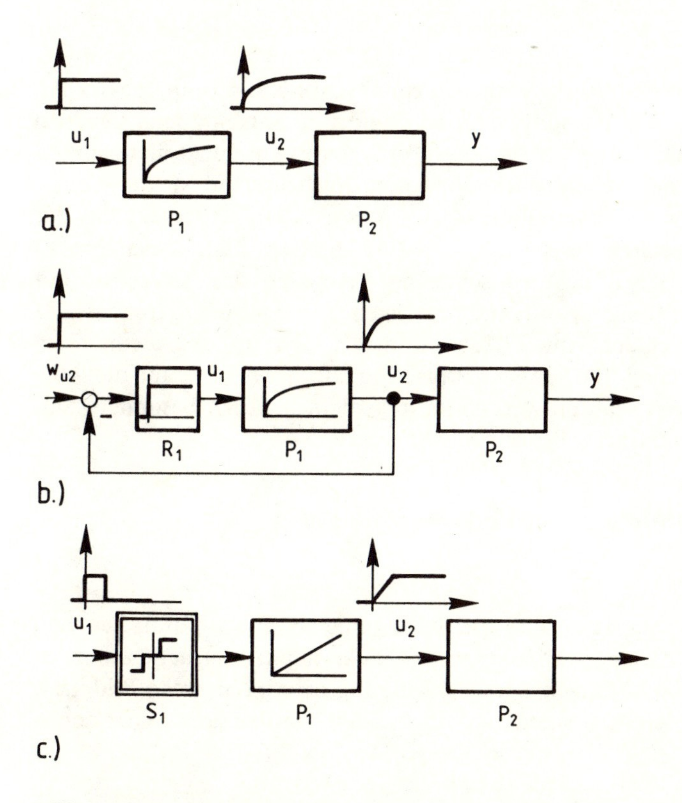

Bild 1.12. Zur Erzeugung von Eingangssignalen bei verschiedenen Stelleinrichtungen. **a** Proportionalwirkend-verzögernder Stellantrieb (Gruppe I); **b** Wie **a**, aber mit Stellungs-Regler R_1; **c** Stellantrieb mit konstanter Stellgeschwindigkeit und Dreipunkt-Schalter S_1 (Gruppe III)

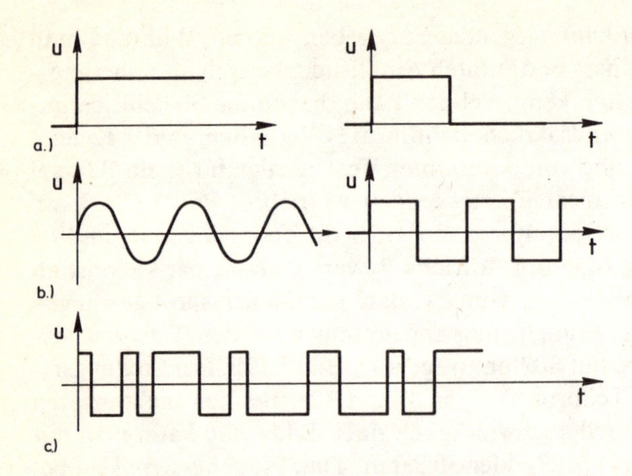

Bild 1.13. Zur Identifikation häufig verwendete Testsignale. **a** Nichtperiodisch: Sprung und Rechteckimpuls; **b** Periodisch: Sinus- und Rechteckschwingung; **c** Stochastisch: Diskretes binäres Rauschen

(Wenn diese Anstiegszeit klein ist im Vergleich zur Dynamik des Teilprozesses P_2, kann u_2 zur Auswertung der Messungen als sprungförmig angenommen werden.)

Bild 1.13 zeigt Beispiele häufig verwendeter Testsignale. Zur Identifikation von wenig gestörten Prozessen mit einfachem Verhalten reicht oft die Messung einer Übergangsfunktion oder einer Impulsantwortfunktion aus. Zur Erzeugung der zugehörigen nichtperiodischen Testsignale, Bild 1.13a braucht man keinen Signalgenerator, sondern kann bei nicht zu schnellen Prozessen das Testsignal mit Schaltern oder Verstellknöpfen „von Hand" erzeugen. Zur Frequenzgangmessung mit periodischen Testsignalen, Bild 1.13b empfiehlt sich im allgemeinen ein Schwingungsgenerator. Auch die binären Rauschsignale, Bild 1.13c, für die Auswertung mit Korrelationsverfahren werden im allgemeinen durch besondere Signalgeneratoren, aber auch durch Prozeßrechner erzeugt.

1.6 Besondere Einsatzfälle

Störsignal am Eingang

Bisher wurde davon ausgegangen, daß die Störsignale im Prozeß auftreten und durch ein additiv dem Ausgang überlagertes Störsignal $y_z(t)$ betrachtet werden können. Wenn Meßsignalstörungen $\xi_y(t)$ am Ausgang einwirken, siehe Bild 1.14, dann können diese wie ein Störsignal $y_z(t)$ behandelt werden und verursachen

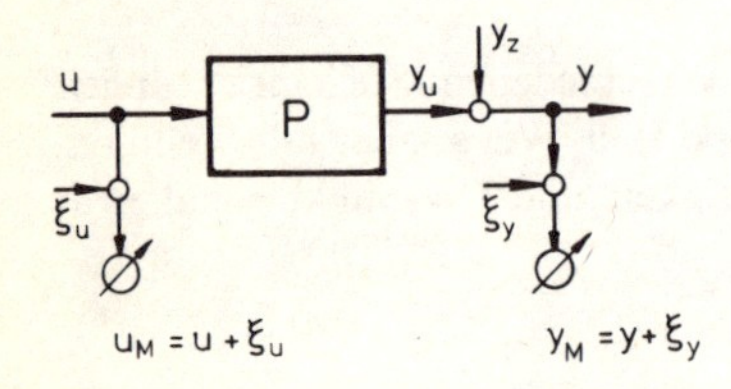

Bild 1.14. Gestörter linearer Prozeß mit gestörten Messungen von Ein- und Ausgangssignal

deshalb keine prinzipiellen neuen Schwierigkeiten bei der Identifikation. Schwierig wird es jedoch, wenn zusätzlich das *gemessene Eingangssignal* $u_M(t)$ durch ein unbekanntes Störsignal $\xi_u(t)$ *gestört* ist. Dann ist die Identifikation in Form einer Parameterschätzung bisher nur für ein weißes Rauschen als Störsignal möglich.

Identifikation im geschlossenen Regelkreis

Proportionalwirkende Prozesse können im allgemeinen bei geöffneten Regelkreisen identifiziert werden. Bei integralwirkenden Prozessen ist dies jedoch häufig nicht möglich, da entweder störende Driftsignale einwirken oder aber der Betrieb des Prozesses dies nicht für längere Zeit zuläßt (Wegdriften des Betriebspunktes). In solchen Fällen, und auch bei instabilen Prozessen muß man deshalb im geschlossenen Regelkreis identifizieren, Bild 1.15. Wenn ein externes Signal, z.B. die Führungsgröße w meßbar ist, dann kann der Prozeß mit Korrelations- oder Parameterschätzmethoden identifiziert werden. Wirkt jedoch kein meßbares externes Signal ein, z.B. lediglich das Störsignal y_z, dann können nur Parameterschätzmethoden mit bestimmten Reglern eingesetzt werden.

Identifikation von Mehrgrößensystemen

Bei linearen Systemen mit mehreren Ein- und Ausgangssignalen (Mehrgrößenprozessen) kann man wie folgt vorgehen. Bei einem Eingang und mehreren Ausgängen (SIMO), Bild 1.16a, erhält man mit einem Testsignal nach r-facher Auswertung

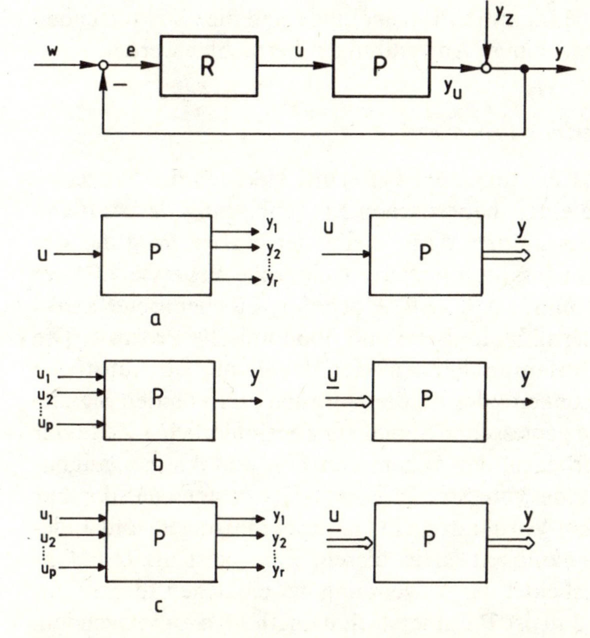

Bild 1.15. Zur Identifikation eines Prozesses P im geschlossenen Regelkreis

Bild 1.16. Zur Identifikation von Mehrgrößensystemen. **a** 1 Eingang – r Ausgänge (SIMO); **b** p Eingänge – 1 Ausgang (MISO); **c** p Eingänge – r Ausgänge (MIMO)

r Ein-/Ausgangsmodelle. Hierzu können für jeden Kanal die Identifikationsmethoden für Eingrößenprozesse verwendet werden. Entsprechend gilt für mehrere Eingänge und einen Ausgang (MISO), Bild 1.16b. Hier kann man einen Eingang nach dem anderen anregen oder alle Eingänge zugleich mit nicht miteinander korrelierten Testsignalen. Es entsteht dann allerdings kein minimalrealisiertes Modell.

Beim Mehrgrößenprozeß mit mehreren Ein- und Ausgängen (MIMO), Bild 1.16c, ergeben sich 3 Möglichkeiten. Man kann einen Eingang nach dem anderen anregen und jedesmal wie bei Bild 1.16a auswerten oder alle Eingänge zugleich anregen und einen Eingang nach dem anderen auswerten wie bei Bild 1.16b. Wenn das Ein-/Ausgangsverhalten zur Beschreibung jedes Kanals ausreicht, lassen sich so die Eingrößenprozeß-Identifikationsmethoden sukzessive einsetzen. Wenn man jedoch *p* Eingänge mit Testsignalen zugleich anregt und *r* Ausgänge hat, dann sollte man besondere Methoden zur Identifikation von Mehrgrößenprozessen einsetzen. Hierbei spielt dann die zugrundegelegte Modellstruktur eine wesentliche Rolle.

Auf diese besonderen Einsatzfälle wird in diesem Band an mehreren Stellen ausführlich eingegangen.

1.7 Anwendungsmöglichkeiten

Wie bereits in Abschnitt 1.2 erläutert, ist der Anwendungszweck des zu identifizierenden Modells entscheidend für die Auswahl der Klasse des Modells, die erforderliche Genauigkeit des Modells, die Identifikationsmethode und die einzusetzenden Geräte. Deshalb sollen beispielhaft einige Anwendungen betrachtet werden.

Verbesserung der Kenntnisse über das Prozeßverhalten

Wenn es mangels ausreichender Kenntnisse der Gesetzmäßigkeiten des Prozesses nicht möglich ist, auf dem Wege einer theoretischen Modellbildung das statische und dynamische Verhalten zu bestimmen, dann bleibt der einzige Weg der des Experiments. Hierzu zählen besonders komplizierte technische Prozesse z.B. der Verfahrenstechnik und Grundstoffindustrie (z.B. Hochofen, biochemische Reaktoren, Trocknung von Schüttgütern), biologische und ökonomische Prozesse. Die anzuwendenden Identifikationsverfahren hängen hier davon ab, ob künstliche Testsignale eingegeben werden können oder ob die natürlich auftretenden Signale verwendet werden müssen, ob die gemessenen Signale in kontinuierlicher Zeit oder nur zu diskreten Zeitpunkten vorliegen, der Anzahl von Ein- und Ausgangssignalen, dem Verhältnis der Amplitude von Störsignalen zu Nutzsignalen, der zur Verfügung stehenden Meßzeit, dem Vorhandensein von Rückführungen, und anderem. Die erforderliche Modellgenauigkeit ist in diesem Fall meist als mittel zu bezeichnen. Für diese Prozesse scheidet die Anwendung der einfachen Identifikationsmethoden oft aus und es sind meist Parameterschätzmethoden zu verwenden.

Überprüfung theoretischer Modelle

Wegen der vereinfachenden Annahme und der meist nur ungenau bekannten Modellparameter ist man oft darauf angewiesen, ein theoretisch abgeleitetes Modell experimentell zu überprüfen. Liegt das (lineare) Modell in Form einer Übertragungsfunktion vor, dann liefert eine Frequenzgangmessung eine gute Vergleichsmöglichkeit. In der Frequenzdarstellung lassen sich sehr transparent Feinheiten der Dynamik erkennen, wie z.B. Resonanzstellen, Vernachlässigungen im Bereich hoher Frequenzen, Totzeit und die Modellordnung. Von Vorteil ist, daß man bei der Frequenzgangmessung keine Annahme über die Modellstruktur machen muß. Bei Prozessen mit großen Einschwingzeiten wird die erforderliche Zeit für eine Frequenzgangmessung allerdings meist zu groß.

Wenn die Prozesse wenig gestört sind, reicht eventuell auch der direkte Vergleich von Übergangsfunktionen aus. Bei stark gestörten Prozessen muß man aber meist Korrelations- oder Parameterschätzmethoden für kontinuierliche Zeit verwenden. Die erforderliche Genauigkeit des resultierenden Prozeßmodells ist meist als mittel bis groß zu bezeichnen.

Einstellung von Reglerparametern

Zur groben Einstellung der Parameter von z.B. PID-Reglern von Hand für einschleifige Regelkreise braucht man im allgemeinen kein detailliertes Modell, sondern es reichen Anhaltswerte für die Kennwerte aus Übergangsfunktionsmessungen aus. Zur genauen Einstellung muß das Modell jedoch wesentlich genauer sein. Dann empfehlen sich Parameterschätzmethoden, besonders für selbsteinstellende digitale Regler.

Rechnergestützter Entwurf digitaler Regelalgorithmen

Zum Entwurf höherwertiger Regelalgorithmen für vermaschte und Mehrgrößen-Regelungen ist eine relativ große Modellgenauigkeit erforderlich. Wenn die Regelalgorithmen einschließlich ihrer Entwurfsverfahren dann auf parametrischen, zeitdiskreten Modellen beruhen, sind Parameterschätzmethoden vorzuziehen, entweder im Off-line oder On-line-Einsatz.

Adaptive Regelalgorithmen

Bei (digitalen) adaptiven Regelungen für Prozesse mit langsam veränderlichen Parametern sind parametrische, zeitdiskrete Modelle von grossem Vorteil, da mit rekursiven Parameterschätzmethoden im On-line-Betrieb in kurzer Zeit geeignete Modelle im geschlossenen Regelkreis ermittelt und mit geeigneten Entwurfsverfahren die Reglerparameter berechnet werden können. Es können jedoch auch nichtparametrische Modelle verwendet werden.

Prozeßüberwachung und Fehlerdiagnose

Wenn die Struktur eines Prozeßmodells aus der theoretischen Modellbildung genau genug bekannt ist, dann kann man mit Parameterschätzmethoden für kontinuierliche Zeit die Modellparameter schätzen und aus ihren Änderungen auf sich anbahnende Fehler im Prozeß zurückschliessen. Dies stellt allerdings sehr hohe Anforderungen an die Genauigkeit des identifizierten Modells. Es ist dann eine On-line-Identifikation mit Echtzeitverarbeitung oder Blockverarbeitung erforderlich.

Vorhersage von Signalen

Bei trägen Prozessen wie z.B. Hochofen oder Kraftwerken ist man gelegentlich daran interessiert zur Unterstützung des Bedieners die Auswirkung bestimmter Eingriffe vorauszusimulieren. Hierzu sind insbesondere rekursive Parameterschätzmethoden in diskreter Zeit im On-line-Einsatz eines Prozeßrechners geeignet.

On-line-Optimierung

Wenn die Aufgabe darin besteht, optimale Arbeitspunkte (z.B. maximaler Wirkungsgrad) in kurzer Zeit aufzusuchen und zu halten, dann bieten sich Parameterschätzmethoden mit nichtlinearem Teilmodell für das dynamische Verhalten im On-line-Betrieb an.

Aus diesen Beispielen ist zu erkennen, wie stark die Aufgabenstellung die Wahl der Identifikationsmethode beeinflußt. Hinzu kommt noch, daß man sich als Anwender nicht unbedingt mit einer Vielzahl von Methoden beschäftigen kann, sondern möglichst mit einer Klasse von Verfahren viele Aufgaben lösen möchte. Dann sind besonders die Parameterschätzmethoden von Vorteil, da sie sich von linearen, zeitinvarianten Eingrößenprozessen ausgehend, direkt auf Mehrgrößensysteme, nichtlineare Systeme und zeitvariante Systeme übertragen lassen.

1.8 Literatur

Die Entwicklung der Identifikation dynamischer Systeme wurde von verschiedenen Gebieten beeinflußt. Wesentliche Impulse gingen von folgenden Disziplinen aus:

— Systemtheorie
— Regelungstheorie
— Signaltheorie
— Zeitreihenanalyse
— Prozeßdynamik
— Meßtechnik
— Digitalrechentechnik.

Die im Laufe der Jahre entstandenen Methoden wurde auch geprägt durch die besonderen Erfordernisse in verschiedenen Anwendungsgebieten:

— Elektrotechnik
— Maschinenbau und Verfahrenstechnik
— Wirtschaftswissenschaften
— Physik/Chemie
— Biologie und Medizin.

Tabelle 1.2. Bücher über Systemidentifikation (ohne Anspruch auf Vollständigkeit)

	Kenn- wert- ermitt- lung	Fre- quenz- gang- messung	Fourier- ana- lyse	Korre- lations- analyse, Spektral- analyse	Modell- abgleich- methoden	Parameter- schätz- methoden
Lee (1964)						x
Himmelblau (1968)		x				x
Davies (1970)				x	x	
Box, Jenkins (1970)						x
Richalet, Rault Pouliquen (1971)					x	x
Sage, Melsa (1971b)				x	x	x
Isermann (1971a)	x	x	x	x	x	
Graupe (1972)	x	x	x	x		x
Mendel (1973)						x
Eykhoff (1974)	x	x		x	x	x
Isermann (1974)				x		x
Unbehauen, Göhring, Bauer (1974)						x
Strobel (1975)	x	x	x	x		
Goodwin, Payne (1977)						x
Rajbmann, Čadeev (1980)				x	x	x
Sorenson (1980)						x
Eykhoff (1981)						x
Ljung, Söderström (1983)						x
Natke (1983)		x	x	x		x
Söderström, Stoica (1983)						x
Young (1984)						x
Norton		x		x		x
Ljung (1987)		x		x		x
Unbehauen, Rao (1987)				x	x	x
Söderström, Stoica (1989)		x		x		x

Die veröffentlichten Arbeiten sind deshalb weit verstreut und es ist nicht einfach, sie einigermaßen zu erfassen.

Eine systematische Durchdringung fand hauptsächlich im Bereich der Regelungstechnik statt. Wesentlichen Einfluß hatten dabei die "IFAC-Symposia on System Identification and Parameter Estimation" in Prag (1967, 1970), Den Haag (1973), Tiflis (1976), Darmstadt (1979), Washington (1982), York (1985), Peking (1988), Budapest (1991).

Bei der Behandlung der einzelnen Identifikationsmethoden wird in den folgenden Kapiteln, soweit bekannt, auf die historische Entwicklung anhand der Erstveröffentlichungen eingegangen.

Bisher erschienene Bücher, die ausschließlich dem Gebiet der Identifikation gewidmet sind, sind in Tabelle 1.2 zusammengestellt (ohne Anspruch auf Vollständigkeit). Es sind jeweils die Schwerpunkte der behandelten Teilgebiete angegeben.

2 Mathematische Modelle linearer dynamischer Prozesse und stochastischer Signale

Ein wesentlicher Ausgangspunkt für die Entwicklung von Identifikationsverfahren ist die Verwendung geeigneter mathematischer Modelle für die Prozesse und ihre Signale. Deshalb werden in diesem Kapitel die wichtigsten mathematischen Modelle von linearen, zeitinvarianten Prozessen mit einem Eingang und einem Ausgang und von stochastischen Signalen in kurzer Form zusammengestellt. Als linear werden bekanntlich Übertragungsglieder bezeichnet, bei denen das Superpositionsgesetz angewendet werden kann. Die Ausgangsfunktion entsteht dann beim gleichzeitigen Einwirken mehrerer Eingangssignale aus der Überlagerung der zugehörigen Ausgangssignale. Im einfachsten Fall wird ein lineares Übertragungsglied durch eine gewöhnliche, lineare Differentialgleichung beschrieben. Wenn ihre Koeffizienten konstant sind, ist das Übertragungsglied zeitinvariant, wenn sie sich mit der Zeit ändern, dann ist es zeitvariant.

Die *Klassifizierung* der im folgenden beschriebenen Modelle erfolgt nach Gesichtspunkten, die im Hinblick auf die Identifikationsverfahren, aber auch auf die weitere Verwendung zweckmäßig ist. Es wird grundsätzlich zwischen nichtparametrischen und parametrischen Modellen, Modellen in Ein-/Ausgangs- oder Zustandsgrößendarstellung, im Zeit- oder Frequenzbereich unterschieden.

Die folgende Zusammenstellung grundlegender Beziehungen ist nur zur Erinnerung und zur Vereinbarung der Schreibweise gedacht. Zur ausführlichen Darstellung sei auf die einschlägige Literatur verwiesen.

2.1 Mathematische Modelle dynamischer Prozesse für zeitkontinuierliche Signale

2.1.1 Nichtparametrische Modelle, deterministische Signale

Im Abschnitt 1.3 wurde bereits darauf hingewiesen, daß die mathematischen Modelle von Prozessen, aber auch von Signalen, unterteilt werden können in nichtparametrische und parametrische Modelle. Die nichtparametrischen Modelle sind dabei Funktionen zwischen den Ein- und Ausgangsgrößen in Form einer Wertetafel oder eines Kurvenverlaufes. Sie haben keine bestimmte Struktur, sind im allgemeinen von unendlich großer Dimension und bilden den Ausgangspunkt für die sogenannten „blackbox“-Verfahren. Deshalb seien sie „schwarze“ Modelle genannt.

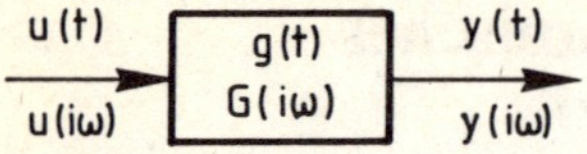

Bild 2.1. Blockschaltbild eines linearen Prozesses und Charakterisierung des dynamischen Verhaltens durch Gewichtsfunktion $g(t)$ und Frequenzgang $G(i\omega)$. (nichtparametrische Modelle)

Die bekanntesten nichtparametrischen Modelle zeitinvarianter linearer Prozesse sind die Gewichtsfunktion, die Übergangsfunktion und der Frequenzgang, Bild 2.1.

a) Gewichtsfunktion

Die *Gewichtsfunktion* oder *Impulsantwort* $g(t)$ ist bekanntlich die Ausgangsgröße des Prozesses nach Anregung der Eingangsgröße in Form einer *Impulsfunktion* (Dirac-Stoß, Delta-Funktion) $\delta(t)$. Die Impulsfunktion ist dabei wie folgt definiert

$$\delta(t) = \begin{cases} \infty & t = 0 \\ 0 & t \neq 0 \end{cases} \tag{2.1.1}$$

$$\int_{-\infty}^{\infty} \delta(t)\,\mathrm{d}t = 1\ \mathrm{sec}\,. \tag{2.1.2}$$

Mit Hilfe der Gewichtsfunktion kann das Ausgangssignal eines linearen Prozesses für beliebige, deterministische Eingangssignale über das *Faltungsintegral* bestimmt werden

$$y(t) = \int_0^t g(t - t'')u(t'')\,\mathrm{d}t'' = \int_0^t g(t')u(t - t')\,\mathrm{d}t'\,. \tag{2.1.3}$$

Bezeichnet man mit $\sigma(t)$ die *Sprungfunktion*

$$\sigma(t) = \begin{cases} 0 & t < 0 \\ 1 & t > 0\,, \end{cases} \tag{2.1.4}$$

die durch Integration der Impulsfunktion entsteht, dann ist die zugehörige Antwort des Prozesses als *Übergangsfunktion* oder *Sprungantwort* $h(t)$ definiert und berechnet sich mit Hilfe des Faltungsintegrals zu

$$h(t) = \int_0^\infty g(t')\sigma(t - t')\,\mathrm{d}t' = \int_0^t g(t')\,\mathrm{d}t'\,. \tag{2.1.5}$$

Die Gewichtsfunktion ist also die zeitliche Ableitung der Übergangsfunktion

$$g(t) = \mathrm{d}h(t)/\mathrm{d}t\,. \tag{2.1.6}$$

b) Frequenzgang, Übertragungsfunktion

Eine der Gewichtsfunktion im Frequenzbereich entsprechende Darstellung ist der *Frequenzgang*. Er ist zunächst für periodische Signale definiert als das Verhältnis der Vektoren von Aus- und Eingangsgröße, wenn der Prozeß mit einer harmonischen Eingangsschwingung angeregt wird und man den eingeschwungenen

Zustand der entstehenden Ausgangsschwingung abwartet

$$G(\mathrm{i}\omega) = \frac{\vec{y}(\omega t)}{\vec{u}(\omega t)} = \frac{y_0(\omega)\mathrm{e}^{\mathrm{i}(\omega t + \varphi(\omega))}}{u_0(\omega)\mathrm{e}^{\mathrm{i}\omega t}} = \frac{y_0(\omega)}{u_0(\omega)}\mathrm{e}^{\mathrm{i}\varphi(\omega)} . \tag{2.1.7}$$

Mit Hilfe der Fourier-Transformation läßt sich der Frequenzgang auch für Prozesse mit nichtperiodischen Signalen festlegen. Die *Fourier-Transformation* bildet eine Zeitfunktion $x(t)$ im Frequenzbereich (Bildbereich) ab mittels

$$\mathfrak{F}\{x(t)\} = x(\mathrm{i}\omega) = \int_{-\infty}^{\infty} x(t)\mathrm{e}^{-\mathrm{i}\omega t}\,\mathrm{d}t . \tag{2.1.8}$$

Die zugehörige *Fourier-Rücktransformation* lautet

$$\mathfrak{F}^{-1}\{x(\mathrm{i}\omega)\} = x(t) = \frac{1}{2\pi}\int_{-\infty}^{\infty} x(\mathrm{i}\omega)\mathrm{e}^{\mathrm{i}\omega t}\,\mathrm{d}\omega \tag{2.1.9}$$

siehe Anhang A1. Voraussetzung zur Existenz der Fourier-Transformation ist, daß die Dirichletschen Bedingungen ($x(t)$ stückweise stetig, monoton und an Unstetigkeitsstellen definiert) und die Konvergenzbedingung

$$\int_{-\infty}^{\infty} |x(t)|\,\mathrm{d}t < \infty \tag{2.1.10}$$

(die absolute Integrierbarkeit) erfüllt werden.

Der Frequenzgang ist bei nichtperiodischen Signalen das Verhältnis der Fourier-Transformierten von Ausgangs- und Eingangssignal

$$G(\mathrm{i}\omega) = \frac{\mathfrak{F}\{y(t)\}}{\mathfrak{F}\{u(t)\}} = \frac{y(\mathrm{i}\omega)}{u(\mathrm{i}\omega)} . \tag{2.1.11}$$

Der Verknüpfung von Ein- und Ausgangssignal im Zeitbereich über das Faltungsintegral entspricht also im Frequenzbereich die Beziehung

$$y(\mathrm{i}\omega) = G(\mathrm{i}\omega)u(\mathrm{i}\omega) . \tag{2.1.12}$$

Da die Fourier-Transformierte

$$\mathfrak{F}\{\delta(t)\} = 1\ \mathrm{sec}$$

ist, folgt aus Gl. (2.1.11)

$$G(\mathrm{i}\omega) = \frac{\mathfrak{F}\{g(t)\}}{\mathfrak{F}\{\delta(t)\}} = \int_{0}^{\infty} g(t)\mathrm{e}^{-\mathrm{i}\omega t}\,\mathrm{d}t\,\frac{1}{\mathrm{sec}} . \tag{2.1.13}$$

Der Frequenzgang ist also die Fourier-Transformierte der Gewichtsfunktion.

Da die Fourier-Transformierte für oft verwendete Eingangssignale wie z.B. die Sprungfunktion oder Anstiegsfunktion nicht existiert, bietet sich die Bestimmung der Übertragungsfunktion aus den nichtperiodischen Signalen an. Die *Laplace-Transformation* lautet bekanntlich mit der Variablen $s = \delta + \mathrm{i}\omega$

$$\mathfrak{L}\{x(t)\} = x(s) = \int_{0}^{\infty} x(t)\mathrm{e}^{-st}\,\mathrm{d}t \tag{2.1.14}$$

und die *Laplace-Rücktransformation*

$$\mathfrak{L}^{-1}\{x(s)\} = x(t) = \frac{1}{2\pi \mathrm{i}} \int_{\delta - \mathrm{i}\infty}^{\delta + \mathrm{i}\infty} x(s) \mathrm{e}^{st} \, \mathrm{d}s \tag{2.1.15}$$

siehe Anhang A1. Die *Übertragungsfunktion* ergibt sich als Verhältnis der Laplace-Transformierten von Ausgangs- zu Eingangssignal

$$G(s) = \frac{\mathfrak{L}\{y(t)\}}{\mathfrak{L}\{u(t)\}} = \frac{y(s)}{u(s)}. \tag{2.1.16}$$

Analog zu Gl. (2.1.13) gilt

$$G(s) = \frac{\mathfrak{L}\{g(t)\}}{\mathfrak{L}\{\delta(t)\}} = \int_0^\infty g(t) \mathrm{e}^{-st} \, \mathrm{d}t \, \frac{1}{\mathrm{sec}} . \tag{2.1.17}$$

Für $\delta \to 0$ und damit $s \to \mathrm{i}\omega$ geht die Übertragungsfunktion in den Frequenzgang über

$$\lim_{s \to \mathrm{i}\omega} G(s) = G(\mathrm{i}\omega) . \tag{2.1.18}$$

Damit sind die wichtigsten Grundgleichungen für nichtparametrische lineare Modelle mit deterministischen Signalen zusammengestellt.

2.1.2 Parametrische Modelle, deterministische Signale

a) Elementare Modelle

Parametrische Modelle stellen die Beziehungen zwischen den Ein- und Ausgangsgrößen in Form von Gleichungen dar und enthalten im allgemeinen eine endliche Anzahl von Parametern explizit. Diese Gleichungen entstehen auf dem Wege der theoretischen Modellbildung, siehe Abschnitt 1.1. Durch das Aufstellen der Bilanzgleichungen für die gespeicherten Größen, den physikalisch-chemischen Zustandsgleichungen und den phänomenologischen Gleichungen wird ein System von Gleichungen gebildet, mit physikalisch definierten Koeffizienten c_j, die hier Prozeßkoeffizienten genannt seien. Aus diesem Gleichungssystem kann die *elementare Modellstruktur* erkannt und z.B. in einem Blockschaltbild dargestellt werden. Dies ist im Anhang A2 für Prozesse mit konzentrierten Parametern kurz wiedergegeben und an einem Beispiel erläutert. Modelle, die diese elementare Modellstruktur zeigen, können im Unterschied zu den nichtparametrischen „schwarzen" Modellen nach Abschnitt 2.1 „weiße" Modelle (white boxes) genannt werden. Sie sind im allgemeinen nur auf dem Weg der theoretischen Modellbildung zu erhalten.

b) Differentialgleichungen

Wenn nur das *Ein/Ausgangs-Verhalten* von Interesse ist, dann werden die Zwischengrößen (sofern dies möglich ist) eliminiert. Das resultierende mathematische Modell bekommt dann bei Prozessen mit konzentrierten Parametern die

Form einer gewöhnlichen *Differentialgleichung* (Dgl.), die im linearen Fall lautet

$$y^{(m)}(t) + \mathrm{a}_{m-1} y^{(m-1)}(t) + \cdots + \mathrm{a}_1 \dot{y}(t) + \mathrm{a}_0 y(t) \tag{2.1.19}$$
$$= \mathrm{b}_n u^{(n)}(t) + b_{n-1} u^{(n-1)}(t) + \cdots + \mathrm{b}_1 \dot{u}(t) + \mathrm{b}_0 u(t) \, .$$

Die Modellparameter a_i und b_i werden dabei durch die Prozeßkoeffizienten c_j bestimmt, siehe Anhang A2. Bei diesem Übergang geht aber im allgemeinen für $m > 1$ die elementare Modellstruktur verloren. Man erkennt dies z.B. auch daraus, daß für $m > 1$ zu einer gegebenen Differentialgleichung kein eindeutiges Blockschaltbild angegeben werden kann. Deshalb kann man Differentialgleichungen nach Gl. (2.1.19) als „graue" Modelle (grey boxes) bezeichnen.

Entsprechende Überlegungen lassen sich für die partiellen Dgl. von Prozessen mit verteilten Parametern anstellen.

c) Übertragungsfunktions- und Frequenzgang-Gleichung

Durch Anwenden der Laplace-Transformation auf die Dgl. (2.1.19) und Setzen aller Anfangsbedingungen zu Null erhält man die (parametrische) *Übertragungsfunktion*

$$G(s) = \frac{y(s)}{u(s)} = \frac{\mathrm{b}_0 + \mathrm{b}_1 s + \cdots + \mathrm{b}_m s^m}{\mathrm{a}_0 + \mathrm{a}_1 s + \cdots + s^n} = \frac{\mathrm{B}(s)}{\mathrm{A}(s)} \tag{2.1.20}$$

mit dem Verstärkungsfaktor

$$K = \underset{s \to 0}{G(s)} = \mathrm{b}_0 / \mathrm{a}_0 \, . \tag{2.1.21}$$

Durch $s \to \mathrm{i}\omega$ entsteht der (parametrische) *Frequenzgang*

$$G(\mathrm{i}\omega) = \lim_{s \to \mathrm{i}\omega} G(s) = |G(\mathrm{i}\omega)| \mathrm{e}^{\mathrm{i}\varphi(\omega)} \tag{2.2.22}$$

mit dem Amplitudengang $|G(\mathrm{i}\omega)|$ und dem Phasengang $\varphi(\omega)$, welche hier im Unterschied zu Gln. (2.1.11) und (2.1.13) in Abhängigkeit der Modellparameter angegeben werden.

d) Zustandsgrößen-Darstellung

Wenn man zusätzlich zum Verhalten der Ausgangsgröße auch das Verhalten von internen Signalen benötigt, empfiehlt sich die Zustandsgrößen-Darstellung. Für einen linearen, zeitinvarianten Prozeß mit einer Ein- und Ausgangsgröße lauten die Zustandsgleichungen

$$\dot{\boldsymbol{x}}(t) = \boldsymbol{A}\boldsymbol{x}(t) + \boldsymbol{b}u(t) \tag{2.1.23}$$

$$y(t) = \boldsymbol{c}^T \boldsymbol{x}(t) + du(t). \tag{2.1.24}$$

Die erste Gleichung wird als Zustands (vektor) differentialgleichung und die zweite

Gleichung als Ausgangsgleichung bezeichnet. Hierbei sind:

$\boldsymbol{x}(t) = [x_1(t) \quad x_2(t) \quad \dots \quad x_m(t)]^T$

	$(m \times 1)$	Zustandsvektor
$\boldsymbol{A}$	$(m \times m)$	Systemmatrix
$\boldsymbol{b}$	$(m \times 1)$	Steuervektor
$\boldsymbol{c}$	$(m \times 1)$	Ausgangsvektor
d		Durchgangsfaktor

Ein Blockbild der allgemeinen Zustandsdarstellung zeigt Bild 2.2.

Die *elementare Zustandsdarstellung* entsteht, indem für jeden Speicher eine skalare Differentialgleichung erster Ordnung (bei Schwingern für zwei Speicher eine Dgl. zweiter Ordnung) aufgrund der Gleichungen aus der theoretischen Modellbildung angeschrieben wird. Dann werden die Ausgangsgrößen der Speicher als Zustandsgrößen gewählt, siehe Anhang A2.

Es sei nun angenommen, daß eine Differentialgleichung nach Gl. (2.1.19) gegeben sei und daß sie in eine Zustandsdarstellung überführt werden soll. Da die Wahl der Zustandsgrößen nicht eindeutig ist, kann man viele verschiedene Zustandsdarstellungen angeben. Besonders ausgezeichnete Formen werden als *kanonische Zustandsdarstellungen* bezeichnet. Hiervon sollen zwei besonders häufig benutzte Formen betrachtet werden.

Für die *Regelungs-Normalform* lauten die Matrizen und Vektoren mit $n = m$

$$\boldsymbol{A} = \begin{bmatrix} 0 & 1 & 0 & \dots & 0 \\ 0 & 0 & 1 & & 0 \\ \vdots & & & \ddots & \vdots \\ 0 & 0 & 0 & \cdots & 1 \\ -\mathrm{a}_0 & -\mathrm{a}_1 & -\mathrm{a}_2 & \cdots & -\mathrm{a}_{m-1} \end{bmatrix} \quad \boldsymbol{b} = \begin{bmatrix} 0 \\ 0 \\ \vdots \\ 0 \\ 1 \end{bmatrix}$$

$$\boldsymbol{c}^T = [(\mathrm{b}_0 - \mathrm{b}_m \mathrm{a}_0) \quad \dots \quad (\mathrm{b}_{m-1} - \mathrm{b}_m \mathrm{a}_{m-1})]$$

$$d = \mathrm{b}_m. \tag{2.1.25}$$

Diese Form ist besonders für den Entwurf von Zustands-Reglern geeignet. Die *Beobachtungs-Normalform* ist wie folgt festgelegt:

$$\boldsymbol{A} = \begin{bmatrix} 0 & 0 & \cdots & 0 & -\mathrm{a}_0 \\ 1 & 0 & & 0 & -\mathrm{a}_1 \\ 0 & 1 & & 0 & -\mathrm{a}_2 \\ \vdots & & \ddots & \vdots & \vdots \\ 0 & 0 & \cdots & 1 & -\mathrm{a}_{m-1} \end{bmatrix}$$

$$\boldsymbol{b}^T = [(\mathrm{b}_0 - \mathrm{b}_m \mathrm{a}_0) \quad \dots \quad (\mathrm{b}_{m-1} - \mathrm{b}_m \mathrm{a}_{m-1})]$$

$$\boldsymbol{c}^T = [0 \quad 0 \dots 0 \quad 1]$$

$$d = \mathrm{b}_m. \tag{2.1.26}$$

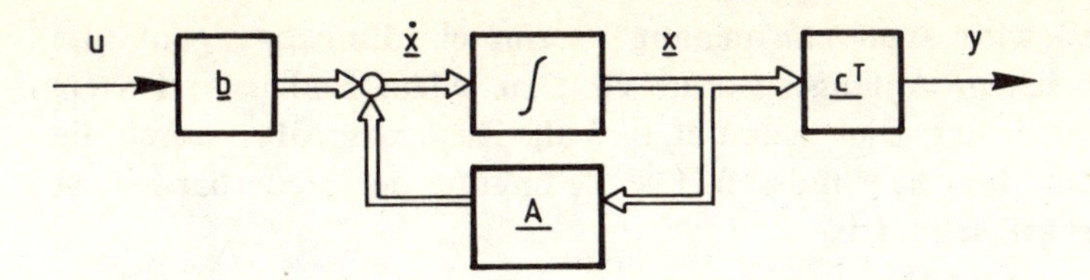

Bild 2.2. Zustandsdarstellung eines linearen Prozesses mit einem Eingang und einem Ausgang, $d = 0$

Die Ausgangsgröße $y(t)$ ist gleich der Zustandsgröße $x_m(t)$ falls $b_m = 0$. Diese Form eignet sich besonders für Zustandsgrößen-Beobachter. Die Ableitung beider Formen und Blockschaltbilder werden im Anhang A2 anhand eines Beispieles gezeigt.

Andere bekannte kanonische Formen sind die Jordan-Normalform (aus Partialbruchzerlegung der Übertragungsfunktion entstanden) und die Steuerbarkeits- und Beobachtbarkeits-Normalform. Zur ausführlichen Einführung in die Zustandsdarstellung sei verwiesen auf Weihrich (1973), Brammer, Siffling (1975), Strejc (1981) und Föllinger und Franke (1982).

Die verschiedenen Formen der Zustandsdarstellung gehen durch *lineare Vektortransformationen*

$$\boldsymbol{x}_t = \boldsymbol{T}\boldsymbol{x} \tag{2.1.27}$$

ineinander über. Für die transformierte Darstellung gilt dann

$$\left.\begin{aligned} \dot{\boldsymbol{x}}_t(t) &= \boldsymbol{A}_t\boldsymbol{x}_t(t) + \boldsymbol{b}_t u(t) \\ y(t) &= \boldsymbol{c}_t^T\boldsymbol{x}_t(t) + du(t) \end{aligned}\right\} \tag{2.1.28}$$

mit

$$\boldsymbol{A}_t = \boldsymbol{T}\boldsymbol{A}\boldsymbol{T}^{-1} \quad \boldsymbol{b}_t = \boldsymbol{T}\boldsymbol{b}$$

$$\boldsymbol{c}_t^T = \boldsymbol{c}^T\boldsymbol{T}^{-1}$$

Die Lösung der Vektordifferentialgleichung Gl. (2.1.23) lautet

$$\boldsymbol{x}(t) = \boldsymbol{\Phi}(t - t_0)\boldsymbol{x}(t_0) + \int_{t_0}^{t} \boldsymbol{\Phi}(t - \tau)\boldsymbol{b}u(\tau)\,\mathrm{d}\tau \tag{2.1.29}$$

wobei $\boldsymbol{x}(t_0)$ der Anfangszustand und

$$\boldsymbol{\Phi}(t) = \mathrm{e}^{\boldsymbol{A}t} = \lim_{n \to \infty}\left[\boldsymbol{I} + \boldsymbol{A}t + \boldsymbol{A}^2\frac{t^2}{2!} + \cdots + \boldsymbol{A}^n\frac{t^n}{n!}\right] \tag{2.1.30}$$

die Fundamentalmatrix sind, siehe z.B. Thoma (1973). Für die Ausgangsgröße gilt somit mit Gl. (2.1.24)

$$y(t) = \boldsymbol{c}^T\boldsymbol{\Phi}(t - t_0)\boldsymbol{x}(t_0) + \boldsymbol{c}^T\int_{t_0}^{t} \boldsymbol{\Phi}(t - \tau)\boldsymbol{b}u(\tau)\,\mathrm{d}\tau + du(t)\,. \tag{2.1.31}$$

Die Zustandsdarstellung ermöglicht die Erkennung und Beschreibung von Systemeigenschaften, wie z.B. die Steuerbarkeit und Beobachtbarkeit, die sowohl für die Regelung als auch Identifikation von Bedeutung sind.

Ein linearer Prozeß wird *steuerbar* genannt, wenn ein Eingangssignal $u(t)$ existiert, das ihn von jedem Anfangszustand $\boldsymbol{x}(t_0)$ zu jedem Endzustand $\boldsymbol{x}(t_1)$ in endlicher Zeit $t_1 - t_0$ bringt. Dies bedeutet, daß alle Zustandsgrößen durch die Steuergröße $u(t)$ beeinflußbar sein müssen. Die Bedingung der Steuerbarkeit ist erfüllt, falls die Steuerbarkeitsmatrix

$$\boldsymbol{Q}_s = [\boldsymbol{b} \quad \boldsymbol{A}\boldsymbol{b} \quad \boldsymbol{A}^2\boldsymbol{b} \quad \dots \quad \boldsymbol{A}^{m-1}\boldsymbol{b}] \tag{2.1.32}$$

nichtsingulär ist, d.h. $\det \boldsymbol{Q}_s \neq 0$ oder Rang $\boldsymbol{Q}_s = m$.

Dies folgt durch Einsetzen von Gl. (2.1.30) in Gl. (2.1.31) mit $\boldsymbol{x}(t_0) = \boldsymbol{0}$

$$\boldsymbol{x}(t_1) = \boldsymbol{b} \int_{t_0}^{t_1} u(\tau)\,\mathrm{d}\tau + \boldsymbol{A}\boldsymbol{b} \int_{t_0}^{t_1} (t_1 - \tau) u(\tau)\,\mathrm{d}\tau$$

$$+ \cdots + \boldsymbol{A}^l\boldsymbol{b} \int_{t_0}^{t_1} (t_1 - \tau)^l u(\tau)\,\mathrm{d}\tau \tag{2.1.33}$$

wobei $l \to \infty$. Da der Zustandsvektor $\boldsymbol{x}(t_1)$ der Dimension m jedoch nicht von mehr als m linear unabhängigen Vektoren abhängen kann, sind die linear unabhängigen Vektoren in Gl. (2.1.33) jene mit $l \leqq m - 1$, siehe z.B. Kwakernaak, Sivan (1972). Eine andere Erklärung ist, daß mit m Vektoren in Gl. (2.1.33) jeder Punkt des Zustandsvektors $\boldsymbol{x}(t_1)$ erzeugt werden kann, Takahashi, Rabins, Auslander (1972).

Ein linearer Prozeß wird *beobachtbar* genannt, wenn jeder Zustand $\boldsymbol{x}(t_0)$ aus zukünftigen Werten $y(t)$, $t > t_0$ in endlicher Zeit $t - t_0$ bestimmt werden kann. Dies bedeutet, daß alle Zustandsgrößen die Ausgangsgröße $y(t)$ beeinflussen müssen. Die Bedingung der Beobachtbarkeit ist erfüllt, falls die Beobachtbarkeitsmatrix

$$\boldsymbol{Q}_B = [\boldsymbol{c} \quad \boldsymbol{A}^T\boldsymbol{c} \quad (\boldsymbol{A}^T)^2\boldsymbol{c} \quad \dots \quad (\boldsymbol{A}^T)^{m-1}\boldsymbol{c}] \tag{2.1.34}$$

nichtsingulär ist, d.h. $\det \boldsymbol{Q}_B \neq 0$ oder Rang $\boldsymbol{Q}_B = m$. Dies folgt z.B. durch Einsetzen von Gl. (2.1.33) in Gl. (2.1.31), Kwakernaak, Sivan (1972). Weitere Eigenschaften dynamischer Systeme werden durch Erreichbarkeit, Stabilisierbarkeit und Rekonstruierbarkeit (reachability, stabilizability, reconstructability) beschrieben, siehe Strejc (1981).

Ein bedeutender Vorteil der Zustandsgrößen-Darstellung ist der von den Gleichungen her gesehen unmittelbar mögliche Übergang auf Mehrgrößensysteme, siehe Kapitel 26.

2.1.3 Kennwerte der Übergangsfunktionen einfacher parametrischer Modelle

Im folgenden werden einige Kennwerte von linearen Übertragungsgliedern zusammengestellt, die durch Spezialisierungen der allgemeinen Übertragungsfunktion

$$G(s) = \frac{y(s)}{u(s)} = \frac{\mathrm{B}(s)}{\mathrm{A}(s)}$$

$$= \frac{\mathrm{b}_0 + \mathrm{b}_1 s + \cdots + \mathrm{b}_{m-1} s^{m-1} + \mathrm{b}_m s^m}{1 + \mathrm{a}_1 s + \cdots + \mathrm{a}_{n-1} s^{n-1} + \mathrm{a}_n s^n} \tag{2.1.35}$$

hervorgehen. Die einzelnen Kennwerte lassen sich den gemessenen Übergangsfunktionen, gelegentlich auch Gewichtsfunktionen, direkt entnehmen und mit Hilfe einfacher Beziehungen zur Bestimmung der Parameter spezieller Übertragungsfunktionen verwenden. Sie sind damit die Grundlage von besonders einfachen Möglichkeiten der Prozeßidentifikation, den sog. *Kennwertermittlungsmethoden*, die im Kapitel 21 ausführlicher behandelt werden. Auf eine detaillierte Ableitung der Kennwerte wird meist verzichtet, da dies vielen Grundlagenbüchern entnommen werden kann.

a) Verzögerungsglied erster Ordnung

Ein Verzögerungsglied erster Ordnung mit der Übertragungsfunktion

$$G(s) = \frac{y(s)}{u(s)} = \frac{\mathrm{b}_0}{1 + \mathrm{a}_1 s} = \frac{K}{1 + Ts} \tag{2.1.36}$$

und der Übergangsfunktion

$$y(t) = Ku_0(1 - \mathrm{e}^{-t/T}) = y(\infty)(1 - \mathrm{e}^{-t/T}) \tag{2.1.37}$$

als Antwort auf einen Eingangssprung der Größe u_0 bzw. für $u_0 = 1$

$$h(t) = K(1 - \mathrm{e}^{-t/T})$$

wird durch die Parameter bzw. Kennwerte Verstärkungsfaktor K und Zeitkonstante T vollständig beschrieben.

Zum schnellen Auftragen der Übergangsfunktion sind in Tabelle 2.1 einige Zahlenwerte angegeben. Nach der Zeit $t = T$, $3T$, $5T$ hat die Übergangsfunktion etwa 63%, 95%, 99% ihres Endwertes erreicht.
Der Verstärkungsfaktor ergibt sich aus der Endauslenkung $y(\infty)$ und der Sprunghöhe u_0

$$K = \frac{y(\infty)}{u_0} . \tag{2.1.38}$$

Zur Ermittlung der Zeitkonstanten können folgende Eigenschaften der Übergangsfunktion verwendet werden, vgl. Bild 2.3.

Tabelle 2.1. Funktionswerte der Übergangsfunktion eines Verzögerungsgliedes erster Ordnung

$\frac{t}{T}$	0	0,694	1	2	3	5	10	∞
$\frac{y(t)}{y(\infty)}$	0	0,5	0,6321	0,8647	0,9502	0,9933	0,99995	1

α) *Tangentenabschnitt*

Für die Übergangsfunktion gilt bei beliebigen Zeitpunkten

$$\frac{\mathrm{d}y(t)}{\mathrm{d}t} = \frac{y(\infty)}{T} = \mathrm{e}^{-t/T} . \tag{2.1.39}$$

Legt man z.B. beim Zeitpunkt t_1 die Tangente an die Übergangsfunktion, dann gilt

$$\frac{\Delta y(t_1)/y(\infty)}{\Delta t} = \frac{\mathrm{e}^{-t_1/T}}{T} . \tag{2.1.40}$$

Der Tangentenabschnitt in der Endwertlinie ist also für beliebiges t_1 gerade gleich der Zeitkonstanten T, siehe Bild 2.3.
Insbesondere gilt für $t_1 = 0$

$$\frac{\Delta y(0)}{\Delta t} = \frac{y(\infty)}{T} \tag{2.1.41}$$

so daß man durch Anlegen der Tangente im Ursprung auf der Endwertlinie den Wert von T ablesen kann.

β) *Fläche*

Es wird ein Übertragungsglied erster Ordnung mit Energie- oder Massenspeicherung betrachtet. Wenn dieses Übertragungsglied passiv ist, d.h. der Zustrom $\dot{Q}_e(t)$ und Abstrom $\dot{Q}_a(t)$ von Energie oder Masse nur am Eingang und Ausgang, d.h. ohne sonstige Verlust- oder Zusatzströme erfolgt, dann gilt für den im Übertragungsglied gespeicherten Energie- oder Massenstrom

$$\dot{Q}_{\mathrm{Sp}}(t) = \Delta\dot{Q}_e(t) - \Delta\dot{Q}_a(t) . \tag{2.1.42}$$

Ändert sich der Zustrom $\dot{Q}_e(t)$ sprungförmig um den Betrag $\Delta\dot{Q}_{e0}$, dann gilt für den Abstrom

$$\Delta\dot{Q}_a(t) = \Delta\dot{Q}_a(\infty)(1 - \mathrm{e}^{-t/T}) \tag{2.1.43}$$

und für den Speicherstrom

$$\dot{Q}_{\mathrm{Sp}}(t) = \Delta\dot{Q}_a(\infty)\mathrm{e}^{-t/T} = \Delta\dot{Q}_{e0}\mathrm{e}^{-t/T} . \tag{2.1.44}$$

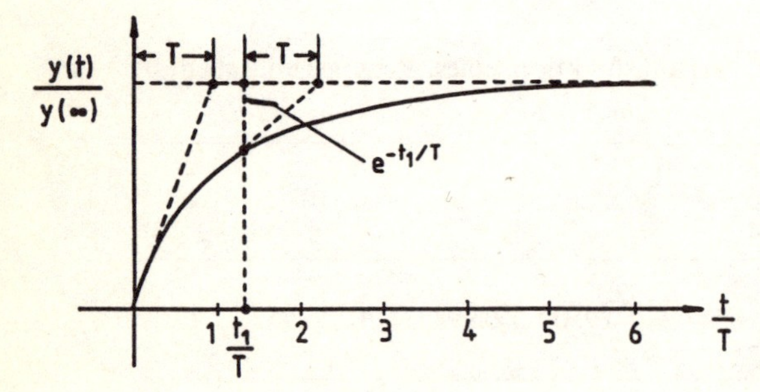

Bild 2.3. Kennwerte der Übergangsfunktion eines Verzögerungsgliedes erster Ordnung

Integriert man den Speicherstrom über den ganzen Ausgleichsvorgang, dann erhält man die insgesamt gespeicherte Größe

$$\Delta Q_{\mathrm{Sp}}(\infty) = \int_0^\infty \dot{Q}_{\mathrm{Sp}}(t)\,\mathrm{d}t = \Delta\dot{Q}_{e0} \int_0^\infty \mathrm{e}^{-t/T}\,\mathrm{d}t = \Delta\dot{Q}_{e0}\,T\,. \tag{2.1.45}$$

Die gespeicherte Größe ist also proportional zur Zeitkonstante T bzw. es gilt

$$T = \frac{\Delta Q_{\mathrm{Sp}}(\infty)}{\Delta\dot{Q}_{e0}} = \frac{\Delta Q_{\mathrm{Sp}}(\infty)}{\Delta\dot{Q}_{a}(\infty)} = \frac{\text{Änderung der gespeicherten Größe}}{\text{Änderung des Zu- oder Abstromes}} \tag{2.1.46}$$

Entsprechende Beziehungen gelten auch für Impulsspeicher, wenn anstelle des Zu- und Abstromes die wirkenden Kräfte eingesetzt werden.

Die während eines Übergangsvorganges gespeicherte Größe $\Delta Q_{\mathrm{Sp}}(\infty)$ ist somit gleich der in Bild 2.4 schraffierten Fläche, wenn man als Eingangsgröße $\Delta\dot{Q}_e(t) = \Delta\dot{Q}_{e0}$ und als Ausgangsgröße $\Delta\dot{Q}_a(t)$ aufträgt. Somit läßt sich die Zeitkonstante nach Gl. (2.1.46) aus der Fläche zwischen der Übergangsfunktion und der Endwertlinie ermitteln.

Für die Übergangsfunktion nach Gl. (2.1.37) folgt entsprechend

$$A = \int_0^\infty [y(\infty) - y(\infty)(1 - \mathrm{e}^{-t/T})]\,\mathrm{d}t$$

$$= y(\infty) \int_0^\infty \mathrm{e}^{-t/T}\,\mathrm{d}t = y(\infty)\cdot T \tag{2.1.47}$$

und somit

$$T = A/y(\infty)\,. \tag{2.1.48}$$

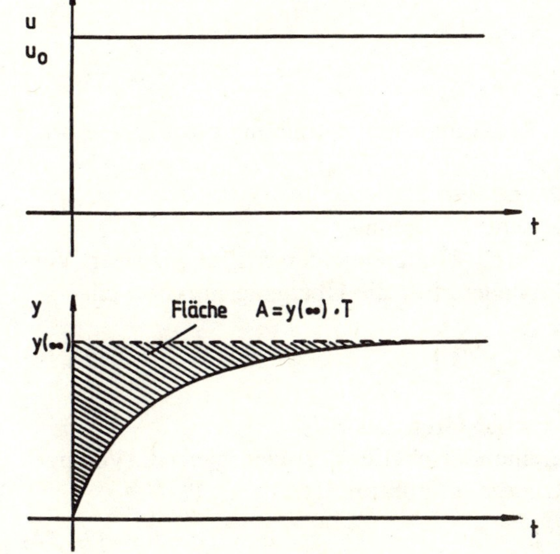

Bild 2.4. Zur Speicherung in einem passiven Verzögerungsglied

γ) Logarithmische Auftragung

Trägt man bei einer gemessenen Übergangsfunktion den Abschnitt $y(\infty)e^{-t/T}$, Bild 2.3, in doppellogarithmischem Maßstab über die Zeit auf, so entsteht eine Gerade, aus deren Steigung sich die Zeitkonstante bestimmen läßt, Oppelt (1972).

b) Verzögerungsglied zweiter Ordnung

Ein Verzögerungsglied zweiter Ordnung besitzt die Übertragungsfunktion

$$G(s) = \frac{y(s)}{u(s)} = \frac{\mathrm{b}_0}{1 + \mathrm{a}_1 s + \mathrm{a}_2 s^2} = \frac{K}{1 + T_1 s + T_2^2 s^2}$$

$$= \frac{K}{1 + \frac{2D}{\omega_0} s + \frac{1}{\omega_0^2} s^2} \tag{2.1.49}$$

mit den Kennwerten

$$\left.\begin{aligned} &\omega_0 = \frac{1}{T_2} && \text{Kennkreisfrequenz} \\ &D = \frac{T_1}{2T_2} = \frac{T_1}{2}\omega_0 && \text{Dämpfungsgrad} \\ &K && \text{Verstärkungsfaktor} \end{aligned}\right\} \tag{2.1.50}$$

In faktorisierter Form lautet die Übertragungsfunktion

$$G(s) = \frac{K}{(s - s_1)(s - s_2)} \tag{2.1.51}$$

mit den Polen

$$s_{1,2} = \omega_0[-D \pm \sqrt{D^2 - 1}]\,. \tag{2.1.52}$$

Je nach der Größe von D wird der Radikant dieser Gleichung positiv, null oder negativ.

Man unterscheidet daher 3 Fälle, vgl. Bild 2.5.

1. Fall: $D > 1$. Reelle Pole. Aperiodische Dämpfung.
Das Übertragungsglied läßt sich durch Hintereinanderschaltung zweier Verzögerungsglieder erster Ordnung darstellen. Für die Übergangsfunktion gilt

$$h(t) = K\left[1 + \frac{1}{s_1 - s_2}(s_2 e^{s_1 t} - s_1 e^{s_2 t})\right]. \tag{2.1.53}$$

2. Fall: $D = 1$. Doppelpol. Aperiodischer Grenzfall.
Dieser Fall entsteht durch Hintereinanderschaltung zweier gleicher Verzögerungsglieder erster Ordnung. Die Übergangsfunktion lautet

$$h(t) = K[1 - e^{-\omega_0 t}(1 + \omega_0 t)] \tag{2.1.54}$$

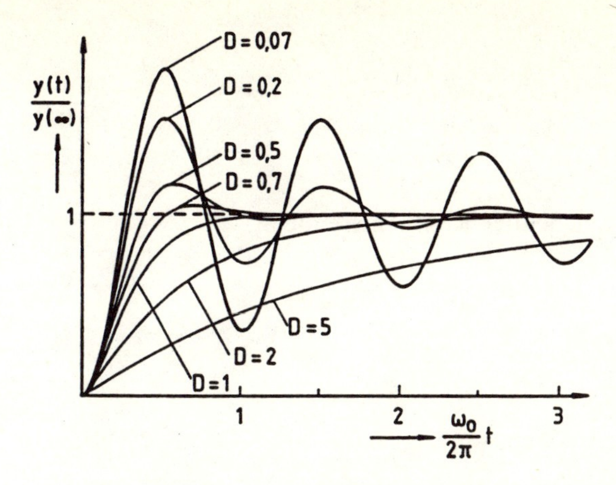

Bild 2.5. Übergangsfunktionen der Verzögerungsglieder zweiter Ordnung für verschiedene Dämpfungsgrade

3. Fall: $0 < D < 1$. Konjugiert komplexe Pole. Periodische Dämpfung.
Im Unterschied zu den ersten beiden Fällen stellen sich nun gedämpfte Schwingungen ein. Es werden zwei zusätzliche Kennwerte eingeführt

$$\left.\begin{aligned} \omega_e &= \omega_0 \sqrt{1 - D^2} \quad \text{Eigenfrequenz} \\ \delta_e &= D\omega_0 \quad\quad\quad\;\; \text{Abklingkonstante.} \end{aligned}\right\} \tag{2.1.55}$$

Damit gilt für die Übergangsfunktion

$$\begin{aligned} h(t) &= K\left[1 - \mathrm{e}^{-\delta_e t}\left(\cos\omega_e t + \frac{\delta_e}{\omega_e}\sin\omega_e t\right)\right] \\ &= K\left[1 - \frac{1}{\sqrt{1 - D^2}}\mathrm{e}^{-\delta_e t}\sin(\omega_e t + \varphi)\right] \end{aligned} \tag{2.1.56}$$

mit $\qquad \varphi = \arctan(\omega_e/\delta_e)$. $\hfill$ (2.1.57)

Sie ist eine phasenverschobene Sinusfunktion, die von der Hüllkurve

$$A = \pm\frac{K}{\sqrt{1 - D^2}}\mathrm{e}^{-\delta_e t} + K \tag{2.1.58}$$

eingegrenzt wird. Für die maximale Überschwingweite über die Endwertlinie gilt

$$y' = y_{\max} - K = K\mathrm{e}^{-\pi\delta_e/\omega_e}. \tag{2.1.59}$$

Bei gegebener Übergangsfunktion kann man zunächst aus den Durchgangszeitpunkten durch die Endwertlinie die Schwingungsdauer T_e und hieraus die Eigenfrequenz

$$\omega_e = 2\pi/T_e \tag{2.1.60}$$

bestimmen. Aus der Überschwingweite ergibt sich dann mit Gl. (2.1.59) die Abklingkonstante

$$\delta_e = \frac{\omega_e}{\pi}\ln\frac{K}{y'} \quad (y' > 0) \tag{2.1.62}$$

und aus Gln. (2.1.55) folgen

$$D = \frac{1}{\left(\frac{\omega_e}{\delta_e}\right)^2 + 1} \quad \text{und} \quad \omega_0 = \frac{\delta_e}{D} . \tag{2.1.63}$$

Der Betrag des Frequenzganges hat bei der Resonanzfrequenz

$$\omega_{\text{res}} = \omega_0 \sqrt{1 - 2D^2} \tag{2.1.64}$$

für $0 < D < 1/\sqrt{2}$ das Maximum

$$|G(\omega_{\text{res}})| = K/2D\sqrt{1 - D^2} . \tag{2.1.65}$$

Für die verschiedenen Kreisfrequenz-Kennwerte gilt

$$\omega_{\text{res}} < \omega_e < \omega_0 . \tag{2.1.66}$$

c) Verzögerungsglied höherer Ordnung

Aperiodische Verzögerungsglieder n-ter Ordnung entstehen im allgemeinen durch Hintereinanderschaltung von n voneinander unabhängigen Speichern erster Ordnung mit verschiedenen Zeitkonstanten

$$\begin{aligned} G(s) = \frac{y(s)}{u(s)} &= \frac{\prod_{\alpha=1}^{n} K_\alpha}{\prod_{\alpha=1}^{n} (1 + T_\alpha s)} = \frac{K}{(1 + T_1 s)(1 + T_2 s) \ldots (1 + T_n s)} \\ &= \frac{K}{1 + \mathrm{a}_1 s + \cdots + \mathrm{a}_n s^n} = \frac{K s_1 s_2 \ldots s_n}{(s - s_1)(s - s_2) \ldots (s - s_n)} \\ \mathrm{a}_1 &= T_1 + T_2 + \cdots + T_n \\ \mathrm{a}_n &= T_1 T_2 \cdots T_n \\ s_\alpha &= \frac{1}{T_\alpha} . \end{aligned} \tag{2.1.67}$$

Durch Angabe des Verstärkungsfaktors K und der n Zeitkonstanten ist das Übertragungsverhalten eines Verzögerungsgliedes n-ter Ordnung vollständig bestimmt.

Die zugehörige Übergangsfunktion folgt der Gleichung

$$\begin{aligned} h(t) &= K\left[1 + \sum_{\alpha=1}^{n} c_\alpha \mathrm{e}^{s_\alpha t}\right] \\ c_\alpha &= \frac{1}{s}(s - s_\alpha) G(s) \Big|_{s = s_\alpha} \end{aligned} \tag{2.1.68}$$

siehe z.B. Oppelt (1972).

Da bei passiven Übertragungsgliedern die in jedem einzelnen Verzögerungsglied während der Dauer einer Übergangsfunktion gespeicherte Größe (Energie, Masse, Impuls) proportional zur jeweiligen Zeitkonstante T_α ist, muß die in den hintereinandergeschalteten Gliedern gespeicherte gesamte Größe proportional der Summe aller Zeitkonstanten sein (Voraussetzung: $K_\alpha = 1$). Deshalb gilt für die Fläche A in Bild 2.6

$$A = y(\infty) \sum_{\alpha=1}^{n} T_\alpha = y(\infty)(T_1 + T_2 + \cdots + T_n) = y(\infty) T_\Sigma$$
$$= y(\infty) \cdot a_1 \,. \tag{2.1.69}$$

Im folgenden wird mit

$$T_\Sigma = \sum_{\alpha=1}^{n} T_\alpha \tag{2.1.70}$$

die *Summenzeitkonstante* bezeichnet. Sie ist ein zusätzlicher Kennwert. Die Summenzeitkonstante läßt sich leicht abschätzen, indem man, vgl. Bild 2.7, die Parallele zur Ordinate, $t = T_\Sigma$, so wählt, daß die Flächen A_1 und A_2 gleich groß sind. Dann ist die vom Rechteck $y = y(\infty)$ und $t = T_\Sigma$ umschlossene Fläche gerade gleich der Fläche A in Bild 2.6.

In Bild 2.8 sind Übergangsfunktionen von Verzögerungsgliedern n-ter Ordnung mit *gleichen Zeitkonstanten*

$$T = T_1 = T_2 = \ldots T_n$$

und ungleichen, nach der harmonischen Reihe *gestaffelten Zeitkonstanten*

$$T = T/2, T/3, \ldots, T/n$$

über der bezogenen Zeit t/T_Σ aufgetragen.

Die Darstellung in diesem auf die Summenzeitkonstante bezogenen Zeitmaßstab bedeutet, daß bei allen Übergangsfunktionen dieselbe Größe gespeichert wird,

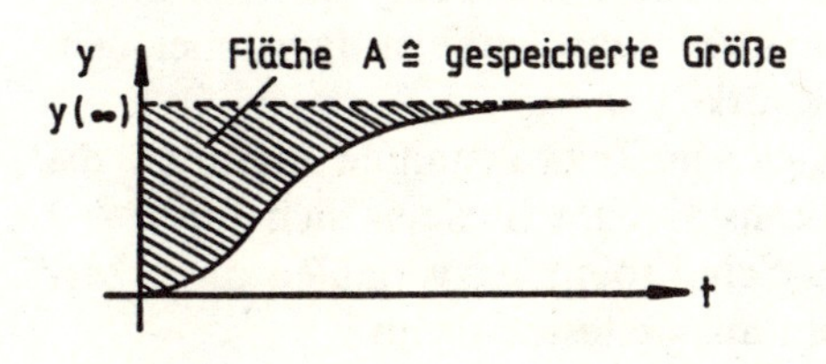

Bild 2.6. Zur Speicherung in einem Verzögerungsglied n-ter Ordnung

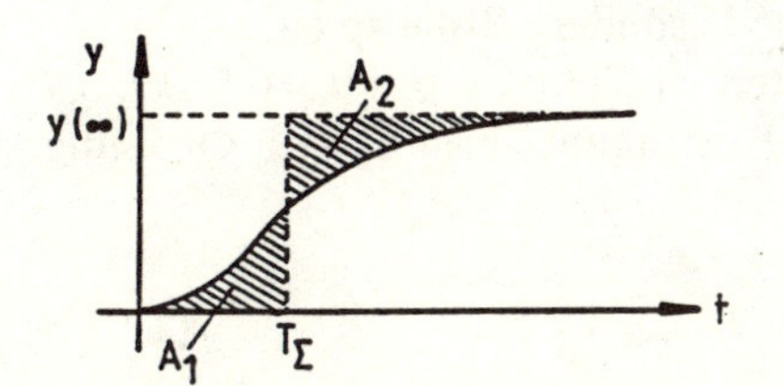

Bild 2.7. Zur Abschätzung der Summenzeitkonstante

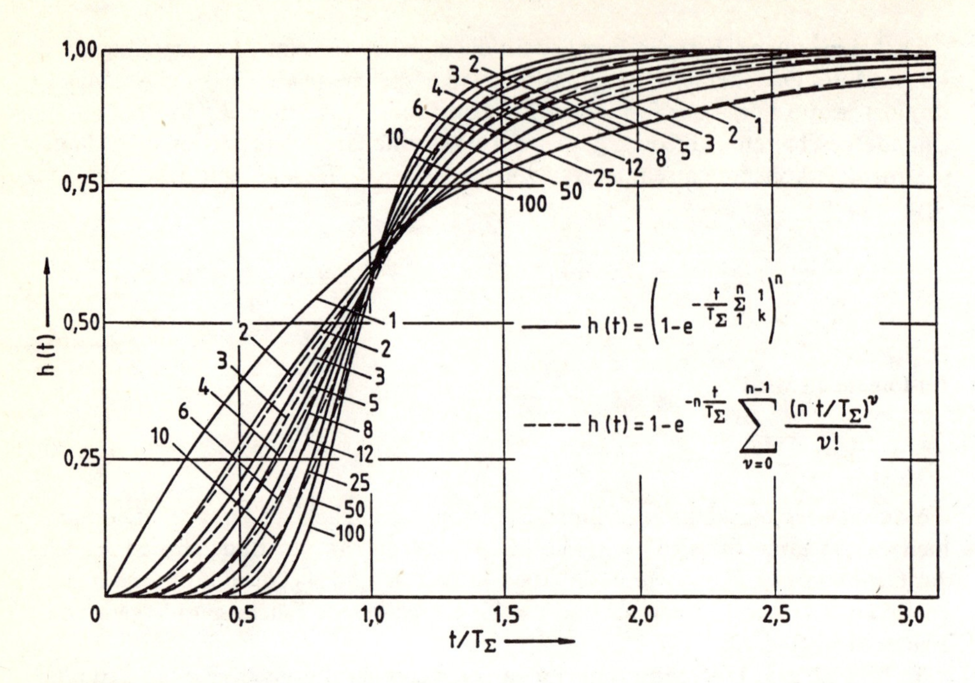

Bild 2.8. Übergangsfunktionen aperiodischer Verzögerungsglieder n-ter Ordnung. ---- Gleiche Zeitkonstanten $T = T_1 = T_2 = \cdots = T_n$; —— Gestaffelte Zeitkonstanten T; $T/2$; $T/3$; ... ; T/n. Aus Radtke (1966)

da die Fläche A (Bild 2.6) stets gleich groß ist. Man kann daher unmittelbar die Form der Übergangsfunktionen vergleichen, die für die Beurteilung der dynamischen Vorgänge maßgebend ist.

Übergangsfunktionen mit gleichen Zeitkonstanten stellen den aperiodischen Grenzfall dar. Sie verlaufen im Vergleich zu den Übergangsfunktionen gleicher Ordnung, aber verschiedener Zeitkonstanten in der Darstellung mit bezogenem Zeitmaßstab im Anfangsverlauf etwas stärker verzögert, streben dann aber dem neuen Beharrungswert schneller entgegen, Radtke (1966).

Sowohl die Übergangsfunktionen mit gleichen Zeitkonstanten als auch die Übergangsfunktionen mit ungleichen Zeitkonstanten schneiden sich für $n \geqq 2$ jeweils in einem Punkt. Bis etwa zu diesen Schnittpunkten verlaufen die Übergangsfunktionen mit gleichen Zeitkonstanten am weitesten rechts.

Nun wird der Fall *gleicher Zeitkonstanten* noch etwas näher betrachtet, da dieser für die Methoden der Kennwertermittlung eine besondere Rolle spielt.

In Tabelle 2.2 sind die zu den Ordinatenwerten $y_i(t)/y(\infty) = 0{,}1;\ 0{,}3;\ 0{,}5;\ 0{,}7;\ 0{,}9$ gehörenden bezogenen Zeitwerte t_i/T eines Übertragungsgliedes n-ter Ordnung mit gleichen Zeitkonstanten

$$G(s) = \frac{K}{(1 + Ts)^n} \qquad (2.1.71)$$

Tabelle 2.2. Zeitkennwerte t_i/T für die Ordinaten $y_i(t)/y(\infty)$ von Übergangsfunktionen mit dem Frequenzgang $G(s) = 1/(1 + Ts)^n$ ($i = 0{,}1;\ 0{,}3;\ 0{,}5;\ 0{,}7;\ 0{,}9$) (Aus Radtke (1966))

n	t_1/T	t_3/T	t_5/T	t_7/T	t_9/T
1	0,11	0,36	0,69	1,20	2,30
2	0,53	1,10	1,68	2,44	3,89
3	1,10	1,91	2,67	3,62	5,32
4	1,74	2,76	3,67	4,76	6,68
5	2,43	3,63	4,67	5,89	7,99
6	3,15	4,52	5,67	7,01	9,27
7	3,89	5,41	6,67	8,11	10,5
8	4,66	6,31	7,67	9,21	11,8
9	5,43	7,22	8,67	10,3	13,0
10	6,22	8,13	9,67	11,4	14,2

angegeben und in Bild 2.9 die zugehörigen Übergangsfunktionen

$$h(t) = \mathfrak{L}^{-1}\left\{\frac{G(s)}{s}\right\} = K\left[1 - \mathrm{e}^{-t/T}\sum_{\nu=0}^{n-1}\frac{1}{\nu!}\left(\frac{t}{T}\right)^{\nu}\right]. \qquad (2.1.72)$$

dargestellt.

Für die zugehörigen Gewichtsfunktionen gilt, Strejc (1959),

$$g(t) = \mathfrak{L}^{-1}\{G(s)\} = \frac{K}{T^n}\frac{t^{n-1}}{(n-1)!}\mathrm{e}^{-t/T}. \qquad (2.1.73)$$

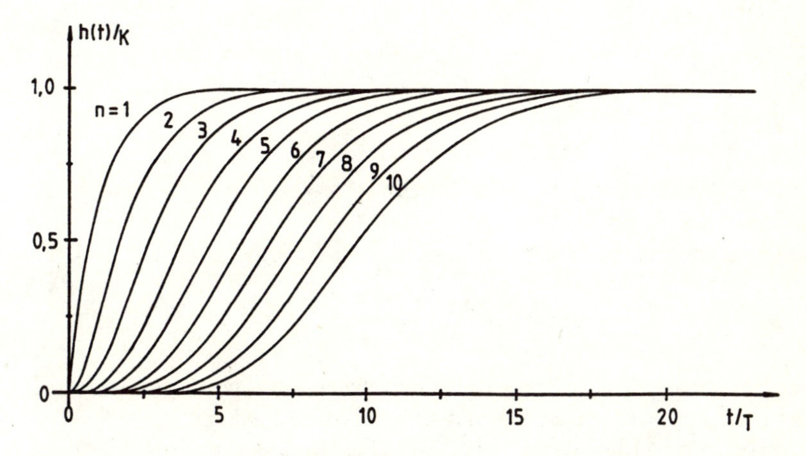

Bild 2.9. Übergangsfunktionen von Verzögerungsgliedern $G(s) = 1/(1 + Ts)^n$. $n = 1, \ldots, 10$

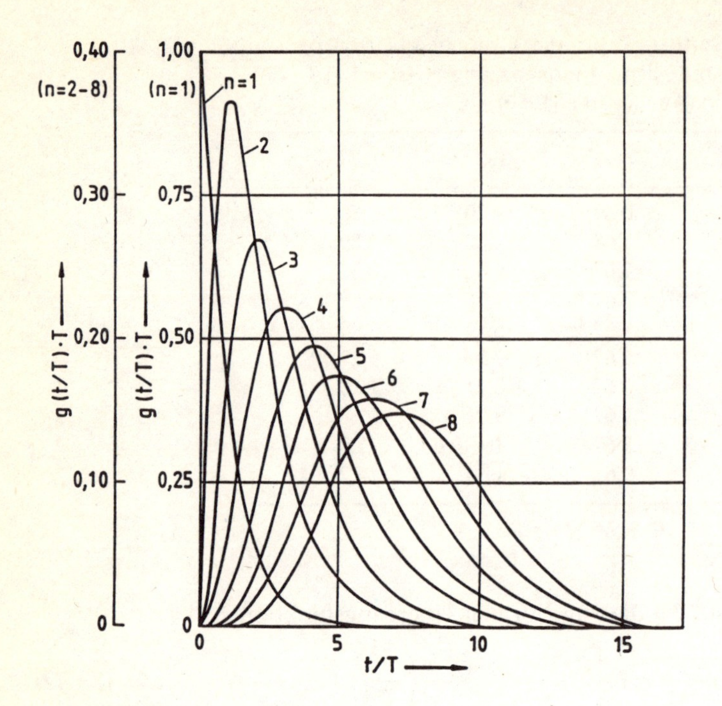

Bild 2.10. Gewichtsfunktionen von Verzögerungsgliedern $G(s) = 1/(1 + Ts)^n$. $n = 1, \ldots, 8$. (Aus Werner (1966))

Diese Gewichtsfunktionen sind für $n = 1, \ldots, 8$ in Bild 2.10 zu sehen. Der größte Wert der Gewichtsfunktion ist

$$g_{\max}(t_{\max}) = \frac{K_0(n-1)^{n-1}}{T(n-1)!} e^{-(n-1)} \tag{2.1.74}$$

bei dem Zeitwert

$$t = t_{\max} = (n-1)\,T \quad (n \geqq 2)\,. \tag{2.1.75}$$

Aus diesen Gleichungen ergeben sich die in Tabelle 2.3 angegebenen Kennwerte für Gewichtsfunktionen mit $n = 1, \ldots, 8$.
Für gleiche Zeitkonstanten ergibt sich für $n \to \infty$ mit $T_\Sigma = nT$ und $|T_\Sigma s/n| < 1$

$$G(s) = \lim_{n\to\infty} (1 + Ts)^{-n} = \lim_{n\to\infty} \left(1 + \frac{T_\Sigma}{n} s\right)^{-n} = e^{-T_\Sigma s}\,. \tag{2.1.76}$$

Das heißt, bei Hintereinanderschaltung unendlich vieler Verzögerungsglieder mit infinitesimal kleinen Zeitkonstanten ergibt sich ein Totzeitglied mit $T_t = T_\Sigma$.

Eine sehr verbreitete Möglichkeit, die Übergangsfunktionen von Verzögerungsgliedern $n \geqq 2$. Ordnung zu kennzeichnen, ist die Angabe von Verzugszeit T_u und Ausgleichszeit T_G, die man durch Konstruktion der Wendetangente erhält,

Tabelle 2.3. Kennwerte von Gewichtsfunktionen mit Übertragungsfunktion $G(s) = 1/(1 + Ts)^n$. (Aus Werner (1966))

n	t_{max}/T	$Tg(t_{max})/K$	$g(t_{max}/2)/g(t_{max})$	$g(2t_{max})/g(t_{max})$	$g(3t_{max})/g(t_{max})$
1	0	1	—	—	—
2	1	0,368	0,824	0,736	0,405
3	2	0,271	0,68	0,539	0,1645
4	3	0,224	0,56	0,398	0,067
5	4	0,196	0,46	0,294	0,0273
6	5	0,175	0,38	0,216	0,011
7	6	0,159	0,306	—	—
8	7	0,149	0,257	—	—

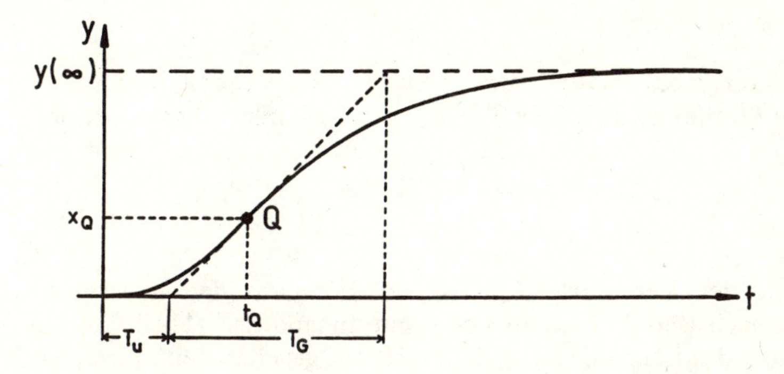

Bild 2.11. Ermittlung von Verzugszeit T_u und Ausgleichszeit T_G für Übergangsfunktionen $n \geqq 2$. Ordnung

Bild 2.11. Aus der Übertragungsfunktion Gl. (2.1.72) folgen für die vier in Bild 2.11 angegebenen Kennwerte t_Q, x_Q, T_u, T_G

$$\frac{t_Q}{T} = n - 1 \tag{2.1.77}$$

$$\frac{y_Q}{y(\infty)} = 1 - e^{-(n-1)} \sum_{\nu=0}^{n-1} \frac{(n-1)^\nu}{\nu!} \tag{2.1.78}$$

$$\frac{T_G}{T} = \frac{(n-2)!}{(n-1)^{n-2}} e^{n-1} \tag{2.1.79}$$

$$\frac{T_u}{T} = n - 1 - \frac{(n-2)!}{(n-1)^{n-2}} \left[e^{n-1} - \sum_{\nu=0}^{n-1} \frac{(n-1)^\nu}{\nu!} \right]. \tag{2.1.80}$$

Für $n = 1$ bis 10 sind diese Kennwerte in Tabelle 2.4 angegeben.

Tabelle 2.4. Kennwerte von Verzögerungsgliedern n-ter Ordnung mit gleichen Zeitkonstanten. (Aus Strejc (1959))

n	T_u/T_G	t_Q/T	T_G/T	T_u/T	y_Q/y_∞
1	0	0	1	0	0
2	0,104	1	2,718	0,282	0,264
3	0,218	2	3,695	0,805	0,323
4	0,319	3	4,463	1,425	0,353
5	0,410	4	5,119	2,100	0,371
6	0,493	5	5,699	2,811	0,384
7	0,570	6	6,226	3,549	0,394
8	0,642	7	6,711	4,307	0,401
9	0,709	8	7,164	5,081	0,407
10	0,773	9	7,590	5,869	0,413

Die Kennwerte T_u/T_G und x_Q sind nicht von der Größe der Zeitkonstante sondern nur von der Ordnung n abhängig. Für $1 \leqq n \leqq 7$ gilt näherungsweise (max 6% Fehler)

$$n \approx 10 \frac{T_u}{T_G} + 1 \, . \tag{2.1.81}$$

Durch Ermittlung der Kennwerte T_u, T_G und $y(\infty)$ aus der gemessenen Übergangsfunktion nach Bild 2.11 lassen sich somit anhand der Tabelle 2.4 die Parameter K, T und n des Ersatzmodells Gl. (2.1.71) mit gleichen Zeitkonstanten bestimmen, siehe Kap. 21.

d) Integralwirkende Glieder

Ein integralwirkendes Übertragungsglied mit der Übertragungsfunktion

$$G(s) = \frac{y(s)}{u(s)} = \frac{K_I}{s} = \frac{1}{T_I s} \tag{2.1.82}$$

und dem Integrierbeiwert K_I oder der Integrierzeit T_I hat bei sprungförmigem Eingangssignal der Höhe u_0 die Antwortfunktion

$$y(t) = \frac{u_0}{T_I} t \tag{2.1.83}$$

bzw. für $u_0 = 1$ die Übergangsfunktion

$$y(t) = \frac{1}{T_I} t \, . \tag{2.1.84}$$

Für die Steigung gilt somit

$$\frac{\mathrm{d}y(t)}{\mathrm{d}t} = \frac{u_0}{T_I} \tag{2.1.85}$$

und der Kennwert T_I folgt durch Abmessen der Steigung $\Delta y/\Delta t$

$$T_I = \frac{u_0}{\Delta y/\Delta t} . \tag{2.1.86}$$

Enthält das Übertragungsglied zusätzliche Verzögerungsglieder entsprechend

$$G(s) = \frac{y(s)}{u(s)} = \frac{1}{T_I s} \cdot \frac{1}{\prod_{\alpha=1}^{n} (1 + T_\alpha s)} \tag{2.1.87}$$

dann gilt für die Sprungantwort mit $u(s) = u_0/s$

$$\lim_{t\to\infty} \frac{\mathrm{d}y(t)}{\mathrm{d}t} = \lim_{s\to 0} s^2 y(s) = \lim_{s\to 0} s G(s) u_0 = \frac{u_0}{T_I} . \tag{2.1.88}$$

Der Kennwert T_I läßt sich somit aus der Endsteigung der Übergangsfunktion nach Gln. (2.1.85) und (2.1.86) ermitteln, vgl. Bild 2.12. Wird dann die Übergangsfunktion graphisch *differenziert* und

$$\mathfrak{L}\left\{\frac{\mathrm{d}y(t)}{\mathrm{d}t}\right\} = s y(s)$$

als Ausgangsgröße betrachtet, dann gehört hierzu ein proportional wirkendes Übertragungsglied

$$G_p(s) = \frac{s y(s)}{u(s)} = \frac{1}{T_I} \cdot \frac{1}{\prod_{\alpha=1}^{n} (1 + T_\alpha s)} \tag{2.1.89}$$

dessen Kennwerte T_α mit den Methoden für Verzögerungsglieder bestimmt werden können.

Wenn das integralwirkende Übertragungsglied $G(s)$ mit einem kurzen *Rechteckimpuls* der Höhe u_0 und Dauer T_R angeregt wird, der näherungsweise als δ-Impuls mit der Fläche $u_0 T_R$ aufgefaßt werden kann, dann gilt für die Laplace-

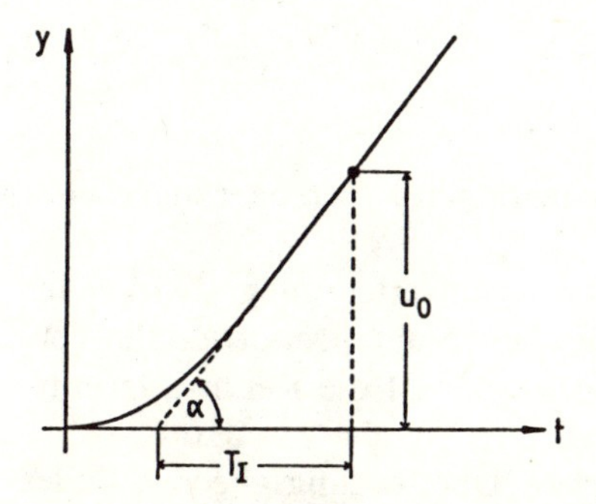

Bild 2.12. Übergangsfunktion eines integralwirkenden Gliedes mit zusätzlichem Verzögerungsglied

Transformierte des Ausgangssignals

$$y(s) = G(s) u_0 T_R = \frac{T_R}{T_I} \frac{1}{\prod_{\alpha=1}^{n} (1 + T_\alpha s)} \frac{u_0}{s} . \tag{2.1.90}$$

Die Zeitantwort kann dann als Übergangsfunktion eines proportional-wirkendes Gliedes mit Eingangssprung $u(s) = u_0/s$ aufgefaßt werden, auf die sich die Methoden zur Bestimmung von $K_0 = T_R/T_I$ und T_α von Verzögerungsgliedern anwenden lassen.

e) Differenzierend wirkende Glieder

Übertragungsglieder der Form

$$G(s) = \frac{y(s)}{u(s)} = \frac{T_D s}{\prod_{\alpha=1}^{n} (1 + T_\alpha s)} \tag{2.1.91}$$

mit der Differenzierzeit T_D oder dem Differenzierbeiwert $K_D = T_D$ haben Übergangsfunktionen mit Endwert $y(\infty) = 0$. *Integriert* man die gemessene Übergangsfunktion und betrachtet diese als Ausgangsgröße auf eine sprungförmige Eingangsgröße, dann liegt dazwischen das proportionalwirkende Übertragungsglied

$$G'_p(s) = \frac{y(s)/s}{u(s)} = \frac{T_D}{\prod_{\alpha=1}^{n} (1 + T_\alpha s)} \tag{2.1.92}$$

dessen Kennwerte T_D und T_α wie unter c) oder in Abschnitt 21.2 beschrieben, bestimmt werden können.

Eine andere Möglichkeit besteht darin, das Übertragungsglied durch eine *Anstiegsfunktion*

$$u(t) = ct \quad \text{mit} \quad u(s) = c/s^2$$

anzuregen. Dann ergibt sich

$$y(s) = \frac{T_D}{\prod_{\alpha=1}^{n} (1 + T_\alpha s)} \frac{c}{s} \tag{2.1.93}$$

was der Übergangsfunktion eines proportionalwirkendes Verzögerungsgliedes entspricht.

Somit läßt sich also sowohl die Ermittlung von Kennwerten integralwirkender als auch differenzierendwirkender Übertragungsglieder auf proportionale Verzögerungsglieder zurückführen. Deshalb kann in Kapitel 21 die Kennwertermittlung auf Verzögerungsglieder beschränkt werden.

Weitere Angaben zu Kennwerten von einfachen Übertragungsgliedern findet man bei Schwarze (1968).

2.2 Modelle für zeitkontinuierliche stochastische Signale

Der Verlauf von stochastischen Signalen hängt vom Zufall ab und kann deshalb nicht exakt beschrieben werden. Man kann jedoch mit Methoden der Statistik und Wahrscheinlichkeitsrechnung und durch Mittelwertbildung Eigenschaften dieser Signale beschreiben. Meßbare stochastische Signale sind nicht völlig regellos, sondern bestitzen innere Zusammenhänge, die in mathematischen Signalmodellen ausgedrückt werden können. Im folgenden wird eine kurzgefaßte Darstellung der für Identifikationsmethoden benötigten wichtigsten Begriffe stochastischer Signalmodelle gebracht. Für eine ausführliche Abhandlung sei z.B. verwiesen auf Papoulis (1965), Bendat, Piersol (1971), Schlitt (1968), Schlitt-Dirttrich (1972), Hänsler (1983).

Aufgrund des zufälligen Charakters existiert für ähnliche stochastische Signale, die aus statistisch identischen Signalquellen entstehen, nicht nur eine einzige Realisierung einer Zeitfunktion $x_1(t)$, sondern ein ganzes *Ensemble* (Familie) von Zufallszeitfunktionen

$$\{x_1(t), x_2(t), \ldots, x_n(t)\} .$$

Dieses Ensemble von Signalen wird *stochastischer Prozeß* (Signalprozeß) genannt. Eine einzige Zufallsfunktion $x_1(t)$ ist eine *Musterfunktion.*

Statistische Beschreibung

Betrachtet man die Signalwerte jeder Musterfunktion $x_i(t)$ zu einem bestimmten Zeitpunkt $t = t_\nu$, dann werden die statistischen Eigenschaften der Amplituden des stochastischen Prozessess durch die *Verteilungsdichtefunktion* (oder Wahrscheinlichkeitsdichtefunktion)

$$p[x_i(t_\nu)] \quad \begin{cases} i = 1,\ 2,\ \ldots,\ n \\ 0 \leqq t_\nu < \infty \end{cases}$$

beschrieben (siehe Anhang A 3).

Innere Zusammenhänge werden durch die *Verbundverteilungsdichte* für verschiedene Zeitpunkte ausgedrückt. Für zwei Zeitpunkte t_1 und t_2 gilt dann die zweidimensionale Verbundverteilungsdichte

$$p[x(t_1), x(t_2)] \qquad \begin{cases} 0 \leqq t_1 < \infty \\ 0 \leqq t_2 < \infty \end{cases}$$

die die Verteilungsdichte für das Eintreffen der beiden Signalwerte $x(t_1)$ *und* $x(t_2)$ angibt. Entsprechend verwendet man für das Eintreffen von m Signalwerten zu den Zeitpunkten $t_1, t_2, \ldots, t_m$ die m-dimensionale Verbundverteilungsdichte

$$p[x(t_1), x(t_2), \ldots, x(t_m)] .$$

Ein stochastischer Prózeß ist dann vollständig beschrieben, wenn die Verteilungsdichte und alle Verbundverteilungsdichten für alle m und alle t bekannt sind.

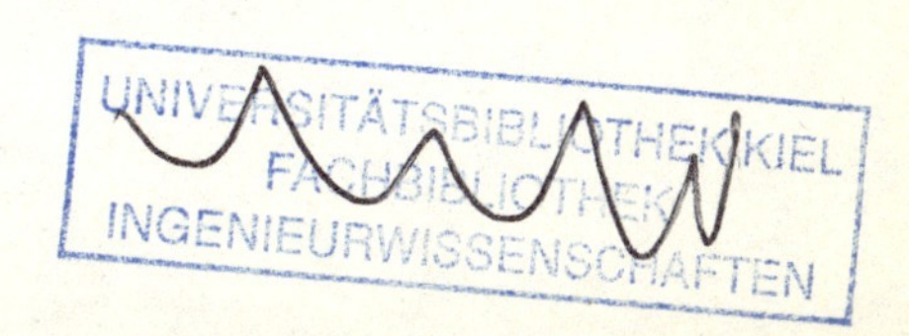

Bisher wurde angenommen, daß die Verteilungsdichte und die Verbundverteilungsdichten Funktionen der Zeit t sind. Der stochastische Prozeß ist dann *nichtstationär*. Für viele Anwendungsfälle ist es aber nicht erforderlich, diese weitgefaßte Definition zu verwenden. Deshalb werden im folgenden nur noch bestimmte Klassen stochastischer Prozesse betrachtet.

Stationäre Prozesse

Ein stochastischer Prozeß ist *stationär im strengen Sinn*, wenn alle Verteilungsdichten unabhängig von einer Zeitverschiebung der Signale sind. Durch Bilden des *Erwartungswertes*

$$E\{f(x)\} = \int_{-\infty}^{\infty} f(x)\, p(x)\, \mathrm{d}x \tag{2.2.1}$$

können Kennwerte und Kennfunktionen stationärer Prozesse abgeleitet werden. Mit $f(x) = x^l$ erhält man als Erwartungswerte Momente der Verteilungsdichten l-ter Ordnung. Das Moment erster Ordnung ist der (lineare) *Mittelwert*

$$\bar{x} = E\{x(t)\} = \int_{-\infty}^{\infty} x(t)p(x)\, \mathrm{d}x \tag{2.2.2}$$

aller Musterfunktionen zur Zeit t, und das Moment zweiter Ordnung der *quadratische Mittelwert* oder die *Varianz*

$$\sigma_x^2 = E\{(x(t) - \bar{x})^2\} = \int_{-\infty}^{\infty} (x(t) - \bar{x})^2\, p(x)\, \mathrm{d}x\,. \tag{2.2.3}$$

Die zweidimensionale Verbundverteilungsdichte eines stationären Prozesses ist gemäß seiner Definition nur noch von der Zeitverschiebung $\tau = t_2 - t_1$ abhängig

$$p[x(t_1), x(t_2)] = p[x(t), x(t+\tau)] = p[x, \tau]\,. \tag{2.2.4}$$

Der Erwartungswert des Produktes $x(t)x(t+\tau)$

$$\Phi_{xx}(\tau) = E\{x(t)x(t+\tau)\} = \int_{-\infty}^{\infty} \int_{-\infty}^{\infty} x(t)x(t+\tau)\, p[x, \tau]\, \mathrm{d}x\, \mathrm{d}x \tag{2.2.5}$$

ist dann ebenfalls nur noch eine Funktion von τ, und wird als *Autokorrelationsfunktion* bezeichnet.

Ein stochastischer Prozeß ist *stationär im weiten Sinn*, wenn die Erwartungswerte

$$E\{x(t)\} = \bar{x} = \mathrm{const}$$

$$E\{x(t)x(t+\tau)\} = \Phi_{xx}(\tau) = \mathrm{const}$$

zeitunabhängig sind, also der Mittelwert konstant ist und die Autokorrelationsfunktion nur noch von der Zeitverschiebung τ abhängt.

Ergodische Prozesse

Die bisher verwendeten Erwartungswerte werden *Ensemble-Mittelwerte* genannt, da über mehrere ähnliche Zufallssignale, die aus statistisch identischen Signalquellen entstanden, zur selben Zeit gemittelt werden. Nach der *Ergoden-Hypothese* kann man dieselben statistischen Informationen, die man aus der Ensemble-Mittelung erhält, auch aus der Mittelung einer einzigen Musterfunktion $x(t)$ über der Zeit erhalten, falls unendlich lange Zeitabschnitte betrachtet werden. Somit gilt für den Mittelwert eines ergodischen Prozesses

$$\bar{x} = E\{x(t)\} = \lim_{T \to \infty} \frac{1}{T} \int_{-T/2}^{T/2} x(t)\,\mathrm{d}t \tag{2.2.6}$$

für den quadratischen Mittelwert

$$\sigma_x^2 = E\{(x(t) - \bar{x})^2\} = \lim_{T \to \infty} \frac{1}{T} \int_{-T/2}^{T/2} (x(t) - \bar{x})^2\,\mathrm{d}t \tag{2.2.7}$$

und für die Autokorrelationsfunktion

$$\begin{aligned} \Phi_{xx}(\tau) = E\{x(t)x(t+\tau)\} &= \lim_{T \to \infty} \frac{1}{T} \int_{-T/2}^{T/2} x(t)x(t+\tau)\,\mathrm{d}t \\ &= \lim_{T \to \infty} \frac{1}{T} \int_{-T/2}^{T/2} x(t-\tau)x(t)\,\mathrm{d}t\,. \end{aligned} \tag{2.2.8}$$

Ergodische Prozesse sind stationär. Die Umkehrung gilt jedoch nicht.

Korrelationsfunktionen

Eine erste Information über die inneren Zusammenhänge stochastischer Prozesse erhält man aus der zweidimensionalen Verbundverteilungsdichtefunktion und somit auch aus der *Autokorrelationsfunktion*. Bei der Gaußschen Amplitudenverteilung oder Normalverteilung (siehe Anhang A 3) sind dann auch alle höheren Verbundverteilungsdichtefunktionen bestimmt und alle inneren Zusammenhänge beschreibbar. Da viele Prozesse näherungsweise eine Normalverteilung aufweisen,

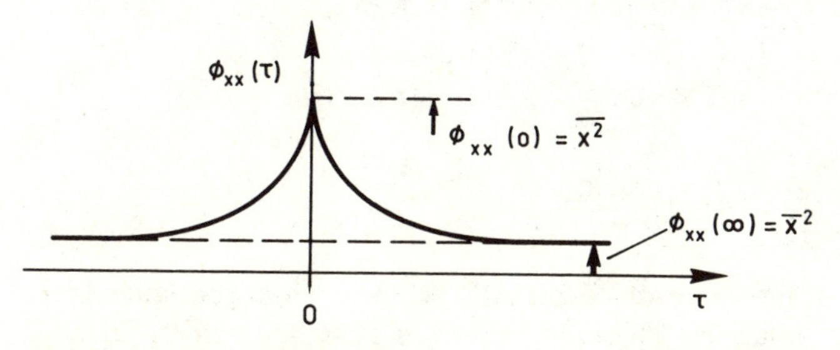

Bild 2.13. Prinzipieller Verlauf der Autokorrelationsfunktion eines stationären stochastischen Signalprozesses $x(t)$

begnügt man sich meist mit der Kenntnis der Autokorrelationsfunktion zur Beschreibung der inneren Zusammenhänge eines stationären stochastischen Signales. Durch die Multiplikation des Signales $x(t)$ mit seinem um die Zeit τ (in negativer t-Richtung) verschobenen Signal $x(t+\tau)$ und Mittelwertbildung aller Produkte wird der "innere Zusammenhang" oder die "Erhaltungstendenz" des Signales $x(t)$ ausgedrückt. Ist der Betrag des Produktmittelwertes groß, herrscht ein grosser Zusammenhang, ist er klein, ein kleiner Zusammenhang. Die Korrelation zweier Signale bringt somit das "Gemeinsame" beider Signale zum Ausdruck. Durch die Korrelation geht aber die Information über den zeitlichen Signalverlauf $x(t)$, d.h. die Phasenbeziehung, verloren. Für stationäre, stochastische Signale unendlicher Dauer hat die Autokorrelationsfunktion (AKF) folgende Eigenschaften:

a) Die AKF ist eine gerade Funktion

$$\Phi_{xx}(\tau) = \Phi_{xx}(-\tau)$$

b) $$\Phi_{xx}(0) = \overline{x^2(t)}$$

c) $$\Phi_{xx}(\infty) = \overline{x(t)}^2$$

Für $\tau \to \infty$ sind die Signale praktisch unabhängig.

d) $$\Phi_{xx}(\tau) \leqq \Phi_{xx}(0)$$

Folgt aus:

$$[x(t) - x(t+\tau)]^2 = x^2(t) - 2x(t)x(t+\tau) + x^2(t+\tau) \geqq 0$$

$$x(t)x(t+\tau) \leqq \tfrac{1}{2}[x^2(t) + x^2(t+\tau)]$$

$$E\{x(t)x(t+\tau)\} \leqq E\{x^2(t)\} .$$

Somit ergibt sich der in Bild 2.13 gezeigte prinzipielle Verlauf einer AKF. Je schneller die AKF mit zunehmendem $|\tau|$ nach beiden Seiten hin abfällt, je kleiner ist die Erhaltungstendenz des Signales, vgl. Bild 2.14b und c. Korrelationsfunktionen können auch auf periodische Signale angewandt werden. Sie zeigen dieselbe Periode wie das Signal und sind hervorragend zur Trennung von Rauschsignalen und periodischen Signalen geeignet, siehe Bild 2.14d und e.

Der statistische Zusammenhang zweier verschiedener stochastischer Signale $x(t)$ und $y(t)$ wird durch die *Kreuzkorrelationsfunktion* (KKF)

$$\begin{aligned}\Phi_{xy}(\tau) = E\{x(t)y(t+\tau)\} &= \lim_{T\to\infty} \frac{1}{T} \int_{-T/2}^{T/2} x(t)y(t+\tau)\,\mathrm{d}t \\ &= \lim_{T\to\infty} \frac{1}{T} \int_{-T/2}^{T/2} x(t-\tau)y(t)\,\mathrm{d}t \qquad (2.2.9)\end{aligned}$$

beschrieben. Die KKF ist im Unterschied zur AKF keine gerade, aber auch keine ungerade Funktion. Die relativen Phasenbeziehungen zwischen beiden Signalen bleiben erhalten. Unter den obigen Voraussetzungen zeigt die KKF folgende

Eigenschaften:

a) $\Phi_{xy}(\tau) = \Phi_{yx}(-\tau)$

$$\text{da } \Phi_{xy}(\tau) = E\{x(t-\tau)y(t)\}$$
$$= E\{y(t)x(t-\tau)\} = \Phi_{yx}(-\tau)$$

b) $\Phi_{xy}(0) = \overline{x(t)y(t)}$ (Produktmittelwert)

c) $\Phi_{xy}(\infty) = \overline{x(t)}\,\overline{y(t)}$ (Produkt der Mittelwerte)

d) $\Phi_{xy}(\tau) \leqq \frac{1}{2}[\Phi_{xx}(0) + \Phi_{yy}(0)]$

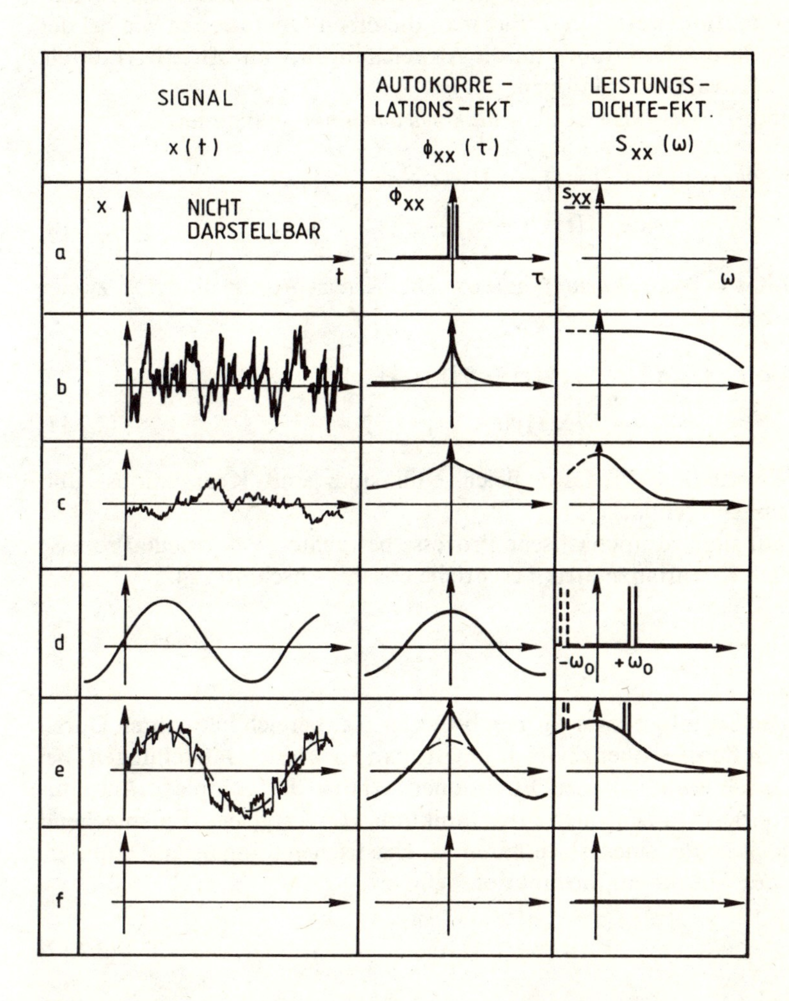

Bild 2.14. Autokorrelationsfunktion und Wirkleistungsdichten verschiedener Signale. **a** Weißes Rauschen; **b** Hochfrequentes Rauschen; **c** Niederfrequentes Rauschen; **d** Harmonisches Signal; **e** Harmonisches Signal und Rauschsignal; **f** Gleichwertsignal

Folgt aus:

$$[x(t) - y(t + \tau)]^2 = x^2(t) - 2x(t)y(t + \tau) + y^2(t + \tau) \geqq 0$$

$$x(t)y(t + \tau) \leqq \tfrac{1}{2}[x^2(t) + y^2(t + \tau)]$$

$$E\{x(t)y(t + \tau)\} \leqq \tfrac{1}{2}[E\{x^2(t)\} + E\{y^2(t)\}] .$$

Kovarianzfunktionen

Bei der Bildung von Korrelationsfunktionen gehen die Mittelwerte der Signalprozesse in die Funktionswerte ein. Führt man dieselben Operationen wie bei der Bildung der Korrelationsfunktionen für die Abweichungen vom Mittelwert durch, dann erhält man Kovarianzfunktionen.
Für einen skalaren Prozeß $x(t)$ ist als *Autokovarianzfunktion* definiert

$$\begin{aligned} R_{xx}(\tau) = cov[x, \tau] &= E\{[x(t) - \bar{x}][x(t + \tau) - \bar{x}]\} \\ &= E\{x(t)x(t + \tau)\} - \bar{x}^2 . \end{aligned} \tag{2.2.10}$$

Hieraus geht mit $\tau = 0$ die *Varianz* hervor. Die *Kreuzkovarianzfunktion* zweier skalarer Prozesse lautet

$$\begin{aligned} R_{xy}(\tau) = cov[x, y, \tau] &= E\{[x(t) - \bar{x}][y(t + \tau) - \bar{y}]\} \\ &= E\{x(t)y(t + \tau)\} - \bar{x}\bar{y}. \end{aligned} \tag{2.2.11}$$

Falls die Mittelwerte der Prozesse gleich Null sind, sind Korrelations- und Kovarianzfunktionen identisch.
Bisher wurden nur skalare stochastische Prozesse betrachtet. Vektorielle Prozesse werden durch eine Kovarianzmatrix beschrieben, siehe Abschnitt 2.4.

Leistungsdichte

Die stochastischen Signalprozesse wurden bisher im Zeitbereich betrachtet. Durch Transformation in den Frequenzbereich erhält man spektrale Darstellungen. Bei nichtperiodischen deterministischen Funktionen $x(t)$ ist die komplexe Amplitudendichte als Fourier-Transformierte der Funktion $x(t)$ festgelegt. Entsprechend wird die *Leistungsdichte* eines stationären stochastischen Signals als Fourier-Transformierte der Autokovarianzfunktion definiert

$$S_{xx}(\mathrm{i}\omega) = \int_{-\infty}^{\infty} R_{xx}(\tau)\mathrm{e}^{-\mathrm{i}\omega\tau}\,\mathrm{d}\tau . \tag{2.2.12}$$

Die Fourier-Rücktransformation lautet dann

$$R_{xx}(\tau) = \frac{1}{2\pi}\int_{-\infty}^{\infty} S_{xx}(\mathrm{i}\omega)\mathrm{e}^{\mathrm{i}\omega\tau}\,\mathrm{d}\omega . \tag{2.2.13}$$

Da die Autokovarianzfunktion $R_{xx}(\tau) = R_{xx}(-\tau)$ eine gerade Funktion ist, ist die Leistungsdichte eine reelle Funktion, siehe Anhang A1,

$$S_{xx}(\omega) = 2 \int_0^\infty R_{xx}(\tau) \mathrm{e}^{-\mathrm{i}\omega\tau} \, \mathrm{d}\tau = 2 \int_0^\infty R_{xx}(\tau) \cos \omega\tau \, \mathrm{d}\tau \tag{2.2.14}$$

und wird deshalb als *Wirkleistungsdichte* bezeichnet. Sie ist ebenfalls eine gerade Funktion, da $S_{xx}(\omega) = S_{xx}(-\omega)$. Aus Gl. (2.2.13) folgt mit $\tau = 0$

$$\begin{aligned} R_{xx}(0) &= E\{[x(t) - \bar{x}]^2\} = \overline{[x(t) - \bar{x}]^2} \\ &= \sigma_x^2 = \frac{1}{2\pi} \int_{-\infty}^{\infty} S_{xx}(\omega) \, \mathrm{d}\omega = \frac{1}{\pi} \int_0^\infty S_{xx}(\omega) \, \mathrm{d}\omega \, . \end{aligned} \tag{2.2.15}$$

Der quadratische Mittelwert oder die mittlere Leistung des Signales $[x(t) - \bar{x}]$ ist also proportional zum Integral der Wirkleistungsdichte.

Aufgrund der für deterministische Signale im Anhang A 1 abgeleiteten Parsevalschen Beziehung könnte man die Wirkleistungsdichte auch wie folgt festlegen, wobei $\bar{x} = 0$ gesetzt wird,

$$E\{x^2(t)\} = \lim_{T \to \infty} \frac{1}{T} \int_{-T/2}^{T/2} x^2(t) \, \mathrm{d}t = \lim_{T \to \infty} \frac{1}{\pi} \int_0^\infty \frac{|x_T(\mathrm{i}\omega)|^2}{T} \, \mathrm{d}\omega$$

so daß für die Leistungsdichte gilt

$$\text{“}S_{xx}(\omega)\text{”} = \lim_{T \to \infty} \frac{|x_T(\mathrm{i}\omega)|^2}{T} \, .$$

Wie in Davenport, Root (1958) Bendat, Piersol (1971) und Schlitt, Dittrich (1972) gezeigt wird, ist dies jedoch für viele stochastische Signale nicht gerechtfertigt. Auch der Schätzwert

$$\lim_{T \to \infty} E\left\{\frac{|x_T(\mathrm{i}\omega)|^2}{T}\right\}$$

ist nicht geeignet, da dieser zwar konsistent ist, aber nicht konsistent im quadratischen Mittel (siehe Anhang A 4), denn die Varianz des Schätzwertes konvergiert für $T \to \infty$ nicht gegen Null. Deshalb soll die Leistungsdichte stets über die Fourier-Transformierte der Kovarianzfunktion Gl. (2.2.12) berechnet werden.

Die *Kreuzleistungsdichte* zweier stochastischer Signale $x(t)$ und $y(t)$ ist als Fourier-Transformierte der Kreuzkovarianzfunktion definiert

$$S_{xy}(\mathrm{i}\omega) = \int_{-\infty}^{\infty} R_{xy}(\tau) \mathrm{e}^{-\mathrm{i}\omega\tau} \, \mathrm{d}\tau \tag{2.2.16}$$

mit der Rücktransformation

$$R_{xy}(\tau) = \frac{1}{2\pi} \int_{-\infty}^{\infty} S_{xy}(\mathrm{i}\omega) \mathrm{e}^{\mathrm{i}\omega\tau} \, \mathrm{d}\omega \, . \tag{2.2.17}$$

Da $R_{xy}(\tau)$ keine gerade Funktion ist, ist $S_{xy}(i\omega)$ eine komplexe Funktion mit im allgemeinen geradem Realteil und ungeradem Imaginärteil in Abhängigkeit der Kreisfrequenz, Schlitt (1968). Gln. (2.2.12), (2.2.13) und (2.2.16), (2.2.17) sind auch als *Wiener–Khintchinesche* Beziehungen bekannt.

Besondere stochastische Signalprozesse
– Unabhängige, nichtkorrelierte und orthogonale Prozesse

Die stochastischen Prozesse $x_1(t), x_2(t), \ldots, x_n(t)$ werden *statistisch unabhängig* genannt, wenn

$$p[x_1, x_2, \ldots, x_n] = p[x_1]\,p[x_2] \ldots p[x_n] \tag{2.2.18}$$

also die Verbundverteilungsdichte gleich dem Produkt der Einzelverteilungsdichten ist.

Paarweise Unabhängigkeit

$$p[x_1, x_2] = p[x_1]\,p[x_2]$$
$$p[x_1, x_3] = p[x_1]\,p[x_3]$$

bedeutet also nicht völlige statistische Unabhängigkeit. Sie hat nur zur Folge, daß die nichtdiagonalen Elemente der Kovarianzmatrix zu Null werden, so daß die Prozesse *nichtkorreliert* sind

$$cov[x_i, x_j, \tau] = R_{x_i x_j}(\tau) = 0 \quad \text{für} \quad i \neq j\,. \tag{2.2.19}$$

Statistisch unabhängige Prozesse sind immer nichtkorreliert. Die Umkehrung gilt jedoch nicht allgemein. Stochastische Prozesse werden *orthogonal* genannt, wenn sie nichtkorreliert und ihre Mittelwerte gleich Null sind, so daß auch die nichtdiagonalen Elemente der Korrelationsmatrix, Gl. (2.4.36), zu Null werden

$$\Phi_{x_i x_j}(\tau) = 0 \quad \text{für} \quad i \neq j\,. \tag{2.2.20}$$

– Gauß – oder normalverteilte Prozesse

Ein stochastischer Prozeß wird *Gaußscher* oder *normaler Prozeß* genannt, wenn er eine Gaußsche oder normale Amplitudenverteilung besitzt (siehe Anhang A 3). Da die Gaußsche Verteilungsfunktion vollkommen bestimmt ist durch die beiden ersten Momente, den Mittelwert $\bar{x}$ und die Varianz σ_x^2 werden die Verteilungsgesetze eines Gaußschen stochastischen Prozesses durch den Mittelwert und die Kovarianzfunktion vollkommen beschrieben. Daraus folgt, daß ein Gaußscher Prozeß, der stationär im weiten Sinne ist, auch stationär im engen Sinne ist. Aus demselben Grund sind nichtkorrelierte Gaußsche Prozesse auch statistisch unabhängig.

Bei linearen algebraischen Operationen, beim Differenzieren oder Integrieren bleibt der Gaußsche Charakter der Amplitudenverteilung stochastischer Prozesse erhalten.

Zur Kurzbezeichnung von Mittelwert und Streuung eines Gaußschen Prozesses werde zukünftig

$$(\bar{x}, \sigma_x)$$

verwendet.

Beispiel: $\bar{x} = 0$; $\sigma_x = 1$: „Gaußscher Prozeß (0, 1)".

– *Weißes Rauschen*

Als *weißes Rauschen* wird ein Signalprozeß bezeichnet, bei dem beliebig dicht aufeinander folgende Signalwerte statistisch unahängig sind, so daß für die Kovarianzfunktion gilt

$$R_{xx}(\tau) = cov[x, \tau] = S_0 \delta(\tau) . \tag{2.2.21}$$

Ein weißes Rauschen in kontinuierlicher Zeit ist demnach ein Signalprozeß mit unendlich großen Amplituden, der keine inneren Zusammenhänge besitzt. Man kann ihn sich als eine Folge von δ-Impulsen in infinitesimal kleinen Abständen vorstellen. Für die Leistungsdichte gilt

$$S_{xx}(\omega) = \int_{-\infty}^{\infty} S_0 \delta(\tau) \mathrm{e}^{-i\omega\tau} \,\mathrm{d}\tau = S_0 . \tag{2.2.22}$$

Sie ist also für alle Kreisfrequenzen konstant und somit sind alle Kreisfrequenzen von Null bis Unendlich gleichmäßig vertreten (in Anlehnung an das weiße Licht). Die mittlere Leistung wird dann mit Gl. (2.2.22)

$$\overline{x^2(t)} = \frac{1}{\pi} \int_0^{\infty} S_{xx}(\omega) \,\mathrm{d}\omega = \frac{S_0}{\pi} \int_0^{\infty} \mathrm{d}\omega = \infty . \tag{2.2.23}$$

Weißes Rauschen in kontinuierlicher Zeit ist also nicht realisierbar. Es ist ein gedachtes, idealisiertes Rauschen mit unendlich großer mittlerer Leistung. Durch geeignete Filter kann man rein rechnerisch aus dem weißen Rauschen jedoch breitbandiges „weißes" Rauschen mit endlicher Leistung erzeugen oder aber schmalbandigeres, farbiges Rauschen.

– *Periodische Signale*

Da Korrelationsfunktionen und Leistungsdichten nicht nur auf stochastische Signale beschränkt sind, sondern auch auf periodische Signale anwendbar, soll dies an dieser Stelle kurz betrachtet werden.

Für eine harmonische Schwingung

$$x = x_0 \sin(\omega_0 t + \alpha) \tag{2.2.24}$$

mit $\omega_0 = 2\pi/T_0$ lautet die *Autokorrelationsfunktion*

$$\begin{aligned} \Phi_{xx}(\tau) &= \frac{2x_0^2}{T_0} \int_0^{T_0/2} \sin(\omega_0 t + \alpha) \sin(\omega_0 (t + \tau) + \alpha) \,\mathrm{d}t \\ &= \frac{x_0^2}{2} \cos \omega_0 \tau . \end{aligned} \tag{2.2.25}$$

(Hierbei werden zur Integration die Substitution $v = \omega_0 t + \alpha$ und bekannte Formeln der Trigonometrie verwendet).

Es genügt, über eine halbe Periode zu integrieren. Die AKF einer Sinusschwingung beliebiger Phasenlage α ist also eine Kosinusschwingung. Frequenz ω_0 und Amplitude x_0 bleiben erhalten, aber die Phasenlage α geht verloren. Harmonische Signale ergeben also eine harmonische AKF. Sie werden deshalb anders bewertet als stochastische Signale, eine Eigenschaft, die für manche Identifikationsverfahren von wesentlicher Bedeutung ist.

Die *Leistungsdichte* der harmonischen Schwingung folgt aus Gl. (2.2.12) und den Eulerschen Gleichungen

$$
\begin{aligned}
S_{xx}(\omega) &= \frac{x_0^2}{2} \int_{-\infty}^{\infty} \cos \omega_0 \tau \cos \omega\tau \, d\tau . \\
&= \frac{x_0^2}{2} \int_{-\infty}^{\infty} \cos(\omega - \omega_0)\tau \, d\tau + \frac{x_0^2}{2} \int_{-\infty}^{\infty} \cos(\omega + \omega_0)\tau \, d\tau \\
&= \frac{x_0^2}{2} [\delta(\omega - \omega_0) + \delta(\omega + \omega_0)] . \qquad (2.2.26)
\end{aligned}
$$

Die Leistungsdichte einer harmonischen Schwingung besteht also aus zwei δ-Impulsen an den Stellen $\omega = +\omega_0$ und $\omega = -\omega_0$. Periodische Signalanteile heben sich deshalb durch ausgezeichnete Spitzen von den stochastischen Signalteilen ab, siehe Bild 2.14.

Die *Kreuzkorrelationsfunktion* zweier periodischer Signale

$$
\begin{aligned}
x(t) &= y_0 \sin(n\omega_0 t + \alpha_n) \qquad n = 1, 2, 3, \ldots \\
y(t) &= x_0 \sin(m\omega_0 t + \alpha_m) \qquad m = 1, 2, 3, \ldots
\end{aligned}
$$

ist

$$
\Phi_{xy}(\tau) = \frac{x_0 y_0}{T_0} \int_0^{T_0/2} \sin(n\omega_0 t + \alpha_n) \sin(m\omega_0(t + \tau) + \alpha_m) \, dt = 0
$$

$$
\text{falls } n \neq m \qquad (2.2.27)
$$

wenn also beide Signale verschiedener Frequenz sind.

Nur die Harmonischen gleicher Frequenz leisten einen Beitrag zur KKF.

Lineare Prozesse mit stochastischen Signalen

Ein linearer Prozeß mit der Gewichtsfunktion $g(t)$ habe ein stationäres stochastisches Eingangssignal $u(t)$ und ein entsprechendes Ausgangssignal $y(t)$ mit Mittelwert Null.

Die KKF ist dann

$$
\Phi_{uy}(\tau) = E\{u(t)y(t + \tau)\} . \qquad (2.2.28)
$$

Setzt man für $y(t+\tau)$ das Faltungsintegral Gl. (2.1.3) ein, dann wird

$$\begin{aligned}\Phi_{uy}(\tau) &= E\left\{u(t)\int_0^\infty g(t')u(t+\tau-t')\,\mathrm{d}t'\right\}\\ &= \int_0^\infty g(t')E\{u(t)u(t+\tau-t')\}\,\mathrm{d}t'\\ &= \int_0^\infty g(t')\Phi_{uu}(\tau-t')\,\mathrm{d}t'\,. \end{aligned} \tag{2.2.29}$$

AKF und KKF sind also über das *Faltungsintegral* miteinander verknüpft, genauso wie $u(t)$ und $y(t)$ bei deterministischen Signalen, siehe Gl. (2.1.3).

Für die Kreuzleistungsdichte gilt dann mit Gl. (2.2.29) und Gl. (2.2.12)

$$\begin{aligned}S_{uy}(\mathrm{i}\omega) &= \int_{-\infty}^{\infty} \Phi_{uy}(\tau)\,\mathrm{e}^{-\mathrm{i}\omega\tau}\,\mathrm{d}\tau\\ &= \int_{-\infty}^{\infty}\int_0^\infty g(t')\Phi_{uu}(\tau-t')\,\mathrm{d}t'\,\mathrm{e}^{-\mathrm{i}\omega\tau}\,\mathrm{d}\tau\\ &= \int_0^\infty g(t')\,\mathrm{d}t' \int_{-\infty}^{\infty}\Phi_{uu}(\tau-t')\,\mathrm{e}^{-\mathrm{i}\omega\tau}\,\mathrm{d}\tau\\ &= \int_0^\infty g(t')\,\mathrm{e}^{-\mathrm{i}\omega t'}\,\mathrm{d}t'\,S_{uu}(\mathrm{i}\omega)\,. \end{aligned} \tag{2.2.30}$$

Somit folgt

$$S_{uy}(\mathrm{i}\omega) = G(\mathrm{i}\omega)S_{uu}(\mathrm{i}\omega)\,. \tag{2.2.31}$$

Der Frequenzgang ist das Verhältnis von Kreuzleistungs- zu Wirkleistungsdichte.

Führt man den entsprechenden Rechengang für $\Phi_{yy}(\tau)$ durch, dann folgt

$$S_{yy}(\mathrm{i}\omega) = G(\mathrm{i}\omega)S_{yu}(\mathrm{i}\omega) \tag{2.2.32}$$

und mit $\Phi_{uy}(\tau) = \Phi_{yu}(-\tau)$ wird

$$S_{yu}(\mathrm{i}\omega) = S_{uy}(-\mathrm{i}\omega) \tag{2.2.33}$$

und

$$\begin{aligned}S_{yy}(\mathrm{i}\omega) &= G(\mathrm{i}\omega)G(-\mathrm{i}\omega)S_{uu}(-\mathrm{i}\omega)\\ &= |G(\mathrm{i}\omega)|^2\,S_{uu}(\mathrm{i}\omega)\,. \end{aligned} \tag{2.2.34}$$

Verwendet man als Eingangssignal weißes Rauschen mit der Leistungsdichte S_0, dann kann man über geeignete Formfilter mit dem Frequenzgang $G(\mathrm{i}\omega)$ verschieden „farbiges" Rauschen beschreiben, dessen Wirkleistungsdichte

$$S_{yy}(\omega) = |G(\mathrm{i}\omega)|^2\,S_0 \tag{2.2.35}$$

ist, Schlitt (1968).

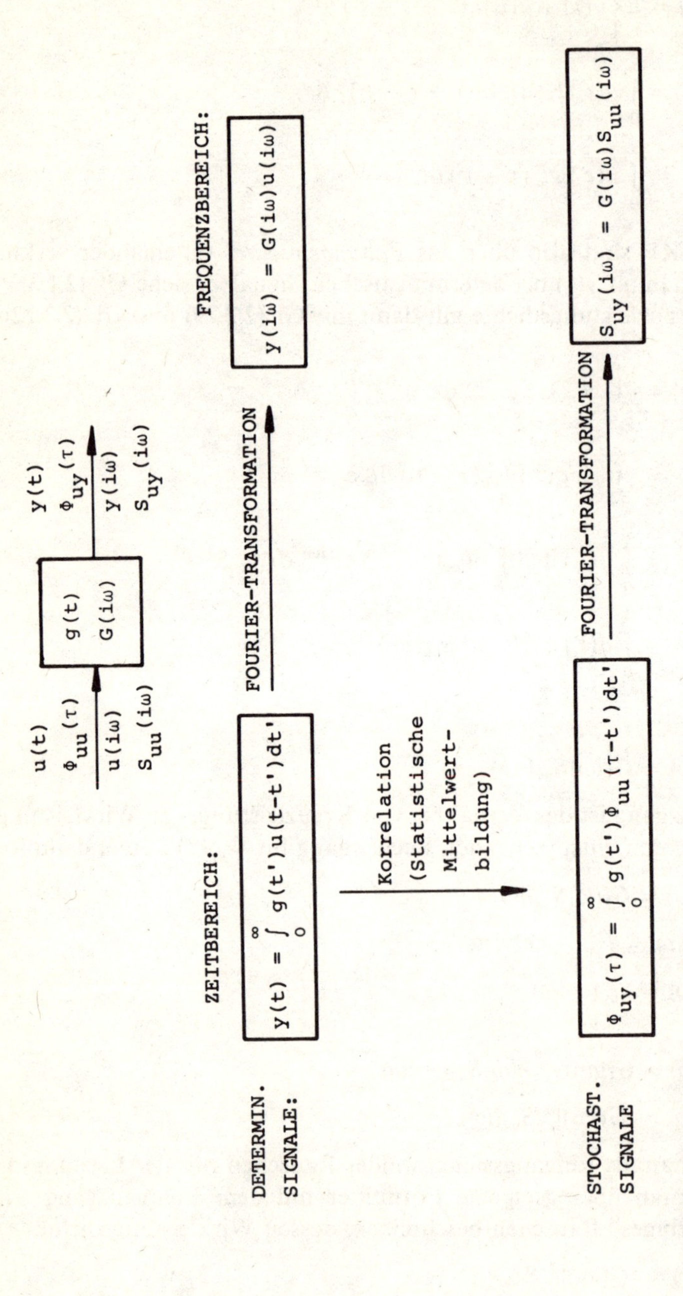

Bild 2.15. Übersichtsschema zur Analogie der Beziehungen zwischen Ein- und Ausgangssignalen eines linearen Übertragungsgliedes

In Bild 2.15 sind die für die Prozeßidentifikation wichtigen Beziehungen zwischen den Ein- und Ausgangssignalen im Zeit- und Frequenzbereich und für deterministische und stochastische Signale zusammengefaßt dargestellt.

Der Faltungsgleichung mit deterministischen Signalen entspricht bei stochastischen Signalen die Faltungsgleichung mit Korrelationsfunktionen.

Der Frequenzganggleichung mit Fourier-Transformierten bei deterministischen Signalen entspricht bei stochastische Signalen die Frequenzganggleichung mit Leistungsdichten.

Als „Ein- und Ausgangsgrößen" eines Übertragungsgliedes mit der Gewichtsfunktion $g(t)$ und dem Frequenzgang $G(\mathrm{i}\omega)$ entsprechen sich also folgende Größen:

Zeitbereich:	Eingang: $u(t) \leftrightarrow \Phi_{uu}(\tau)$
	Ausgang: $y(t) \leftrightarrow \Phi_{uy}(\tau)$
Frequenzbereich:	Eingang: $u(\mathrm{i}\omega) \leftrightarrow S_{uu}(\mathrm{i}\omega)$
	Ausgang: $y(\mathrm{i}\omega) \leftrightarrow S_{uy}(\mathrm{i}\omega)$.

Stochastische Differentialgleichungen

Bisher wurden ausschließlich nichtparametrische Modelle stochastischer Signalprozesse betrachtet. In Anlehnung an die Erzeugung von farbigem Rauschen durch geeignete Filterung von weißem Rauschen, Gl. 2.2.35, kann man stochastische Signale auch durch gewöhnliche Differentialgleichungen mit weißem Rauschen als Eingangsgröße beschreiben. In der Zustandsdarstellung gilt dann

$$\begin{aligned} \dot{\boldsymbol{x}}(t) &= \boldsymbol{A}\boldsymbol{x}(t) + \boldsymbol{b}v(t) \\ y(t) &= \boldsymbol{c}^T\boldsymbol{x}(t) \end{aligned} \tag{2.2.36}$$

wobei $v(t)$ weißes Rauschen ist mit $E\{v(k)\} = 0$. Mit Hilfe dieses parametrischen Modells lassen sich viele stationäre stochastische Signale näherungsweise beschreiben. Eine mathematisch strenge Behandlung setzt jedoch eine differentielle Schreibweise voraus

$$\mathrm{d}\boldsymbol{x}(t) = \boldsymbol{A}\boldsymbol{x}(t)\,\mathrm{d}t + \boldsymbol{b}v(t)\,\mathrm{d}t \tag{2.2.37}$$

wobei

$$\mathrm{d}w(t) = v(t)\,\mathrm{d}t \quad \text{bzw.} \quad w(t) = \int_0^t v(t')\,\mathrm{d}t'$$

einen Wiener-Prozeß beschreibt, Åström (1970), Sage, Melsa (1971), Arnold (1973). Gl. (2.2.37) wird (Itôsche) *stochastische Differentialgleichung* genannt. Ihre Lösung führt auf Markov-Prozesse und Diffusionsprozesse.

2.3 Mathematische Modelle dynamischer Prozesse für zeitdiskrete Signale

Bei der Datenverarbeitung und somit auch Identifikation mit Prozeßrechnern werden die Prozeßsignale abgetastet und im Analog-Digital-Wandler digitalisiert.

Durch dieses Abtasten und Digitalisieren entstehen diskrete Signale, die nach der Amplitude und nach der Zeit quantisiert sind. Es werde angenommen, daß die Quantisierungseinheit bei der Digitalisierung so klein ist, daß die Amplitudenwerte als quasi kontinuierlich betrachtet werden können. Wenn das Abtasten periodisch mit der Abtastzeit T_0 erfolgt, dann entstehen nach dem Analog-Digital-Wandler amplitudenmodulierte Impulsfolgen im Abstand der Abtastzeit, Bild 2.16. Diese werden im Digitalrechner nach programmierten Algorithmen verarbeitet und nach der Rechenzeit T_R ausgegeben. Bei Prozeßrechnern, die z. B. zur Regelung eingesetzt sind, wird das Ausgangssignal einem Digital-Analog-Wandler übergeben, der über ein Halteglied ein stufenförmiges analoges Signal zur Ansteuerung eines Stellantriebes erzeugt. Wenn die Rechenzeit vernachlässigbar klein ist, kann man vor und nach dem Digitalrechner synchron arbeitende Abtaster annehmen und ein vereinfachtes Blockschaltbild nach Bild 2.17 angeben.

Das vom Regelalgorithmus verarbeitete Ausgangssignal des Prozesses ist dann das zeitdiskrete Signal $y_d(kT_0)$ und das zugehörige Eingangssignal das zeitdiskrete

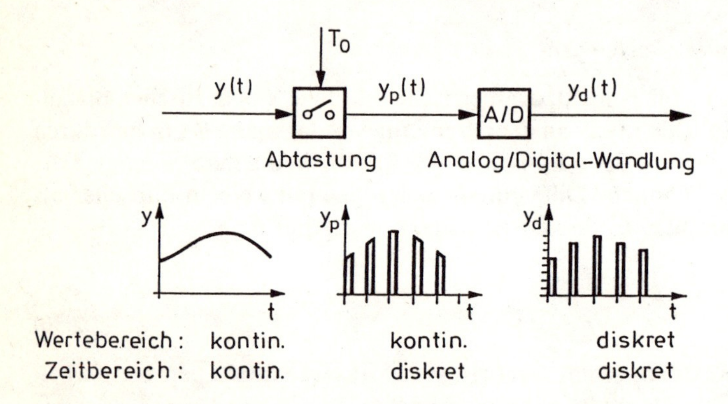

Bild 2.16. Entstehen eines amplitudenmodulierten, zeitdiskreten und wertdiskreten Signals durch Abtastung und Analog/Digital-Wandlung

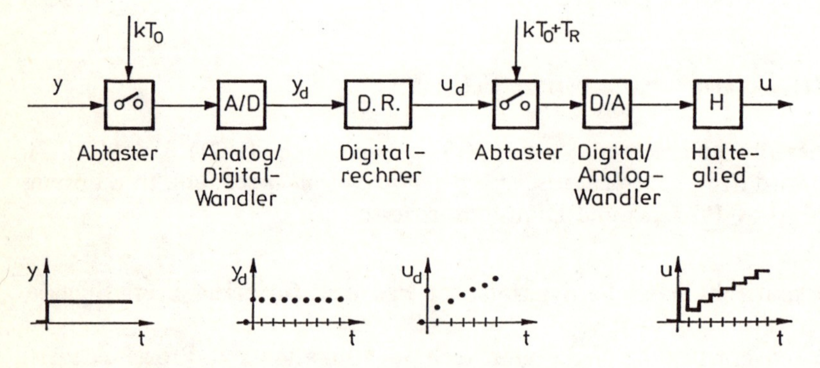

Bild 2.17. Prozeßrechner als Abtastregler. $k = 0, 1, 2, 3, \ldots$

Signal $u_d(kT_0)$, wobei k die diskrete Zeit $k = 0, 1, 2, \ldots$ ist. Das zum Entwurf von Regelalgorithmen benötigte Prozeßmodell umfaßt also Abtaster und Halteglied am Eingang des Prozesses, den Prozeß und den Abtaster am Ausgang des Prozesses.

Im folgenden werden die wichtigsten Beziehungen für lineare Prozesse mit abgetasteten Signalen zusammengestellt. Ausführliche Einführungen findet man z.B. in Kuo (1970), Föllinger (1974), Isermann (1987).

2.3.1 Nichtparametrische Modelle, deterministische Signale

a) δ-Impulsfolgen, z-Transformation

Tastet man die kontinuierlichen Ein- und Ausgangssignale von Prozessen mit einer im Verhältnis zu den Zeitkennwerten kleinen Abtastzeit ab, dann kann man direkt aus den Prozeßdifferentialgleichungen durch Diskretisieren Differenzengleichungen erhalten. Eine zweckmäßigere Behandlung, die auch für große Abtastzeiten gilt, erreicht man jedoch durch Approximation der durch den Abtastvorgang entstehenden Impulse $x_p(t)$ der Dauer h durch flächengleiche δ-Impulse

$$x_p(t) \approx x_\delta(t) = \frac{h}{1\ \mathrm{sec}} \sum_{k=0}^{\infty} x(kT_0)\delta(t - kT_0)\,. \tag{2.3.1}$$

Normierung auf $h = 1$ sec liefert dann

$$x^*(t) = \sum_{k=0}^{\infty} x(kT_0)\delta(t - kT_0)\,. \tag{2.3.2}$$

Laplace-Transformation ergibt

$$x^*(s) = \mathfrak{L}\{x^*(t)\} = \sum_{k=0}^{\infty} x(kT_0)\mathrm{e}^{-kT_0 s}\,. \tag{2.3.3}$$

Man beachte, daß die Laplace-Transformierte periodisch ist

$$x^*(s) = x^*(s + \mathrm{i}\nu\omega_0) \quad \nu = 0, 1, 2, \ldots \tag{2.3.4}$$

wobei $\omega_0 = 2\pi/T_0$ die Abtastfrequenz ist.
Führt man in Gl (2.3.3) die Abkürzung

$$z = \mathrm{e}^{T_0 s} = \mathrm{e}^{T_0(\delta + \mathrm{i}\omega)} \tag{2.3.5}$$

ein, dann entsteht die *z-Transformierte*

$$x(z) = \mathfrak{z}\{x(kT_0)\} = \sum_{k=0}^{\infty} x(kT_0)z^{-k}\,. \tag{2.3.6}$$

Falls $x(kT_0)$ beschränkt ist, konvergiert $x(z)$ für $|z| > 1$, was wie bei der Laplace-Transformierten durch geeignete Wahl von δ für die meisten interessierenden Signalfunktionen erreicht werden kann. $x(z)$ ist im allgemeinen eine unendlich lange Reihe. Für viele Signale sind jedoch geschlossene Ausdrücke möglich, siehe Tabelle A 1 Anhang.

Folgende Rechenregeln werden häufig gebraucht:

— Zeitverschiebung nach rechts:

$$\mathfrak{z}\{x(kT_0 - dT_0)\} = z^{-d}x(z) \tag{2.3.7}$$

— Anfangswert:

$$x(+0) = \lim_{z \to \infty} x(z) \tag{2.3.8}$$

— Endwert:

$$\lim_{k \to \infty} x(kT_0) = \lim_{z \to 1} (z-1)x(z) \tag{2.3.9}$$

b) Diskrete Gewichtsfunktion

Da die Antwortfunktion auf einen δ-Impuls die Gewichtsfunktion $g(t)$ des Übertragungsgliedes ist, folgt aus der mit δ-Funktionen approximierten Eingangsfunktion

$$u^*(t) = \sum_{k=0}^{\infty} u(kT_0)\delta(t - kT_0) \tag{2.3.10}$$

die *Faltungssumme*

$$y(t) = \sum_{k=0}^{\infty} u(kT_0)g(t - kT_0)\,. \tag{2.3.11}$$

Wenn die Ausgangsfunktion synchron zur Eingangsfunktion abgetastet wird, lautet die Faltungssumme

$$\begin{aligned} y(nT_0) &= \sum_{k=0}^{\infty} u(kT_0)g((n-k)T_0) \\ &= \sum_{\nu=0}^{\infty} u((n-\nu)T_0)g(\nu T_0)\,. \end{aligned} \tag{2.3.12}$$

c) z-Übertragungsfunktion

Die abgetastete und mit δ-Funktionen approximierte Ausgangsfunktion

$$y^*(t) = \sum_{n=0}^{\infty} y(nT_0)\delta(t - nT_0) \tag{2.3.13}$$

wird Laplacetransformiert, und mit Gl. (2.3.12) folgt

$$y^*(s) = \sum_{n=0}^{\infty} \sum_{k=0}^{\infty} u(kT_0)g((n-k)T_0)e^{-nT_0s}$$

bzw. mit der Substitution $q = n - k$

$$y^*(s) = \sum_{q=0}^{\infty} g(qT_0)\mathrm{e}^{-qT_0 s} \sum_{k=0}^{\infty} u(kT_0)\mathrm{e}^{-kT_0 s}$$

$$= G^*(s)u^*(s)\,. \tag{2.3.14}$$

Hierbei ist

$$G^*(s) = \frac{y^*(s)}{u^*(s)} = \sum_{q=0}^{\infty} g(qT_0)\mathrm{e}^{-qT_0 s} \tag{2.3.15}$$

die *Impuls-Übertragungsfunktion.* Für den *Impuls-Frequenzgang* gilt somit

$$G^*(\mathrm{i}\omega) = \lim_{s \to \mathrm{i}\omega} G^*(s) \quad (\omega \leqq \pi/T_0)\,. \tag{2.3.16}$$

Hierbei ist zu beachten, daß mit der Kreisfrequenz $\omega_0 = 2\pi/T_0$ abgetastete kontinuierliche harmonische Signale, mit der Kreisfrequenz ω nach dem *Shannonschen Abtasttheorem* nur im Bereich $\omega < \omega_{Sh}$ mit

$$\omega_{Sh} = \frac{\omega_0}{2} = \frac{\pi}{T_0} \tag{2.3.17}$$

als diskrete Signale mit derselben Kreisfrequenz ω erkannt werden können. Für Signale mit $\omega > \omega_{Sh}$ ergeben sich nach dem Abtasten niederfrequentere Ausgangssignale (Aliasing-Effekt).

Führt man in Gl. (2.3.15) die Abkürzung $z = \mathrm{e}^{T_0 s}$ ein, dann entsteht die *z-Übertragungsfunktion.*

$$G(z) = \frac{y(z)}{u(z)} = \sum_{q=0}^{\infty} g(qT_0)z^{-q} = \mathfrak{z}\{g(qT_0)\} \tag{2.3.18}$$

vgl. Bild 2.18.

Für eine gegebene s-Übertragungsfunktion $G(s)$ erhält man die z-Übertragungsfunktion mit Gl. (2.1.16) also wie folgt

$$G(z) = \mathfrak{z}\{[\mathfrak{L}^{-1}\{G(s)\}]_{t=qT_0}\} = \mathscr{Z}\{G(s)\}. \tag{2.3.19}$$

Hierbei bedeutet $\mathscr{Z}\{\ldots\}$, daß man z.B. in einer Tabelle der s- und z-Transformierten die korrespondierende z-Transformierte für die gegebene s-Transformierte (bzw. Übertragungsfunktion) aufsucht.

Folgt auf den Abtaster ein Halteglied nullter Ordnung, das die abgetasteten Werte $x(kT_0)$ für die Abtastdauer T_0 hält, dann wird an seinem Ausgang eine Stufenfunktion $m(t)$ erzeugt

$$m(t) = \sum_{k=0}^{\infty} x(kT_0)[1(t - kT_0) - 1(t - (k-1)T_0)]$$

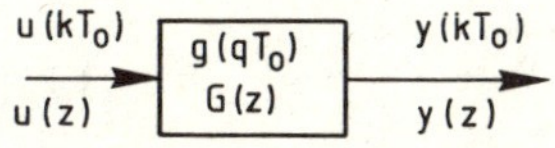

Bild 2.18. Blockbild eines linearen Prozesses mit abgetastetem Ein- und Ausgangssignal und Charakterisierung durch (diskrete) Gewichtsfunktion und z-Übertragungsfunktion

mit der Laplace-Transformierten

$$m(s) = \underbrace{\sum_{k=0}^{\infty} x(kT_0)\mathrm{e}^{-kT_0 s}}_{x^*(s)} \cdot \frac{1}{s}[1 - \mathrm{e}^{-T_0 s}] .$$

Ein Halteglied nullter Ordnung kann also durch die Übertragungsfunktion

$$H(s) = \frac{m(s)}{x^*(s)} = \frac{1}{s}[1 - \mathrm{e}^{-T_0 s}] \tag{2.3.20}$$

beschrieben werden.

Wenn einem Prozeß mit der Übertragungsfunktion $G(s)$ am Eingang ein Abtaster mit Halteglied vorgeschaltet ist, gilt für die resultierende z-Übertragungsfunktion

$$HG(z) = \mathscr{Z}\{H(s)G(s)\} = \mathscr{Z}\left\{\frac{1}{s}[1 - \mathrm{e}^{-T_0 s}]G(s)\right\}$$

$$= (1 - z^{-1})\mathscr{Z}\left\{\frac{G(s)}{s}\right\} = \frac{(z-1)}{z}\mathscr{Z}\left\{\frac{G(s)}{s}\right\} . \tag{2.3.21}$$

2.3.2 Parametrische Modelle, deterministische Signale

a) z-Übertragungsfunktion

Wenn die Differentialgleichung Gl. (2.1.19) eines linearen Prozesses bekannt ist, dann bestimme man die zugehörige s-Übertragungsfunktion Gl. (2.1.20) und ermittle nach Gl. (2.3.19) oder (2.3.21) mit Hilfe einer z-Transformationstabelle die *parametrische z-Übertragungsfunktion*

$$G(z^{-1}) = \frac{y(z)}{u(z)} = \frac{b_0 + b_1 z^{-1} + \cdots + b_m z^{-m}}{1 + a_1 z^{-1} + \cdots + a_m z^{-m}} = \frac{B(z^{-1})}{A(z^{-1})} . \tag{2.3.22}$$

In vielen Fällen wird dann die Ordnung im Zähler und Nenner gleich sein. Bei der Berechnung von $G(z^{-1})$ für zusammengeschaltete Glieder muß man zuerst alle kontinuierlichen Übertragungsglieder zusammenfassen, die nicht durch Abtaster getrennt sind.

Enthält der Prozeß $G(s)$ ein Übertragungsglied mit der Totzeit $T_t = dT_0$, $d = 0, 1, 2, \ldots$, dann lautet die z-Übertragungsfunktion

$$G(z^{-1}) = \frac{B(z^{-1})}{A(z^{-1})} z^{-d} . \tag{2.3.23}$$

Der Verstärkungsfaktor der z-Übertragungsfunktion ergibt sich aus dem Endwertsatz der z-Transformation

$$K = \frac{y(k \to \infty)}{u(k \to \infty)} = \frac{\lim\limits_{z \to 1} (1 - z^{-1}) y(z)}{\lim\limits_{z \to 1} (1 - z^{-1}) u(z)} = \lim_{z \to 1} \frac{y(z)}{u(z)}$$

$$= \lim_{z \to 1} G(z) = \frac{b_0 + b_1 + \cdots + b_m}{1 + a_1 + \cdots + a_m} . \tag{2.3.24}$$

Zur Untersuchung der *Stabilität* bringt man die Gl. (2.3.22) nach Durchmultiplizieren des Zählers und Nenners mit z^m auf die Form

$$G(z) = \frac{y(z)}{u(z)} = \frac{b_0 z^m + b_1 z^{m-1} + \cdots + b_m}{z^m + a_1 z^{m-1} + \cdots + a_n}$$

$$= \frac{b_0 (z - z_{N1})(z - z_{N2}) \cdots (z - z_{Nm})}{(z - z_1)(z - z_2) \cdots (z - z_m)} = \frac{Z(z)}{N(z)} . \tag{2.3.25}$$

Da die imaginäre Achse $s = \mathrm{i}\omega$ in der s-Ebene durch

$$z = \mathrm{e}^{T_0 s} = \mathrm{e}^{\mathrm{i} T_0 \omega}$$

in einen Kreis mit Radius 1 (den Einheitskreis) in der z-Ebene transformiert wird, ist eine Übertragungsfunktion $G(z)$ dann *asymptotisch stabil*, wenn die Wurzeln ihrer charakteristischen Gleichung

$$N(z) = (z - z_1)(z - z_2) \ldots (z - z_m) = 0 \tag{2.3.26}$$

also die *Pole*, im Inneren des Einheitskreises liegen, und somit

$$|z_i| < 1 \quad i = 1, \ldots, m \tag{2.3.27}$$

gilt.

Falls ein Pol bei $z_i = 1$ liegt, hat $G(z)$ integral wirkendes Verhalten.

b) Differenzengleichung

Bringt man $G(z)$, Gl. (2.3.22), auf die Form

$$y(z)[1 + a_1 z^{-1} + \cdots + a_m z^{-m}] = u(z)[b_0 + b_1 z^{-1} + \cdots + b_m z^{-m}] ,$$

dann folgt mit Hilfe des Rechtsverschiebungssatzes, Gl. (2.3.7), die Differenzengleichung, mit k anstelle von kT_0,

$$y(k) + a_1 y(k-1) + \cdots + a_m y(k-m)$$

$$= b_0 u(k) + b_1 u(k-1) + \cdots + b_m u(k-m) . \tag{2.3.28}$$

Die Koeffizienten dieser Differenzengleichung sind natürlich verschieden von den Koeffizienten der Differentialgleichung Gl. (2.1.19), siehe auch Tabelle der z-Transformierten.

Den Verlauf der Gewichtsfunktion erhält man aus der Differenzengleichung, indem man für das Eingangssignal einen δ-Impuls annimmt, was den zeitdiskreten Signalwerten

$$u(k) = \begin{cases} 0 & k < 0 \\ 1 & k = 0 \\ 0 & k > 0 \end{cases} \tag{2.3.29}$$

entspricht. Dann folgt aus Gl. (2.3.28) mit $y(k) = g(k)$

$$\begin{aligned} g(0) &= b_0 \\ g(1) &= b_1 - a_1 g(0) \\ g(2) &= b_2 - a_1 g(1) - a_2 g(2) \\ &\vdots \\ g(k) &= b_k - a_1 g(k-1) - \cdots - a_k g(0) \qquad k \leqq m \\ g(k) &= \quad - a_1 g(k-1) - \cdots - a_k g(k-m) \qquad k > m \end{aligned} \tag{2.3.30}$$

c) *Zustandsgrößen-Darstellung*

Für zeitdiskrete Signale lautet die Zustandsgrößen-Darstellung

$$\left. \begin{aligned} \boldsymbol{x}(k+1) &= \boldsymbol{A}\boldsymbol{x}(k) + \boldsymbol{b}u(k) \\ y(k) &= \boldsymbol{c}^T \boldsymbol{x}(k) + du(k) \end{aligned} \right\} \tag{2.3.31}$$

mit dem Zustandsvektor

$$\boldsymbol{x}(k) = [x_1(k) \quad x_2(k) \quad \ldots \quad x_m(k)]^T$$

siehe Bild 2.19.

Zur Ableitung geht man entweder von der Differenzengleichung Gl. (2.3.28) oder von der Vektordifferentialgleichung Gln. (2.1.23, 24) aus.

Bei zeitdiskreten Signalen unterscheidet man dieselben Normalformen wie bei zeitkontinuierlichen Signalen, also insbesondere die *Regelungs-* und die *Beobachternormalform.*

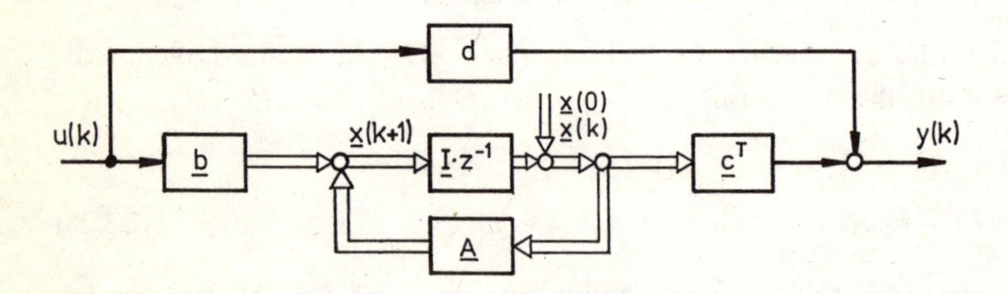

Bild 2.19. Zustandsdarstellung eines linearen Prozesses mit abgetastetem Ein- und Ausgangssignal

Da die zugehörigen Ableitungen und die Diskussion verschiedener Eigenschaften ausführlich in z.B. Isermann (1981a, 1987) oder Strejc (1981) behandelt werden, wird auf eine Darstellung hier verzichtet.

2.4 Modelle für zeitdiskrete stochastische Signale

Zeitdiskrete stochastische Signale entstehen im allgemeinen durch Abtasten von zeitkontinuierlichen stochastischen Signalen. Insofern kann zur Beschreibung zeitdiskreter stochastischer Signale von den zeitkontinuierlichen stochastischen Signalen, Abschnitt 2.2, ausgegangen werden. Die statistische Beschreibung, der Übergang zu stationären Prozessen und ergodischen Prozessen, die Bildung von Korrelationsfunktionen und Kovarianzfunktionen erfolgt entsprechend Abschnitt 2.2, wenn anstelle der kontinuierlichen Zeit t die diskrete Zeit $k = t/T_0 = 0, 1, 2, \ldots$ gesetzt wird und wenn die Integrale bei der Zeitmittelung durch Summen ersetzt werden. Die Schreibweise der Verteilungsdichte ändert sich nicht, da die Amplituden kontinuierlich bleiben.

Stationäre Prozesse

Die Gleichungen für die Zeitmittelung stationärer Prozesse lauten dann:

o *Mittelwert*

$$\bar{x} = E\{x(k)\} = \lim_{N\to\infty} \frac{1}{N} \sum_{k=1}^{N} x(k) \tag{2.4.1}$$

o *quadratischer Mittelwert (Varianz)*

$$\sigma_x^2 = E\{[x(k) - \bar{x}]^2\} = \lim_{N\to\infty} \frac{1}{N} \sum_{k=1}^{N} [x(k) - \bar{x}]^2 \tag{2.4.2}$$

o *Autokorrelationsfunktion*

$$\Phi_{xx}(\tau) = E\{x(k)x(k+\tau)\} = \lim_{N\to\infty} \frac{1}{N} \sum_{k=1}^{N} x(k)x(k+\tau) \tag{2.4.3}$$

o *Kreuzkorrelationsfunktion*

$$\begin{aligned} \Phi_{xy}(\tau) &= E\{x(k)y(k+\tau)\} = \lim_{N\to\infty} \frac{1}{N} \sum_{k=1}^{N} x(k)y(k+\tau) \\ &= \lim_{N\to\infty} \frac{1}{N} \sum_{k=1}^{N} x(k-\tau)y(k) \end{aligned} \tag{2.4.4}$$

o *Autokovarianzfunktion*

$$\begin{aligned} R_{xx}(\tau) &= cov[x, \tau] = E\{[x(k) - \bar{x}][x(k+\tau) - \bar{x}]\} \\ &= E\{x(k)x(k+\tau)\} - \bar{x}^2 \end{aligned} \tag{2.4.5}$$

o *Kreuzkovarianzfunktion*

$$R_{xy}(\tau) = cov[x, y, \tau] = E\{[x(k) - \bar{x}][y(k) - \bar{y}]\}$$
$$= E\{x(k)y(k+\tau)\} - \bar{x}\bar{y} \; . \qquad (2.4.6)$$

Leistungsdichte

Die *Wirkleistungsdichte* eines stationären Signals ist als Fourier-Transformierte der Autokovarianzfunktion definiert und lautet für zeitdiskrete Signale in Anlehnung an Gl. (2.2.12)

$$S_{xx}^*(\mathrm{i}\omega) = \mathfrak{F}\{R_{xx}(\tau)\} = \sum_{\tau=-\infty}^{\infty} R_{xx}(\tau)\,\mathrm{e}^{-\mathrm{i}\omega T_0 \tau} \qquad (2.4.7)$$

oder in der Schreibweise als zweiseitige z-Transformierte

$$S_{xx}(z) = \mathfrak{z}\{R_{xx}(\tau)\} = \sum_{\tau=-\infty}^{\infty} R_{xx}(\tau) z^{-\tau} \qquad (2.4.8)$$

mit $z = \mathrm{e}^{T_0 \mathrm{i}\omega}$.

Nach dem Shannonschen Abtasttheorem ist zu beachten, daß hierbei

$$0 \leqq |\omega| < \pi/T_0 \; .$$

Die z-Rücktransformierte lautet

$$R_{xx}(\tau) = \frac{1}{2\pi\mathrm{i}} \oint S_{xx}(z) z^{\tau-1}\,\mathrm{d}z \; . \qquad (2.4.9)$$

Die Integration ist dabei auf dem Einheitskreis durchzuführen. Entsprechende Beziehungen gelten für die *Kreuzleistungsdichte* zweier verschiedener Signalprozesse. Aus Gl. (2.4.9) folgt mit $\bar{x} = 0$

$$\overline{x^2(k)} = R_{xx}(0) = \frac{1}{2\pi\mathrm{i}} \oint S_{xx}(z) \frac{\mathrm{d}z}{z} = \frac{T_0}{\pi} \int_0^{\pi/T_0} S_{xx}^*(\omega)\,\mathrm{d}\omega \; . \qquad (2.4.10)$$

Die Beschreibung besonderer Signalprozesse, wie unabhängige, nichtkorrelierte, orthogonale oder normalverteilte Prozesse erfolgt wie im zeitkontinuierlichen Fall.

Weißes Rauschen

Ein zeitdiskreter Signalprozeß wird als *weißes Rauschen* bezeichnet, wenn die (im Unterschied zum zeitkontinuierlichen weißen Rauschen) in endlichem Abstand aufeinander folgenden Signalwerte statistisch unabhängig von allen vergangenen Werten sind. Dann gilt für die Kovarianzfunktion

$$R_{xx}(\tau) = cov[x, \tau] = \sigma_x^2 \delta(\tau) \, , \qquad (2.4.11)$$

wobei $\delta(\tau)$ die Kronecker-Deltafunktion

$$\delta(\tau) = \begin{cases} 1 & \text{für } \tau = 0 \\ 0 & \text{für } |\tau| \neq 0 \end{cases} \qquad (2.4.12)$$

und σ_x^2 die Varianz ist. Für die Leistungsichte gilt dann Gl. (2.4.8)

$$S_{xx}(z) = \sigma_x^2 \sum_{\tau=-\infty}^{\infty} \delta(\tau) z^{-\tau} = \sigma_x^2 = S_{xx0} = \text{const.} \tag{2.4.13}$$

(Alle Zeiger $z^{-\tau}$ in der komplexen Ebene heben sich auf, bis auf $\tau = 0$.) Die Leistungsdichte ist also im Bereich $0 \leqq |\omega| \leqq \pi/T_0$ konstant. Man beachte, daß die Varianz eines zeitdiskreten weißen Rauschens im Unterschied zum zeitkontinuierlichen weißen Rauschen endlich und realisierbar ist.

Lineare Prozesse mit stochastischen Signalen

Analog zu zeitkontinuierlichen stochastischen Signalen sind die Kreuzkorrelationsfunktion $\Phi_{uy}(\tau)$ und die Autokorrelationsfunktion $\Phi_{uu}(\tau)$ über die *Faltungssumme* verknüpft

$$\Phi_{uy}(\tau) = \sum_{\nu=0}^{\infty} g(\nu) \Phi_{uu}(\tau - \nu) . \tag{2.4.14}$$

Für die Leistungsdichten gilt

$$S_{uy}^*(\mathrm{i}\omega) = G^*(\mathrm{i}\omega) S_{uu}^*(\mathrm{i}\omega) \quad (|\omega| \leqq \pi/T_0) \tag{2.4.15}$$

bzw. $S_{uy}(z) = G(z) S_{uu}(z)$.
Ferner gilt für die Wirkleistungsdichten

$$S_{yy}(z) = G(z) G(z^{-1}) S_{uu}(z) . \tag{2.4.16}$$

Zur ausführlichen Behandlung der nichtparametrischen Modelle von zeitdiskreten stochastischen Signalen sei auf Strejc (1967), Åström (1970), Leonard (1973) verwiesen.

Stochastische Differenzengleichungen

Skalare stochastische Signalprozesse können durch *stochastische Differenzengleichungen* in Form eines parametrischen Modells beschrieben werden, die im linearen Fall lauten

$$\begin{aligned} &y(k) + c_1 y(k-1) + \cdots + c_n y(k-n) \\ &= d_0 v(k) + d_1 v(k-1) + \cdots + d_m v(k-m) . \end{aligned} \tag{2.4.17}$$

Hierbei ist $y(k)$ das Ausgangssignal eines gedachten Filters mit der z-Übertragungsfunktion

$$G_F(z^{-1}) = \frac{y(z)}{u(z)} = \frac{d_0 + d_1 z^{-1} + \cdots + d_m z^{-m}}{1 + c_1 z^{-1} + \cdots + c_n z^{-n}} = \frac{D(z^{-1})}{C(z^{-1})} \tag{2.4.18}$$

und $v(k)$ ein statistisch unabhängiges Signal (weißes Rauschen (0, 1)). Stochastische Differenzengleichungen stellen also einen stochastischen Prozeß als Funktion eines diskreten weißen Rauschens dar.

Bei der Analyse stochastischer Signale spielen folgende Spezialfälle eine besondere Rolle. Der *autoregressive Prozeß* (AR) der Ordnung n ist gekennzeichnet durch

$$y(k) + c_1 y(k-1) + \cdots + c_n y(k-n) = d_0 v(k) \tag{2.4.19}$$

mit der Übertragungsfunktion

$$G_F(z^{-1}) = \frac{d_0}{C(z^{-1})}. \tag{2.4.20}$$

In diesem Fall hängt der Signalwert $y(k)$ vom Zufallswert $v(k)$ und von den mit den Parametern c_i gewichteten vergangenen Werten $y(k-1)$, $y(k-2), \ldots$ ab. Daher die Bezeichnung "Autoregression". Falls die Wurzeln von $z^n C(z^{-1}) = 0$ im Inneren des Einheitskreises liegen, ist der AR-Prozeß stationär. Der Prozeß mit *gleitendem Mittel* (moving average), MA, folgt der Differenzengleichung

$$y(k) = d_0 v(k) + d_1 v(k-1) + \cdots + d_m v(k-m) \tag{2.4.21}$$

mit der Übertragungsfunktion

$$G_F(z^{-1}) = D(z^{-1}).$$

Er ist die Summe der mit den Parametern d_i gewichteten Zufallswerte $v(k)$, $v(k-1), \ldots$, also eine Art "zeitabhängig gewichteter Mittelwert" und kann auch als summierender Prozeß bezeichnet werden.

Prozesse nach Gl. (2.4.17) und (2.4.18) werden als gemischte *autoregressiv-gleitende Mittelwert-Prozesse* (ARMA) bezeichnet.

Läßt man Wurzeln auf dem Einheitskreis zu

$$G_F(z^{-1}) = \frac{D(z^{-1})}{C(z^{-1})(1-z^{-1})^p} \quad p = 1, 2, \ldots \tag{2.4.22}$$

dann können auch nichtstationäre Prozesse dargestellt werden. Sie werden integrierende ARMA-Prozesse (ARIMA) genannt. Ein besonders einfacher Prozeß ist die *Zufallsbewegung* (random walk)

$$y(k) = y(k-1) + d_0 v(k), \tag{2.4.23}$$

der aus Gl. (2.4.22) durch $(m, n, p) = (0, 0, 1)$ entsteht.

Die Bilder 2.20 und 2.21 zeigen zwei Beispiele für den Zeitverlauf, die Autokorrelationsfunktion und die Leistungsdichte von stationären Signalen. Man erkennt im Vergleich zum MA-Prozeß die größere Erhaltungstendenz des AR-Prozesses und deshalb die flacher abfallende Autokorrelationsfunktion und den geringeren Anteil der Leistungsdichte bei den höheren Frequenzen. In Bild 2.22 und 2.23 sind Beispiele für nichtstationäre Signale zu sehen.

Multipliziert man Gl. (2.4.17) mit $y(k-\tau)$ und bildet den Erwartungswert für alle entstehenden Produkte, dann entsteht eine Gleichung mit Korrelationsfunk-

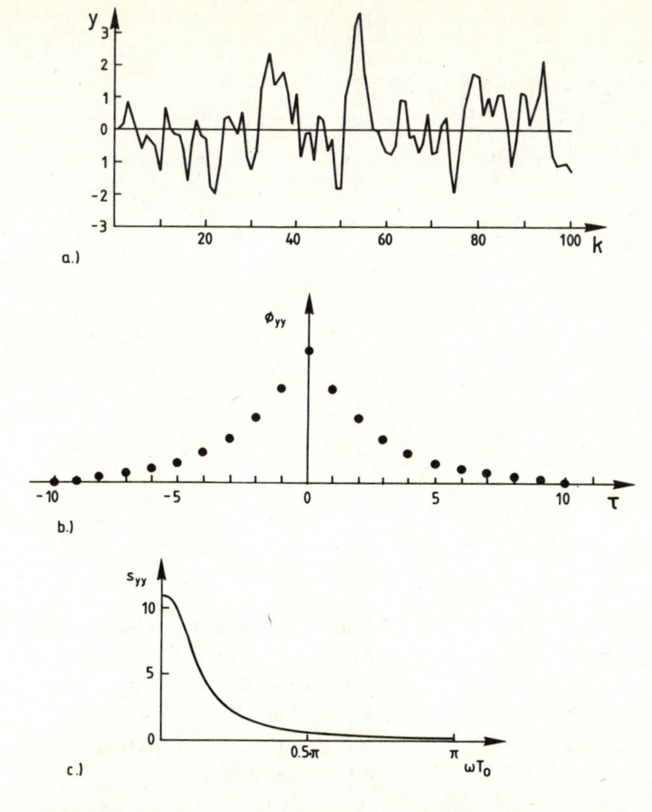

Bild 2.20. Autoregressiver Prozeß der Ordnung $n = 1$; $y(k) = 0{,}7y(k-1) + v(k)$.
a zeitlicher Verlauf **b** Autokorrelationsfunktion **c** Leistungsdichte

tionen

$$\Phi_{yy}(\tau) + c_1\Phi_{yy}(\tau-1) + \cdots + c_n\Phi_{yy}(\tau-n)$$
$$= \Phi_{vy}(\tau) + d_1\Phi_{vy}(\tau-1) + \cdots + d_m\Phi_{vy}(\tau-m)\,. \tag{2.4.24}$$

Da $\Phi_{vy}(\tau) = 0$ für $\tau > 0$ folgt für den AR

$$\Phi_{yy}(\tau) + c_1\Phi_{yy}(\tau-1) + \cdots + c_n\Phi_{yy}(\tau-n) = 0, \quad (\tau > 0) \tag{2.4.25}$$

eine sogenannte *Yule-Walker-Gleichung*.

Schreibt man für den MA Gl. (2.4.21) für $y(k)$ und $y(k-\tau)$, multipliziert beide Gleichungen und bildet den Erwartungswert, dann wird

$$\Phi_{yy}(\tau) = \begin{cases} d_0^2 + d_1^2 + \cdots + d_m^2 & \tau = 0 \\ d_0 d_\tau + d_1 d_{\tau+1} + d_{m-\tau} d_m & 1 \leqq \tau \leqq m \\ 0 & \tau > m\,. \end{cases} \tag{2.4.26}$$

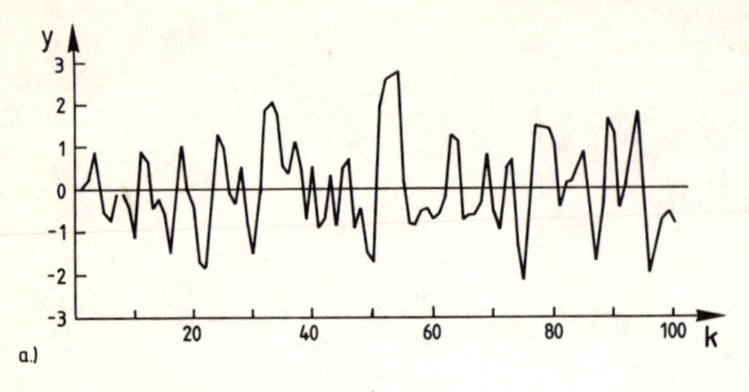

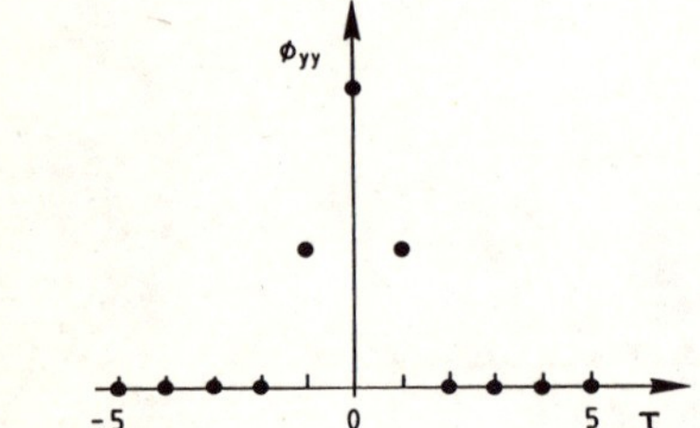

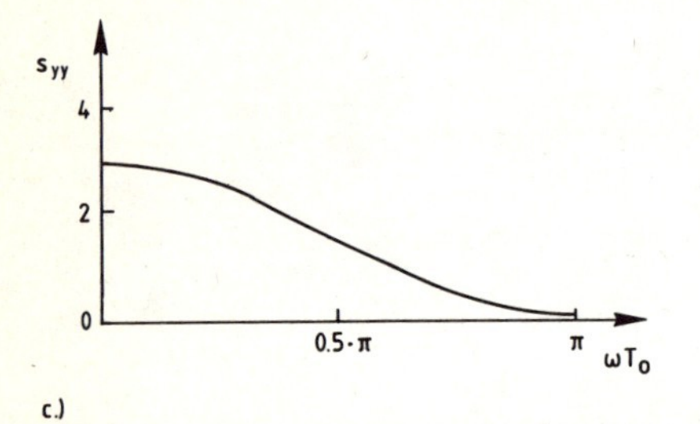

Bild 2.21. Prozeß mit gleitendem Mittelwert der Ordnung $m = 1$ $y(k) = v(k) + 0{,}7v(k-1)$.
a zeitlicher Verlauf
b Autokorrelationsfunktion
c Leistungsdichte

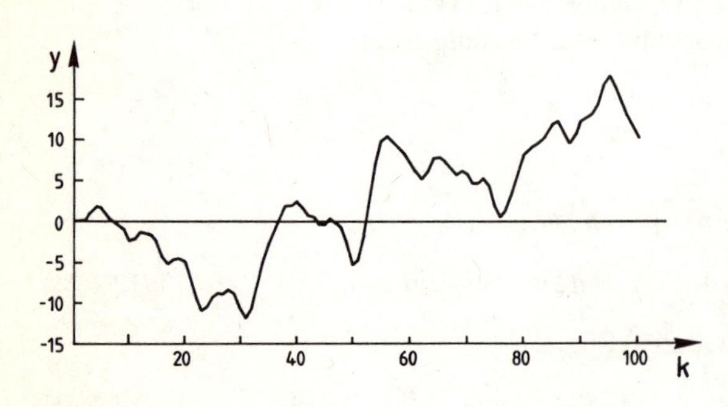

Bild 2.22. Integrierender autoregressiv-gleitender Mittelwert-Prozeß Ordnung $n = 1$, $p = 1$, $m = 1$ Parameter $c_1 = -0{,}5$ und $d_1 = 0{,}7$

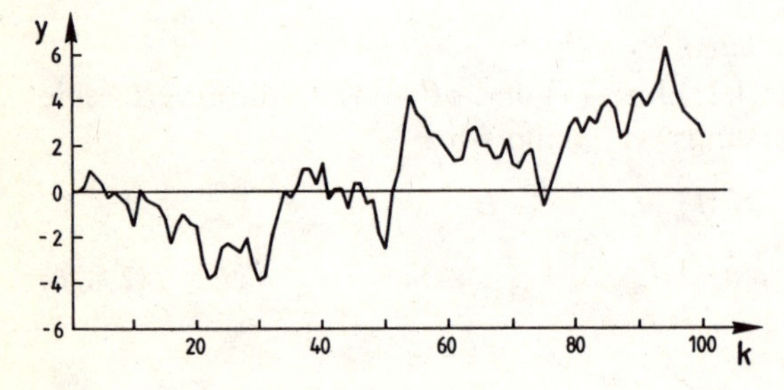

Bild 2.23. Zufallsbewegung (Random walk) $y(k) = y(k-1) + v(k)$; $\bar{v} = 0$

Beispiele und Gesetzmäßigkeiten dieser stochastischen Differenzengleichungen werden z.B. in Box, Jenkins (1970), Åström (1970) und Jazwinski (1970) behandelt.

Vektorielle stochastische Signalprozesse

Ein stochastischer Signalprozeß wird *Markov-Signalprozeß* (Markov-Prozeß) erster Ordnung genannt, wenn für die bedingte Verteilungsdichtefunktion, siehe Anhang A 3, gilt

$$p[x(k)|x(k-1), x(k-2), \ldots, x(0)] = p[x(k)|x(k-1)] \,. \tag{2.4.27}$$

Die bedingte Wahrscheinlichkeit für das Eintreffen des Wertes $x(k)$ hängt dann nur vom letzten vergangenen Wert $x(k-1)$ und nicht von allen weiteren vergangenen Werten ab. Ein zukünftiger Wert wird also nur vom gegenwärtigen Wert beeinflußt.

Diese Definition eines Markov-Signalprozesses entspricht einer skalaren Differenzengleichung erster Ordnung

$$x(k+1) = ax(k) + fv(k) \tag{2.4.28}$$

bei der der zukünftige Wert $x(k+1)$ nur von den gegenwärtigen Werten $x(k)$ und $v(k)$ abhängt. Falls $v(k)$ ein statistisch unabhängiges Signal ist (weißes Rauschen), dann erzeugt diese Differenzengleichung ein Markov-Signal. Falls die skalare Differenzengleichung jedoch von höherer als erster Ordnung ist, z.B.

$$x(k+1) = a_1 x(k) + a_2 x(k-1) + fv(k) \tag{2.4.29}$$

dann kann man vermittels

$$\begin{aligned} x(k) &= x_1(k) \\ x(k+1) &= x_1(k+1) = x_2(k) \end{aligned} \tag{2.4.30}$$

die Differenzengleichung zweiter Ordnung in eine Vektordifferenzengleichung erster Ordnung umformen

$$\begin{bmatrix} x_1(k+1) \\ x_2(k+1) \end{bmatrix} = \begin{bmatrix} 0 & 1 \\ a_1 & a_2 \end{bmatrix} \begin{bmatrix} x_1(k) \\ x_2(k) \end{bmatrix} + \begin{bmatrix} 0 \\ f \end{bmatrix} v(k) \tag{2.4.31}$$

die in allgemeiner Form lautet

$$\boldsymbol{x}(k+1) = \boldsymbol{A}\boldsymbol{x}(k) + \boldsymbol{f}v(k) \tag{2.4.32}$$

wobei $\boldsymbol{A}$ und $\boldsymbol{f}$ als konstant angenommen sind. Dann ist jede einzelne Zustandsgröße von $\boldsymbol{x}(k+1)$ nur von den Zustandsgrößen von $\boldsymbol{x}(k)$ und von $v(k)$, also nur von den gegenwärtigen Werten abhängig. $\boldsymbol{x}(k+1)$ ist dann ein *vektorieller Markov-Signalprozeß* erster Ordnung. Durch Bilden einer Vektordifferenzengleichung erster Ordnung kann man stets stochastische Signale, die von endlich vielen vergangenen Werten abhängen, in vektorielle Markov-Signale umformen. Somit kann man mit vektoriellen Markov-Signalen eine große Klasse stochastischer Signale in Form parametrischer Modelle darstellen. Falls die Parameter von $\boldsymbol{A}$ und

f konstant sind und $\bar{v} = 0$ ist, ist das Signal stationär. Instationäre Markov-Signale entstehen mit $\boldsymbol{A}(k)$ und $\boldsymbol{f}(k)$ oder $\overline{v(k)} \neq$ const.

Ein *vektorielles stochastisches Signal* n-ter Ordnung

$$\{\boldsymbol{x}^T(k)\} = [x_1(k) \quad x_2(k) \quad \ldots \quad x_n(k)] \tag{2.4.33}$$

enthält n skalare Signale. Falls sie stationär sind, gilt für ihren Mittlelwert

$$\bar{\boldsymbol{x}}^T = E\{\boldsymbol{x}^T(k)\} = [\bar{x}_1, \bar{x}_2, \ldots, \bar{x}_n]^T. \tag{2.4.34}$$

Der innere Zusammenhang zwischen jeweils zwei (skalaren) Komponenten wird durch die *Kovarianzmatrix*

$$cov[\boldsymbol{x}, \tau] = E\{[\boldsymbol{x}(k) - \bar{\boldsymbol{x}}]\,[\boldsymbol{x}(k+\tau) - \bar{\boldsymbol{x}}]^T\}$$

$$= \begin{bmatrix} R_{x_1x_1}(\tau) & R_{x_1x_2}(\tau) & \cdots & R_{x_1x_n}(\tau) \\ R_{x_2x_1}(\tau) & R_{x_2x_2}(\tau) & \cdots & R_{x_2x_n}(\tau) \\ \vdots & & & \vdots \\ R_{x_nx_1}(\tau) & R_{x_nx_2}(\tau) & \cdots & R_{x_nx_n}(\tau) \end{bmatrix} \tag{2.4.35}$$

beschrieben. Auf der Diagonale stehen n Autokovarianzfunktionen der einzelnen skalaren Signale. Alle anderen Elemente sind Kreuzkovarianzfunktionen. Man beachte, daß die Kovarianzmatrix symmetrisch ist für $\tau = 0$.

Für die Korrelationsmatrix gilt entsprechend

$$\boldsymbol{\Phi}_{xx}(\tau) = E\{\boldsymbol{x}(k)\boldsymbol{x}^T(k+\tau)\}\,. \tag{2.4.36}$$

Aufgaben zu Kap. 2

1. Stellen Sie die Voraussetzungen zur Anwendung der Fourier-Transformation auf ein nichtperiodisches Signal $x(t)$ auf. Existiert die Fourier-Transformierte für die Sprungantwort eines proportionalwirkenden Verzögerungsgliedes 1. Ordnung?
2. Wie ist die Amplitudendichte eines nichtperiodischen Signals definiert?
3. Wie lautet die Gleichung einer Gewichtsfunktion für ein Verzögerungsglied 1. Ordnung mit dem Verstärkungsfaktor K und der Zeitkonstante T?
4. Man beantworte die Fragen von 1. für die Laplace-Transformierte des Signales $x(t)$.

   Man bestimme für die Differentialgleichung

   $$a_3 y^{(3)}(t) + a_2 y^{(2)}(t) + a_1 y^{(1)}(t) + a_0 = b_0 u(t) + b_1 u^{(1)}(t)$$

   die Übertragungsfunktion und die Zustandsdarstellung in Regelungs-Normalform und Beobachtungs-Normalform. Vergleiche Anhang A2.
5. Man bestimme die Kennwerte der gemessenen Übergangsfunktionen Bild 3.7 und Bild 3.12a) nach Tabelle 2.4 und ermittle das Ersatzmodell nach Gl. (2.1.71).

A Identifikation mit nichtparametrischen Modellen – zeitkontinuierliche Signale

Die Identifikation mit nichtparametrischen Modellen für zeitkontinuierliche Signale hat zum Ziel, für lineare Prozesse z.B. Frequenzgänge oder Gewichtsfunktionen in Form von Wertetafeln oder Kurvenverläufen zu ermitteln. In Kapitel 3 wird beschrieben, wie man durch Anregung mit einzelnen nichtperiodischen Testsignalen, wie z.B. Sprungfunktionen oder Impulsen, durch eine *Fourieranalyse* den Verlauf eines Frequenzganges bestimmen kann. Die nichtperiodischen Testsignale regen dabei innerhalb bestimmter Frequenzbereiche alle Frequenzen gleichzeitig an. Bei der *Frequenzgangmessung mit periodischen Testsignalen*, Kap. 4, können die Frequenzgangwerte für diskrete Frequenzen direkt ermittelt werden. Als Testsignale kommen periodische Signale mit z.B. Sinus-, Rechteck-, oder Dreiecksform in Betracht, wenn jeweils nur eine Frequenz interessiert, oder aber Mehrfrequenztestsignale.

Eine besondere Auswerteform bei der direkten Frequenzgangmessung ergibt sich durch die Anwendung von Korrelationsverfahren für periodische Signale. Sie ist Grundlage der kommerziellen Frequenzgangmeßplätze geworden und läßt sich auch bei großen Störsignalwirkungen einsetzen.

Die in Kap. 5 beschriebene *Korrelationsanalyse* liefert nichtparametrische Modelle in Form von Kreuzkorrelationsfunktionen. Sie geht von stochastischen oder pseudostochastischen Eingangssignalen aus und erlaubt wegen der einfachen Art der Auswertung eine On-line-Identifikation in Echtzeit. Dabei werden mit zunehmender Meßzeit Stör- und Nutzsignal immer besser getrennt. Bei Eingangssignalen in Form von weißem Rauschen erhält man als Ergebnis direkt die Gewichtsfunktion des Prozesses.

3 Fourier-Analyse mit nichtperiodischen Testsignalen

3.1 Grundgleichungen

Der Frequenzgang in nichtparametrischer Form kann aus Messungen mit nichtperiodischen Testsignalen aufgrund der Beziehung Gl. (2.1.11)

$$G(\mathrm{i}\omega) = \frac{y(\mathrm{i}\omega)}{u(\mathrm{i}\omega)} = \frac{\mathfrak{F}\{y(t)\}}{\mathfrak{F}\{u(t)\}} \tag{3.1.1}$$

ermittelt werden. Hierbei sind also die Fourier-Transformierten des gemessenen Ein- und Ausgangssignales zu bestimmen, d.h. die (meist gestörten) Signale sind einer *Fourier-Analyse* zu unterwerfen. Da die Fourier-Transformierten von häufig verwendeten Testsignalen wie z.B. Sprung- oder Rampenfunktionen nicht konvergieren, wird anstelle von Gl. (3.1.1) das Verhältnis der Laplace-Transformierten mit dem Grenzübergang $s \to \mathrm{i}\omega$ verwendet

$$G(\mathrm{i}\omega) = \lim_{s \to \mathrm{i}\omega} \frac{y(s)}{u(s)} = \lim_{s \to \mathrm{i}\omega} \frac{\int_0^\infty y(t)\mathrm{e}^{-st}\,\mathrm{d}t}{\int_0^\infty u(t)\mathrm{e}^{-st}\,\mathrm{d}t}$$

$$= \frac{y(\mathrm{i}\omega)}{u(\mathrm{i}\omega)}\,. \tag{3.1.2}$$

Für Sprung- und Rampenfunktionen existiert nämlich mit $\lim_{s \to \mathrm{i}\omega} u(s)$ $(\omega \neq 0)$ eine der Fourier-Transformierten entsprechende Größe, siehe Abschnitt 3.2.3.

Für die Signale sind dabei die Abweichungen von den Beharrungszuständen zu nehmen. Bezeichnet man mit $U(t)$ und $Y(t)$ die absoluten Werte der gemessenen Signale und mit U_{00} und Y_{00} ihre Beharrungswerte (Gleichgewichtswerte vor der Messung) dann gilt

$$\begin{aligned} y(t) &= Y(t) - Y_{00} \\ u(t) &= U(t) - U_{00}\,. \end{aligned} \tag{3.1.3}$$

Mit Hilfe der Eulerschen Formel Gl. (A1.4) und $s = \delta + \mathrm{i}\omega$ erhält man aus Gl.

(3.1.2) für die Fourier-Transformierten bzw. ihre entsprechenden Größen

$$y(\mathrm{i}\omega) = \lim_{\substack{\delta \to 0 \\ T_A \to \infty}} \left\{ \int_0^{T_A} y(t) \mathrm{e}^{-\delta t} \cos \omega t \, \mathrm{d}t - \mathrm{i} \int_0^{T_A} y(t) \mathrm{e}^{-\delta t} \sin \omega t \, \mathrm{d}t \right\}$$

$$u(\mathrm{i}\omega) = \lim_{\substack{\delta \to 0 \\ T_A \to \infty}} \left\{ \int_0^{T_A} u(t) \mathrm{e}^{-\delta t} \cos \omega t \, \mathrm{d}t - \mathrm{i} \int_0^{T_A} u(t) \mathrm{e}^{-\delta t} \sin \omega t \, \mathrm{d}t \right\} . \quad (3.1.4)$$

Dies sind die Ausgangsgleichungen zur Berechnung der Fourier-Transformierten für Ein- und Ausgangssignale, die im Rahmen der Konvergenzbedingung der Fourier- bzw. Laplace-Transformation beliebige Formen haben können. Ein- und Ausgangssignal sind zur Bildung der Real- und Imaginärteile jeweils mit einer Sinus- und Kosinusfunktion zu multiplizieren und zu integrieren. Man beachte hierbei die Ähnlichkeit zur später behandelten Frequenzgangmessung mittels Korrelationsverfahren, siehe Kapitel 4. Hier kann die Integration nach einer endlichen Zeitdauer T_A, bei der die Ausgangsgröße praktisch eingeschwungen ist, abgebrochen werden.

Zur Vereinfachung der Messungen und Rechnungen wird meistens als Eingangssignal eine einfach zu erzeugende Testsignalform verwendet. Bild 3.1 zeigt hierzu einige Beispiele. Dann kann die Fourier-Transformierte des Eingangssignales im voraus bestimmt werden, siehe Abschnitt 3.2, so daß nur die Integrale für $y(\mathrm{i}\omega)$ in Abhängigkeit von den gemessenen Ausgangssignalen neu zu berechnen sind, siehe Abschnitt 3.3.

Im allgemeinen ist die Antwortfunktion $y_u(t)$ auf ein Testsignal von einem Störsignal $n(t)$ überlagert, siehe Bild 3.2, so daß gilt

$$y(t) = y_u(t) + n(t) . \quad (3.1.5)$$

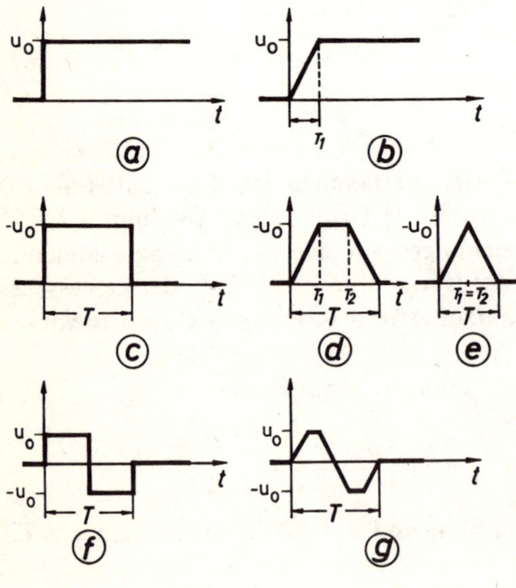

Bild 3.1. Einfach zu erzeugende nichtperiodische Testsignale.
a Sprungfunktion; **b** Rampenfunktion; **c** Rechteck-; **d** Trapez-; **e** Dreieck-Impuls; **f** Rechteck-; **g** Trapez-Doppelimpuls

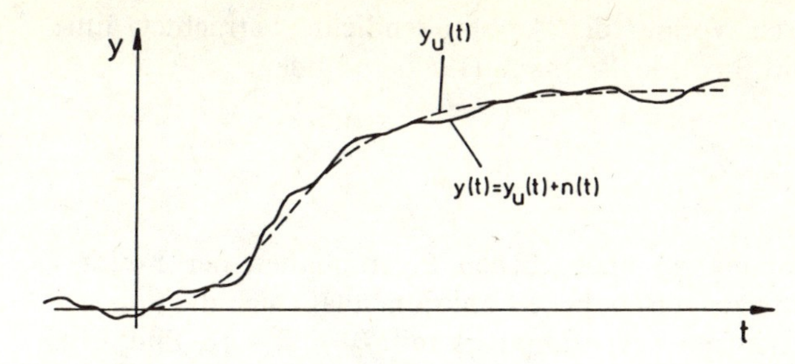

Bild 3.2. Gemessene Übergangsfunktion mit überlagertem kleinen Störsignal

Nach Einsetzen in Gl. (3.1.2) folgt

$$G(\mathrm{i}\omega) = \frac{1}{u(\mathrm{i}\omega)} \lim_{s \to \mathrm{i}\omega} \left\{ \int_0^\infty y_u(t) \mathrm{e}^{-st} \, \mathrm{d}t + \int_0^\infty n(t) \mathrm{e}^{-st} \, \mathrm{d}t \right\} \tag{3.1.6}$$

und damit

$$G(\mathrm{i}\omega) = G_0(\mathrm{i}\omega) + \Delta G_n(\mathrm{i}\omega) \,. \tag{3.1.7}$$

Der berechnete Frequenzgang $G(\mathrm{i}\omega)$ setzt sich also aus dem exakten Frequenzgang $G_0(\mathrm{i}\omega)$ und einem durch den Einfluß des Störsignales $n(t)$ entstehenden Frequenzgangfehler

$$\Delta G_n(\mathrm{i}\omega) = \lim_{s \to \mathrm{i}\omega} \frac{n(s)}{u(s)} = \frac{n(\mathrm{i}\omega)}{u(\mathrm{i}\omega)} \tag{3.1.8}$$

zusammen. Für den Betrag dieses Fehlers gilt

$$|\Delta G_n(\mathrm{i}\omega)| = \frac{|n(\mathrm{i}\omega)|}{|u(\mathrm{i}\omega)|} \,. \tag{3.1.9}$$

Der Frequenzgangfehler wird also umso kleiner, je größer $|u(\mathrm{i}\omega)|$ im Vergleich zu $|n(\mathrm{i}\omega)|$ ist. Für ein gegebenes Störsignal $n(t)$ und damit gegebenes $|n(\mathrm{i}\omega)|$ muß man daher $|u(\mathrm{i}\omega)|$, die Amplitudendichte des Testsignales, so groß wie möglich machen. Dies wird wie folgt erreicht:

a) Die *Höhe* u_0 des Testsignales wird so groß wie möglich gewählt. (Hierbei sind jedoch Beschränkungen zu beachten, z.B. durch den linearisierbaren Bereich, den Prozeß selbst, oder den Stellbereich der Stelleinrichtung, siehe Abschnitt 1.2.)
b) Durch Wahl einer geeigneten *Form* des Testsignals wird die Amplitudendichte in bestimmten Frequenzbereichen vergrößert.

3.2 Fourier-Transformierte nichtperiodischer Testsignale

Zur Berechnung des Frequenzganges nach Gl. (3.1.2) und zum Verkleinern des Störsignaleinflusses ist die Kenntnis der Fourier-Transformierten verschiedener Testsignale in analytischer Form erforderlich. Deshalb werden in diesem Abschnitt die Fourier-Transformierten der in Bild 3.1 dargestellten nichtperiodischen

Testsignale berechnet und der Verlauf der Amplitudendichte betrachtet. Eine ausführliche Darstellung ist in Bux und Isermann (1967) zu finden.

3.2.1 Einfache Impulse

a) Trapezimpuls

Unter Beachtung der in Anhang A1 angegebenen Eigenschaften der Fourier-Transformation für gerade und zeitverschobene Funktionen läßt sich die Fourier-Transformierte eines symmetrischen Trapezimpulses mit $T_2 = T - T_1$, Bild 3.1d, auf einfache Weise berechnen. Man verschiebt dazu den Trapezimpuls um $T/2$ nach links, so daß eine gerade Funktion entsteht. Mit Gl. (2.1.8), den Abkürzungen für die Integrationsgrenzen

$$a = T/2 \quad \text{und} \quad b = T/2 - T_1$$

und den Impulsabschnitten

$$u_1(t) = \frac{u_0}{T_1}\left(\frac{T}{2} + t\right)$$

$$u_2(t) = u_0$$

$$u_3(t) = \frac{u_0}{T_1}\left(\frac{T}{2} - t\right)$$

wird

$$u(\mathrm{i}\omega) = \int_{-a}^{-b} u_1(t)\cos\omega t\,\mathrm{d}t + \int_{-b}^{b} u_2(t)\cos\omega t\,\mathrm{d}t + \int_{b}^{a} u_3(t)\cos\omega t\,\mathrm{d}t\,. \tag{3.2.1}$$

Die Berechnung dieser Integrale und eine Verschiebung des Trapezimpulses um $T/2$ nach rechts ergibt schließlich

$$u_{tr}(\mathrm{i}\omega) = u_0 T_2 \left[\frac{\sin\frac{\omega T_1}{2}}{\frac{\omega T_1}{2}}\right]\left[\frac{\sin\frac{\omega T_2}{2}}{\frac{\omega T_2}{2}}\right]\mathrm{e}^{-\mathrm{i}\frac{\omega T}{2}}\,. \tag{3.2.2}$$

b) Rechteckimpuls

Mit $T_1 = 0$ und $T_2 = T$ geht der Trapezimpuls in den Rechteckimpuls, Bild 3.1c über und aus Gl. (3.2.2) wird nach Anwenden der Regel von Bernoulli–l'Hospital

$$u_{re}(\mathrm{i}\omega) = u_0 T \left[\frac{\sin\frac{\omega T}{2}}{\frac{\omega T}{2}}\right]\mathrm{e}^{-\mathrm{i}\frac{\omega T}{2}}\,. \tag{3.2.3}$$

c) Dreieckimpuls

Mit $T_1 = T_2 = T/2$ folgt aus Gl. (3.2.2) für den Dreieckimpuls, Bild 3.1e

$$u_{dr}(\mathrm{i}\omega) = u_0 \frac{T}{2} \left[\frac{\sin \frac{\omega T}{4}}{\frac{\omega T}{4}} \right]^2 \mathrm{e}^{-\mathrm{i}\frac{\omega T}{2}} . \tag{3.2.4}$$

d) Dimensionslose Darstellung

Zum Vergleich der Fourier-Transformierten ist es zweckmäßig, die bezogenen Größen

$$u^*(t) = u(t)/u_0; \quad t^* = t/T; \quad \omega^* = \omega T/2\pi \tag{3.2.5}$$

einzuführen. Die bezogene Kreisfrequenz folgt dabei aus dem bezogenen Phasenwinkel

$$\alpha^* = \omega t/2\pi = \omega T t^*/2\pi = \omega^* t^* .$$

Die Fourier-Transformierten werden ferner auf den größtmöglichen Betrag der Fourier-Transformierten eines Rechteckimpulses bezogen

$$u_{re}(\mathrm{i}\omega)|_{\omega=0} = \int_0^T u_0 \, \mathrm{d}t = u_0 T . \tag{3.2.6}$$

Durch diese dimensionslosen Größen ergibt sich für Testsignale gleicher Form, aber unterschiedlicher Höhe u_0 und unterschiedlicher Impulsdauer T nur ein einziger Verlauf der Amplitudendichte $|u^*(\mathrm{i}\omega^*)|$ und des Phasenwinkels $\arg[u^*(\mathrm{i}\omega^*)]$. Somit hat nur noch die Impulsform Einfluß auf die Fourier-Transformierte. Es gilt dann

$$\begin{aligned} u_{tr}^*(\mathrm{i}\omega^*) &= \frac{1}{u_0 T} u_{tr}(\mathrm{i}\omega^*) \\ &= T_2^* \left[\frac{\sin \pi\omega^* T_1^*}{\pi\omega^* T_1^*} \right] \left[\frac{\sin \pi\omega^* T_2}{\pi\omega^* T_2} \right] \mathrm{e}^{-\mathrm{i}\pi\omega^*} \end{aligned} \tag{3.2.7}$$

$$u_{re}^*(\mathrm{i}\omega^*) = \left[\frac{\sin \pi\omega^*}{\pi\omega^*} \right] \mathrm{e}^{-\mathrm{i}\pi\omega^*} \tag{3.2.8}$$

$$u_{dr}^*(\mathrm{i}\omega^*) = \frac{1}{2} \left[\frac{\sin \frac{\pi\omega^*}{2}}{\frac{\pi\omega^*}{2}} \right] \mathrm{e}^{-\mathrm{i}\pi\omega^*} . \tag{3.2.9}$$

Die Amplitudendichten dieser bezogenen Fourier-Transformierten sind in Bild 3.3 in Abhängigkeit von der Kreisfrequenz dargestellt. Der jeweils größte Wert tritt bei

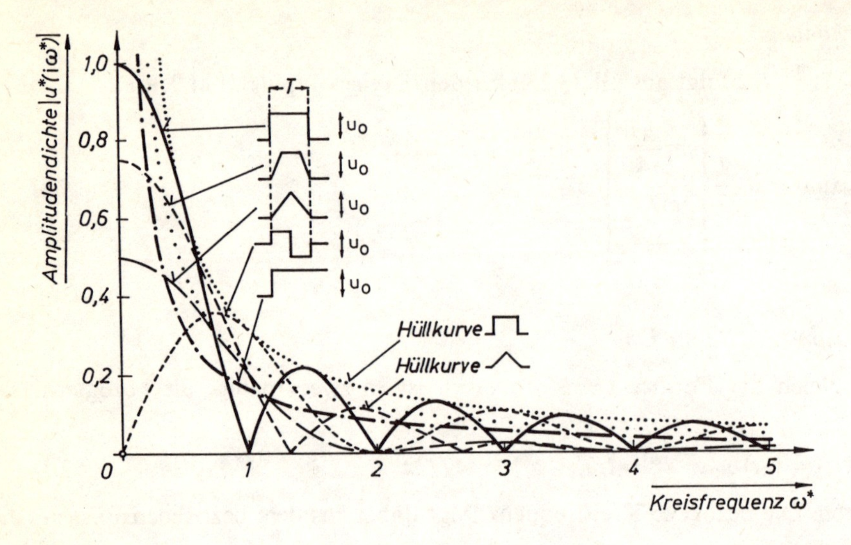

Bild 3.3. Bezogenes Amplitudendichtenspektrum verschiedener nichtperiodischer Testsignale

diesen einseitigen Impulsen bei $\omega^* = 0$ auf und ist gleich der Impulsfläche, wie aus Gl. (2.1.8) hervorgeht

$$u(\mathrm{i}\omega)|_{\omega=0} = \int_{-T/2}^{T/2} u(t)\,\mathrm{d}t \tag{3.2.10}$$

bzw.

$$u^*(\mathrm{i}\omega^*)|_{\omega^*=0} = \int_{-1/2}^{1/2} u^*(t^*)\,\mathrm{d}t^* \,.$$

Mit zunehmender Frequenz nimmt die Amplitudendichte der Impulse ab, bis zu einer ersten Nullstelle, der sich dann weitere Nullstellen mit dazwischen liegenden Amplitudendichtenmaxima anschließen. Die Nullstellen dieser Impulse treten dann auf, wenn die Kreisfrequenz ω bei der Bildung des Fourier-Integrals, Gl. (3.2.1),

$$u(\mathrm{i}\omega) = \int_{-T/2}^{T/2} u(t)\cos\omega t\,\mathrm{d}t$$

gerade so groß ist, daß der Wert des Integrals verschwindet. Bei den einzelnen Impulsen entstehen die Nullstellen bei folgenden Kreisfrequenzen:

Trapezimpuls:

1. Nullstellenreihe: $\omega_1 = \dfrac{2\pi}{T_1} n$ bzw. $\omega_1^* = \dfrac{n}{T_1^*}$

2. Nullstellenreihe: $\omega_2 = \dfrac{2\pi}{T_2} m$ bzw. $\omega_2^* = \dfrac{m}{T_2^*}$

Rechteckimpuls: $\omega = \frac{2\pi}{T} n$ bzw. $\omega^* = n$

Dreieckimpuls: $\omega = \frac{4\pi}{T} n$ bzw. $\omega^* = 2n$

mit $n = 1, 2, 3, \ldots$ bzw. $m = 1, 2, 3, \ldots$

Trapez- und Rechteckimpulse liefern einfache Nullstellen, Dreieckimpulse doppelte Nullstellen. Die Amplitudendichtekurve schneidet im ersten Fall die ω-Achse und berührt sie im Fall des Dreieckimpulses.

e) Variation der Impulsbreite

Vergrößert man die Dauer T eines Impulses, dann wird die Amplitudendichte bei kleinen Frequenzen, der größeren Impulsfläche entsprechend, ebenfalls größer. Der Abfall der Amplitudendichte mit zunehmender Frequenz erfolgt dann aber steiler, da sich die Nullstellen zu kleinen Frequenzen hin verschieben. In Bild 3.4 wird dies am Beispiel von Rechteckimpulsen gezeigt.

Verändert man die Impulsdauer T kontinuierlich, dann entsteht eine Hüllkurve, die die größtmögliche Amplitudendichte bei einer bestimmten Impulshöhe u_0 angibt. Diese Hüllkurve kann man dadurch berechnen, indem die Fourier-Transformierten als einparametrige Kurvenschar mit T als Parameter aufgefaßt wird. Es ergeben sich dann folgende Hüllkurven

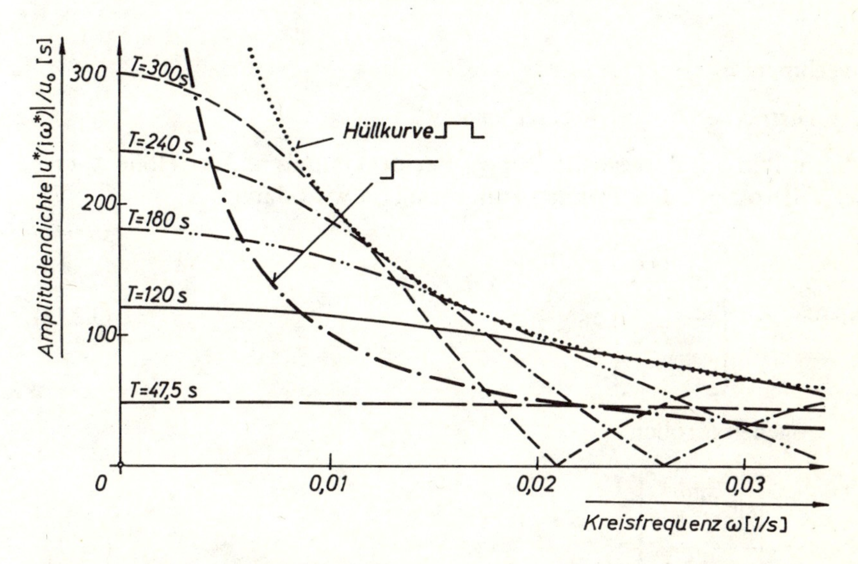

Bild 3.4. Amplitudendichtenspektrum von Rechteckimpulsen verschiedener Dauer T und gleicher Höhe u_0

Rechteckimpuls:

$$|u^*(\mathrm{i}\omega^*)|_{\max} = \frac{1}{\pi\omega^*} = \frac{0{,}3183}{\omega^*} \tag{3.2.11}$$

Dreieckimpuls:

$$|u^*(\mathrm{i}\omega^*)|_{\max} = \frac{0{,}2302}{\omega^*}\,. \tag{3.2.12}$$

Für den Trapezimpuls erhält man mehrere Hüllkurven, die zwischen denen für Rechteck- und Dreieckimpulse liegen. Rechteckimpulse erreichen im Vergleich zu Dreieck- und Trapezimpulsen und auch zu allen anderen einseitigen Impulsen bei gleicher Impulshöhe u_0 innerhalb bestimmter Frequenzbereiche die größtmöglichen Amplitudendichten. Dies läßt sich wie folgt begründen:

α) Bei kleinen Frequenzen bestimmt die Impulsfläche die Amplitudendichte. Rechteckimpulse haben die größte Impulsfläche.

β) Bei mittleren Frequenzen bestimmt die Hüllkurve die Amplitudendichte. Rechteckimpulse haben die höchste Hüllkurve und daher im Bereich des ersten Berührungspunktes mit der Hüllkurve bei $\omega_h^* = 1/2$ die größte Amplitudendichte. Aus Bild 3.3 ist zu erkennen, daß Rechteckimpulse somit im ganzen Bereich der kleinen und mittleren Frequenzen $0 \leqq \omega^* \leqq 1/2$ die größten Amplitudendichte besitzen.

γ) Bei großen Frequenzen liefern Rechteckimpulse in bestimmten Bereichen rechts und links vom zweiten, dritten, usw., Berührungspunkt wiederum größte Amplitudendichten. Dies ist aber für die Anwendung meist unbedeutend.

3.2.2 Doppelimpulse

a) Punktsymmetrischer Doppel-Rechteckimpuls

Es wird der in Bild 3.1f dargestellte Doppel-Rechteckimpuls mit der Höhe u_0 und der Dauer T betrachtet. Die Fourier-Transformierte wird dann

$$u(\mathrm{i}\omega) = u_0 T \left[\frac{\sin^2 \dfrac{\omega T}{4}}{\dfrac{\omega T}{4}}\right] \mathrm{e}^{-\mathrm{i}\frac{\omega T - \pi}{2}} \tag{3.2.13}$$

bzw. mit bezogenen Größen

$$u^*(\mathrm{i}\omega) = \left[\frac{\sin^2 \dfrac{\pi\omega^*}{2}}{\dfrac{\omega\pi^*}{2}}\right] \mathrm{e}^{-\mathrm{i}\pi\frac{2\omega^* - 1}{2}}\,. \tag{3.2.14}$$

Die Nullstellen treten bei den Frequenzen

$$\omega = \frac{4\pi}{T} n \quad \text{bzw.} \quad \omega^* = 2n; \quad n = 0, 1, 2, \ldots$$

auf. Mit Ausnahme von $\omega^* = 0$ sind alle Nullstellen zweifach. Die Amplitudendichte berührt deshalb für $n = 1, 2, 3 \ldots$ die ω^*-Achse, siehe Bild 3.3. Die Hüllkurve ist dieselbe wie bei einfachen Rechteckimpulsen. Im Unterschied zum einfachen Rechteckimpuls ist die Amplitudendichte jedoch Null bei $\omega^* = 0$ und weist ein Maximum bei einer endlichen Frequenz

$$|u^*(\mathrm{i}\omega^*)|_{\max} = 0{,}362 \quad \text{bei} \quad \omega^* = 0{,}762$$

auf.

b) Achsensymmetrischer Rechteckimpuls

Für den achsensymmetrischen Doppel-Rechteckimpuls nach Bild 3.5 folgt

$$u(\mathrm{i}\omega) = u_0 T \frac{\sin \frac{\omega T}{2}}{\frac{\omega T}{2}} [\mathrm{e}^{\mathrm{i}\omega T} + \mathrm{e}^{-\mathrm{i}\omega T}]$$

$$= u_0 T \frac{\sin \frac{\omega T}{2}}{\frac{\omega T}{2}} 2 \cos \omega T \qquad (3.2.15)$$

bzw. mit bezogenen Größen und Verschiebungen um $3T/2$ nach rechts

$$u^*(\mathrm{i}\omega^*) = 2 \frac{\sin \pi\omega^*}{\pi\omega^*} \cos 2\pi\omega^* \mathrm{e}^{-\mathrm{i}3\pi\omega^*}. \qquad (3.2.16)$$

Bild 3.5 zeigt, daß die Amplitudendichte bei $\omega^* = 0$ und bei $\omega^* = 0{,}5$ doppelt so groß ist wie beim einfachen Rechteckimpuls. Der dabei besonders interessierende Frequenzbereich $\omega_1^* < \omega^* < \omega_2^*$ ist aber relativ klein und außerhalb dieses Bereiches ist die Amplitudendichte kleiner als beim Rechteckimpuls. Die Aneinanderreihung von zwei Rechteckimpulsen bringt also im Bereich von $\omega^* = 0{,}5$ eine Verstärkung der Amplitudendichte, aber auf Kosten einer Abschwächung in den dazwischen und höher liegenden Frequenzbereichen.

Reiht man nicht nur zwei, sondern mehrere Rechteckimpulse im Abstand von $2T$ hintereinander, dann wird die Amplitudendichte in der Umgebung von $\omega^* = 0{,}5$ (und $\omega^* = 0$) immer größer, der Frequenzbereich $\omega_1^* < \omega^* < \omega_2^*$ aber kleiner. Im Grenzfall unendlich vieler aufeinanderfolgender Rechteckimpulse erhält man eine Rechteckschwingung mit der Periode $2T$, deren Fourier-Transformierte zu einem δ-Impuls bei $\omega^* = 0{,}5$ bzw. $\omega = 2\pi/2T = \pi/T$ (und bei $\omega^* = 0$) übergeht.

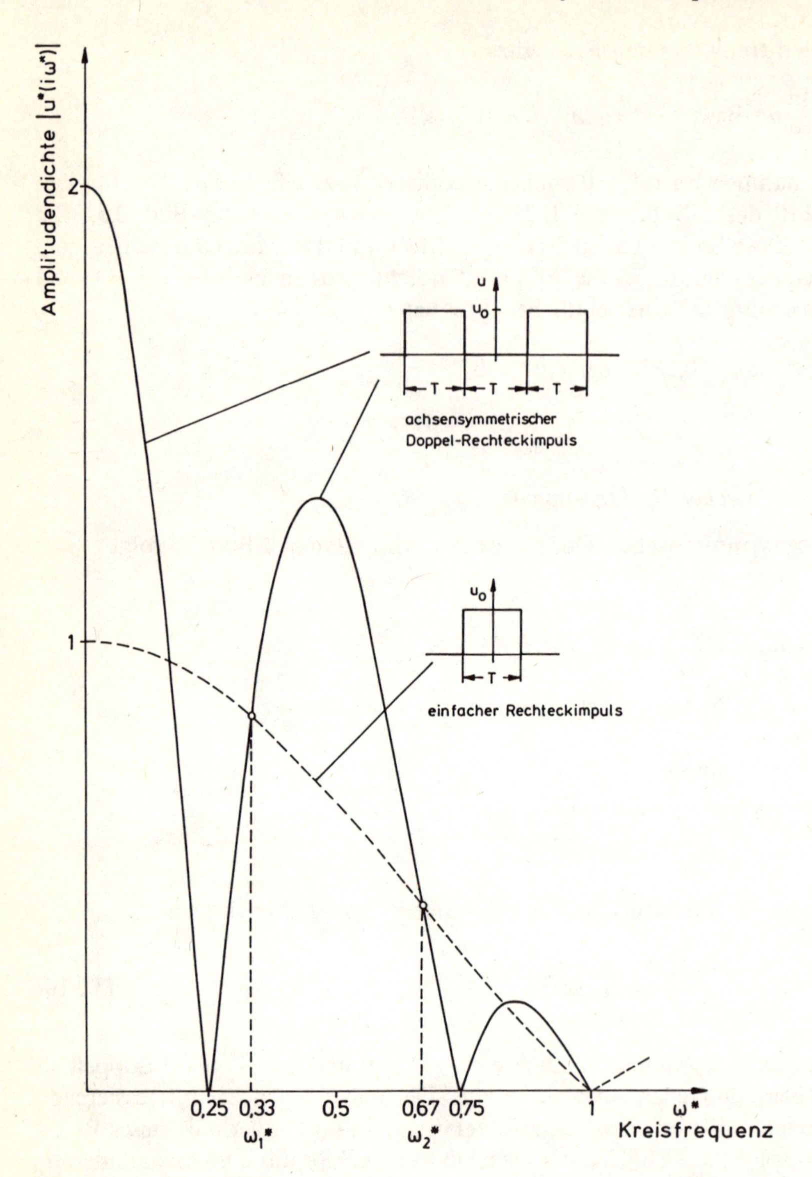

Bild 3.5. Amplitudendichtenspektrum des achsensymmetrischen Doppel-Rechteckimpulses

3.2.3 Sprung- und Rampenfunktion

Sprung- und Rampenfunktion genügen der Konvergenzbedingung Gl. (2.1.10) nicht, so daß eigentlich keine Fourier-Transformierten existieren. Es sind aber trotzdem Möglichkeiten bekannt, um spektrale Darstellungen zu erhalten.

a) Die Sprungfunktion kann man darstellen durch

$$u_s(t) = \frac{u_0}{2} + \frac{u_0}{2} \operatorname{sgn} t \tag{3.2.17}$$

mit $\operatorname{sgn} t = \begin{cases} 1 & \text{für} \quad t > 0 \\ -1 & \text{für} \quad t < 0 \,. \end{cases}$

Mit Hilfe der Distributionstheorie läßt sich dann ableiten, Papoulis (1962), Schlitt (1968),

$$u_s(\mathrm{i}\omega) = u_0 \pi \delta(\omega) + \frac{u_0}{\mathrm{i}\omega} \,. \tag{3.2.18}$$

An der Stelle $\omega = 0$ entsteht also eine doppelte Unendlichkeitsstelle.

b) Durch den Grenzübergang $s \to \mathrm{i}\omega$ erhält man formal aus der Laplace-Transformierten

$$\begin{aligned} u_s(\mathrm{i}\omega) &= \lim_{s \to \mathrm{i}\omega} \mathfrak{L}\{u_s(t)\} = \lim_{s \to \mathrm{i}\omega} \frac{u_0}{s} \\ &= \frac{u_0}{\mathrm{i}\omega} = \frac{u_0}{\omega} \mathrm{e}^{-\mathrm{i}\frac{\pi}{2}} \end{aligned} \tag{3.2.19}$$

siehe z.B. Guillemin (1966), S. 599. Dies ist in Übereinstimmung mit Gl. (3.2.18) falls $\omega = 0$ ausgeschlossen wird.

Mit bezogenen Größen gilt

$$u_s^*(\mathrm{i}\omega^*) = \frac{1}{2\pi\omega^*} \mathrm{e}^{-\mathrm{i}\frac{\pi}{2}} \quad (\omega^* \neq 0) \,. \tag{3.2.20}$$

Für die Rampenfunktion mit der Anstiegszeit T_1, Bild 3.1b, wird dann

$$\begin{aligned} u_r(\mathrm{i}\omega) &= \lim_{s \to \mathrm{i}\omega} \mathfrak{L}\{u_r(t)\} = \lim_{s \to \mathrm{i}\omega} \frac{u_0}{T_1 s^2} [1 - \mathrm{e}^{-T_1 s}] \\ &= \frac{u_0}{\omega} \left[\frac{\sin \frac{\omega T_1}{2}}{\frac{\omega T_1}{2}} \right] = \mathrm{e}^{-\mathrm{i}\left[\frac{\pi}{2} + \frac{\omega T_1}{2}\right]} \quad (\omega \neq 0) \end{aligned} \tag{3.2.21}$$

bzw.

$$u_r^*(\mathrm{i}\omega^*) = \frac{1}{2\pi\omega^*} \left[\frac{\sin \pi\omega^* T_1^*}{\pi\omega^* T_1^*} \right] \mathrm{e}^{-\mathrm{i}\left[\frac{\pi}{2} - \pi\omega^*\right]} \quad (\omega^* \neq 0) \,. \tag{3.2.22}$$

Die Amplitudendichte einer Sprungfunktion ist

$$|u_s(\mathrm{i}\omega)| = \frac{u_0}{\omega} \quad \text{bzw.} \quad |u_s^*(\mathrm{i}\omega^*)| = \frac{1}{2\pi\omega^*} \quad (\omega \neq 0) \tag{3.2.23}$$

und damit eine Hyperbelfunktion. Da keine Nullstellen auftreten, werden alle Frequenzen im Bereich $0 < \omega < \infty$ angeregt. Wie der Vergleich mit Gl. (3.2.11) und Bild 3.3 zeigt, ist die Amplitudendichte der Sprungfunktion nur halb so groß wie die entsprechend der Hüllkurve maximal mögliche Amplitudendichte von Rechteckimpulsen. Die Amplitudendichte einer Sprungfunktion und eines Rechteckimpulses sind gleich groß bei

$$\omega_{sr} = \pi/3T \quad \text{bzw.} \quad \omega_{sr}^* = 1/6 = 0{,}1667 \,. \tag{3.2.24}$$

Im Bereich kleiner Frequenzen $0 < \omega < \omega_{sr}$ besitzt die Sprungfunktion die größere Amplitudendichte und damit die größte Amplitudendichte aller nichtperiodischer Testsignale derselben Höhe u_0.

Die Amplitudendichte von Rampenfunktionen ist im Vergleich zu derjenigen der Sprungfunktion um den Faktor

$$\kappa = \frac{|u_r(i\omega)|}{|u_s(i\omega)|} = \frac{\sin\dfrac{\omega T_1}{2}}{\dfrac{\omega T_1}{2}} \tag{3.2.25}$$

kleiner. Dieser Faktor ist gleich dem Amplitudendichtenverlauf des Rechteckimpulses. Bei $\omega = (2\pi/T_1)n$, $n = 1, 2, 3, \ldots$, treten im Unterschied zur Sprungfunktion Nullstellen auf. Die erste Nullstelle liegt bei einer umso höheren Frequenz, je kleiner die Anstiegszeit T_1 der Rampe, je steiler also die Flanke des Signales ist. Dies deutet auf eine Eigenschaft aller Signale hin: Je steiler die Flanke eines Signales, desto stärker werden insbesondere die großen Frequenzen angeregt. Dies folgt auch aus der umgekehrten Aussage des *Gibbsschen Phänomens*, dem die Sprungantwort von Systemen mit begrenzter Frequenzbandbreite zugrunde liegt, Papoulis (1962).

Häufig interessiert die Frage, ob man zur Vereinfachung der Auswertung einer Antwortfunktion auf eine Rampenfunktion mit der Anstiegszeit T_1 eine Sprungfunktion annehmen darf. Der Faktor κ in Gl. (3.2.25) gibt hierüber eine Auskunft. Läßt man bei der Ermittlung des Frequenzganges mit der größten interessierenden Kreisfrequenz ω_{max} einen Fehler von $\leqq 5\%$ oder $\leqq 1\%$ zu, dann entspricht diesem Fehler $\kappa \geqq 0{,}95$ oder $\geqq 0{,}99$. Hieraus folgt aus Gl. (3.2.25) eine höchstens zulässige Anstiegszeit

$$T_{1\,max} \leqq 1{,}1/\omega_{max} \quad \text{oder} \quad \leqq 0{,}5/\omega_{max} \,. \tag{3.2.26}$$

Ein Zahlenbeispiel: Bei dem in Abschnitt 3.4 als Beispiel verwendeten Prozeß $G(s) = 1/(1 + Ts)^4$ mit $T = 106$ sec kann $\omega_{max} \approx 0{,}03$ 1/sec bei $|G(s)| = 0{,}01$ angenommen werden. Damit wird $T_{1\,max} \leqq 37$ sec oder $\leqq 17$ sec. Es dürfen also durchaus Anstiegszeiten zugelassen werden, die 4 oder 9% der Zeitkonstantensumme betragen.

Zusammenfassend zeigt die Betrachtung der Amplitudendichten, daß für eine gegebene Testsignalhöhe u_0 die größten Amplitudendichten aller nichtperiodischen Testsignale entstehen für:

- Sprungfunktionen bei den kleinen Frequenzen
- Rechteckimpulse bei den mittleren und großen Frequenzen.

Sie liefern deshalb nach Gl. (3.1.9) die kleinsten Fehler bei der Ermittlung des Frequenzganges aus gestörten Antwortfunktionen. Die nichtperiodischen Testsignale regen im Unterschied zu periodischen Testsignalen alle Frequenzen im Bereich $0 \leqq \omega < \infty$ auf einmal an, mit Ausnahme von auftretenden Nullstellen-Frequenzen bei Impulsen und Rampenfunktionen.

3.3 Numerische Berechnung der Fourier-Transformierten und des Frequenzganges

Bei der Fourier-Analyse mit nichtperiodischen Testsignalen ist der Frequenzgang $G(\mathrm{i}\omega)$ nach den Gl. (3.1.2) und (3.1.4) zu berechnen. Wenn sowohl das Eingangssignal $u(t)$ als auch das Ausgangssignal $y(t)$ in Form gemessener Werte zu diskreten Zeitpunkten t_ν, $\nu = 0, 1, 2, \ldots, N$ vorliegt, dann müssen die Fourier-Transformierten nach Gl. (3.1.4) numerisch ermittelt werden. Bei Verwendung von Testsignalen bestimmter Form kann die Fourier-Transformierte direkt berechnet und bei der Berechnung des Frequenzganges in analytischer Form berücksichtigt werden, so daß nur die Fourier-Transformation des Ausgangssignales numerisch zu erfolgen hat. Hierzu wird die *diskrete Fourier-Transformation* benötigt, die bei einer großen Zahl von Signalwerten besonders in ihrer rechenökonomischen Form als sogenannte *schnelle Fourier-Transformation* von Interesse ist. Es wurden aber auch *spezielle numerische Verfahren* zur Berechnung des Frequenzganges entwickelt.

3.3.1 Diskrete Fourier-Transformation

Die Fourier-Transformierte eines Signales $x(t)$

$$x(\mathrm{i}\omega) = \mathfrak{F}\{x(t)\} = \int_{-\infty}^{\infty} x(t)\,\mathrm{e}^{-\mathrm{i}\omega t}\,\mathrm{d}t \tag{3.3.1}$$

soll numerisch berechnet werden. Hierzu wird das Signal $x(t)$ bezüglich der Zeit in gleichen Zeitabständen, der Abtastzeit T_0, diskretisiert, so daß das zeitdiskrete Signal $x(kT_0)$, k ganzzahlig, anstelle von $x(t)$ zu verwenden ist. Nähert man die Integration in Gl. (3.3.1) durch eine Rechteck-Summation an, dann gilt

$$x(\mathrm{i}\omega) \approx T_0 \sum_{k=-\infty}^{\infty} x(kT_0)\,\mathrm{e}^{-\mathrm{i}\omega k T_0} = \tilde{x}(\mathrm{i}\omega)\,. \tag{3.3.2}$$

Diese Näherung wird umso genauer sein, je kleiner T_0. Durch die Diskretisierung wird $x(\mathrm{i}\omega)$ aber analog zu Gl. (2.2.4) periodisch, denn es gilt

$$\tilde{x}(\mathrm{i}\omega) = \tilde{x}(\mathrm{i}\omega + \mathrm{i}\nu\omega_0) \quad \nu = 0, 1, 2, \ldots \tag{3.3.3}$$

wobei

$$\omega_0 = \frac{2\pi}{T_0} \tag{3.3.4}$$

die Abtastfrequenz ist. Es reicht also aus, $\tilde{x}(\mathrm{i}\omega)$ nur im Bereich

$$0 \leqq \omega < \frac{2\pi}{T_0} \tag{3.3.5}$$

zu berechnen. Nun liegt das Signal meist in einem endlichen Bereich $k = 0, 1, 2, \ldots, N-1$ vor, so daß gilt

$$\tilde{x}(\mathrm{i}\omega) = T_0 \sum_{k=0}^{N-1} x(kT_0)\,\mathrm{e}^{-\mathrm{i}\omega kT_0}\,. \tag{3.3.6}$$

Zur numerischen Berechnung von $\tilde{x}(\mathrm{i}\omega)$ muß die Frequenz diskrete Werte annehmen: $\omega = n\omega_n$, n ganzzahlig. Da dann bei der Fourier-Rücktransformation auch die Zeitfunktion $x(kT_0)$ periodisch wird

$$x(kT_0) = x(kT_0 + \mu T_n) \quad \mu = 0, 1, 2, \ldots \tag{3.3.7}$$

$$T_n = \frac{2\pi}{\omega_n} \tag{3.3.8}$$

ist es naheliegend ω_n so zu wählen, daß $T_n = NT_0$ so groß ist wie die zeitliche Dauer des Signales $x(kT_0)$. Hieraus folgt für das Frequenz intervall

$$\omega_n = \frac{2\pi}{T_n} = \frac{2\pi}{NT_0} = \frac{\omega_0}{N} \tag{3.3.9}$$

und aus Gl. (3.3.6)

$$\tilde{x}(\mathrm{i}n\omega_n) = x(\mathrm{i}n\omega_0/N) = T_0 \sum_{k=0}^{N-1} x(kT_0)\,\mathrm{e}^{-\mathrm{i}2\pi nk/N} \quad (n = 0, 1, 2, \ldots, N-1)\,. \tag{3.3.10}$$

$\tilde{x}(\mathrm{i}n\omega_n)$ ist somit eine Näherung für die zeitkontinuierliche Fourier-Transformierte Gl. (3.3.1). Sie liefert z.B. die Amplitudendichte $|\tilde{x}(\mathrm{i}n\omega_n)|$ des Signales $x(t)$ im Frequenzbereich

$$\omega_n \leqq \omega \leqq \omega_0$$

für die Frequenzstützstellen

$$\omega = n\omega_n \quad (n = 0, 1, 2, \ldots, N-1)\,.$$

Dabei ist

$$\tilde{x}(\mathrm{i}n\omega_n)|_{n=0} = \tilde{x}(\mathrm{i}n\omega_n)|_{n=N} = T_0 \sum_{k=0}^{N-1} x(kT_0)$$

was näherungsweise die Signalfläche beschreibt.

Eine entsprechende Ableitung führt dann für eine gegebene Fourier-Transformierte $x(\mathrm{i}n\omega_n)$ zur Näherungsbeziehung für die Rücktransformation

$$x(t)|_{t=kT_0} \approx \tilde{x}(kT_0) = \frac{1}{NT_0} \sum_{n=0}^{N-1} x(\mathrm{i}n\omega_n)\,\mathrm{e}^{\mathrm{i}2\pi nk/N} \qquad (3.3.11)$$

$$(k = 0, 1, \ldots, N-1)$$

wovon man sich durch Einsetzen von Gl. (3.3.10) überzeugen kann. Führt man in Gl. (3.3.10) und (3.3.11)

$$x(n) = \tilde{x}(\mathrm{i}n\omega_n)/T_0$$

ein, dann folgen die üblichen Gleichungen der *diskreten Fourier-Transformation*:

$$x(n) = \sum_{k=0}^{N-1} x(k)\,\mathrm{e}^{-\mathrm{i}2\pi nk/N} \qquad (n = 0, 1, \ldots, N-1) \qquad (3.3.12)$$

$$x(k) = \frac{1}{N} \sum_{n=0}^{N-1} x(n)\,\mathrm{e}^{\mathrm{i}2\pi nk/N} \qquad (k = 0, 1, \ldots, N-1)\,. \qquad (3.3.13)$$

Die diskrete Fourier-Transformation verknüpft also N Abtastwerte der zeitdiskreten Funktion $x(kT_0)$ mit N Abtastwerten der Frequenzfunktion $x(n\omega_0/N)$ über die kontinuierliche Fourier-Transformation. Man beachte, daß beide, die Zeit- und die Frequenzfunktion periodisch sind. Ferner beachte man die Ähnlichkeit zur Laplace-Transformation der mit δ-Funktionen approximierten Abtastfunktion $x^*(t)$, Gl. (2.3.3), und damit auch zur z-Transformation. Eine ausführliche Diskussion der diskreten Fourier-Transformation findet man z.B. in Brigham (1974), Stearns (1975).

3.3.2 Die schnelle Fourier-Transformation

Die Berechnung der diskreten Fourier-Transformierten nach Gl. (3.3.12) erfordert jeweils Multiplikationen des Signales $x(k)$ mit der komplexen Größe

$$\mathrm{e}^{-\mathrm{i}2\pi nk/N} = W^{nk}\,. \qquad (3.3.14)$$

Der Anteil

$$W = \mathrm{e}^{-\mathrm{i}2\pi/N} = \cos\frac{2\pi}{N} - \mathrm{i}\sin\frac{2\pi}{N}$$

kürzt hierbei den konstanten Anteil des Exponentialterms ab. Die diskrete Fourier-Transformierte lautet somit

$$x(n) = \sum_{k=0}^{N-1} x(k)\,W^{nk} \quad (n = 0, 1, \ldots, N-1)\,.$$

Insgesamt sind für den Realteil und Imaginärteil von $x(n)$ je N Summen mit N Produkten, also N^2 Produkte und $N(N-1)$ Additionen zu bilden. Nun besitzt aber W^{nk} zyklische Eigenschaften, so daß es nur N verschiedene Werte gibt, die zudem noch symmetrisch sind. Für $N = 8$ gilt z.B.

$$W^0 = W^8 = W^{16} = \cdots = 1$$

$$W^1 = W^9 = W^{17} = \cdots = \sqrt{2}/2 - \mathrm{i}\sqrt{2}/2$$

$$W^2 = W^{10} = W^{18} = \cdots = -\mathrm{i}$$

$$W^4 = W^{12} = W^{20} = \cdots = -1$$

$$W^6 = W^{14} = W^{22} = \cdots = \mathrm{i}\,.$$

(Zur Verdeutlichung zeichne man sich diese komplexen Größen als Zeiger in der komplexen Zahlenebene auf. $W^0 = 1$ ist dann der Basiszeiger und W^1, $W^2, \ldots$ die jeweils um den Winkel 45° weitergedrehten Zeiger mit dem Radius 1. Siehe Stearns (1975)).

Durch entsprechende Aufspaltung der Summe in geeignete Teilsummen oder durch Anschreiben der Gl. (3.3.12) als Vektorgleichung

$$\boldsymbol{x}(n) = \boldsymbol{W}\boldsymbol{x}(k) \tag{3.3.15}$$

und geeignete Faktorisierung der Matrix $\boldsymbol{W}$ oder Überlegungen mit Signalflußdiagrammen gelingt es, Algorithmen zur Berechnung der diskreten Fourier-Transformierten anzugeben, die bei großen N ganz erheblich Rechenzeit und Speicherplatz von Digitalrechnern einsparen. Diese Algorithmen werden als *schnelle Fourier-Transformation* bezeichnet.

Bei $N = 2^\gamma$, γ ganzzahlig, Signalwerten läßt sich so die Anzahl der Multiplikationen von N^2 auf $N \log_2 N$ reduzieren. Dies ist z.B. für $\gamma = 10$ eine Reduktion von $N = 1024^2 \approx 1{,}049 \cdot 10^6$ auf $1{,}024 \cdot 10^4$ Produkte, also etwa 100 mal weniger.

Zusammenfassende Abhandlungen über die schnelle Fourier-Transformation sind z.B. bei Schüssler (1973), Brigham (1974), Stearns (1975) zu finden.

3.3.3 Spezielle numerische Verfahren

Zur Berechnung des Frequenzganges aus den Fourier-Transformierten von Testsignalen und Antwortfunktionen sind besondere Näherungsverfahren entwikkelt worden, siehe z.B. Zorn (1963), Strobel (1967) und (1975). Die gemessene Antwortfunktion wird dabei in gleichen oder ungleichen Zeitabständen Δt abgetastet und durch Geradenstücke oder Parabelbögen approximiert. Wegen der überlagerten Störsignale reicht bei genügend kleinem Δt die Geradenapproximation aus.

Im folgenden wird ein numerisches Verfahren beschrieben, das sich gut bewährt hat, Draper, Kay, Lees (1953), Göldner (1965), Unbehauen (1966). Hierzu wird nach Bild 3.6 die gemessene Antwortfunktion äquidistant mit der Abtastzeit Δt abgetastet, so daß N Abtastwerte $x(k\Delta t)$ entstehen, und durch Geradenstücke (Sekanten) approximiert. Die Antwortfunktion beginne für $t = 0$ mit dem Wert $y(0) = y_0$. Dann hat die erste Sekante die Steigung

$$\frac{\Delta y_0}{\Delta t} = \frac{y_1 - y_0}{\Delta t}\,. \tag{3.3.16}$$

Der Funktionsverlauf im ersten Abschnitt kann dann durch den Anfangswert y_0 und eine Gerade $\Delta\tilde{y}_0(t)$ mit dem Anfangspunkt $t = 0$, Bild 3.6b, approximiert werden.

Der Funktionsverlauf im zweiten Zeitabschnitt entsteht durch Addition einer zweiten Geraden $\Delta\tilde{y}_1(t)$ mit der Steigung

$$\frac{\Delta y_1}{\Delta t} = \frac{y_2 - y_1}{\Delta t} - \frac{y_1 - y_0}{\Delta t} = \frac{y_2 - 2y_1 + y_0}{\Delta t} \tag{3.3.17}$$

und dem Anfangspunkt bei $t = t_1$. Für den $(k + 1)$-ten Abschnitt gilt dann

$$\frac{\Delta y_k}{\Delta t} = \frac{y_{k+1} - 2y_k + y_{k-1}}{\Delta t} \tag{3.3.18}$$

mit dem Anfangspunkt bei $t = t_k$. Die approximierte Antwortfunktion ergibt sich durch Addition dieser Geraden mit verschiedenen Anfangspunkten

$$\tilde{y}(t) = y_0 + \sum_{k=1}^{N} \Delta\tilde{y}_k(t) . \tag{3.3.19}$$

Diese besitzt die Laplace-Transformierte

$$\tilde{y}(s) = \mathfrak{L}\{\tilde{y}(t)\} = \frac{y_0}{s} + \sum_{k=1}^{N} \frac{\Delta y_k}{\Delta t s^2} e^{-k\Delta t s} \tag{3.3.20}$$

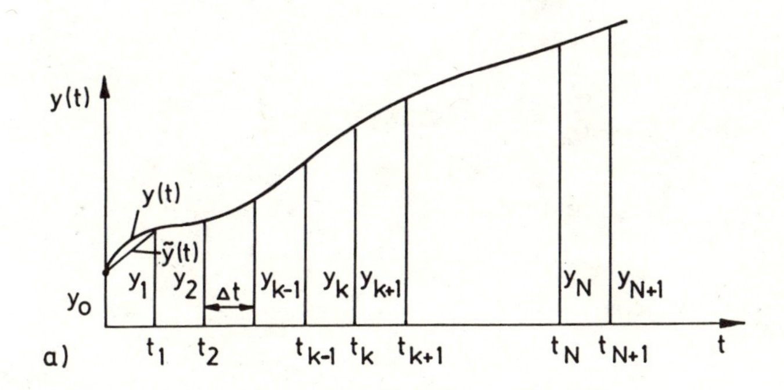

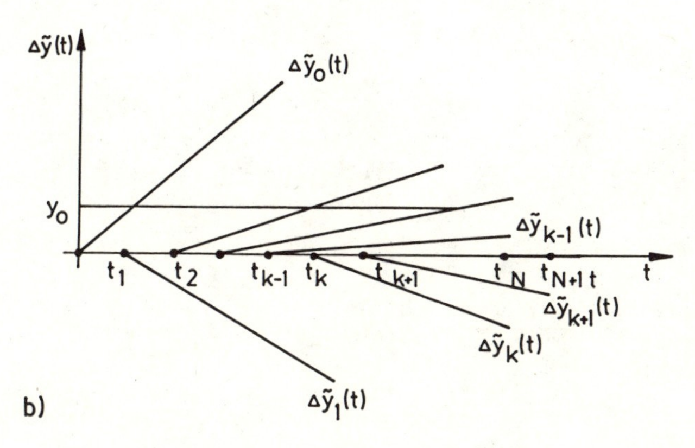

Bild 3.6. Approximation einer Antwortfunktion durch Geraden

mit

$$\Delta y_k = \begin{cases} y_1 - y_0 & \text{für} \quad k = 0 \\ y_{k+1} - 2y_k + y_{k-1} & \text{für} \quad 1 \leqq k \leqq N \,. \end{cases}$$

Voraussetzung ist, daß sich der Endverlauf für $t \to \infty$ durch eine Gerade beschreiben läßt. Die Werte y_N und y_{N+1} müssen dabei so gewählt werden, daß sie auf dieser Endwertgeraden liegen. Das Verfahren ist dann sowohl für proportional wirkende als auch integral wirkende Prozesse geeignet.

Bei einem Verlauf $u(t)$ des Testsignals, der nicht analytisch beschrieben werden kann, führt man dieselbe numerische Approximation für $\tilde{u}(s)$ durch und ermittelt den Frequenzgang nach Gl. (3.1.2)

$$G(\mathrm{i}\omega) = \lim_{s \to \mathrm{i}\omega} \frac{y(s)}{u(s)} \approx \lim_{s \to \mathrm{i}\omega} \frac{\tilde{y}(s)}{\tilde{u}(s)} \,. \tag{3.3.21}$$

Bei einfachen Testsignalformen und analytisch vorliegender Fourier-Transformierten wie in Abschnitt 3.2 können diese direkt in Gl. (3.3.21) eingesetzt werden.

1. *Sprungfunktion*

Für eine Sprungfunktion als Testsignal mit $u(s) = u_0/s$ gilt dann z.B.

$$\begin{aligned} G(\mathrm{i}\omega) &= \lim_{s \to \mathrm{i}\omega} \frac{s\tilde{y}(s)}{u_0} \\ &= \lim_{s \to \mathrm{i}\omega} \frac{1}{u_0} \left[y_0 + \sum_{k=1}^{N} \frac{\Delta y_k}{\Delta t s} \mathrm{e}^{-k\Delta t s} \right] \\ &= \mathrm{Re}(\omega) + \mathrm{i}\,\mathrm{Im}(\omega) \quad (\omega \neq 0) \\ \mathrm{Re}(\omega) &= \frac{1}{u_0} \left[y_0 - \frac{1}{\omega \Delta t} \sum_{k=1}^{N} \Delta y_k \sin(\omega k \Delta t) \right] \\ \mathrm{Im}(\omega) &= \frac{1}{u_0} \left[- \frac{1}{\omega \Delta t} \sum_{k=0}^{N} \Delta y_k \cos(\omega k \Delta t) \right] . \end{aligned} \tag{3.3.22}$$

Entsprechend erhält man:

2. *Rampenfunktion*

$$\mathrm{Re}(\omega) = \frac{\dfrac{\omega T_1}{2}}{u_0 \sin \dfrac{\omega T_1}{2}} \left[y_0 \cos \frac{\omega T_1}{2} - \frac{1}{\omega \Delta t} \sum_{k=0}^{N} \Delta y_k \sin \omega \left(k \Delta t - \frac{T_1}{2} \right) \right]$$

$$\mathrm{Im}(\omega) = \frac{\dfrac{\omega T_1}{2}}{u_0 \sin \dfrac{\omega T_1}{2}} \left[- y_0 \sin \frac{\omega T_1}{2} - \frac{1}{\omega \Delta t} \sum_{k=0}^{N} \Delta y_k \cos \omega \left(k \Delta t - \frac{T_1}{2} \right) \right] \tag{3.3.23}$$

3. *Rechteckimpuls*

$$\mathrm{Re}(\omega) = \frac{y_0 \sin\dfrac{\omega T}{2} - \dfrac{1}{\omega \Delta t} \sum_{k=0}^{N} \Delta y_k \cos \omega \left(k\Delta t - \dfrac{T}{2} \right)}{2 u_0 \sin \dfrac{\omega T}{2}}$$

$$\mathrm{Im}(\omega) = \frac{-y_0 \cos\dfrac{\omega T}{2} + \dfrac{1}{\omega \Delta t} \sum_{k=0}^{N} \Delta y_k \sin \omega \left(k\Delta t - \dfrac{T}{2} \right)}{2 u_0 \sin \dfrac{\omega T}{2}} \tag{3.3.24}$$

4. *Trapezimpuls* ($T_1/T = a$; $T_1 = T - T_2$)

$$\mathrm{Re}(\omega) = \frac{y_0 \sin\dfrac{\omega T}{2} - \dfrac{1}{\omega \Delta t} \sum_{k=0}^{N} \Delta y_k \cos \omega \left(k\Delta t - \dfrac{T}{2} \right)}{\dfrac{4u_0}{a\omega T} \sin\left(\dfrac{\omega T}{2} a \right) \sin\left(\dfrac{\omega T}{2} (1-a) \right)}$$

$$\mathrm{Im}(\omega) = \frac{-y_0 \cos\dfrac{\omega T}{2} + \dfrac{1}{\omega \Delta t} \sum_{k=0}^{N} \Delta y_k \sin \omega \left(k\Delta t - \dfrac{T}{2} \right)}{\dfrac{4u_0}{a\omega T} \sin\left(\dfrac{\omega T}{2} a \right) \sin\left(\dfrac{\omega T}{2} (1-a) \right)} . \tag{3.3.25}$$

Die Schrittweite Δt ist grundsätzlich so zu wählen, daß für die höchste interessierende Frequenz ω_{max} des Frequenzganges das Shannonsche Abtasttheorem nicht verletzt wird, d.h. es muß gelten

$$\Delta t_{max} < \pi/\omega_{max} . \tag{3.3.26}$$

Eine Anzahl von $N = 20 \ldots 40$ Schritten ist meist ausreichend. In Isermann (1971a) ist ein ALGOL-Rechenprogramm für die Berechnung des Frequenzganges aus der Antwortfunktion auf eine Sprungfunktion, Rampenfunktion, Rechteckimpuls oder Trapezimpuls einschließlich Beispiel angegeben.

3.4 Einfluß von Störsignalen

Viele Prozesse enthalten im gemessenen Ausgangssignal außer der Antwort auf das Testsignal auch Störsignale. Diese Störsignale können vielfältigen Ursprung haben. Sie können durch extern auf den Prozeß einwirkende Störungen oder aber durch interne Störungen entstanden sein. In Bezug auf den Signalverlauf lassen sich, wie im Abschnitt 1.2 angegeben, Störsignalkomponenten unterscheiden, die (a) höherfrequent quasistationär stochastisch, (b) niederfrequent nichtstationär stochastisch (z.B. Drift), (c) von unbekanntem Charakter sind.

Bild 3.7 zeigt die gemessene Übergangsfunktion eines Rohrbündel-Wärmeaustauschers. Man erkennt höherfrequente stochastische Störsignalkomponenten,

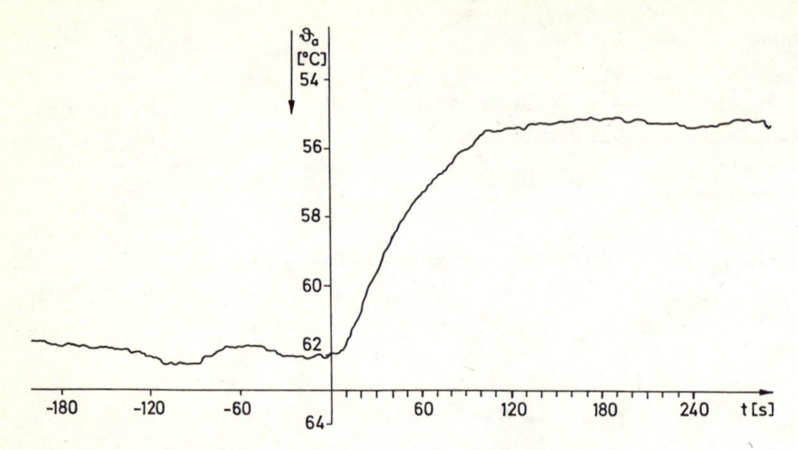

Bild 3.7. Gemessene Übergangsfunktion der Wasseraustrittstemperatur eines dampfbeheizten Wärmeaustauschers nach sprungförmiger Verkleinerung des Heizdampfstromes um 10%

die durch unvollkommene Vermischung am Ende des Rohrbündels entstehen (interne Störungen) und niederfrequente stochastische Störsignalkomponenten, die auf Dampfdruck- und Massenstromstörungen (externe Störungen) zurückzuführen sind.

Die Prozeßidentifikation mit einzelnen nichtperiodischen Testsignalen ist grundsätzlich nur bei Störsignalen anwendbar, die im Vergleich zum Nutzsignal eine *kleine Amplitude* und einen *konstanten Mittelwert* haben. Treten nichtstationäre Störsignale oder solche mit unbekanntem Charakter auf, also (b) oder (c), dann kann man die gemessene Antwortfunktion in der Regel nicht verwenden. Man muß vielmehr bei der Messung solche Zeitabschnitte abwarten, in denen der Mittelwert der Störsignale konstant ist, oder andere Testsignale und Identifikationsverfahren verwenden.

Im folgenden soll nun der Einfluß von *stationären stochastischen Störsignalen* $n(t)$ mit $E\{n(t)\} = 0$ auf die Genauigkeit der Frequenzgangberechnung untersucht werden. Dabei wird von der Modellvorstellung ausgegangen, daß das Störsignal $n(t)$ dem Nutzsignal $y_u(t)$ additiv überlagert ist, siehe Gl. (3.1.5), und daß es durch ein Formfilter mit der Übertragungsfunktion $G_n(s)$ aus weißem Rauschen mit der Leistungsdichte S_{v0} erzeugt wird, Bild 3.8.

Die durch die Störsignale $n(t)$ entstehenden Fehler im Frequenzgang lassen sich zurückführen auf, siehe Bild 3.9:

a) Fehler durch den gestörten transienten Verlauf
b) Fehler des Bezugswertes Y_{00} vor Testsignalbeginn
c) Fehler des Endwertes $Y_\infty = \lim_{t\to\infty} Y(t)$ bei proportional wirkenden Prozessen oder der Endsteigung $\dot{Y}_\infty = \lim_{t\to\infty} \dot{Y}(t)$ bei integral wirkenden Prozessen.

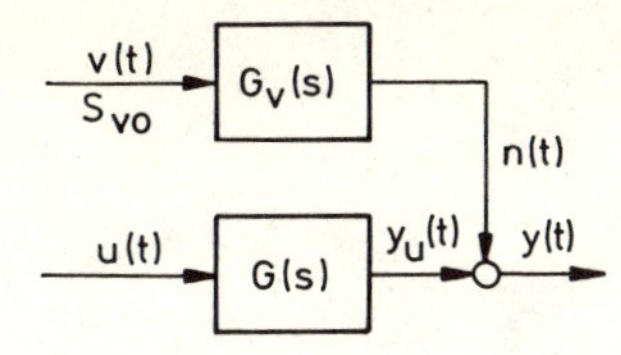

Bild 3.8. Blockschaltbild eines linearen Prozesses mit stochastisch gestörtem Ausgangssignal

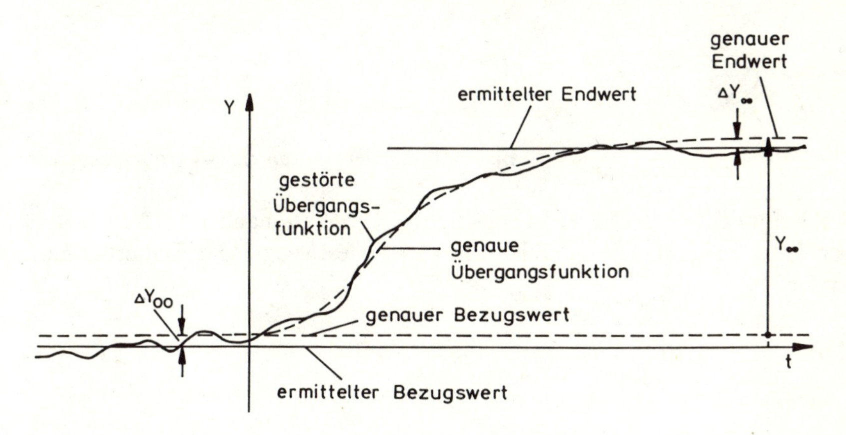

Bild 3.9. Durch stochastische Störsignale $n(t)$ entstehende Fehler bei der Auswertung der Antwortfunktion eines nichtperiodischen Testsignales

3.4.1 Fehler durch den gestörten transienten Verlauf

Wie bereits in den Gleichungen (3.1.5) bis (3.1.9) angegeben, erzeugt ein stochastisches Störsignal $n_T(t)$ während der Auswertezeit $0 \leqq t \leqq T_A$ den Frequenzgangfehler

$$\Delta G_n(\mathrm{i}\omega) = \frac{n_T(\mathrm{i}\omega)}{u(\mathrm{i}\omega)} \tag{3.4.1}$$

siehe Bild 3.10. Für dessen Betrag gilt

$$|\Delta G_n(\mathrm{i}\omega)| = \frac{|n_T(\mathrm{i}\omega)|}{|u(\mathrm{i}\omega)|}\,. \tag{3.4.2}$$

Die Autokorrelationsfunktion (AKF) des Störsignales endlicher Dauer läßt sich durch folgende Schätzgleichung ermitteln, siehe Abschnitt 5.1.

$$\Phi_{nn}^T(\tau) = \frac{1}{T_A}\int_0^{T_A} n_T(t)n_T(t+\tau)\,\mathrm{d}\tau \tag{3.4.3}$$

mit dem Erwartungswert

$$E\{\Phi_{nn}^T(\tau)\} = \Phi_{nn}(\tau) \tag{3.4.4}$$

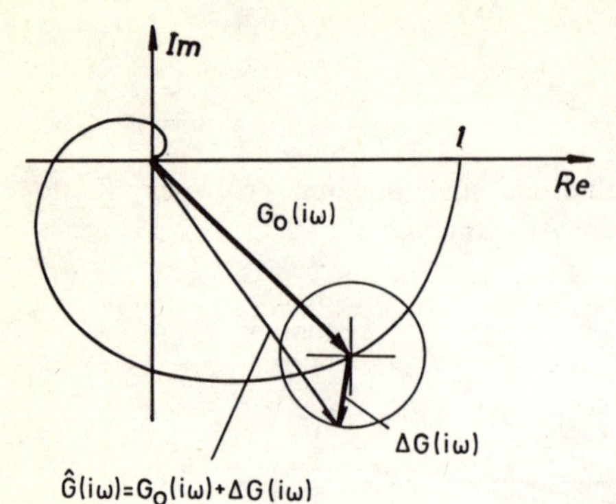

Bild 3.10. Fehler $\Delta G(\mathrm{i}\omega)$ eines Frequenzganges

also der AKF für $T_A \to \infty$. Die Leistungsdichte $S_{nn}(\omega)$ ist nach Gl. (2.2.12) als die Fourier-Transformierte der AKF Gl. (3.4.4) festgelegt. Formuliert man entsprechend

$$S_{nn}^T(\omega) = \int_{-\infty}^{\infty} \Phi_{nn}^T(\tau)\, \mathrm{e}^{-\mathrm{i}\omega\tau}\, \mathrm{d}\tau \tag{3.4.5}$$

dann folgt

$$E\{S_{nn}^T(\omega)\} = \int_{-\infty}^{\infty} E\{\Phi_{nn}^T(\tau)\}\, \mathrm{e}^{-\mathrm{i}\omega\tau}\, \mathrm{d}\tau = S_{nn}(\omega)\,. \tag{3.4.6}$$

Der Gl. (3.4.2) entspricht folgende Beziehung mit den Leistungsdichten, vgl. Gl. (2.2.34),

$$E\{|\Delta G_n(\mathrm{i}\omega)|^2\} = \frac{E\{S_{nn}^T(\omega)\}}{S_{uu}(\omega)} = \frac{S_{nn}(\omega)}{S_{uu}(\omega)}\,. \tag{3.4.7}$$

Da das Testsignal deterministisch ist, gilt

$$S_{uu}(\omega) = \frac{|u(\mathrm{i}\omega)|^2}{T_A}\,. \tag{3.4.8}$$

Die Varianz des relativen Frequenzgangfehlers bei Auswertung einer Antwortfunktion der Dauer T_A ist daher

$$\sigma_{G1}^2 = E\left\{\frac{|\Delta G_n(\mathrm{i}\omega)|^2}{|G(\mathrm{i}\omega)|^2}\right\} = \frac{S_{nn}(\omega)\, T_A}{|G(\mathrm{i}\omega)|^2\, |u(\mathrm{i}\omega)|^2}\,. \tag{3.4.9}$$

Bei Auswertung von j Antwortfunktionen wird

$$S_{uu}(\omega) = \frac{|j\, u(\mathrm{i}\omega)|^2}{jT_A} = j\,\frac{|u(\mathrm{i}\omega)|^2}{T_A}\,. \tag{3.4.10}$$

Die Standardabweichung des relativen Frequenzgangfehlers ist dann

$$\sigma_{G1j} = \frac{\sqrt{S_{nn}(\omega)\, T_A}}{|G(\mathrm{i}\omega)|\, |u(\mathrm{i}\omega)|\, \sqrt{j}}\,. \tag{3.4.11}$$

Der Frequenzgangfehler ist also proportional zum Störsignal-Nutzsignal-Verhältnis $\sqrt{S_{nn}(\omega)}/|u(\mathrm{i}\omega)|$ und umgekehrt proportional zur Wurzel aus der Zahl j der Antwortfunktionen.

Für das Störsignalfilter nach Bild 3.8 kann noch eingeführt werden

$$S_{nn}(\omega) = |G_v(\mathrm{i}\omega)|^2 S_{v0} \tag{3.4.12}$$

so daß folgt

$$\sigma_{G1j} = \frac{|G_v(\mathrm{i}\omega)|\sqrt{S_{v0} T_A}}{|G(\mathrm{i}\omega)||u(\mathrm{i}\omega)|\sqrt{j}} . \tag{3.4.13}$$

3.4.2 Fehler durch falschen Bezugs- und Entwert

Da nach Gl. (3.1.2) und (3.1.3) die durch das Testsignal verursachte Änderung des Ausgangssignales

$$y(t) = Y(t) - Y_{00}$$

fouriertransformiert wird, muß der *Bezugswert* Y_{00} möglichst genau bekannt sein. Wie aus Bild 3.9 zu erkennen, kann bei gestörten Antwortfunktionen nicht einfach $Y_{00} = Y(0)$ verwendet werden. Der Bezugswert Y_{00} muß vielmehr besonders identifiziert werden. Bei stochastischen Störungen mit konstantem Mittelwert kann dies durch einfache Mittelwertbildung über den Zeitabschnitt $-T_B \leqq t \leqq 0$ während des Beharrungszustandes vor Einwirken des Testsignales erfolgen

$$\hat{Y}_{00} = \frac{1}{T_B} \int_{-T_B}^{0} Y(t)\,\mathrm{d}t . \tag{3.4.14}$$

Der verbleibende Bezugswertfehler

$$\Delta Y_{00} = \hat{Y}_{00} - Y_{00} \tag{3.4.15}$$

wirkt sich als eine der Antwortfunktion überlagerte Sprungfunktion aus, so daß sich als relativer Frequenzgangfehler

$$\frac{\Delta G(\mathrm{i}\omega)}{G(\mathrm{i}\omega)} = \lim_{s \to \mathrm{i}\omega} \frac{\frac{\Delta Y_{00}}{s}}{u(s) G(s)} \tag{3.4.16}$$

ergibt. Für eine Sprungantwort mit $u(s) = u_0/s$ gilt dann z.B.

$$\frac{|\Delta G(\mathrm{i}\omega)|}{|G(\mathrm{i}\omega)|} = \frac{\Delta Y_{00}}{u_0 |G(\mathrm{i}\omega)|} . \tag{3.4.17}$$

Bezugswertfehler ΔY_{00} ergeben dann also gleiche absolute Frequenzgangfehler für alle Frequenzen und große relative Fehler bei großen Frequenzen.

Bei stationären stochastischen Störsignalen $n(t)$ gilt für die Varianz des Fehlers der Mittelwertbildung nach Gl. (3.4.14) und (3.4.15) mit

$$Y(t) - Y_{00} = n(t) \tag{3.4.18}$$

die Beziehung

$$\sigma_{Y00}^2 = E\{\Delta Y_{00}^2\} = E\left\{\left[\frac{1}{T_B}\int_{-T_B}^{0} n(t)\,\mathrm{d}t\right]^2\right\}. \tag{3.4.19}$$

Wenn $n(t)$ als weißes Rauschen angenommen werden darf, vereinfacht sich die Gleichung zu

$$\sigma_{Y00}^2 = \frac{1}{T_B}\sigma_n^2 \quad \text{mit} \quad \sigma_n^2 = \overline{n^2(t)}\,. \tag{3.4.20}$$

Mit Gl. (3.4.16) wird die Standardabweichung des relativen Frequenzgangfehlers nach der Festlegung Gl. (3.4.9)

$$\sigma_{G2} = \frac{\sigma_n}{|G(\mathrm{i}\omega)|\,|u(\mathrm{i}\omega)|\,\omega\sqrt{T_B}} \tag{3.4.21}$$

bzw. für eine Sprungantwort mit Gl. (3.4.17)

$$\sigma_{G2} = \frac{\sigma_n}{|G(\mathrm{i}\omega)|\,u_0\sqrt{T_B}}\,. \tag{3.4.22}$$

Nun wird der Einfluß von Fehlern bei der Bestimmung des *Endwertes* Y_∞ betrachtet. Dieser Endwert ist verschieden vom Bezugswert Y_{00} bei impulsförmigen Testsignalen an integralwirkenden Prozessen und bei sprungförmigen Testsignalen bei proportionalwirkenden Prozessen. Man kann dann bei der Auswertung des Fourier-Integrales nach Gl. (3.1.4) die Auswertezeit T_A so groß machen, daß der Endwert (näherungsweise) ausreichend lang erfaßt wird, oder aber den Endwert durch einfache Mittelung gemäß

$$\hat{Y}_\infty = \frac{1}{T_C}\int_{T_A}^{T_A+T_C} Y(t)\,\mathrm{d}t \tag{3.4.23}$$

getrennt bestimmen und weiter verwenden. In beiden Fällen wirkt sich der Endwertfehler wie eine der Antwortfunktion überlagerte Sprungfunktion mit der Zeitverschiebung T_A aus, so daß entsprechend Gl. (3.4.16) gilt

$$\frac{\Delta G(\mathrm{i}\omega)}{G(\mathrm{i}\omega)} = \lim_{s\to\mathrm{i}\omega} \frac{\dfrac{\Delta\hat{Y}_{00}}{s}}{u(s)G(s)}\,\mathrm{e}^{-T_A s} \tag{3.4.24}$$

Entsprechend Gl. (3.4.18) bis (3.4.22) gilt dann

$$\sigma_{G3} = \frac{\sigma_n}{|G(\mathrm{i}\omega)|\,|u(\mathrm{i}\omega)|\,\omega\sqrt{T_C}} \tag{3.4.25}$$

und für eine Sprungantwort

$$\sigma_{G3} = \frac{\sigma_n}{|G(\mathrm{i}\omega)|\,u_0\sqrt{T_C}}\,. \tag{3.4.26}$$

Unter der Annahme, daß die einzelnen Frequenzgangfehler statistisch unabhängig sind, folgt schließlich für die Standardabweichung des resultierenden Gesamtfehlers bei Auswertung einer Antwortfunktion

$$\sigma_{G\,\mathrm{ges}} = \sqrt{\sigma_{G1}^2 + \sigma_{G2}^2 + \sigma_{G3}^2}\,. \tag{3.4.27}$$

Es empfiehlt sich, zur Ermittlung des Bezugs- und Endwertes durch Mittelwertbildung etwa dieselbe Mittelungszeit T_B und T_C zu verwenden, wie für die Auswertezeit T_A des transienten Teils.

Bei Impulsantworten von proportional wirkenden Prozessen kann man jedoch davon Gebrauch machen, daß Bezugswert und Endwert gleich sind, $Y_{00} = Y_\infty$, und somit die Gesamtmittelungszeit $T_B + T_C$ etwas kleiner wählen.

Es ist häufig zu beobachten, daß bei Messungen mit nichtperiodischen Testsignalen die Zeit für das Einstellen eines genügend langen Beharrungszustandes vor und nach der eigentlichen Antwortfunktion zu kurz gewählt wird. Die Fehlerabschätzungen zeigen, daß dann relativ große Fehler im ermittelten Frequenzgang entstehen können.

3.4.3 Verkleinerung der Fehler durch Wiederholung der Messungen

Zur Verkleinerung des Einflusses von stochastischen Störsignalen $n(t)$ kann man mehrere Antwortfunktionen auf das gleiche Testsignal messen und eine gemittelte Antwortfunktion bestimmen

$$\bar{y}(t) = \frac{1}{j}\sum_{\nu=1}^{j} y_\nu(t) \tag{3.4.28}$$

oder aber bei verschiedenen Testsignalen die resultierenden Frequenzgänge mitteln

$$\bar{G}(\mathrm{i}\omega) = \frac{1}{j}\sum_{\nu=1}^{j} G_\nu(\mathrm{i}\omega) = \frac{1}{j}\sum_{\nu=1}^{j} \mathrm{Re}_\nu(\omega) + \frac{1}{j}\sum_{\nu=1}^{j} \mathrm{Im}_\nu(\omega)\,. \tag{3.4.29}$$

Wie für Gl. (3.4.11) gezeigt, nimmt dann die Streuung der Fehler mit $1/\sqrt{j}$ ab, so daß anstelle Gl. (3.4.27) gilt

$$\sigma_{G\mathrm{ges}j} = \frac{1}{\sqrt{j}}\,\sigma_{G\mathrm{ges}}\,. \tag{3.4.30}$$

Beispiel 3.1

Für einen Prozeß mit dem Blockschaltbild nach Bild 3.8 soll der Frequenzgangfehler für verschiedene Formen und Anzahlen von Testsignalen berechnet werden. Der Prozeß (Näherungsmodell eines Dampfüberhitzers) werde beschrieben durch

$$G(s) = \frac{1}{(1+Ts)^4}\,; \quad G_v(s) = \frac{1}{(1+T_v s)}$$

mit $T = 106$ sec; $T_v = 325$ sec. Das Störsignal $n(t)$ werde durch weißes Rauschen $v(t)$ über das Formfilter $G_v(s)$ erzeugt. Die Standardabweichung des Störsignales σ_n

betrage 1% von der zulässigen Endauslenkung y_∞ bei einer Übergangsfunktionsmessung. Wegen $y_\infty = G(0)u_0$ gilt also für das Stör-Nutzsignal-Verhältnis

$$\eta = \frac{\sigma_n}{y_\infty} = \frac{\sigma_n}{u_0} = 0{,}01 \ .$$

Es handelt sich also um sehr kleine Störungen. Der Spitze-Spitze-Wert ist dann bei Gaußscher Amplitudenverteilung

$$b \approx 4\sigma_n$$

so daß sich $b/y_\infty \approx 0{,}04$ ergibt. Die Auswertezeit T_A einer Antwortfunktion betrage $T_A = 25$ min $= 1500$ sec.

Gemäß Gl. (2.2.15) gilt für die Standardabweichung des Störsignales

$$\sigma_n^2 = \overline{n^2(t)} = \frac{1}{\pi}\int_0^\infty S_{nn}(\omega)\,\mathrm{d}\omega = \frac{1}{\pi}\int_0^\infty |G_v(\mathrm{i}\omega)|^2 S_{v0}\,\mathrm{d}\omega$$

und mit

$$|G_v(\mathrm{i}\omega)|^2 = [1 + T_v^2\omega^2]^{-1}$$

wird

$$\sigma_n^2 = \frac{S_{v0}}{2T_v} \ .$$

Hieraus folgt für die Leistungsdichte des weißen Rauschens

$$S_{v0} = 2T_v\sigma_n^2 = 0{,}065[y^2]\,\mathrm{sec} \ .$$

Für den Fehler aus dem transienten Verlauf gelten dann nach Gl. (3.4.13) die in Bild 3.11 dargestellten Kurven. Bei einer einzigen gemessenen Übergangsfunktion ($j = 1$) entsteht bei großen Frequenzen ein großer Fehler. Obwohl die Störsignale sehr klein sind, wird die Standardabweichung bei der höchsten noch interessierenden Kreisfrequenz von $\omega = 0{,}027$ 1/sec entsprechend $|G| \approx 0{,}01$ etwa $\sigma_{G1} \approx 400\%$ groß, d.h. es ergeben sich unbrauchbare Werte. Nach Mittelwertbildung von 5 Übergangsfunktionen ist der Fehler um $1/\sqrt{5}$, also um etwa die Hälfte, bei 20 Übergangsfunktionen um $1/\sqrt{20} \approx 0{,}22$ kleiner (dick ausgezogene Kurve). Verwendet man 20 Antwortfunktionen auf Rechteckimpulse der Dauer $T = 120$ sec, dann wird der Fehler bei gleicher Testsignalhöhe im Vergleich zu den Übergangsfunktionsmessungen im Bereich der großen Frequenzen um etwa die Hälfte kleiner (gestrichelte Kurve für $j = 20$), entsprechend der etwa doppelten Amplitudendichte, vgl. Bild 3.4. Im Bereich der kleinen Frequenzen $\omega < 0{,}01$ 1/sec erhält man aber aus den Übergangsfunktionen den genaueren Frequenzgang, weil dort die Amplitudendichte der Sprungfunktionen größer ist.

Diese Ergebnisse konnten für die oben angegebenen Zahlenwerte experimentell überprüft werden, Bux und Isermann (1967). Hierzu wurde der Prozeß $G(s)$ auf einem Analogrechner simuliert und es wurden mit einem Rauschgenerator über das Formfilter $G_v(s)$ Störsignale erzeugt. Für dieselben Störsignale konnten an zwei

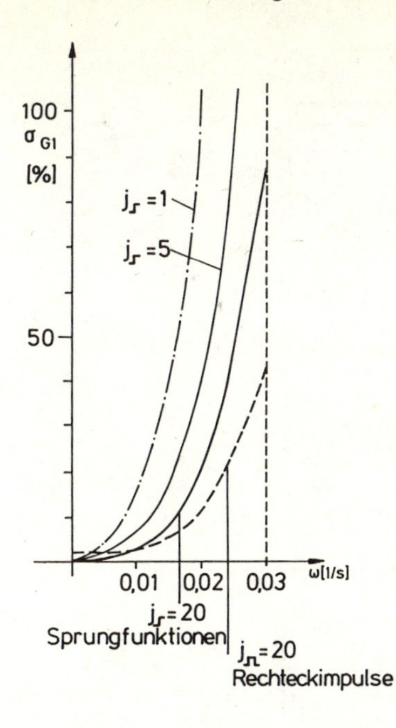

Bild 3.11. Standardabweichung des relativen Frequenzgangfehlers bei Verwendung von Sprungfunktionen und Rechteckimpulsen für Beispiel 3.1

parallelen Prozeßmodellen jeweils eine Übergangsfunktion und eine Rechteckimpulsantwort gemessen werden, siehe Bild 3.12. Mit $N = 90$ Stützstellen wurden dann nach dem im Abschnitt 3.3.3 angegebenen numerischen Verfahren die Frequenzgangwerte für jeweils 4 Messungen I bis IV berechnet und in Bild 3.13 und 3.14 aufgetragen.

Man erkennt deutlich, daß die sehr kleinen Störsignale mit $\sigma_n/y_\infty \approx 0{,}01$ bei Übergangsfunktionsmessungen sehr kleine Fehler bei kleinen Frequenzen aber große Fehler bei großen Frequenzen ergeben. Bei den Rechteckimpulsantworten sind die Fehler, wie aus dem Amplitudendichtenverlauf zu erwarten, bei mittleren Frequenzen $0{,}005 < \omega < 0{,}012$ 1/sec relativ klein, bei kleinen Frequenzen groß und bei großen Frequenzen mittelgroß. Die Standardabweichungen der Frequenzwerte im Bereich der großen Frequenzen sind so groß (bis etwa 500%), daß die Ordnungszahl des Frequenzganges aus einer einzigen Antwortfunktion nicht bestimmt werden könnte.

Nach Mittelwertbildung von jeweils 4 Antwortfunktionen entsprechend Gl. (3.4.28) und anschließender Frequenzgangberechnung ergeben sich wesentlich kleinere Fehler, Bild 3.15. □

3.4.4 Günstige Testsignale für die Fourier-Analyse

Als „günstige" Testsignale seien solche realisierbare Signale bezeichnet, die in bestimmten Frequenzbereichen bei gegebener Testsignalhöhe größte Amplitudendichten haben und deshalb kleinste Frequenzgangfehler ergeben. Wie die bisherigen Betrachtungen zeigten, sind günstige Testsignale für kleine Frequenzen die *Sprungfunktion* und für mittlere und große Frequenzen *Rechteckimpulse*.

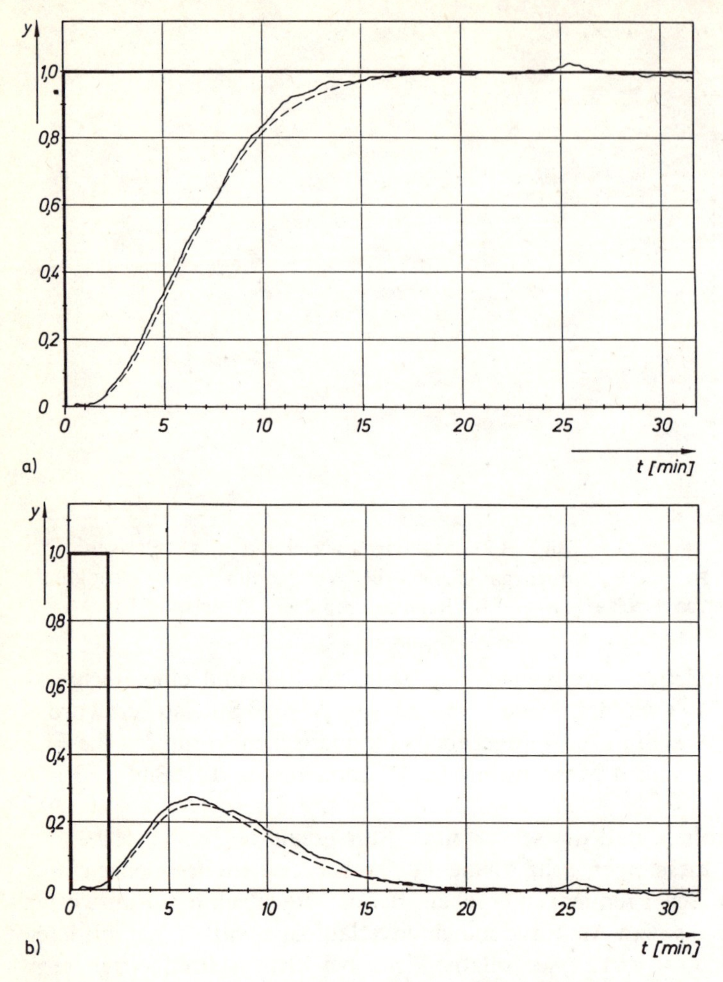

Bild 3.12. **a** Gemessene Antwortfunktion einer Sprungfunktion; **b** Gemessene Antwortfunktion eines Rechteckimpulses mit $T = 120$ sec; – – – – – ohne Störungen, —— mit Störungen

Die erforderliche Amplitudendichte eines Testsignales für einen stochastisch gestörten Prozeß läßt sich aus Gl. (3.4.11) ermitteln

$$|u(\mathrm{i}\omega)|_{\mathrm{erf}} = \frac{\sqrt{S_{nn}(\omega)\, T_A}}{|G(\mathrm{i}\omega)|\, \sigma_G(\omega) \sqrt{j}}\,. \tag{3.4.31}$$

Hierbei ist $\sigma_G(\omega)$ die zulässige Standardabweichung des Frequenzgangfehlers. Diese Gleichung zeigt, daß die erforderliche Amplitudendichte insbesondere abhängt von der Leistungsdichte der Störungen und dem Anwendungszweck des

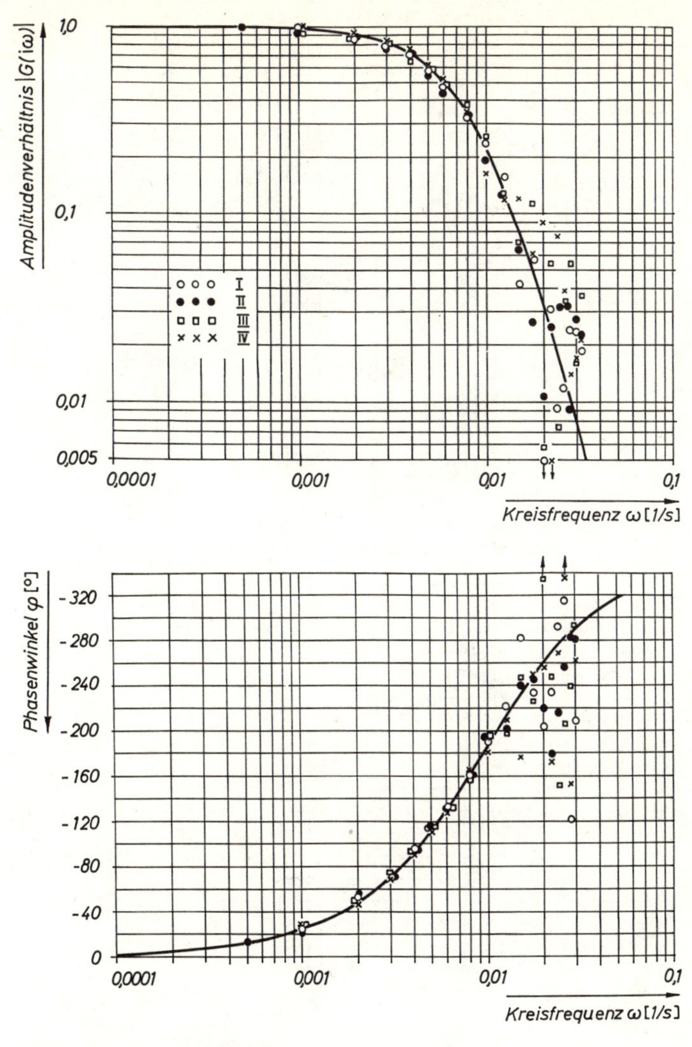

Bild 3.13. Aus 4 gestörten Sprungantworten I–IV berechnete Frequenzgangwerte; —— exakter Frequenzgang

identifizierten Modells, der sich in $\sigma_G(\omega)$ ausdrückt. Allgemeine Angaben zur erforderlichen Amplitudendichte sind somit schwierig und ohne eine genaue Kenntnis des Prozesses nicht möglich. Die Durchrechnung von Beispielen zeigt, daß zur Synthese von Regelungen die relativen Frequenzgangfehler am kleinsten sein müssen bei mittleren Frequenzen. Damit ergibt sich $|u(\mathrm{i}\omega)|_{\mathrm{erf}} \approx$ const über den interessierenden Frequenzbereich, d.h. etwa Rechteckimpulse kurzer Dauer, siehe Isermann (1971).

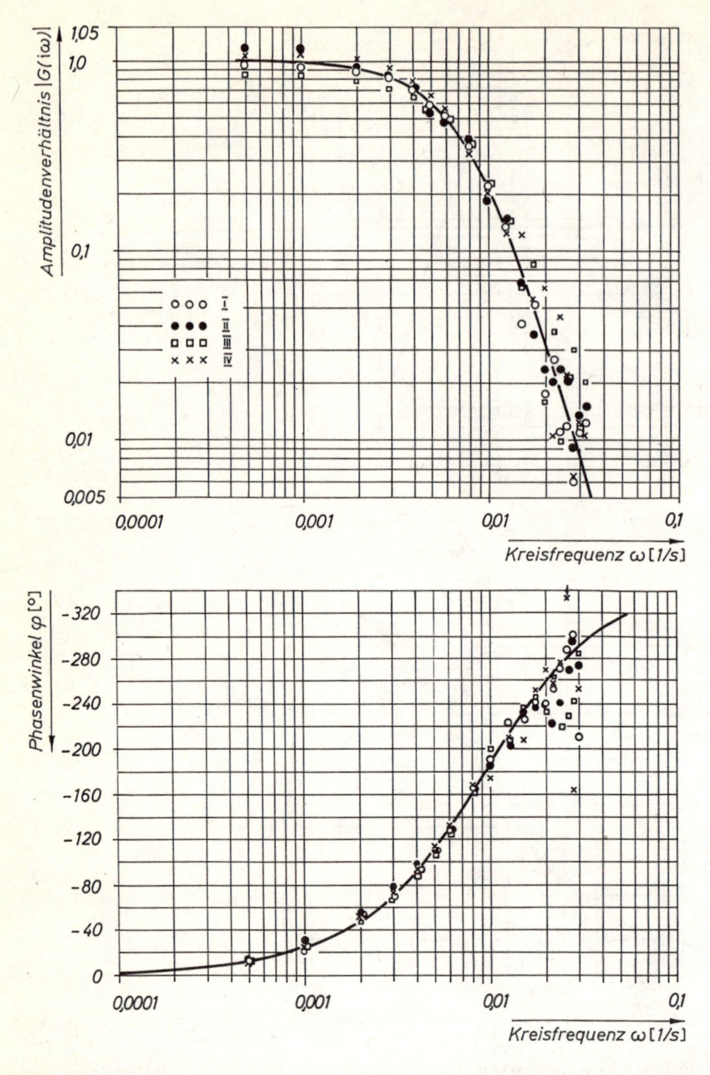

Bild 3.14. Aus 4 gestörten Rechteckimpulsantworten I–IV berechnete Frequenzgangwerte. $T = 120$ sec; —— exakter Frequenzgang

Nun ist naheliegend, nicht nur eine einzige Testsignalform zu verwenden, sondern jeweils für bestimmte Frequenzbereiche günstige Testsignale zu einer günstigen Testsignalfolge zu kombinieren. Zu empfehlen sind bei Prozessen, die bleibend gestört werden dürfen, siehe Bild 3.16,

a) Eine Folge von wenigen Sprungfunktionen zur Ermittlung des Frequenzganges bei niederen Frequenzen.

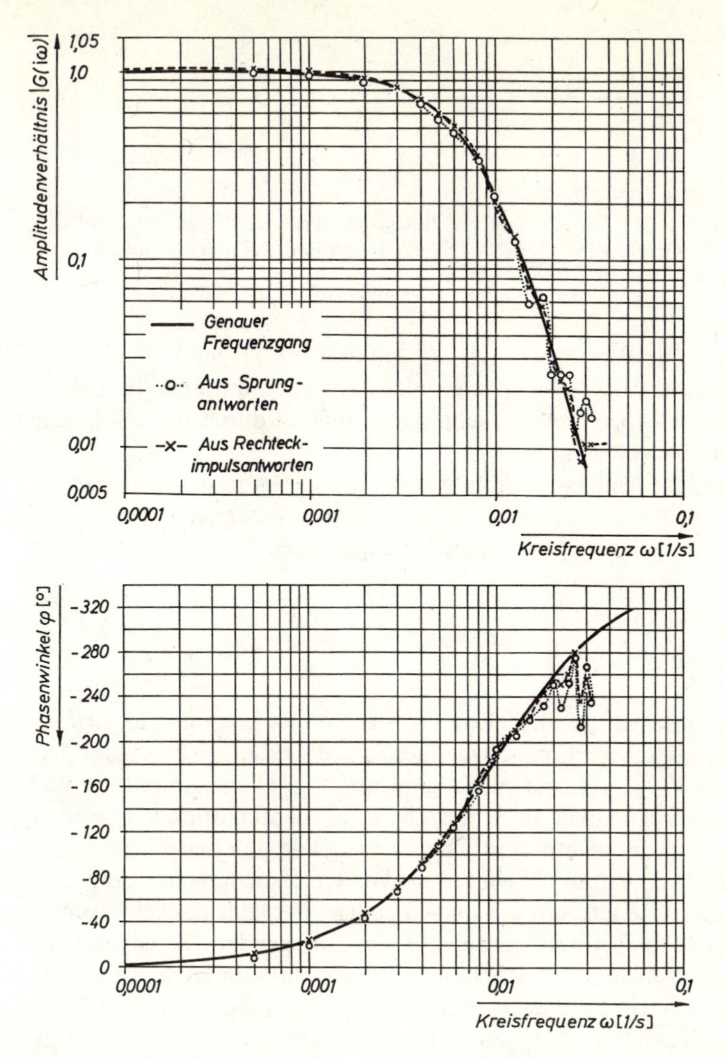

Bild 3.15. Frequenzgangwerte nach Mittelwertbildung der gestörten Antwortfunktionen I–IV

b) Eine Folge von mehreren Rechteckimpulsen zur Ermittlung des Frequenzganges bei mittleren und hohen Frequenzen.

Als Richtwert für die Aufteilung der Gesamtmeßzeit kann gelten: 20–30% für Sprungantworten, 80–70% für Rechteckimpulsantworten.

Die Dauer T der Rechteckimpulse wird dabei so bestimmt, daß die größtmögliche Amplitudendichte (Hüllkurve) etwa bei der höchsten interessierenden Frequenz $\omega_{\max}$ liegt:

$$T = \pi/\omega_{\max} \tag{3.4.32}$$

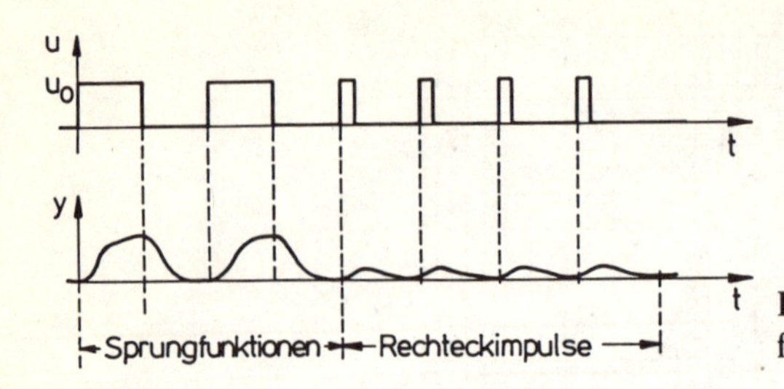

Bild 3.16. Testsignalfolge aus Sprungfunktionen und Rechteckimpulsen

was durch Gleichsetzen der Beträge von Gl. (3.2.8) und (3.2.11) folgt.

Sehr zu empfehlen ist die Auswertung von Antwortfunktionen in beiden Richtungen, um eventuell (bestimmte) nichtlineare Effekte durch die erfolgende Mittelwertbildung abzuschwächen.

Bei Prozessen, die nicht bleibend gestört werden dürfen, kann man anstelle der Sprungfunktionen auch Rechteckimpulse größerer Dauer verwenden.

Man beachte die Ähnlichkeit der so zusammengesetzten Testsignale mit den später behandelten binären Testsignalen.

3.5 Zusammenfassung

Die Fourier-Analyse mit nichtperiodischen Testsignalen ist geeignet zur Ermittlung des nichtparametrischen Frequenzganges linearisierbarer Prozesse. Die Störsignale sollten im Vergleich zum Nutzsignal nur eine kleine Amplitude und einen konstanten Mittelwert haben. Im Unterschied zur Identifikation mit periodischen Testsignalen regen die nichtperiodischen Testsignale innerhalb bestimmter Frequenzbereiche alle Frequenzen auf einmal an. Die Untersuchung des Einflusses stochastischer Störsignale zeigt, daß die entstehenden Frequenzgangfehler umso kleiner sind, je größer die Amplitudendichte des anregenden Testsignals im Verhältnis zur Leistungsdichte des Störsignals ist. Deshalb empfiehlt sich, den niederfrequenten Bereich des Frequenzganges aus Übergangsfunktionen und den mittel- und höherfrequenten Bereich aus Rechteckimpulsantwortfunktionen zu identifizieren. Zur Berechnung des Frequenzganges aus gemessenen Antwortfunktionen auf die nichtperiodischen Testsignale bestimmter oder beliebiger Form wurden numerische Rechenverfahren angegeben.

Aufgaben zu Kap. 3

1. Man berechne die Fourier-Transformierte eines Trapezimpulses nach Bild 3.1d.
2. Leiten Sie die Fourier-Transformierte eines Rechteckimpulses ab.
3. Man berechne die Fourier-Transformierte einer Rampenfunktion nach Bild 3.1b.
4. Mit welchen Testsignalen kann man bei gegebener maximaler Auslenkung u_0 im Bereich der sehr kleinen, mittelgroßen oder großen Frequenzen die stärkste Anregung des Frequenzganges eines Prozesses erreichen?

5. Schreiben Sie ein Programm zur Berechnung der diskreten Fourier-Transformation und berechnen Sie $x(n)$ für einen Trapezimpuls nach Bild 3.1a mit $T = 10$ s, $T_1 = 3$ s; $T_2 = 7$ s und der Abtastzeit $T_0 = 0{,}5$ s.
6. Welcher Zusammenhang existiert zwischen der Flankensteilheit eines Testsignales und dem angeregten Frequenzbereich?

4 Frequenzgangmessung mit periodischen Testsignalen

Bei der Frequenzgangmessung mit periodischen Testsignalen wird der Frequenzgang linearer Prozesse für bestimmte, diskrete Kreisfrequenzen auf direktem Wege ermittelt. Am üblichsten ist die Verwendung von *sinusförmigen Testsignalen* zur Frequenzgangmessung bei jeweils einer Frequenz, Abschnitt 4.1. Man kann jedoch auch andere periodische Testsignale, wie z.B. *Rechteck-*, *Trapez-* oder *Dreieckschwingungen* verwenden, Abschnitt 4.2. Es wurden auch Testsignale entwickelt, die mehrere diskrete Frequenzen gleichzeitig anregen, sogenannte *Mehrfrequenz-Testsignale*, Abschnitt 4.3. Die Auswertung der Messung erfolgt in einfachen Fällen bei Einfrequenz-Testsignalen von Hand, bei Verwendung von Digitalrechnern durch eine Fourieranalyse oder durch besondere Korrelationsverfahren. Auf der Grundlage von *Korrelationsverfahren* wurden besondere Frequenzgangmeßgeräte entwickelt, Abschnitt 4.4.

Eine besondere Rolle spielt auch bei der direkten Frequenzgangmessung das Übertragungsverhalten der *Stelleinrichtungen*, siehe Abschnitt 1.5. Die Anwendung von sinusförmigen Testsignalen setzt in der Regel lineares statisches und dynamisches Verhalten der Stelleinrichtung im untersuchten Amplitudenbereich voraus. Wenn die *statische Kennlinie* der Stelleinrichtung linear ist, dann kann man ein Sinussignal z.B. durch eine Ansteuerung mit einem Signalgenerator erzeugen. Dies trifft für Stellantriebe zu, die proportional oder integral mit veränderlicher Stellgeschwindigkeit wirken (Gruppen I und II in Abschnitt 1.5). Bei integralen Stellantrieben empfiehlt sich jedoch eine Stellungs-Regelung und dann sinusförmige Änderung des Stellungs-Sollwertes, um einen konstanten Mittelwert einzuhalten und damit ein Wegdriften zu vermeiden. Für integrale Stellantriebe mit veränderlicher Geschwindigkeit (Gruppe III) läßt sich bei nicht zu großen Frequenzen über einen Dreipunkt-Schritt-Stellungsregler eine stufenförmige Näherung eines Sinussignals erzeugen. Bei höheren Frequenzen ist bei diesen Stellantrieben jedoch nur die Erzeugung von trapezförmigen oder dreieckförmigen Testsignalen möglich. Bei Stelleinrichtungen mit Zweipunktschaltern (Gruppe V), kann man nur Rechteckschwingungen erzeugen.

Oft ist die statische *Kennlinie* der Stelleinrichtung *nichtlinear*, so daß am Ausgang der Stelleinrichtung verzerrte sinus- oder trapezförmige Signale entstehen, die dann ein anderes Frequenzspektrum als das ursprüngliche Testsignal besitzen. Man kann dann versuchen, den Frequenzgang der nachfolgenden linearen Prozesse mit Hilfe einer Fourieranalyse der Grundschwingung zu bestimmen. Das

Problem der nichtlinearen Kennlinie läßt sich jedoch umgehen, indem man Rechteckschwingungen (oder Trapezschwingungen mit steiler Flanke) verwendet. Dann stellt man nur zwischen zwei Punkten der Kennlinien hin und her, so daß der dazwischenliegende nichtlineare Verlauf bei der Auswertung der Antwortfunktionen bei Tiefpaßprozessen nicht mehr beachtet werden muß.

Wenn sich eine Stelleinrichtung von Hand verstellen läßt, ist die Erzeugung von Rechteck- oder Trapezschwingungen bei nicht zu großen Frequenzen ohne besondere Testsignale sehr einfach möglich.

4.1 Frequenzgangmessung mit sinusförmigen Testsignalen

4.1.1 Direkte Auswertung der registrierten Ein- und Ausgangschwingungen

Die einfachste und bekannteste Auswertemethode bei Frequenzgangmessungen ist die Bestimmung des Amplitudenverhältnisses und des Phasenverschiebungswinkels der gemessenen Ein- und Ausgangsschwingung im eingeschwungenen Zustand aus der simultanen Aufzeichnung, siehe Bild 4.1, Oppelt (1972). Man benötigt hierzu lediglich einen Zweikanalschreiber, kann aber auch mit einem Einkanalschreiber auskommen, wenn die Nullpunktdurchgänge der Eingangsschwingung z.B. mittels eines Zeitmarkengebers auf dem Registrierstreifen markiert werden können. Die Messungen sind für jede interessierende Frequenz ω_ν durchzuführen und es ist jeweils zu bestimmen

$$|G(\mathrm{i}\omega_\nu)| = \frac{y_0(\omega_\nu)}{u_0(\omega_\nu)}$$

$$\varphi(\omega) = -t_\varphi \cdot \omega_\nu \tag{4.1.1}$$

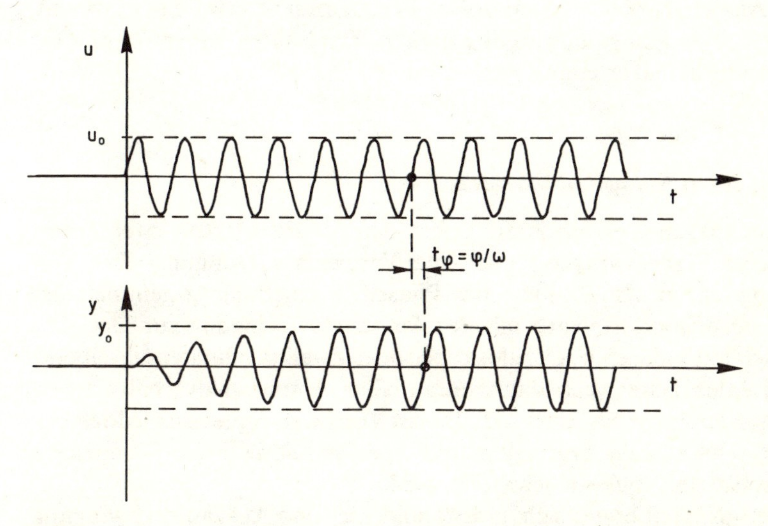

Bild 4.1. Direkte Ermittlung des Frequenzganges aus gemessener Ein- und Ausgangsschwingung

wobei t_φ die Phasenverschiebungszeit ist. Wenn der Ausgangsgröße kleine Störungen überlagert sind, dann kann man durch Mittelwertbildung der aus mehreren Perioden ermittelten Amplitudenverhältnisse und Phasenverschiebungswinkel verhältnismäßig genaue Ergebnisse erhalten. Die durch stationäre stochastische Störsignale $n(t)$ entstehenden Fehler bei der Ermittlung des Amplitudenganges lassen sich auch bei der Auswertung von Hand abschätzen, Isermann (1971a). Für die Varianz der Frequenzgangfehler gilt

$$\sigma_{\Delta G}^2(\omega) = E\{|\Delta G_n(\mathrm{i}\omega)|^2\} = \frac{1}{u_0^2} E\{n^2(t)\} = \frac{\sigma_n^2}{u_0^2} \tag{4.1.2}$$

wobei die Varianz der Störsignale nach Gl. (2.2.15)

$$\sigma_n^2 = \frac{1}{\pi} \int_0^\infty S_{nn}(\omega)\,\mathrm{d}\omega$$

ist. Da man aber bei der Auswertung von Hand sowohl den Einfluß der hochfrequenten Störsignale für $\omega > \omega_{go}$ als auch niederfrequenten Störsignale für $\omega < \omega_{gn}$ „ausfiltern" oder zumindest stark mindern kann, ist die wirksame Störsignalvarianz

$$\sigma_n'^2 = \frac{1}{\pi} \int_{\omega_{gn}}^{\omega_{go}} S_{nn}(\omega)\,\mathrm{d}\omega\,. \tag{4.1.3}$$

Bei Mittelwertbildung von j ermittelten Amplitudenverhältnissen gilt schließlich entsprechend Gl. (3.4.30)

$$\sigma_G(\omega) = \sqrt{E\left\{\frac{|\Delta G_n(\mathrm{i}\omega)|^2}{|G(\mathrm{i}\omega)|^2}\right\}} = \frac{\sigma_n'}{|G(\mathrm{i}\omega)|\,u_0\sqrt{j}}\,. \tag{4.1.4}$$

Die Grenze der Auswertbarkeit bei den hohen Frequenzen ist etwa dann erreicht, wenn Störsignal und Ausgangsschwingung gleiche Amplituden haben, wenn also bei Gaußscher Amplitudenverteilung gilt

$$|G(\mathrm{i}\omega)|\,u_0 = 2\sigma_n\,. \tag{4.1.5}$$

4.1.2 Auswertung durch Kompensationsgerät

Bei diesem Frequenzgangmeßverfahren liefert der Sinusgenerator zwei Sinusschwingungen: eine Testschwingung und eine Vergleichsschwingung. Die Vergleichsschwingung ist in Amplitude und Phasenverschiebung gegenüber der Testschwingung einstellbar. Sie wird mit der Ausgangsschwingung zur Deckung gebracht (Abgleich mit Hilfe eines Oszilloskopes oder Zweikoordinatenschreibers). An den Einstellskalen lassen sich dann unmittelbar Amplitudenverhältnis und Phasenverschiebung ablesen, Seifert (1962). Dieses Verfahren eignet sich jedoch nur für Systeme mit sehr kleinen Störungen und nur für relativ hohe Frequenzen ($\omega > 1$ 1/s), da sonst der Abgleich schwierig wird.

Eine andere Möglichkeit ergibt sich, indem man Ein- und Ausgangsschwingung auf die beiden Koordinaten eines Oszilloskopes gibt und die entstehende Lissajousche Figur auswertet, Mesch (1964).

4.1.3 Auswertung mittels Abtastgerät

Mit Hilfe eines besonderen Abtastgerätes ist die direkte Anzeige von Real- und Imaginärteil des Frequenzganges möglich, Schüssler (1961). Auf die Eingangsschwingung $u(t) = u_0 \cdot \cos \omega t$ antwortet das Übertragungsglied mit dem Frequenzgang $G(\mathrm{i}\omega)$ mit der Ausgangsschwingung

$$y(t) = u_0 |G(\mathrm{i}\omega)| \cos(\omega t + \varphi) . \tag{4.1.6}$$

Tastet man diese Ausgangsschwingung zu den Zeitpunkten

$$t_1 = nT = n\frac{2\pi}{\omega} \tag{4.1.7}$$

und

$$t_2 = \left(n - \frac{1}{4}\right)T = \left(n - \frac{1}{4}\right)\frac{2\pi}{\omega} \tag{4.1.8}$$

ab, dann erhält man wegen

$$\cos(\omega t_1 + \varphi) = \cos(2\pi n + \varphi) = \cos\varphi$$

und

$$\cos(\omega t_2 + \varphi) = \cos\left(2\pi n - \frac{\pi}{2} + \varphi\right) = \sin\varphi$$

direkt den Real- und Imaginärteil des Frequenzganges

$$y(t_1) = u_0 |G(\mathrm{i}\omega)| \cos\varphi = u_0 \operatorname{Re}(\omega) \tag{4.1.9}$$

$$y(t_2) = u_0 |G(\mathrm{i}\omega)| \sin\varphi = u_0 \operatorname{Im}(\omega) . \tag{4.1.10}$$

Die Abtastzeitpunkte t_1 und t_2 erhält man aus den Nullpunktdurchgängen der Vergleichsschwingungen $\cos \omega t$ und $\sin \omega t$ für positiven Anstieg. Die abgetasteten Werte des Real- und Imaginärteiles werden von einem Halteglied über einen Teil einer Periodendauer gehalten und von einem Zweikoordinaten-Registriergerät aufgezeichnet. Bei kontinuierlich, mit genügend kleiner Geschwindigkeit veränderter Meßfrequenz ist eine direkte Aufzeichnung der gemessenen Ortskurve möglich.

Die Frequenzgangmessung mittels Abtastgerät ist aber nur bei Prozessen möglich, die sehr wenig gestört sind. Kleine Störungen, die der Ausgangsschwingung überlagert sind, können relativ große Fehler des abgetasteten Real- und Imaginärteiles verursachen.

Über eine Verwirklichung des Abtastvorganges auf dem Analogrechner wird in Schüssler (1961) berichtet. Ein industriell gefertigtes Abtastgerät ist in Seifert (1962) beschrieben.

Vielfach wird bei Prozessen mit kleinen Störungen das eigentlich für den Fall großer Störungen entwickelte orthogonale Korrelationsmeßverfahren verwendet, siehe Abschnitt 4.4, weil die Auswertearbeit sehr gering ist; denn Amplitudenverhältnis und Phasenverschiebung werden unmittelbar angezeigt.

4.2 Frequenzgangmessung mit rechteck- und trapezförmigen Testsignalen

In manchen Fällen kann es wesentlich einfacher sein, an Stelle von Sinusschwingungen rechteckförmige oder trapezförmige Testsignale nach Bild 4.2 zu verwenden. Es soll nun ein einfaches Auswerteverfahren für die Frequenzgangmessung mit Rechteckschwingungen beschrieben werden, das besonders für träge Regelstrecken ($n \geqq 3$. Ordnung) geeignet ist, Isermann (1963).

Eine Rechteckschwingung mit der Amplitude u_0 und der Kreisfrequenz $\omega_0 = 2\pi/T$ läßt sich bekanntlich in eine Fourier-Reihe entwickeln:

$$u(t) = \frac{4}{\pi} u_0 \left[\sin \omega_0 t + \frac{1}{3} \sin 3\omega_0 t + \frac{1}{5} \sin 5\omega_0 t + \cdots \right]. \tag{4.2.1}$$

Bild 4.3 zeigt die aus den ersten 4 Teilschwingungen entstehende Schwingung, die einer Rechteckschwingung nahekommt.
Für die entsprechende Ausgangsgröße ergibt sich dann

$$\begin{aligned} y(t) = \frac{4}{\pi} u_0 [& |G(\mathrm{i}\omega_0)| \sin(\omega_0 t + \varphi(\omega_0)) \\ & + \frac{1}{3} |G(\mathrm{i}3\omega_0)| \sin(3\omega_0 t + \varphi(3\omega_0)) \\ & + \frac{1}{5} |G(\mathrm{i}5\omega_0)| \sin(5\omega_0 t + \varphi(5\omega_0)) + \cdots] . \end{aligned} \tag{4.2.2}$$

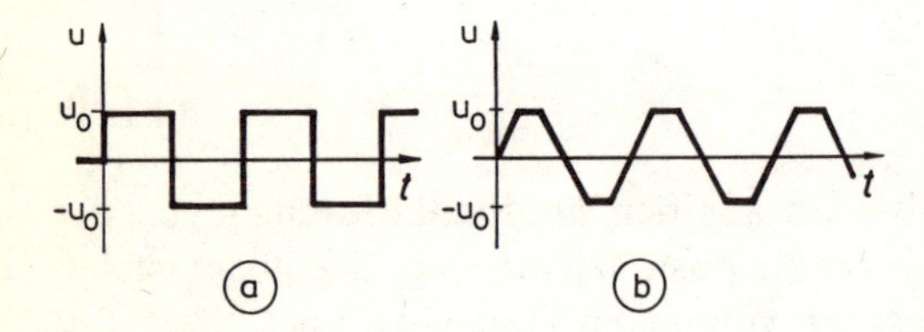

Bild 4.2. Einfach zu erzeugende periodische Testsignale. **a** Rechteckschwingung; **b** Trapezschwingung

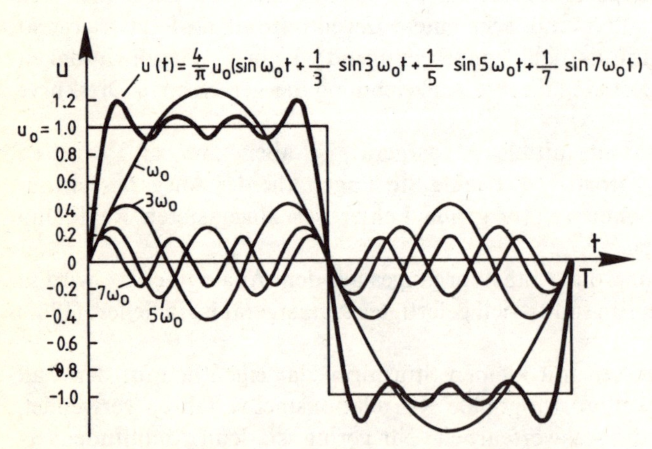

Bild 4.3. Harmonische Analyse einer Rechteckschwingung

Man bestimmt zuerst den Frequenzgang im Bereich *hoher Frequenzen.* Dann ist nämlich die in der Ausgangsschwingung enthaltene Amplitude der ersten Oberschwingung mit der Frequenz $3\omega_0$ um den Faktor $\gamma = 1/3^n$ (n = Ordnungszahl eines Verzögerungsgliedes mit gleichen Zeitkonstanten) kleiner als die Amplitude der Grundschwingung. Für $n \geqq 3$ ist $\gamma \leqq 0{,}04$. Die Oberschwingungen werden also so stark gedämpft, daß die Ausgangsschwingung praktisch eine Sinusschwingung ist, aus deren Amplitude und Phasenverschiebung der Frequenzgangwert für die Frequenz ω_0 direkt ermittelt werden kann. Auf diese Weise erhält man den Abschnitt I der in Bild 4.4 dargestellten Ortskurve.

Bei *mittleren Frequenzen* wächst die Amplitude der ersten Oberschwingung mit der Frequenz $3\omega_0$ auf einen Wert an, den man bei der Auswertung berücksichtigen muß.

$$y(t) \approx \frac{4}{\pi} u_0 [|G(\mathrm{i}\omega_0)| \sin(\omega_0 t + \varphi(\omega_0))$$

$$+ \frac{1}{3} |G(\mathrm{i}3\omega_0)| \sin(3\omega_0 t + \varphi(3\omega_0))] \,. \tag{4.2.3}$$

Die zweite Oberschwingung mit der Frequenz $5\omega_0$ kann jedoch vernachlässigt werden. Man erhält nun die zur Grundschwingung der eingehenden Rechteckschwingung gehörende sinusförmige Ausgangsschwingung dadurch, daß man die erste Oberschwingung

$$\frac{4}{\pi} \frac{1}{3} u_0 |G(\mathrm{i}3\omega_0)| \sin(3\omega_0 t + \varphi(3\omega_0))$$

von dem gemessenen Ausgangssignal subtrahiert. Amplitude und Phasenwinkel bei dieser Frequenz sind aus den Meßergebnissen bei hohen Frequenzen bekannt. So erhält man den Abschnitt II der Ortskurve in Bild 4.4.

Im Bereich *kleiner Frequenzen*, Abschnitt III der Ortskurve, werden dann jeweils so viele Oberschwingungen von der gemessenen Ausgangsschwingung subtrahiert,

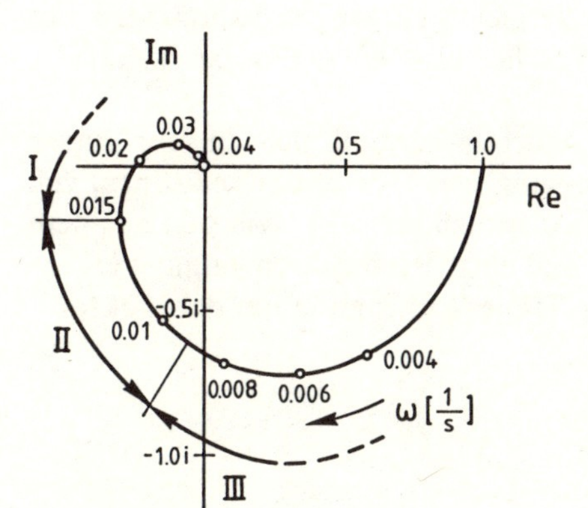

Bild 4.4. Zur Messung des Frequenzganges mittels Rechteckschwingungen

wie erforderlich sind. Für die gesuchte sinusförmige Grundschwingung gilt:

$$\begin{aligned}
&\frac{4}{\pi} u_0 |G(\mathrm{i}\omega_0)| \sin(\omega_0 t + \varphi(\omega_0)) \\
&\quad = y(t) - u_0 \frac{4}{\pi} \frac{1}{3} |G(\mathrm{i}3\omega_0)| \sin(3\omega_0 t + \varphi(3\omega_0)) \\
&\qquad - u_0 \frac{4}{\pi} \frac{1}{5} |G(\mathrm{i}5\omega_0)| \sin(5\omega_0 t + \varphi(5\omega_0)) - \cdots
\end{aligned} \tag{4.2.4}$$

Man wird dieses Verfahren im allgemeinen jedoch nur für den Bereich der hohen Frequenzen verwenden, in dem die Auswertearbeit klein ist, und den Frequenzgang für niedere Frequenzen aus gemessenen Übergangsfunktionen berechnen, vgl. Kapitel 3.

Zur Auswertung kann auch eine Fourier-Analyse verwendet werden, siehe Abschnitt 3.2.

Die Vorteile dieses Meßverfahrens sind:

a) Die einzugebende Rechteckschwingung ist oft einfacher zu erzeugen als eine sinusförmige Eingangsschwingung. Man braucht das Stellglied nur zwischen zwei Anschlägen periodisch hin und her zu bewegen.
b) Die Kennlinie des Stellgliedes muß nicht wie bei sinusförmigem Eingang linear sein.
c) An Meßgeräten wird, wie bei der Messung von Antwortfunktionen auf nichtperiodische Testsignale, lediglich ein Einkanal-Registriergerät benötigt. An Stelle eines Sinusgebers braucht man zur Erzeugung der Rechteckschwingungen bei langsamen Systemen ($\omega < 2$ 1/s) nur eine Stoppuhr.
d) Die Rechteckschwingung enthält bei gegebener Amplitude u_0 im Vergleich zu allen anderen periodischen Testsignalen (Sinus-, Trapez-, Dreieckschwingung) die Grundschwingung mit der größten Amplitude ($u_{0\max} = 1{,}27 u_0$). Die durch Störungen in der Ausgangsschwingung verursachten Fehler bei der Frequenzgangmessung sind also bei der Rechteckschwingung am kleinsten. Deshalb ist die Rechteckschwingung das günstigste periodische Testsignal.

   Bei gleicher Genauigkeit des gemessenen Frequenzganges und gleicher Amplitude des Testsignals braucht man im Vergleich zu Sinusschwingungen mit Rechteckschwingungen nur das $1/1{,}27^2$-fache, also etwa das 0,6-fache, der Meßzeit (Gl. (4.1.4)).

Der Sprung der Eingangsgröße von $+u_0$ nach $-u_0$ muß nicht in sehr kurzer Zeit erfolgen, sondern kann wie bei der Messung von Übergangsfunktionen, vgl. Abschnitt 3.2.3, eine gewisse Stellzeit T_1^* in Anspruch nehmen. Wie sich aus dem Vergleich der Fourier-Reihen einer Trapez- und einer Rechteckschwingung erkennen läßt, sind die Fourier-Koeffizienten der Trapezschwingung um den Faktor

$$\kappa = \frac{\sin \dfrac{\omega T_1}{2}}{\dfrac{\omega T_1}{2}}$$

kleiner. Läßt man bei der Bestimmung der Amplitude einen Fehler von 5% (bzw. 1%) zu ($\kappa = 0{,}95$ bzw. 0,99), dann darf die größte Stellzeit von $+u_0$ nach $-u_0$

$$T_1^* < \frac{1{,}1}{\omega_{\max}} \quad \text{bzw.} \quad < \frac{0{,}5}{\omega_{\max}}$$

sein, wobei $\omega_{\max}$ die höchste Meßfrequenz ist. Wenn die Stellzeit größer ist, oder wenn die durch die endliche Stellzeit T_1^* entstehenden kleinen Fehler bei der Auswertung vermieden werden sollen, dann müssen die Fourier-Koeffizienten einer trapezförmigen Schwingung berücksichtigt werden.

4.3 Frequenzgangmessung mit Mehrfrequenz-Testsignalen

Die bisher beschriebenen Frequenzgangmeßverfahren mit sinus-, rechteck- oder trapezförmigen Testsignalen benutzen jeweils nur die Grundfrequenz des Testsignals. Man muß zur Messung des Frequenzganges deshalb mehrere Versuche mit verschiedener Frequenz durchführen und dabei den eingeschwungenen Zustand jedesmal wieder von neuem abwarten.

Dieser Nachteil kann vermieden werden, wenn man Testsignale verwendet, die mehrere Frequenzkomponenten mit genügend großer Amplitude enthalten.

In Levin, Morris (1959) wurden mehrere *Sinusschwingungen* mit den Frequenzen ω_0, $2\omega_0$, $4\omega_0$, $8\omega_0$ ... überlagert. Da sich aber binäre Signale viel einfacher erzeugen lassen, wird in Jensen (1959) ein Mehrfrequenz-Testsignal mit 7 Frequenzen im Abstand von einer Oktave angegeben, das aus den Harmonischen

$$u_1(t) = u_0(\cos\omega t - \cos 2\omega t + \cos 4\omega t - \cos 8\omega t + \cos 16\omega t - \cos 32\omega t + \cos 64\omega t) \quad (4.3.1)$$

durch

$$u_2(t) = \frac{u_1(t)}{|u_1(t)|}$$

entsteht.

Der sogenannte „Wirkungsgrad"

$$\eta = \frac{\text{Gesamtleistung der nutzbaren Frequenzen}}{\text{Gesamtleistung des Testsignals}} = \frac{\sum_{\nu=1}^{n} \frac{u_{0\nu}^2}{2}}{\frac{1}{T}\int_0^T u^2(t)\,\mathrm{d}t} \quad (4.3.2)$$

ist bei diesem Signal $\eta = 0{,}71$. Die Amplituden der einzelnen Komponenten liegen im Bereich $0{,}37a < u_0 < 0{,}53a$, wenn a die größte Amplitude des entstehenden Testsignals ist.

Überlagert man *Rechteckschwingungen* mit den Frequenzen $\omega_0, 3\omega_0, 9\omega_0, 27\omega_0, 81\omega_0$ und den Amplituden $u_0, (2/3)u_0, (2/3)u_0, \ldots$, Werner (1965), dann entsteht das Mehrfrequenz-Testsignal

$$u(t) = \frac{4u_0}{\pi}\Big(\sin\omega_0 t + \frac{1}{3}\sin 3\omega_0 t + \frac{1}{9}\sin 9\omega_0 t + \cdots$$
$$+ \frac{2}{3}\sin 3\omega_0 t + \frac{2}{9}\sin 9\omega_0 t + \cdots + \frac{2}{3}\sin 9\omega_0 t + \cdots\Big)$$

$$u(t) = \frac{4u_0}{\pi}(\sin\omega_0 t + \sin 3\omega_0 t + \sin 9\omega_0 t + \cdots) \tag{4.3.3}$$

(Die unerwünschten Oberschwingungen $5\omega_0, 7\omega_0, \ldots$ sind nicht angegeben.) Der „Wirkungsgrad“ ist hierbei $\eta = 0{,}89$. Die Amplituden u_0 der einzelnen Komponenten betragen jedoch nur

$$u_0 \approx 0{,}28a\,.$$

Außerdem ist der Abstand zwischen den einzelnen Frequenzen für die meisten Fälle zu groß.

Van den Bos (1967) hat Mehrfrequenz-Testsignale betrachtet, bei denen die Summe der einzelnen Amplituden maximal groß ist. Da *binäre Signale* die größten Amplituden liefern, ergeben sie die günstigsten Testsignale. Mit Hilfe eines numerischen Suchprogramms wurden diskrete binäre Testsignalfolgen ermittelt, bei denen die Amplituden der 6 Frequenzkomponenten ω_0, $2\omega_0$, $4\omega_0$, $8\omega_0$, $16\omega_0$, $32\omega_0$ gleich groß sind. Hierzu wurde die Periode T_0 der Grundschwingung in $N = 512$, 256 oder 128 Intervalle aufgeteilt. Die Amplituden der einzelnen Schwingungen sind etwa

$$u_0 = 0{,}485a\,,$$

und der „Wirkungsgrad“ ist $\eta \approx 0{,}70$. In bezug auf die Größe der Amplituden u_0 dürften diese Mehrfrequenzsignale die günstigsten sein. In Bild 4.5 ist als Beispiel ein binäres Mehrfrequenzsignal für $N = 256$ Intervalle aufgezeichnet. Die Zeitpunkte der Umpolung sind für eine Halbperiode:

$$12^+2^-4^+2^-23^+12^-3^+13^-5^+2^-6^+1^-6^+12^-4^+6^-\,.$$

Die Ausgangsgröße $y(t)$ besteht beim Einwirken von Mehrfrequenz-Testsignalen

$$u(t) = \sum_{\nu=0}^{\infty} u_{0\nu}\sin\omega_\nu t \tag{4.3.4}$$

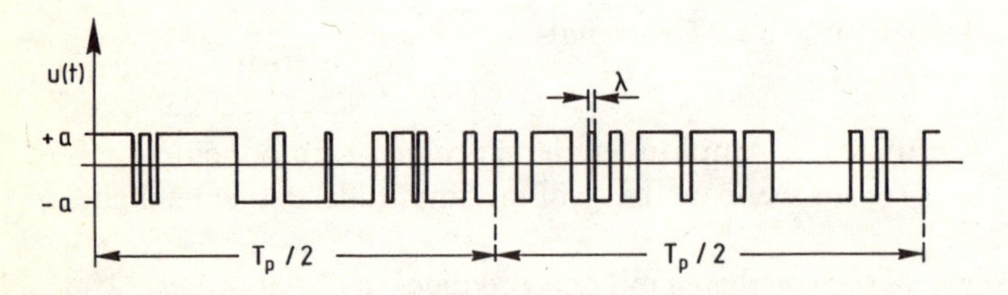

Bild 4.5. Beispiel für ein binäres Mehrfrequenz-Testsignal für 6 Frequenzen: ω_0, $2\omega_0$, $4\omega_0$, $8\omega_0$, $16\omega_0$, $32\omega_0$. $N = 256$ Intervalle

im eingeschwungenen Zustand aus einer Superposition der Ausgangsschwingungen aller Frequenzkomponenten ω_ν des Eingangssignales

$$\begin{aligned} y(t) &= \sum_{\nu=0}^{\infty} y_{0\nu} \sin(\omega_\nu t + \varphi(\omega_\nu)) \\ &= \sum_{\nu=0}^{\infty} [a_{y\nu} \cos \omega_\nu t + b_{y\nu} \sin \omega_\nu t] \end{aligned} \tag{4.3.5}$$

mit

$$y_{0\nu} = |G(\mathrm{i}\omega_\nu)| u_{0\nu} . \tag{4.3.6}$$

$a_{y\nu}$ und $b_{y\nu}$ sind die Fourier-Koeffizienten der einzelnen Teilschwingungen des Ausgangssignals.

Den gesuchten Frequenzgang $G(\mathrm{i}\omega)$ ermittelt man für die auswertbaren Frequenzen ω_ν über die Fourier-Koeffizienten, siehe Gl. (A1.3),

$$\left.\begin{aligned} a_{y\nu} &= \frac{2}{nT_p} \int_0^{nT_p} y(t) \cos \omega_\nu t \,\mathrm{d}t \\ b_{y\nu} &= \frac{2}{nT_p} \int_0^{nT_p} y(t) \sin \omega_\nu t \,\mathrm{d}t \end{aligned}\right\} \tag{4.3.7}$$

wobei nT_p so groß gewählt wird, n ganzzahlig, wie die Gesamtmeßzeit T_M, also

$$nT_p = T_M \quad \text{bzw.} \quad n = \frac{1}{2\pi} \omega_\nu T_M . \tag{4.3.8}$$

Den Frequenzgang erhält man nach Einsetzen von Gl. (4.3.5) in Gl. (4.3.7) aus

$$\left.\begin{aligned} \mathrm{Re}[G(\mathrm{i}\omega_\nu)] &= \frac{b_{y\nu}}{u_{0\nu}} \\ \mathrm{Im}[G(\mathrm{i}\omega_\nu)] &= \frac{a_{y\nu}}{u_{0\nu}} \end{aligned}\right\} \tag{4.3.9}$$

oder

$$\left.\begin{aligned} |G(\mathrm{i}\omega_0)| &= \frac{1}{u_{0\nu}} \sqrt{b_{y\nu}^2 + a_{y\nu}^2} \\ \varphi(\omega_\nu) &= \arctan[a_{y\nu}/b_{y\nu}] \end{aligned}\right\} . \tag{4.3.10}$$

Diese Auswertung ist also eine *Fourier-Analyse* für den Fall periodischer Signale und wird auch als *Fourier-Filterung* bezeichnet. Man beachte die formale Identität der Auswertegleichungen mit dem im nächsten Abschnitt behandelten orthogonalen Korrelationsverfahren. Der Einfluß von Störsignalen wird deshalb in Abschnitt 4.4 betrachtet.

Mehrfrequenz-Testsignale haben im Vergleich zum „Einfrequenz-Testsignal" den Nachteil, daß die Amplituden der einzelnen Frequenzkomponenten kleiner sind. Beim günstigsten Mehrfrequenz-Testsignal nach van den Bos (1967) ist die Amplitude im Vergleich zur Rechteckschwingung um den Faktor 0,485/1,27, also um das 0,38-fache, kleiner. Da der entstehende Frequenzgangfehler bei der Auswertung durch Fourier-Analyse umgekehrt proportional zur Amplitude und zur Wurzel aus der Meßzeit ist, vgl. Abschnitt 4.4, braucht man beim Mehrfrequenz-Testsignal etwa die $1/0{,}38^2 \approx 8$fache Meßzeit bei gleicher Genauigkeit des Ergebnisses. Diese größere Meßzeit pro Testfrequenz wird aber zum Teil dadurch wieder ausgeglichen, daß man mehrere Frequenzgangpunkte aus einem Meßversuch erhält und daß die entsprechende Anzahl der Einschwingungen entfällt.

Ein Vergleich zwischen Frequenzgangmessung mit dem Mehrfrequenz-Testsignal für 6 Frequenzen und mit 6 Rechteckschwingungen anhand eines Beispiels zeigt, Isermann (1971a), daß die erforderliche Meßzeit im ersten Fall etwa um das 1,4-fache größer ist.

Besonders wenn sich das dynamische Verhalten des untersuchten Prozesses während des Meßvorganges etwas ändert, kann es zweckmäßig sein, Mehrfrequenz-Testsignale zu verwenden, da die einzelnen Frequenzgangpunkte dann im gleichen Zeitabschnitt gemessen werden. Die einzelnen Frequenzgangpunkte liegen jedoch bei Prozessen $n > 2$. Ordnung relativ weit auseinander.

4.4 Frequenzgangmessung mit Korrelationsverfahren

Die bisher behandelten Frequenzgangmeßverfahren sind überwiegend für relativ kleine Störsignale im Ausgangssignal geeignet. Bei großen Störsignalamplituden sind Meßverfahren erforderlich, die das Nutzsignal selbsttätig vom Störsignal trennen. Hierzu sind besonders Korrelationsverfahren geeignet, bei denen Testsignal und gestörtes Ausgangssignal korreliert werden, so daß die Antwortsignale auf das Testsignal anders bewertet werden als die Störsignale. In den folgenden Abschnitten 4.4.1 und 4.4.2 werden *Korrelationsverfahren* beschrieben, die für *periodische Testsignale* entwickelt wurden. Hierzu benützt man die Eigenschaft der Korrelationsfunktionen, daß sie bei Anwendung auf periodische Signale ebenfalls periodisch sind und sich deshalb von Korrelationsfunktionen stochastischer Störsignale abheben, wie in Abschnitt 2.2 gezeigt.

4.4.1 Messung der Korrelationsfunktionen

Bei linearen Prozessen sind die Autokorrelationsfunktion (AKF) des Eingangssignals, Gl. (2.2.8),

$$\phi_{uu}(\tau) = \lim_{T \to \infty} \frac{1}{T} \int_0^T u(t - \tau) u(t) \, \mathrm{d}t \tag{4.4.1}$$

und die Kreuzkorrelationsfunktion (KKF), Gl. (2.2.9),

$$\phi_{uy}(\tau) = \lim_{T \to \infty} \frac{1}{T} \int_0^T u(t - \tau) y(t) \, \mathrm{d}t \tag{4.4.2}$$

über das Faltungsintegral, Gl. (2.2.29),

$$\phi_{uy}(\tau) = \int_0^\infty g(t')\phi_{uu}(\tau - t')\,dt' \tag{4.4.3}$$

miteinander verknüpft. Diese Beziehungen wurden in Abschnitt 2.2 für stochastische Signale angegeben. Sie gelten aber auch für periodische Signale, Schlitt (1968). Zur Bestimmung des Frequenzganges könnte man nun aus den periodischen Signalen die AKF und KKF und damit die Gewichtsfunktion $g(t')$ bestimmen, deren Fourier-Transformation dann den Frequenzgang ergibt. Da sich jedoch ganz bestimmte AKF und KKF ergeben, ist eine direktere Methode zur Ermittlung des Frequenzganges zweckmäßiger.

Bei sinusförmigem Testsignal

$$u(t) = u_0 \sin \omega_0 t \tag{4.4.4}$$

mit der Meßfrequenz

$$\omega_0 = \frac{2\pi}{T_p}$$

lautet die AKF, siehe Gl. (2.2.25),

$$\phi_{uu}(\tau) = \frac{u_0^2}{2}\cos \omega_0 \tau\,. \tag{4.4.5}$$

Die KKF aus dem Testsignal, Gl. (4.4.4), und aus der Antwortfunktion

$$y(t) = u_0 |G(i\omega_0)| \sin(\omega_0 t - \varphi(\omega_0)) \tag{4.4.6}$$

ist mit Gl. (4.4.2)

$$\begin{aligned}\phi_{uy}(\tau) &= |G(i\omega_0)| \frac{2u_0^2}{T_p} \int_0^{T_p/2} \sin \omega_0 (t-\tau) \sin(\omega_0 t - \varphi(\omega_0))\,dt \\ &= |G(i\omega_0)| \frac{u_0^2}{2} \cos(\omega_0 \tau - \varphi(\omega_0))\,.\end{aligned} \tag{4.4.7}$$

Wegen der Periodizität der KKF kann man hierbei die Integration auf die Zeitdauer einer halben Periode beschränken.

Wird die Gl. (4.4.5) der AKF berücksichtigt, dann folgt

$$\phi_{uy}(\tau) = |G(i\omega_0)|\,\phi_{uu}\left(\tau - \frac{\varphi(\omega_0)}{\omega_0}\right). \tag{4.4.8}$$

Stellt man die KKF und AKF über der Zeit τ dar, Bild 4.6, dann ist der Betrag des Frequenzganges also stets das Verhältnis der KKF an der Stelle τ zur AKF an der Stelle $(\tau - \varphi(\omega_0)/\omega_0)$, Welfonder (1966), bzw.

$$|G(i\omega_0)| = \frac{\phi_{uy}(\tau)}{\phi_{uu}\left(\tau - \dfrac{\varphi(\omega_0)}{\omega_0}\right)} = \frac{\phi_{uy\,\max}}{\phi_{uu}(0)}\,. \tag{4.4.9}$$

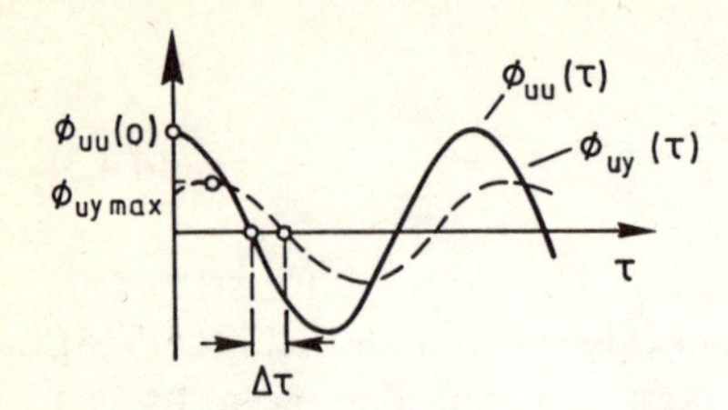

Bild 4.6. AKF und KKF bei sinusförmigem Testsignal

Der Phasenwinkel ergibt sich aus der Verschiebungszeit $\Delta\tau$ beider Funktionen

$$\varphi(\omega_0) = \omega_0 \Delta\tau \, . \tag{4.4.10}$$

$\Delta\tau$ läßt sich am genauesten aus den Nulldurchgängen beider Funktionen ermitteln. Betrag und Phasenwinkel des Frequenzganges wird man also aus mindestens 4 Punkten der vorliegenden Korrelationsfunktionen bestimmen. Zur Mittelwertbildung empfiehlt es sich, noch weitere Punkte der periodischen Korrelationsfunktionen heranzuziehen.

Die Anwendung dieses Meßverfahrens ist jedoch nicht auf sinusförmige Testsignale beschränkt. Man kann beliebige periodische Testsignale verwenden, da die Oberschwingungen der Testsignale bei Verwendung eines sinusförmigen Vergleichssignales keinen Einfluß auf die KKF haben, Welfonder (1966), vgl. Gl. (2.2.27).

Wenn stochastische Störungen $n(t)$ dem Ausgangssignal überlagert sind, dann wird man zur Bildung der KKF entsprechend Gl. (4.4.2) große Meßzeiten T wählen. Der Einfluß des Störsignals auf die KKF wird in Kapitel 6 behandelt. Dort wird gezeigt, daß der durch das Störsignal entstehende Fehler verschwindet, wenn es nicht mit dem Testsignal korreliert ist und entweder $\overline{u(t)} = 0$ oder $\overline{n(t)} = 0$ ist. Dies gilt auch für beliebige periodische Störsignale, sofern ihre Frequenz von der Frequenz des Testsignales verschieden ist. Siehe auch nächsten Abschnitt.

4.4.2 Messung mit orthogonaler Korrelation

a) Das Meßverfahren

Die Frequenzgangwerte für eine bestimmte Frequenz lassen sich auch aus zwei Punkten der KKF von Testsignal und Ausgangssignal ermitteln. Real- und Imaginärteil des Frequenzganges erhält man nämlich aus der KKF, Gl. (4.4.7),

$$|G(\mathrm{i}\omega_0)| \cos(\omega_0 \tau - \varphi(\omega_0)) = \frac{\phi_{uy}(\tau)}{u_0^2/2}$$

für

a.) $\tau = 0$

$$\mathrm{Re}[G(\mathrm{i}\omega_0)] = |G(\mathrm{i}\omega_0)| \cos\varphi(\omega_0) = \frac{\phi_{uy}(0)}{u_0^2/2} \tag{4.4.11}$$

und

b.) $\tau = \frac{T_p}{4} = \frac{\pi}{2\omega_0}$ bzw. $\omega_0 \tau = \frac{\pi}{2}$

$$\mathrm{Im}[G(\mathrm{i}\omega_0)] = |G(\mathrm{i}\omega_0)| \sin \varphi(\omega_0) = \frac{\phi_{uy}\left(\frac{\pi}{2\omega_0}\right)}{u_0^2/2} . \tag{4.4.12}$$

Man muß die KKF also lediglich für $\tau = 0$ und $\tau = T_p/4$ bestimmen, vgl. Bild 4.7, und braucht nicht ihren vollständigen Verlauf in Abhängigkeit von τ. Die KKF für $\tau = 0$ entsteht nach Gl. (4.4.2) durch Multiplikation des Testsignals mit dem Ausgangsssignal

$$\phi_{uy}(0) = \frac{u_0^2}{2} \mathrm{Re}[G(\mathrm{i}\omega_0)] = \frac{u_0}{nT_p} \int_0^{nT_p} y(t) \sin \omega_0 t \, \mathrm{d}t \tag{4.4.13}$$

und die KKF für $\tau = T_p/4$ durch Multiplikation des um den Phasenwinkel $\pi/2$ verschobenen Testsignals mit dem Ausgangssignal

$$\phi_{uy}\left(\frac{T_p}{4}\right) = \frac{u_0^2}{2} \mathrm{Im}[G(\mathrm{i}\omega_0)] = -\frac{u_0}{nT_p} \int_0^{nT_p} y(t) \cos \omega_0 t \, \mathrm{d}t \tag{4.4.14}$$

und jeweils anschließender Integration über n ganze Perioden. Bei sinusförmigem Testsignal muß das Ausgangssignal $y(t)$ im ersten Fall mit $\sin \omega_0 t$, im zweiten Fall mit $\cos \omega_0 t$ multipliziert werden.

Man verwendet bei dieser Meßanordnung dann die Orthogonalitätsrelationen der Kreisfunktionen. Signalanteile mit ganzzahligen Vielfachen der Meßfrequenz ω_0 und Signalanteile mit gleicher Frequenz ω_0, die orthogonal zu $\sin \omega_0 t$ bzw. $\cos \omega_0 t$ stehen, liefern deshalb keinen Beitrag zur Bildung von Real- und Imaginärteil.

Bild 4.8 zeigt die zugehörige Meßanordnung, Schäfer und Feissel (1955), Balchen (1962), Elsden und Ley (1969). Vor Beginn der Integration (zum Zeitpunkt eines Nulldurchganges des Testsignales) muß jeweils der eingeschwungene Zustand des zu untersuchenden Prozesses abgewartet werden. Im Unterschied zu dem im letzten Abschnitt beschriebenen Meßverfahren werden bei der orthogonalen Korrelation Real- und Imaginärteil nach jeder Messung (über eine Dauer von n Perioden des Testsignales) direkt angezeigt.

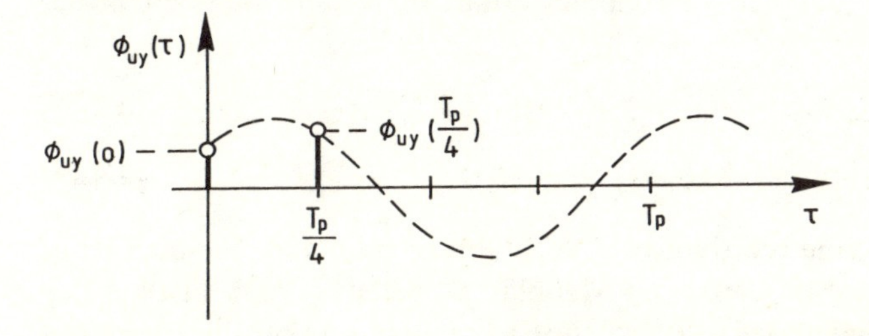

Bild 4.7. Zur Frequenzgangmessung mit orthogonaler Korrelation

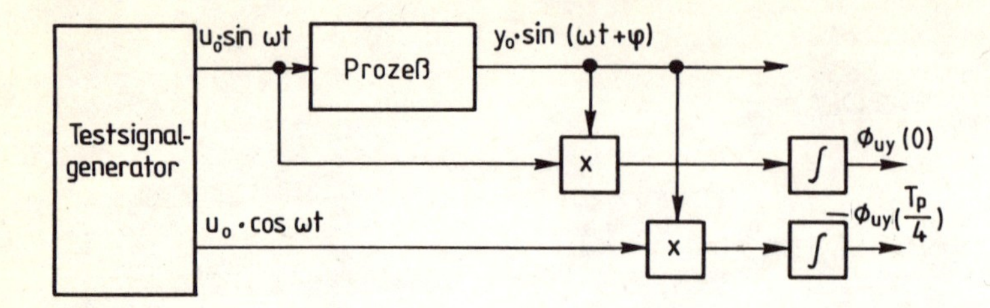

Bild 4.8. Meßanordnung bei orthogonaler Korrelation

Obwohl der Zusammenhang mit der KKF schon in den Gl. (4.4.11) und (4.4.12) steht, werden die beiden speziellen KKF noch einmal so betrachtet, wie sie in der Meßanordnung nach Bild 4.8 entstehen:

Am Ausgang der Integratoren stehen nach einer Messung über n Perioden jeweils die folgenden Werte zur Verfügung wie aus Gl. (4.4.13) und (4.4.14) folgt

$$\begin{aligned}
\phi_{uy}(0) &= \frac{1}{nT_p} \int_0^{nT_p} u_0 \sin \omega_0 t \;\; y_0 \sin(\omega_0 t + \varphi)\, \mathrm{d}t \\
&= \frac{1}{nT_p} y_0 u_0 \int_0^{nT_p} (\sin \omega_0 t \;\cos \varphi + \cos \omega_0 t \;\sin \varphi) \sin \omega_0 t \,\mathrm{d}t \\
&= \frac{1}{nT_p} u_0 y_0 \left[\int_0^{nT_p} \sin^2 \omega_0 t \cos \varphi \,\mathrm{d}t + \underbrace{\int_0^{nT_p} \sin \omega_0 t \cos \omega_0 t \,\sin \varphi \,\mathrm{d}t}_{=0} \right] \\
&= \frac{y_0}{u_0} \frac{u_0^2}{2} \cos \varphi = |G(\mathrm{i}\omega_0)| \cos \varphi \frac{u_0^2}{2} = \mathrm{Re}[G(\mathrm{i}\omega_0)] \frac{u_0^2}{2}
\end{aligned} \tag{4.4.15}$$

$$\begin{aligned}
\Phi_{uy}\left(\frac{T_0}{4}\right) &= -\frac{1}{nT_p} \int_0^{nT_p} u_0 \cos \omega_0 t \;\; y_0 \sin(\omega_0 t + \varphi)\,\mathrm{d}t \\
&= \mathrm{Im}[G(\mathrm{i}\omega_0)] \frac{u_0^2}{2}\,.
\end{aligned} \tag{4.4.16}$$

Betrag und Phasenwinkel des Frequenzganges erhält man dann aus den Beziehungen

$$|G(\mathrm{i}\omega_0)| = \sqrt{\mathrm{Re}^2(\omega_0) + \mathrm{Im}^2(\omega_0)} \tag{4.4.17}$$

$$\varphi(\omega_0) = \arctan[\mathrm{Im}(\omega_0)/\mathrm{Re}(\omega_0)] \tag{4.4.18}$$

Dieses Meßverfahren hat eine relativ große Verbreitung gefunden. Vielfach ist es Grundlage der käuflichen „Frequenzgang-Meßplätze", Seifert (1962), Elsden, Ley (1969). Wegen der entfallenden Auswertearbeit wird es nicht nur bei Prozessen mit großen Störungen, sondern auch bei solchen mit kleinen Störungen eingesetzt.

Aus dem Vergleich mit den Gl. (4.3.4) bis (4.3.10) geht hervor, daß die *Fourier-Analyse für periodische Signale* identische Auswertegleichungen wie das orthogonale Korrelationsverfahren hat.

Regellose Störsignale und periodische Störsignale mit Freqenzen $\omega \neq \omega_0$ haben wie beim Korrelationsverfahren, das im letzten Abschnitt beschrieben wurde, bei unendlich großer Integrationszeit keinen Einfluß auf das Meßergebnis. Da die zur Verfügung stehende Meßzeit aber immer endlich und bei industriellen Anlagen oft nur kurz ist, sollen die bei endlicher Meßzeit nT_0 durch die Störsignale entstehenden Fehler im folgenden betrachtet werden.

b) Einfluß von Störsignalen

Der Antwortfunktion $y_u(t)$ überlagerte Störsignale $y_z(t)$ (siehe Bild 1.4) führen bei der Bildung von Real- und Imaginärteil nach Gl. (4.4.13) und (4.4.14) zu folgenden Fehlern

$$\Delta \mathrm{Re}(\omega_0) = \frac{2}{u_0 n T_p} \int_0^{nT_p} y_z(t) \sin \omega_0 t \, \mathrm{d}t \tag{4.4.19}$$

$$\Delta \mathrm{Im}(\omega_0) = -\frac{2}{u_0 n T_p} \int_0^{nT_p} y_z(t) \cos \omega_0 t \, \mathrm{d}t \, . \tag{4.4.20}$$

Der Betrag des resultierenden Freqenzgangfehlers ist dann

$$|\Delta G(\mathrm{i}\omega_0)|^2 = \Delta \mathrm{Re}^2(\omega_0) + \Delta \mathrm{Im}^2(\omega_0) \, . \tag{4.4.21}$$

Es wird nun der Einfluß stochastischer Störsignale $n(t)$, periodischer Störsignale $p(t)$ und Driftsignale $d(t)$ betrachtet.

Für ein stationäres *stochastisches Störsignal* $n(t)$ gilt

$$\begin{aligned} E\{\Delta \mathrm{Re}^2(\omega_0)\} &= \frac{4}{u_0^2 n^2 T_p^2} E\left\{ \int_0^{nT_p} n(t') \sin \omega_0 t' \, \mathrm{d}t' \int_0^{nT_p} n(t'') \sin \omega_0 t'' \, \mathrm{d}t'' \right\} \\ &= \frac{4}{u_0^2 n^2 T_p^2} \int_0^{nT_p} \int_0^{nT_p} E\{n(t') n(t'')\} \sin \omega_0 t' \sin \omega_0 t'' \, \mathrm{d}t' \, \mathrm{d}t'' \, . \end{aligned} \tag{4.4.22}$$

Mit

$$\phi_{nn}(\tau) = \phi_{nn}(t' - t'') = E\{n(t') n(t'')\}$$

folgt nach Substitution $\tau = t' - t''$

$$E\{\Delta \mathrm{Re}^2(\omega_0)\} = \frac{4}{u_0^2 n T_p} \int_0^{nT_p} \phi_{nn}(\tau) \left[\left(1 - \frac{\tau}{nT_p} \right) \cos \omega_0 \tau + \frac{\sin \omega_0 \tau}{\omega_0 n T_p} \right] \mathrm{d}\tau \, . \tag{4.4.23}$$

Die Ableitung ist in Eykhoff (1974) angegeben. Siehe auch Papoulis (1965). Für $E\{\Delta \mathrm{Im}^2(\omega_0)\}$ ergibt sich dieselbe Gleichung, aber mit einem Minuszeichen vor dem letzten Summanden. Nach Einsetzen in Gl. (4.4.21) wird

$$E\{|\Delta G(\mathrm{i}\omega_0)|^2\} = \frac{8}{u_0^2 n T_p} \int_0^{nT_p} \phi_{nn}(\tau) \left[1 - \frac{|\tau|}{nT_p}\right] \cos\omega_0 \tau \, d\tau$$

$$= \frac{4}{u_0^2 n T_p} \int_{-nT_p}^{nT_p} \phi_{nn}(\tau) \left[1 - \frac{|\tau|}{nT_p}\right] e^{-\mathrm{i}\omega_0 \tau} d\tau \,. \tag{4.4.24}$$

Dabei ist zu beachten, daß $E\{\Delta\mathrm{Re}(\omega_0)\Delta\mathrm{Im}(\omega_0)\} = 0$, Sins (1967), Eykhoff (1974).

Wenn $n(t)$ ein *weißes Rauschen* mit der Leistungsdichte S_0 und somit

$$\phi_{nn}(\tau) = S_0\,\delta(\tau)$$

ist, dann vereinfacht sich Gl. (4.4.24) zu

$$E\{|\Delta G(\mathrm{i}\omega_0)|^2\} = \frac{4S_0}{u_0^2 n T_p} \tag{4.4.25}$$

und für die Standardabweichung des relativen Frequenzgangfehlers gilt

$$\sigma_{G1} = \sqrt{E\left\{\frac{|\Delta G(\mathrm{i}\omega_0)|^2}{|G(\mathrm{i}\omega_0)|^2}\right\}} = \frac{2\sqrt{S_0}}{|G(\mathrm{i}\omega_0)|u_0\sqrt{nT_p}} \,. \tag{4.4.26}$$

Nun werde angenommen, daß $n(t)$ ein aus einem weißen Rauschen $v(t)$ mit der Leistungsdichte S_0 gefiltertes Rauschen ist. Das Filter kann z.B. von erster Ordnung mit der Eckfrequenz $\omega_g = 1/T_v$ sein

$$G_v(\mathrm{i}\omega) = \frac{n(\mathrm{i}\omega)}{v(\mathrm{i}\omega)} = \frac{1}{1 + T_v \mathrm{i}\omega} \,. \tag{4.4.27}$$

Die AKF lautet dann

$$\phi_{nn}(\tau) = \frac{S_{v0}}{2T_g} e^{-|\tau|/T_v} \tag{4.4.28}$$

siehe Gl. (5.2.21), und es gilt $\phi_{nn}(\tau) \approx 0$ für $|\tau_{\max}| > \nu T_v$, wobei z.B. $\nu = 3$ ist. Dann folgt aus Gl. (4.4.24) für große Meßzeiten $nT_p \gg |\tau_{\max}|$ unter Beachtung von Gl. (2.2.12)

$$E\{|\Delta G(\mathrm{i}\omega_0)|^2\} \approx \frac{4}{u_0^2 n T_p} S_{nn}(\omega_0) \,. \tag{4.4.29}$$

Somit gilt für ein farbiges Störsignal $n(t)$ mit der Leistungsdichte $S_{nn}(\omega)$ für große Meßzeiten

$$\sigma_{G1} \approx \frac{2\sqrt{S_{nn}(\omega_0)}}{|G(\mathrm{i}\omega_0)|u_0\sqrt{nT_p}} \tag{4.4.30}$$

mit

$$S_{nn}(\omega) = |G_v(\mathrm{i}\omega)|^2 S_{v0}$$

nach Gl. (2.2.35), und mit Gl. (4.4.27) wird

$$\sigma_{G1} \approx \frac{\sqrt{2S_{v0}\omega_g}}{|G(\mathrm{i}\omega_0)|u_0} \cdot \underbrace{\frac{\sqrt{\frac{\omega_0}{\omega_g}}}{\sqrt{\pi\left(1+\left(\frac{\omega_0}{\omega_g}\right)^2\right)}} \frac{1}{\sqrt{n}}}_{Q} . \tag{4.4.31}$$

Der Faktor Q ist in Bild 4.9 dargestellt. Für ein gegebenes Störsignal mit der Grenzfrequenz ω_g ist der absolute Frequenzgangfehler am größten bei der Meßfrequenz $\omega_0 = \omega_g$. Er nimmt umgekehrt proportional zur Wurzel aus der Anzahl n der gemessenen Perioden ab.

Beispiel 4.1

Für den in Beispiel 3.1 betrachteten Prozeß sei das Stör-Nutzsignal-Verhältnis

$$\eta = \sigma_n/u_0 = 0{,}1$$

wobei σ_n die Standardabweichung des Störsignales n ist. Mit

$$S_{v0} = 2T_v\sigma_n^2$$

wird dann aus Gl. (4.4.31)

$$\sigma_{G1} \approx \frac{\sqrt{2}}{|G(\mathrm{i}\omega_0)|} \cdot Q\left(\frac{\omega_0}{\omega_g}, n\right) \cdot \frac{\sigma_n}{u_0} .$$

Für $|G(\mathrm{i}\omega_0)| = 0{,}1$ und damit $\omega_0 = 0{,}014$ 1/sec ist dann die Amplitude des Ausgangssignales $y_0 = 0{,}1u_0$ genau so groß wie die Standardabweichung σ_n des Störsignales. Mit den Zahlenwerten aus Beispiel 3.1 wird dann die Standardabweichung des relativen Frequenzgangfehlers $\sigma_{G1}(n)$ in Abhängigkeit der Periodenzahl n

$$\sigma_{G1}(1) = 0{,}36; \quad \sigma_{G1}(10) = 0{,}12; \quad \sigma_{G1}(100) = 0{,}04 . \qquad \square$$

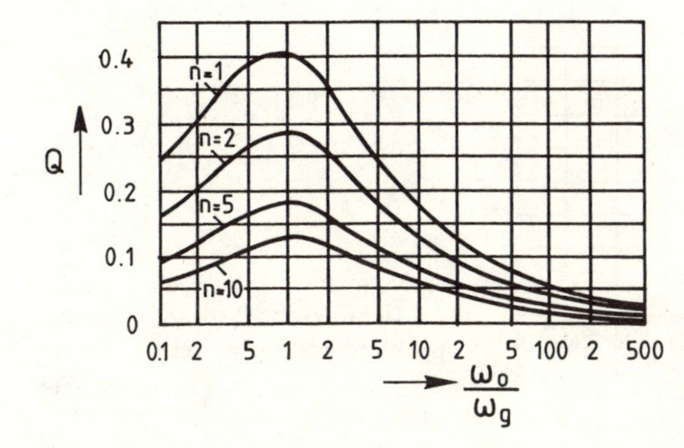

Bild 4.9. Faktor Q des Frequenzgangfehlers bei stochastis chem Störsignal. ω_g: Eckfrequenz des Störfilters. ω_0: Meßfrequenz. Aus Balchen (1962)

Bei einem *periodischen Störsignal*

$$p(t) = p_0 \cos \omega t$$

werden die Fehler von Real- und Imaginärteil nach Einsetzen in Gl. (4.4.19) und (4.4.20) und Integration

$$\Delta\mathrm{Re}\left(\frac{\omega}{\omega_0}\right) = \frac{p_0}{u_0 \pi n\left(1-\left(\frac{\omega}{\omega_0}\right)^2\right)}\left[1-\cos 2\pi \frac{\omega}{\omega_0} n\right] \tag{4.4.32}$$

$$\Delta\mathrm{Im}\left(\frac{\omega}{\omega_0}\right) = -\frac{p_0\left(\frac{\omega}{\omega_0}\right)}{u_0 \pi n\left(1-\left(\frac{\omega}{\omega_0}\right)^2\right)} \sin 2\pi \frac{\omega}{\omega_0} n\,. \tag{4.4.33}$$

Für den Betrag des relativen Frequenzgangfehlers wird dann

$$\delta_G\left(\frac{\omega}{\omega_0}\right) = \frac{|\Delta G(\mathrm{i}\omega_0)|}{|G(\mathrm{i}\omega_0)|} = \frac{2p_0\left(\frac{\omega}{\omega_0}\right)\sqrt{1-\left(1-\left(\frac{\omega}{\omega_0}\right)^2\right)\cos^2 \pi\frac{\omega}{\omega_0}n}}{u_0|G(\mathrm{i}\omega_0)|\left|\left(1-\left(\frac{\omega}{\omega_0}\right)^2\right)\right|} \cdot \frac{\left|\sin \pi\frac{\omega}{\omega_0}n\right|}{\pi\left(\frac{\omega}{\omega_0}\right)n}$$

$$\approx \frac{p_0\sqrt{2}}{u_0|G(\mathrm{i}\omega_0)|} \cdot \underbrace{\frac{\left(\frac{\omega}{\omega_0}\right)\sqrt{1+\left(\frac{\omega}{\omega_0}\right)^2}}{\left|1-\left(\frac{\omega}{\omega_0}\right)^2\right|} \cdot \frac{\left|\sin \pi\frac{\omega}{\omega_0}n\right|}{\pi\left(\frac{\omega}{\omega_0}\right)n}}_{P}\,. \tag{4.4.34}$$

$$\omega \neq \omega_0$$

Die Näherung entsteht dabei durch Mittelwertbildung von $\cos^2(\ldots) = 0{,}5$. Der für die Frequenzabhängigkeit des Freqenzgangfehlers maßgebende Faktor P ist in Bild 4.10 für $n = 1$, 2 und 5 Integrationsperioden dargestellt, vgl. Balchen (1962),

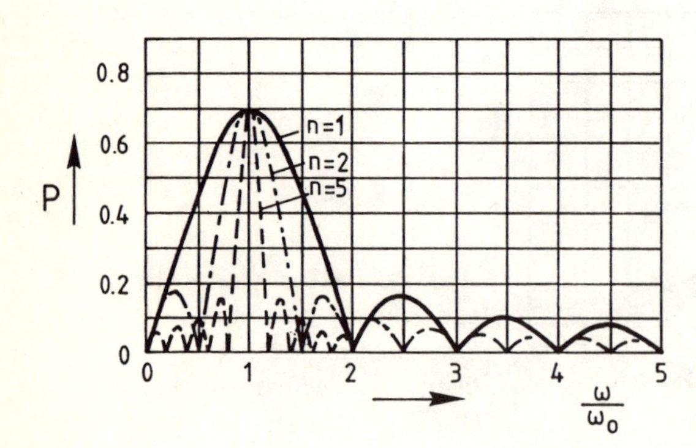

Bild 4.10. Faktor P des Frequenzgangfehlers bei periodischem Störsignal $p_0 \cos \omega t$. ω_0: Meßfrequenz. Aus Balchen (1962).

Elsden und Ley (1969). Dieser Faktor besitzt Nullstellen bei $\omega/\omega_0 = j/n$, $j = 0, 2, 3, 4, \ldots$. Bei ganzzahligen Vielfachen der Störfrequenz ω verursachen diese auch bei endlichen Meßzeiten keine Frequenzgangfehler, siehe auch Gl. (2.2.27). Periodische Störsignale mit allen anderen Frequenzen verursachen bei endlicher Meßzeit nT_p jedoch Frequenzgangfehler, die proportional zum Faktor P sind. Die größten Fehler verursachen Störsignale, deren Frequenz ω der Meßfrequenz ω_0 eng benachbart sind. Faßt man $P(\omega/\omega_0)$ als Amplitudengang eines Filters auf, dann wird der „Durchlaßbereich" für Störsignale $\omega \approx \omega_0$ umso kleiner, je größer die Meßzeit. Für $n \to \infty$ kann der gemessene Frequenzgangwert nur noch von periodischen Störsignalen mit derselben Frequenz ω_0 wie das Testsignal beeinflußt werden. Bildet man die Hüllkurve von $P(\omega/\omega_0)$, dann wird

$$\delta_G\left(\frac{\omega}{\omega_0}\right)\bigg|_{\max} = \frac{p_0\sqrt{2}}{u_0|G(\mathrm{i}\omega_0)|} \frac{\sqrt{1+\left(\frac{\omega}{\omega_0}\right)^2}}{\left|1-\left(\frac{\omega}{\omega_0}\right)^2\right|} \frac{1}{n\pi} \tag{4.4.35}$$

vgl. Gl. (3.2.11). Für $\omega/\omega_0 \neq j/n$ nimmt der Fehler umgekehrt zur Periodenzahl n ab, also schneller als bei stochastischen Störsignalen.

Es wird nun der Einfluß von sehr *niederfrequenten Störsignalen* betrachtet. Diese können innerhalb der Meßzeit näherungsweise als nichtperiodische Störsignale $d(t)$ angesehen werden. Aus Gl. (4.4.19), (4.4.20) und (4.4.21) folgt nach Zwischenrechnungen

$$\begin{aligned} |\Delta G(\mathrm{i}\omega)|^2 &= \frac{2}{u_0^2 n^2 T_p^2} \int_0^{nT_p} d(t')\mathrm{e}^{\mathrm{i}\omega_0 t'}\,\mathrm{d}t' \int_0^{nT_p} d(t'')\mathrm{e}^{-\mathrm{i}\omega_0 t''}\,\mathrm{d}t'' \\ &= \frac{2}{u_0^2 n^2 T_p^2} d_T(-\mathrm{i}\omega) d_T(\mathrm{i}\omega) \\ &= \frac{2}{u_0^2 n^2 T_p^2} |d_T(\mathrm{i}\omega)|^2 \end{aligned} \tag{4.4.36}$$

mit der Fourier-Transformierten $d_T(\mathrm{i}\omega)$ des Störsignales der Dauer $T = nT_p$. Für ein Driftsignal

$$d(t) = at$$

der Dauer $T = nT_p$ gilt

$$d_T(\mathrm{i}\omega) = \int_0^{nT_p} at\mathrm{e}^{-\mathrm{i}\omega_0 t}\,\mathrm{d}t = -\frac{2\pi n}{\omega_0^2}\,\mathrm{i} \tag{4.4.37}$$

und der Frequenzgangfehler wird

$$|\Delta G(\mathrm{i}\omega)| = \frac{\sqrt{2}a}{u_0\omega_0}\,.$$

Der durch eine lineare Drift entstehende Frequenzgangfehler nimmt also mit zunehmender Meßzeit nicht ab. Deshalb muß man zur Unterdrückung des Einflusses von sehr niederfrequenten Störsignalen besondere Vorkehrungen treffen.

Man kann z.B. Hochpaßfilter mit Übertragungsfunktionen der Form

$$G_{HF}(s) = \frac{T_D s}{1 + T_1 s}$$

verwenden, wobei deren Zeitkonstanten der jeweiligen Meßfrequenz anzupassen sind. Bei analogen Bauelementen bereitet die Realisierung von Hochpaßfiltern für kleine Frequenzen jedoch Schwierigkeiten. Dann ist es zweckmäßiger, digitale Hochpaßfilter zu verwenden, siehe Abschnitt 28.1.

Eine weitere Möglichkeit besteht darin, die Driftstörung durch ein Polynom

$$d(t) = a_0 + a_1 t + a_2 t^2 + \cdots$$

zu approximieren, die unbekannten Parameter aus dem gemessenen Signal zu schätzen und dann $d(t)$ durch Subtraktion zu eliminieren. Dieses Vorgehen erlaubt aber nur eine Off-line-Auswertung. Ein auf einem solchen Polynomansatz beruhendes besonderes Verfahren zur Driftelimination für die orthogonale Korrelation wurde von Liewers (1964) angegeben.

4.5 Zusammenfassung

Die direkte Frequenzgangmessung mit periodischen Signalen ermöglicht mit wenig Auswerteaufwand eine punktweise Ermittlung der Frequenzgangwerte mit relativ großer Genauigkeit, wenn nur kleine Störsignale auftreten. Sie erfordert bei Messung und Auswertung mit einer einzigen Frequenz jedoch eine große Meßzeit, auch wegen der jeweils nicht verwendbaren Einschwingvorgänge. Die Verwendung von Mehrfrequenztestsignalen führt im allgemeinen nicht zu einer Verkleinerung der Meßzeit, da die jeweiligen Amplituden kleiner werden. Für lineare Prozesse mit großen Störsignalen erweist sich die Frequenzgangmessung mit Korrelationsverfahren als sehr leistungsfähig. Das daraus abgeleitete Frequenzgangmeßverfahren mit orthogonaler Korrelation ist in handelsüblichen Frequenzgang-Meßplätzen realisiert.

Die direkte Frequenzgangmessung mit periodischen Testsignalen wird wegen der relativen großen Meßzeit hauptsächlich für Prozesse mit kleinen Einschwingzeiten verwendet. Eine Reduzierung der Gesamtmeßzeit läßt sich erreichen, wenn man den Frequenzgang im Bereich der niederen Freqenzen durch Fourieranalyse aus gemessenen Übergangsfunktionen und bei höheren Frequenzen durch direkte Frequenzgangmessung bestimmt. Auf diese Weise kann man aus nichtperiodischen und periodischen Testsignalen „günstige“ Testsignalfolgen zusammenstellen, Isermann (1971a).

Aufgaben zu Kap. 4

1. Welches sind die Vor- und Nachteile der Messung des Frequenzganges mit Einfrequenz- und Mehrfrequenztestsignalen?

2. Geben Sie die Algorithmen zur Frequenzgangbestimmung nach dem Verfahren der orthogonalen Korrelation mittels eines Digitalrechners an. Als Ergebnis sollen bei sinusförmigem Testsignal Betrag, Phasenwinkel, Real- und Imaginärteil ausgegeben werden. Schreiben Sie ein zugehöriges Programm. Was ändert sich bei Verwendung von Rechteckschwingungen als Eingangssignal?
3. Wie nimmt der Frequenzgangfehler beim Verfahren der orthogonalen Korrelation für stochastische und periodische Störsignale am Ausgang mit der Zahl der Perioden ab? Um welchen Faktor muß man die Meßzeit erhöhen, um den Frequenzgangfehler zu halbieren?
4. Wie kann man den Frequenzgang mit Rechteckschwingungen messen?

5 Korrelationsanalyse mit zeitkontinuierlichen stochastischen Testsignalen

Die im Kapitel 4 beschriebenen Korrelationsverfahren für periodische Testsignale können bei jeder Messung mit einer bestimmten Meßfrequenz nur einen Punkt des Frequenzganges liefern. Nach jedem Versuch muß man die Frequenz des Testsignales verändern und dann den Einschwingvorgang abwarten, bevor man mit der Auswertung beginnen kann. Diese Verfahren eignen sich deshalb nicht zur Automatisierung des Meßvorganges und zur On-line-Identifikation in Echtzeit. Deshalb sind solche Testsignale zweckmäßiger, die ein genügend breites Frequenzspektrum besitzen und somit viele Frequenzen gleichzeitig anregen, ähnlich wie nichtperiodische deterministische Testsignale. Diese Eigenschaften besitzen stochastische Signale und daraus abgeleitete pseudostochastische Signale. Die stochastischen Signale können dabei künstlich erzeugt werden oder aber die im Betrieb natürlich auftretenden Signale sein, falls diese geeignet sind. Durch die Korrelation von Testsignal und Ausgangssignal werden die Antwortfunktionen auf das Testsignal anders bewertet, als Störsignale. Dadurch ergibt sich eine automatische Trennung von Nutz- und Störsignal und schließlich eine Störsignalbefreiung.

In diesem Kapitel werden Korrelationsverfahren zur Ermittlung nichtparametrischer Modelle für *zeitkontinuierliche Signale* beschrieben. Dabei wird davon ausgegangen, daß die Korrelationsfunktionen im wesentlichen auf dem Wege der *analogen Signalverarbeitung* entstehen, wie das bis etwa 1965 überwiegend der Fall war. Da heute die Korrelationsfunktionen meist über eine digitale Signalverarbeitung ermittelt werden, werden die Korrelationsverfahren in Kapitel 6 für den Fall zeitdiskreter Signale beschrieben.

Im Abschnitt 5.1 wird die *Schätzung von Korrelationsfunktionen* in endlicher Meßzeit behandelt und es werden Bedingungen für die Konvergenz aufgestellt. Dann folgt die Prozeßidentifikation mit *stochastischen Testsignalen* über die Bildung von Auto- und Kreuzkorrelationsfunktionen in Abschnitt 5.2. Die Korrelationsanalyse mit *binären Testsignalen*, die besonders mit pseudobinären Rausch-Signalen die größte Bedeutung erlangt haben, wird in Abschnitt 5.3 behandelt. Es folgt eine Erörterung der Korrelationsanalyse am *geschlossenen Regelkreis*, Abschnitt 5.4. Schließlich wird noch kurz auf die *Spektralanalyse* mit stochastischen Signalen in Abschnitt 5.5 eingegangen.

5.1 Schätzung von Korrelationsfunktionen

5.1.1 Kreuzkorrelationsfunktion

Die Kreuzkorrelationsfunktion (KKF) zweier zeitkontinuierlicher stationärer Zufallssignale $x(t)$ und $y(t)$ ist nach Gl. (2.2.9) wie folgt definiert

$$\begin{aligned}\Phi_{xy}(\tau) = E\{x(t)y(t+\tau)\} &= \lim_{T\to\infty} \frac{1}{T}\int_0^T x(t)y(t+\tau)\,\mathrm{d}t \\ &= \lim_{T\to\infty} \frac{1}{T}\int_0^T x(t-\tau)y(t)\,\mathrm{d}t.\end{aligned} \tag{5.1.1}$$

Im allgemeinen existieren die beobachteten Meßsignale aber nur über eine endliche Meßzeit T. Deshalb wird im folgenden der Einfluß der Meßzeit T auf die Bestimmung der Korrelationsfunktion untersucht.

Es werde angenommen, daß die Signale $x(t)$ und $y(t)$ im Zeitintervall $0 \leqq t \leqq T + \tau$ existieren und daß $E\{x(t)\} = 0$ und $E\{(y(t)\} = 0$ sind. (Der Fall eines festen Zeitintervalles $0 \leqq t \leqq T$ wird in Kapitel 6 behandelt.) Dann bietet sich als Schätzgleichung der KKF an

$$\begin{aligned}\hat{\Phi}_{xy}(\tau) &= \frac{1}{T}\int_0^T x(t)y(t+\tau)\,\mathrm{d}t \quad \text{oder} \\ &= \frac{1}{T}\int_0^T x(t-\tau)y(t)\,\mathrm{d}t\,.\end{aligned} \tag{5.1.2}$$

Bild 5.1 zeigt das Blockschaltbild der auszuführenden Operationen: ein Signal muß zeitlich um τ verzögert und mit dem anderen multipliziert werden. Dann ist der zeitliche Mittelwert des Produktes zu bilden.

Der Erwartungswert dieser Schätzung ist

$$\begin{aligned}E\{\hat{\Phi}_{xy}(\tau)\} &= \frac{1}{T}\int_0^T E\{x(t)y(t+\tau)\}\,\mathrm{d}t \\ &= \frac{1}{T}\int_0^T \Phi_{xy}(\tau)\,\mathrm{d}t = \Phi_{xy}(\tau)\,.\end{aligned} \tag{5.1.3}$$

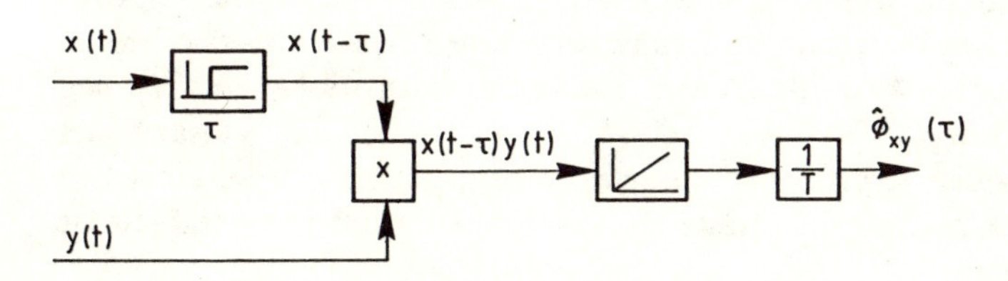

Bild 5.1. Blockschaltbild zur Bestimmung einer Kreuzkorrelationsfunktion. τ, Zeitverschiebung; T Meßzeit

Es ergibt sich also eine erwartungstreue (oder biasfreie) Schätzung.[1] Die Varianz dieser Schätzung ist

$$\begin{aligned} var[\hat{\Phi}_{xy}(\tau)] &= E\{[\hat{\Phi}_{xy}(\tau) - \Phi_{xy}(\tau)]^2\} \\ &= E\{\hat{\Phi}^2_{xy}(\tau)\} - \Phi^2_{xy}(\tau)\} \\ &= \frac{1}{T^2}\int_0^T\int_0^T E\{x(t)y(t+\tau)x(t')y(t'+\tau)\}\,dt'\,dt \\ &\quad - \Phi^2_{xy}(\tau)\,. \end{aligned} \tag{5.1.4}$$

Mit der Annahme normalverteilter Signale $x(t)$ und $y(t)$ gilt dann mit Gl. (6.1.21)

$$\begin{aligned} var[\hat{\Phi}_{xy}(\tau)] = \frac{1}{T^2}\int_0^T\int_0^T &[\Phi_{xx}(t'-t)\Phi_{yy}(t'-t) \\ &+ \Phi_{xy}(t'-t+\tau)\Phi_{yx}(t'-t-\tau)]\,dt'\,dt\,. \end{aligned} \tag{5.1.5}$$

Durch die Substitution $t' - t = \xi$, $dt' = d\xi$ und Vertauschen der Integrationsfolge (Bendat, Piersol (1971)) wird analog zu Gl. (6.1.21) bis (6.1.25)

$$\begin{aligned} var[\hat{\Phi}_{xy}(\tau)] = \frac{1}{T}\int_{-T}^{T}\left[1 - \frac{|\xi|}{T}\right] &[\Phi_{xx}(\xi)\Phi_{yy}(\xi) \\ &+ \Phi_{xy}(\xi+\tau)\Phi_{yx}(\xi-\tau)]\,d\xi = \sigma^2_{\Phi 1}\,. \end{aligned} \tag{5.1.6}$$

Falls die Korrelationsfunktionen absolut integrierbar sind, was entweder $E\{x(t)\} = 0$ oder $E\{y(t)\} = 0$ voraussetzt, folgt

$$\lim_{T\to\infty} var[\hat{\Phi}_{xy}(\tau)] = 0 \tag{5.1.7}$$

d.h. Gl. (5.1.2) ist eine konsistente Schätzung im quadratischen Mittel.

Für $T \gg \tau$ gilt für die Varianz des Schätzwertes

$$\begin{aligned} var[\hat{\Phi}_{xy}(\tau)] &\approx \frac{1}{T}\int_{-T}^{T}[\Phi_{xx}(\xi)\Phi_{yy}(\xi) + \Phi_{xy}(\xi+\tau)\Phi_{yx}(\xi-\tau)]\,d\xi \\ &= \frac{1}{T}\int_{-T}^{T}[\Phi_{xx}(\xi)\Phi_{yy}(\xi) + \Phi_{xy}(\tau+\xi)\Phi_{xy}(\tau-\xi)]\,d\xi\,. \end{aligned} \tag{5.1.8}$$

Diese Varianz des KKF-Schätzwertes ist alleine bedingt durch die stochastische Natur beider Zufallssignale. In endlicher Zeit T ist es nicht möglich, den statistischen Zusammenhang zweier regelloser Signale ohne eine gewisse Unsicherheit zu ermitteln. Diese Tatsache wird als *eigene* (*inhärente*) *statistische Unsicherheit* bezeichnet, vgl. Eykhoff (1964). Wie Gl. (5.1.8) zeigt, ist die Varianz des Schätzwertes umso größer, je größer die innere Erhaltungstendenz der einzelnen Signale $x(t)$ und $y(t)$ ist, ausgedrückt in deren AKF, und je größer der statistische

---

[1] Die Begriffe der Schätztheorie sind im Anhang A4 erläutert.

Zusammenhang der beiden Signale $x(t)$ und $y(t)$ zueinander ist, ausgedrückt in deren KKF. Dabei werden Mittelwerte von Produkten der Korrelationsfunktionen über dem doppelten Meßzeitintervall gebildet. Je größer τ ist, desto kleiner wird die Varianz.

Wenn $\Phi_{xy}(\tau) \approx 0$ für große τ angenommen werden darf, und zusätzlich $T \gg \tau$, läßt sich Gl. (5.1.8) noch vereinfachen

$$var[\hat{\Phi}_{xy}(\tau)] \approx \frac{2}{T} \int_0^T \Phi_{xx}(\xi) \Phi_{yy}(\xi) \, d\xi \, . \tag{5.1.9}$$

Häufig werden Korrelationsfunktionen deshalb gebildet, weil ein Signal durch ein *stochastisches Störsignal* $n(t)$ gestört wird, also z.B.

$$y(t) = y_0(t) + n(t) \, . \tag{5.1.10}$$

Dieses additive Störsignal $n(t)$ sei mittelwertfrei, $E\{n(t)\} = 0$, und statistisch unabhängig von den Nutzsignalen $y_0(t)$ und $x(t)$. Dann folgt für die Korrelationsfunktionen

$$\begin{aligned} \Phi_{yy}(\xi) &= \Phi_{y_0 y_0}(\xi) + \Phi_{nn}(\xi) \\ \Phi_{xy}(\xi) &= \Phi_{xy_0}(\xi) \, . \end{aligned} \tag{5.1.11}$$

Damit ergibt sich nach Gl. (5.1.3) weiterhin eine erwartungstreue Schätzung

$$E\{\hat{\Phi}_{xy}(\tau)\} = \Phi_{xy_0}(\tau). \tag{5.1.12}$$

Zur Varianz von Gl. (5.1.6) kommt aber noch ein Term hinzu

$$\begin{aligned} var[\hat{\Phi}_{xy}(\tau)]_n &= \frac{1}{T} \int_{-T}^{T} \left[1 - \frac{|\xi|}{T} \right] \Phi_{xx}(\xi) \Phi_{nn}(\xi) \, d\xi \\ &= \sigma_{\Phi 2}^2 \end{aligned} \tag{5.1.13}$$

mit

$$\lim_{T \to \infty} var[\hat{\Phi}_{xy}(\tau)]_n = 0 \tag{5.1.14}$$

so daß die Schätzung weiterhin konsistent im quadratischen Mittel bleibt. Der Einfluß des Störsignales wird also mit zunehmender Meßzeit so eliminiert, daß die Varianz des KKF-Schätzwertes umgekehrt proportional zur Meßzeit T abnimmt.

Wenn das Störsignal $n(t)$ dem anderen Signal $x(t)$ überlagert ist

$$x(t) = x_0(t) + n(t) \tag{5.1.15}$$

gelten entsprechende Aussagen, d.h. es ist mit Bezug auf die Konvergenz gleichgültig, ob $x(t)$ oder $y(t)$ gestört ist.

Es sei nun angenommen, daß beide Meßsignale gestört seien

$$\begin{aligned} y(t) &= y_0(t) + n_1(t) \\ x(t) &= x_0(t) + n_2(t) \, . \end{aligned} \tag{5.1.16}$$

Dann folgen mit $E\{n_1(t)\} = 0$ und $E\{n_2(t)\} = 0$

$$\begin{aligned} \Phi_{yy}(\xi) &= \Phi_{y_0y_0}(\xi) + \Phi_{n_1n_1}(\xi) \\ \Phi_{xx}(\xi) &= \Phi_{x_0x_0}(\xi) + \Phi_{n_2n_2}(\xi) \end{aligned} \tag{5.1.17}$$

und falls die Störsignale statistisch unabhängig sind vom jeweils anderen Nutzsignal

$$\Phi_{xy}(\xi) = \Phi_{x_0y_0}(\xi) + \Phi_{n_1n_2}(\tau). \tag{5.1.18}$$

Die Schätzung der KKF ist nur noch dann erwartungstreu, wenn $n_1(t)$ und $n_2(t)$ nicht korreliert sind. Mit dieser Bedingung lautet der Gl. (5.1.13) entsprechende Zusatzterm

$$\begin{aligned} var[\hat{\Phi}_{xy}(\tau)]_{n_1n_2} = \frac{1}{2}\int_{-T}^{T}\left[1-\frac{|\xi|}{T}\right][\Phi_{x_0x_0}(\xi)\Phi_{n_1n_1}(\xi) \\ + \Phi_{y_0y_0}(\xi)\Phi_{n_2n_2}(\xi) + \Phi_{n_1n_1}(\xi)\Phi_{n_2n_2}(\xi)]\,d\xi\,. \end{aligned} \tag{5.1.19}$$

Für $T \to \infty$ geht auch diese Varianz gegen Null. Allerdings ist ihr Betrag für endliche T größer als bei nur einem Störsignal.

Satz 5.1: Konvergenz der Kreuzkorrelationsfunktion
Bei der Bestimmung von Kreuzkorrelationsfunktionen zweier stationärer stochastischer Signale nach der Schätzgleichung (5.1.2) treten Fehler auf durch:
— Eigene (inhärente) statistische Unsicherheit $\to \sigma_{\Phi 1}^2$ nach Gl. (5.1.6)
— Unsicherheit durch Störsignal $n(t) \to \sigma_{\Phi 2}^2$ nach Gl. (5.1.13).
Der KKF-Schätzwert für eine endliche Meßzeit T ist erwartungstreu, wenn das Störsignal $n(t)$ eines der beiden Signale statistisch unabhängig ist von den Nutzsignalen $x_0(t)$ und $y_0(t)$ und wenn $E\{n(t)\} = 0$. Für die Varianz des Schätzwertes gilt bei einem Störsignal

$$var[\hat{\Phi}_{xy}(\tau)] = \sigma_{\Phi 1}^2 + \sigma_{\Phi 2}^2. \tag{5.1.20}$$

Sind beide Signale von Störsignalen überlagert, dann ergeben sich nur dann erwartungstreue Schätzwerte, wenn beide Störsignale nicht miteinander korreliert sind. □

5.1.2 Autokorrelationsfunktion

Als Schätzgleichung der Autokorrelationsfunktion (AKF) eines zeitkontinuierlichen stationären Zufallssignales $x(t)$, das im Zeitintervall $0 \leqq t \leqq T + \tau$ existiert, werde verwendet

$$\hat{\Phi}_{xx}(\tau) = \frac{1}{T}\int_0^T x(t)x(t+\tau)\,dt\,. \tag{5.1.21}$$

Der Erwartungswert dieser Schätzung ist

$$E\{\hat{\Phi}_{xx}(\tau)\} = \Phi_{xx}(\tau). \tag{5.1.22}$$

Die Schätzung ist also erwartungstreu. Für ein nomalverteiltes Signal folgt aus Gl. (5.1.6)

$$\begin{aligned} var[\hat{\Phi}_{xx}(\tau)] &= E\{[\hat{\Phi}_{xx}(\tau) - \Phi_{xx}(\tau)]^2\} \\ &= \frac{1}{T}\int_{-T}^{T}\left[1-\frac{|\xi|}{T}\right][\Phi_{xx}^2(\xi) + \Phi_{xx}(\xi+\tau)\,\Phi_{xx}(\xi-\tau)]\,d\xi \\ &= \sigma_{\Phi 1}^2\,. \end{aligned} \tag{5.1.23}$$

Wenn die AKF absolut integrierbar ist, gilt

$$\lim_{T\to\infty} var[\hat{\Phi}_{xx}(\tau)] = 0 \tag{5.1.24}$$

d.h. Gl. (5.1.21) ist eine konsistente Schätzung im quadratischen Mittel. Die Varianz $\sigma_{\Phi 1}^2$ ist bedingt durch die eigene statistische Unsicherheit, vgl. Abschnitt 5.1.1.

Für $T \gg \tau$ gilt

$$var[\hat{\Phi}_{xx}(\tau)] \approx \frac{1}{T}\int_{-T}^{T}[\Phi_{xx}^2(\xi) + \Phi_{xx}(\xi+\tau)\Phi_{xx}(\xi-\tau)]\,d\xi\,. \tag{5.1.25}$$

Unter der Annahme großer Meßzeiten T können noch folgende Sonderfälle angegeben werden.

a) $\tau = 0$:

$$var[\hat{\Phi}_{xx}(0)] \approx \frac{2}{T}\int_{-T}^{T}\Phi_{xx}^2(\xi)\,d\xi\,. \tag{5.1.26}$$

b) τ groß und somit $\Phi_{xx}(\tau) \approx 0$.

Wegen $\Phi_{xx}^2(\xi) \gg \Phi_{xx}(\xi+\tau)\Phi_{xx}(\xi-\tau)$ gilt

$$var[\hat{\Phi}_{xx}(\tau)] \approx \frac{1}{T}\int_{-T}^{T}\Phi_{xx}^2(\xi)\,d\xi\,. \tag{5.1.27}$$

Die Varianz bei großen τ ist also nur etwa halb so groß wie bei $\tau = 0$.

Wenn das Signal $x(t)$ durch ein Störsignal $n(t)$ gestört wird, so daß

$$x(t) = x_0(t) + n(t) \tag{5.1.28}$$

dann lautet die AKF, wenn Nutzsignal $x_0(t)$ und Störsignal $n(t)$ nicht korreliert sind und $E\{n(t)\} = 0$

$$\Phi_{xx}(\tau) = \Phi_{x_0x_0}(\tau) + \Phi_{nn}(\tau)\,. \tag{5.1.29}$$

Die Autokorrelierte der Gesamtfunktion ist dann also gleich der Summe der beiden AKF.

5.2 Korrelationsanalyse dynamischer Prozesse mit stationären stochastischen Signalen

5.2.1 Bestimmung der Gewichtsfunktion durch Entfaltung

Nach Gl. (4.4.3) oder (2.2.29) sind Auto- und Kreuzkorrelationsfunktion über die Faltungsgleichung

$$\Phi_{uy}(\tau) = \int_0^\infty g(t')\Phi_{uu}(\tau - t')\,dt' \tag{5.2.1}$$

miteinander verknüpft. Als Schätzgleichungen der Korrelationsfunktionen für die Meßdauer T werden nach Gl. (5.1.2) und Gl. (5.1.21) verwendet

$$\hat{\Phi}_{uu}(\tau) = \frac{1}{T}\int_0^T u(t-\tau)u(t)\,dt \tag{5.2.2}$$

$$\hat{\Phi}_{uy}(\tau) = \frac{1}{T}\int_0^T u(t-\tau)y(t)\,dt\,. \tag{5.2.3}$$

Die gesuchte Gewichtsfunktion $g(t')$ erhält man dann durch *Entfaltung* der Beziehung Gl. (5.2.1). Hierzu wird diese Gleichung diskretisiert mit dem Zeitintervall T_0.

$$\hat{\Phi}_{uy}(qT_0) \approx T_0 \sum_{\nu=0}^{M} g(\nu T_0)\hat{\Phi}_{uu}((q-\nu)T_0)\,. \tag{5.2.4}$$

Zur Berechnung der Gewichtsfunktionswerte von $\nu = 0, \ldots, l$ müssen dann $l+1$ Gleichungen der Form Gl. (5.2.4) aufgestellt werden. Dies wird in Abschnitt 6.2 behandelt.

Da die Korrelationsfunktionen nach den Gln. (5.2.2) und (5.2.3) geschätzt werden und somit für endliche Meßzeit T nur näherungsweise bekannt sind, wird die ermittelte Gewichtsfunktion Fehler enthalten.

Wie in Abschnitt 5.1 gezeigt, werden die AKF und KKF für stationäre Signale $u(t)$ und $y(t)$ ohne weitere überlagerte Störsignale erwartungstreu geschätzt. Der für die Anwendung wichtige Fall eines gestörten Ausgangssignales, Gln. (5.1.10) bis (5.1.23) wird mit den im folgenden benötigten Beziehungen noch einmal betrachtet.

Bei stochastisch gestörtem Ausgangssignal

$$y(t) = y_u(t) + n(t) \tag{5.2.5}$$

gilt, vgl. Gln. (5.1.10) und (5.1.11),

$$E\{\hat{\Phi}_{uy}(\tau)\} = \Phi^0_{uy}(\tau) + E\{\Delta\Phi_{uy}(\tau)\} \tag{5.2.6}$$

mit

$$\Phi^0_{uy}(\tau) = \frac{1}{T}\int_0^T E\{u(t-\tau)y_u(t)\}\,dt \tag{5.2.7}$$

$$E\{\Delta\Phi_{uy}(\tau)\} = \frac{1}{T}\int_0^T E\{u(t-\tau)n(t)\}\,dt = \Phi_{un}(\tau)\,. \tag{5.2.8}$$

Wenn Eingangssignal und Störsignal nicht korreliert sind, gilt

$$E\{u(t-\tau)n(t)\} = E\{u(t-\tau)\}E\{n(t)\} \tag{5.2.9}$$

so daß, falls entweder $E\{u(t)\} = 0$ oder $E\{n(t)\} = 0$,

$$E\{\Delta\Phi_{uy}(\tau)\} = 0 \,. \tag{5.2.10}$$

Die KKF nach Gl. (5.2.6) wird dann für endliches T ebenfalls erwartungstreu geschätzt. Die Varianzen der geschätzten Korrelationsfunktionen lassen sich wie folgt bestimmen. Wegen der stochastischen Natur des Eingangssignales enthält die AKF entsprechend Gl. (5.1.23) eine eigene statistische Unsicherheit

$$var[\hat{\Phi}_{uu}(\tau)] = \frac{1}{T}\int_{-T}^{T}\left[1-\frac{|\xi|}{T}\right][\Phi_{uu}^2(\xi) + \Phi_{uu}(\xi+\tau)\Phi_{uu}(\xi-\tau)]\,\mathrm{d}\xi \,. \tag{5.2.11}$$

Die KKF enthält ebenfalls eine eigene statistische Unsicherheit, die aus Gl. (5.1.6) folgt

$$var[\hat{\Phi}_{uy}(\tau)] = \frac{1}{T}\int_{-T}^{T}\left[1-\frac{|\xi|}{T}\right][\Phi_{uu}(\xi)\Phi_{yy}(\xi) + \Phi_{uy}(\xi+\tau)\Phi_{yu}(\xi-\tau)]\,\mathrm{d}\xi \tag{5.2.12}$$

und eine zusätzliche Unsicherheit, wenn dem Ausgangssignal ein Störsignal $n(t)$ überlagert ist, siehe Gl. (5.1.13),

$$var[\hat{\Phi}_{uy}(\tau)]_n = \frac{1}{T}\int_{-T}^{T}\left[1-\frac{|\xi|}{T}\right]\Phi_{uu}(\xi)\Phi_{nn}(\xi)\,\mathrm{d}\xi \,. \tag{5.2.13}$$

Diese Varianzen verschwinden für $T \to \infty$, falls die einzelnen Korrelationsfunktionen bzw. Produkte absolut integrierbar sind, d.h. es muß zumindest $E\{u(t)\} = 0$ sein. Dann werden die Korrelationsfunktionen konsistent im quadaratischen Mittel geschätzt.

Satz 5.2: Konvergenz der Korrelationsfunktionen an einem linearen Prozeß

Die Autokorrelationsfunktion $\Phi_{uu}(\tau)$ und die Kreuzkorrelationsfunktion $\Phi_{uy}(\tau)$ an einem linearen Prozeß mit der Gewichtsfunktion $g(t')$ werden mit den Gln. (5.2.2) und (5.2.3) unter folgenden notwendigen Bedingungen konsistent im quadratischen Mittel geschätzt:

— Die Nutzsignale $u(t)$ und $y_u(t)$ sind stationär
— $E\{u(t)\} = 0$
— Das Störsignal $n(t)$ ist stationär und nicht mit $u(t)$ korreliert. □

Wie in Abschnitt 5.1 gezeigt, gilt Satz 5.2 auch, wenn das Eingangssignal $u(t)$ durch $n(t)$ gestört ist oder wenn $u(t)$ und $y(t)$ durch je ein Störsignal $n_1(t)$ und $n_2(t)$ gestört sind, wobei $n_1(t)$ und $n_2(t)$ nicht korreliert sein dürfen.

Wenn Satz 5.2 erfüllt ist, kann nach Gl. (5.2.4) auch die Gewichtsfunktion für $T \to \infty$ konsistent im quadratischen Mittel bestimmt werden, siehe Abschnitt 6.1.

Ein Beispiel zur Abschätzung der entstehenden Gewichtsfunktionsfehler wird in Abschnitt 5.2.2 gebracht.

Wenn als Störsignal eine *Drift* der Form

$$d(t) = d_0 + d_1 t + d_2 t^2 \tag{5.2.14}$$

auf das Ausgangssignal einwirkt, dann entsteht ein Fehler

$$\Delta\Phi_{uy}(\tau) = \frac{1}{T}\int_0^T u(t-\tau)[d_0 + d_1 t + d_2 t^2]\,\mathrm{d}t\,. \tag{5.2.15}$$

Dieser Fehler setzt sich aus Termen der Form

$$\Delta\Phi^j_{uy}(\tau) = \frac{d_j}{T}\int_0^T u(t-\tau)t^j\,\mathrm{d}t \quad j = 0, 1, 2 \tag{5.2.16}$$

zusammen, die bei stationären Signalen $u(t)$ Mittelwerte über die dann instationären Signalkomponenten $u(t-\tau)t^j$ bilden. Da schon kleine Driftanteile große Fehler bei der Bestimmung der KKF verursachen können, müssen bei Messungen an ausgeführten Anlagen meistens besondere Verfahren zur Driftelimination eingesetzt werden. Ein Verfahren für einen Polynomansatz nach Gl. (5.2.14) wurde z.B. von Davies und Douce (1967) angegeben. Die Annahme solch spezieller Driftsignalmodelle ist jedoch selten gerechtfertigt. Deshalb sind meist Hochpaßfilter zu empfehlen, siehe Abschnitt 28.1.

5.2.2 Weißes Rauschen als Eingangssignal

a) Ideales weißes Rauschen

Wenn das Eingangssignal ein *weißes Rauschen* ist, gilt für seine AKF

$$\Phi_{uu}(\tau) = S_{u0}\,\delta(\tau) \tag{5.2.17}$$

und aus Gl. (5.2.1) folgt wegen der Ausblendeigenschaft der δ-Funktion

$$\Phi_{uy}(\tau) = S_{u0}\int_0^\infty g(t')\,\delta(\tau - t')\,\mathrm{d}t' = S_{u0}\,g(\tau)\,. \tag{5.2.18}$$

Die gesuchte Gewichtsfunktion ist dann also proportional zur KKF

$$g(\tau) = \frac{1}{S_{u0}}\,\Phi_{uy}(\tau)\,. \tag{5.2.19}$$

und eine Entfaltung der Korrelationsfunktionen erübrigt sich.

Das idealisierte weiße Rauschen mit konstanter, von der Frequenz unabhängiger Leistungsdichte S_{u0} ist aber bekanntlich nicht realisierbar. Deshalb werden Rauschsignale verwendet, die im interessierenden Frequenzbereich eine näherungsweise konstante Leistungsdichte besitzen, also sogenannte *breitbandige Rauschsignale.*

b) Breitbandiges Rauschen

Ein breitbandiges Rauschsignal kann man sich durch Filterung von weißem Rauschen entstanden denken. Es erhält dann die Leistungsdichte

$$S_{uu}(\omega) = |G_F(i\omega)|^2 S_{u0} \,. \tag{5.2.20}$$

Bei einem Filter erster Ordnung mit der Eckfrequenz (Grenzfrequenz) $\omega_g = 1/T_g$ erhält man aus Gl. (2.2.13) und Tabellen für Fourier-Transformation (oder Papoulis (1962, Gl. (2.62))

$$\begin{aligned}\Phi_{uu}(\tau) &= \frac{1}{2\pi} \int_{-\infty}^{\infty} |G_F(i\omega)|^2 S_{u0} e^{i\omega\tau} d\omega \\ &= \frac{1}{\pi} \int_{0}^{\infty} \frac{S_{u0}}{1 + T_g^2 \omega^2} \cos \omega\tau \, d\omega \\ &= \frac{1}{2} S_{u0} \omega_g e^{-\omega_g |\tau|} \,. \end{aligned} \tag{5.2.21}$$

Der Verlauf dieser AKF und der zugehörigen Leistungsdichte $S_{uu}(\omega)$ ist in Bild 5.2 zu sehen. Für eine genügend große Bandbreite, also große Grenzfrequenz ω_g nähert sich die AKF einer δ-Funktion, so daß dann die Voraussetzung zur Verwendung von Gl. (5.2.19) näherungsweise erfüllt ist.

Der durch die endliche Bandbreite des Testsignales, aber Auswertung nach der vereinfachten Beziehung Gl. (5.2.19) entstehende Fehler der Gewichtsfunktion wurde z.B. in Hughes und Noton (1962) und Cummins (1964) untersucht, siehe auch Davies (1970). Hierzu wurde die AKF nach Gl. (5.2.21) durch einen Dreieckimpuls der Breite $T_g = 1/\omega_g$ angenähert. Der größte Fehler der Gewichtsfunktion tritt bei $\tau = 0$ auf und beträgt

$$\frac{\Delta g(0)}{g(0)} \approx \frac{1}{3\omega_g} \frac{\dot{g}(0)}{g(0)} \,. \tag{5.2.22}$$

Für ein Verzögerungsglied erster Ordnung mit der Zeitkonstante T_1 wird

$$\frac{\Delta g(0)}{g(0)} \approx -\frac{1}{3T_1 \omega_g} \,. \tag{5.2.23}$$

Wählt man $\omega_g = 5/T_1$ dann wird $\Delta g(0)/g(0) \approx 0{,}07$. Der durch die endliche Bandbreite ω_g des Testsignals entstehende Fehler wird zwar kleiner, wenn die Bandbreite vergrößert wird. Dann wird aber der durch Störsignale verursachte Fehler

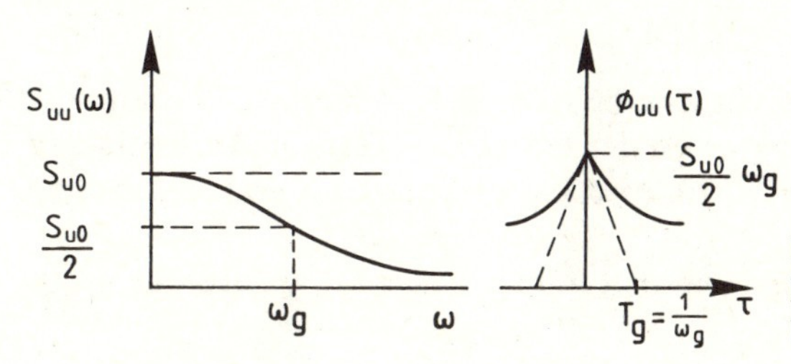

Bild 5.2. Leistungsdichte und Autokorrelationsfunktion eines breitbandigen Rauschens erster Ordnung

größer, wie Beispiel 5.1 zeigt. Deshalb darf die Bandbreite $\omega_g = 1/T_g$ des Testsignales nicht zu groß gewählt werden.

c) *Fehlerabschätzung*

Für den Fall des *weißen Rauschens* sollen die Varianzen der ermittelten Gewichtsfunktion $g(\tau)$ abgeschätzt werden.

Die eigene statistische Unsicherheit der KKF bewirkt nach den Gln. (5.2.12), (5.2.17) und (5.2.19) für große Meßzeiten $T \gg \tau$ eine Varianz der Gewichtsfunktion

$$\begin{aligned}\sigma_{g1}^2 = var[g(\tau)] = E\{\Delta g^2(\tau)\} &\approx \frac{1}{S_{u0}^2 T} \int_{-T}^{T} [\Phi_{uu}(\xi)\Phi_{yy}(\xi) \\ &\quad + \Phi_{uy}(\tau+\xi)\Phi_{uy}(\tau-\xi)]\,\mathrm{d}\xi \\ &= \frac{1}{S_{u0} T}[\Phi_{yy}(0) + S_{u0} \int_{-T}^{T} g(\tau+\xi)g(\tau-\xi)\,\mathrm{d}\xi] \,. \end{aligned} \tag{5.2.24}$$

Für $\tau = 0$ bei nicht sprungfähigen Prozessen ($g(0) = 0$) oder für große τ ($g(\tau) \approx 0$) folgt

$$\sigma_{g1}^2 \approx \frac{1}{S_{u0} T}\Phi_{yy}(0) = \frac{1}{S_{u0} T}\overline{y^2(t)} = \frac{1}{S_{u0} T}\sigma_y^2 \,. \tag{5.2.25}$$

$\Phi_{yy}(0)$ berechnet sich hierbei aus der Beziehung

$$\Phi_{yy}(\tau) = \int_0^\infty g(t')\Phi_{uy}(\tau + t')\,\mathrm{d}t', \tag{5.2.26}$$

die analog zu Gl. (2.2.29) aus Gl. (2.2.9) folgt und mit Gl. (5.2.18)

$$\Phi_{yy}(\tau) = S_{u0} \int_0^\infty g(t')g(\tau + t')\,\mathrm{d}t' \tag{5.2.27}$$

und

$$\Phi_{yy}(0) = S_{u0} \int_0^\infty g^2(t')\,\mathrm{d}t' \tag{5.2.28}$$

ergibt, so daß auch gilt

$$\sigma_{g1}^2 \approx \frac{1}{T}\int_0^\infty g^2(t')\,\mathrm{d}t' \,. \tag{5.2.29}$$

Die von der eigenen statistischen Unsicherheit der KKF bedingte Varianz der Gewichtsfunktion ist also unabhängig von der Größe des Testsignales und außer von der Meßzeit T nur von der quadratischen Fläche der Gewichtsfunktion abhängig.

Die Unsicherheit durch ein Störsignal $n(t)$ folgt aus der Gl. (5.2.13) für große Meßzeiten

$$\sigma_{g2}^2 = var[g(\tau)]_n \approx \frac{1}{S_{u0}^2 T} \int_{-T}^{T} \Phi_{uu}(\xi)\Phi_{nn}(\xi)\,d\xi$$

$$= \frac{1}{S_{u0} T} \Phi_{nn}(0) = \frac{1}{S_{u0} T} \overline{n^2(t)} = \frac{1}{S_{u0} T} \sigma_n^2 \,. \tag{5.2.30}$$

Falls $n(t)$ ein weißes Rauschen mit der Leistungsdichte N_0 ist, gilt

$$\sigma_{g2}^2 \approx \left(\frac{N_0}{S_{u0}}\right) \frac{1}{T} \,. \tag{5.2.31}$$

Diese Varianz wird umso kleiner, je kleiner das Störsignal – Nutzsignal-Verhältnis σ_n^2/S_{u0} bzw. N_0/S_{u0} und je größer die Meßzeit T ist.

Die Varianz des Gewichtsfunktions-Schätzwertes lautet dann nach Gl. (5.1.20)

$$\sigma_g^2 = \sigma_{g1}^2 + \sigma_{g2}^2 \,. \tag{5.2.32}$$

Beispiel 5.1:

Ein Prozeß erster Ordnung mit der Übertragungsfunktion

$$G(s) = \frac{K}{1 + T_1 s}$$

und der Gewichtsfunktion

$$g(t) = \frac{K}{T_1} e^{-t/T_1}$$

werde durch ein weißes Rauschen mit der Leistungsdichte S_{u0} angeregt.

Die eigene statistische Unsicherheit der KKF bewirkt

$$\sigma_{g1}^2 \approx \frac{1}{T} \int_0^\infty g^2(t')\,dt' = \frac{K^2}{2 T_1 T}$$

und die Unsicherheit durch das Störsignal

$$\sigma_{g2}^2 \approx \frac{\sigma_n^2}{S_{u0} T} \,.$$

Bezieht man diese Varianzen auf $g_{max} = g(0) = K/T_1$, dann folgt für die Standardabweichungen des relativen Gewichtsfunktionsfehlers

$$\frac{\sigma_{g1}}{g_{max}} = \sqrt{\frac{T_1}{2T}}$$

$$\frac{\sigma_{g2}}{g_{max}} = \frac{\sqrt{T_1}}{K} \frac{\sigma_n}{\sqrt{S_{u0}}} \sqrt{\frac{T_1}{T}} \,.$$

Wird als Eingangssignal ein diskretes binäres Rauschen mit der Amplitude a, einer kleinen Taktzeit λ und somit mit der Leistungsdichte

$$S_{u0} \approx a^2 \lambda$$

verwendet, siehe Abschnitt 5.3, dann folgt

$$\frac{\sigma_{g2}}{g_{\max}} = \frac{1}{K} \left(\frac{\sigma_n}{a}\right) \sqrt{\left(\frac{T_1}{\lambda}\right)\left(\frac{T_1}{T}\right)}.$$

Für $K = 1$; $\sigma_n/a = 0{,}2$; $\lambda/T_1 = 0{,}2$ ergeben sich in Abhängigkeit von der Meßzeit folgende Standardabweichungen der Gewichtsfunktion

T/T_1	50	250	1000
$\sigma_{g1}/g_{\max}$	0,100	0,044	0,022
$\sigma_{g2}/g_{\max}$	0,063	0,028	0,014
$\sigma_g/g_{\max}$	0,118	0,052	0,026

Dieses Beispiel zeigt für die gewählten Zahlenwerte, daß die Beiträge der eigenen statistischen Unsicherheit der KKF und die durch das Störsignal verursachte Unsicherheit in derselben Größenordnung liegen. Erst bei sehr großem Störsignal–Nutzsignal-Verhältnis dominiert die letztere. □

5.2.3 Natürliches Rauschen als Testsignal

Gelegentlich kann es erforderlich sein, das dynamische Verhalten eines Prozesses zu messen, ohne daß der Betrieb durch zusätzliche, künstliche Testsignale gestört wird. Dann muß man versuchen, die im normalen Betrieb auftretenden Störsignale (natürliches Rauschen) als Testsignal zu verwenden, Goodman und Reswick (1956). Das natürliche Eingangssignal muß aber folgende Voraussetzungen erfüllen:

a) Stationäres Verhalten
b) Die Bandbreite muß größer sein als die höchste interessierende Frequenz beim Prozeß
c) Die Leistungsdichte muß größer sein als die der Störsignale der Ausgangsgröße, damit die erforderlichen Meßzeiten nicht zu groß werden
d) Es darf nicht mit anderen Störsignalen korreliert sein.

Oft sind diese Voraussetzungen nicht erfüllt. So hat man z.B. bei folgenden Prozessen keine guten Ergebnisse erhalten:

— Wärmeaustauscher (Ehrenburg, Wagner (1966)) (zu kleine Bandbreite des Eingangssignals, instationäres Verhalten)
— Hochofen (Rake (1970), Godfrey und Brown (1979)). (Korrelierte Signale durch Regelung von Hand).

Siehe auch die Diskussion bei Godfrey (1980).

Im allgemeinen ist deshalb zu empfehlen, ein künstlich erzeugtes Testsignal zu verwenden. Dabei kann man versuchen, mit sehr kleinen Amplituden zu arbeiten.

5.3 Korrelationsanalyse dynamischer Prozesse mit binären stochastischen Signalen

Die Diskussion der deterministischen nichtperiodischen und periodischen Testsignale ergab, daß bei einer gegebenen Beschränkung der Eingangssignalamplitude rechteckförmige, also binäre Signale die größten Amplitudendichte oder Schwingungsamplituden lieferten, die den zulässigen Amplitudenbereich ganz ausnutzen.

a) Kontinuierliche Rausch-Binär-Signale (RBS)

Ein binäres stochastisches Signal, im folgenden wegen der im Englischen üblichen Abkürzung RBS (random binary signal) als *Rausch-Binär-Signal* bezeichnet, ist dadurch gekennzeichnet, daß es zwei Zustände von $u(t)$ bei $+a$ und $-a$ gibt und der Wechsel von einem zum anderen Zustand zu regellosen Zeiten stattfindet. Dieses Signal wird auch „Zufalls-Telegraphen-Signal“ genannt. Im Vergleich zu einem regellosen Testsignal mit stetiger Amplitudenverteilung hat ein binäres Rausch-Signal folgende Vorteile:

a) Einfache Erzeugung durch Steuerung von Relais
b) Bilden der Kreuzkorrelationsfunktion durch Multiplikation des Ausgangssignals mit $+a$ oder $-a$
c) Bei Amplitudenbeschränkung größte Leistungsdichten erzielbar.

Während die Vorteile a) und b) bei früheren gerätetechnischen Realisierungen eine Rolle spielten, haben sie bei den heute vorwiegend eingesetzten programmierbaren Geräten an Bedeutung verloren.

Die AKF des RBS kann in Anlehnung an Solodownikow (1963) (S. 100 und 126) und Godfrey (1980) wie folgt bestimmt werden. Es sei angenommen, daß μ die mittlere Zahl der Vorzeichenwechsel in der Zeiteinheit ist. Die Wahrscheinlichkeit von n Vorzeichenwechseln innerhalb eines Zeitabschnittes Δt folgt dann einer Poisson-Verteilung

$$P(n) = \frac{(\mu\Delta t)^n}{n!} e^{-\mu\Delta t} . \qquad (5.3.1)$$

D.h. die Wahrscheinlichkeit nimmt mit n wie folgt ab

$$0 \text{ Wechsel} \rightarrow P(0) = e^{-\mu\Delta t}$$

$$1 \text{ Wechsel} \rightarrow P(1) = \mu\Delta t e^{-\mu\Delta t}$$

$$2 \text{ Wechsel} \rightarrow P(2) = [(\mu\Delta t)^2/2!] e^{-\mu\Delta t}$$

$$\vdots \qquad \vdots$$

Das Produkt $u(t)u(t+\tau)$ eines RBS hat zum Zeitpunkt den Wert $+a^2$ oder $-a^2$, je nachdem, ob beide Werte das gleiche oder entgegengesetzte Vorzeichen haben. Betrachtet man nun den Mittelwert $E\{u(t)u(t+\tau)\}$, dann ist dieser $+a^2$ für $\tau = 0$. Für $\tau > 0$ wird das Produkt $-a^2$, wenn im Vergleich zu $\tau = 0$ durch die Zeitverschiebung τ insgesamt 1,3,5,... (ungerade) Vorzeichenwechsel auftreten, und $+a^2$, wenn 2,4,6,. . . (gerade) Vorzeichenwechsel auftreten. Da die Vorzeichenwechsel aber regellos auftreten gilt mit $\Delta t = |\tau|$

$$\begin{aligned} E\{x(t)x(t+\tau)\} &= a^2[P(0) + P(2) + \cdots] \\ &\quad - a^2[P(1) + P(3) + \cdots] \\ &= a^2 e^{-\mu|\tau|}\left[1 - \frac{\mu\tau}{1!} + \frac{(\mu\tau)^2}{2!} - + \cdots\right] \\ &= a^2 e^{-2\mu|\tau|}\,. \end{aligned} \tag{5.3.2}$$

Der Verlauf der AKF des RBS ist in Bild 5.3 dargestellt. Sie hat also prinzipiell denselben Verlauf wie das breitbandige Rauschen erster Ordnung, Bild 5.2. Die AKF sind identisch für

$$a^2 = S_{u0}\omega_g/2 \quad \text{und} \quad \mu = \omega_g/2. \tag{5.3.3}$$

μ, die mittlere Zahl der Vorzeichenwechsel pro Zeiteinheit ist dann gleich der halben Grenzfrequenz.

b) Diskrete Rausch-Binär-Signale

Wegen der einfachen Erzeugung mit Schieberegistern und Digitalrechnern ist jedoch die praktische Bedeutung des *diskreten Rausch-Binär-Signales* (discrete random binary signal), abgekürzt DRBS, größer. Hierbei findet der Wechsel des Vorzeichens zu diskreten Zeitpunkten $k\lambda$, $k = 1, 2, 3, \ldots$, statt, wobei λ die Länge eines Zeitintervalls ist und auch als Taktzeit bezeichnet wird, siehe Bild 5.4. In einem Schieberegister läßt sich dann auch das um ganzzahlige Vielfache von λ verschobene, zur Bildung der Korrelationsfunktionen benötigte Signal $u(t - \nu\lambda)$ abgreifen.

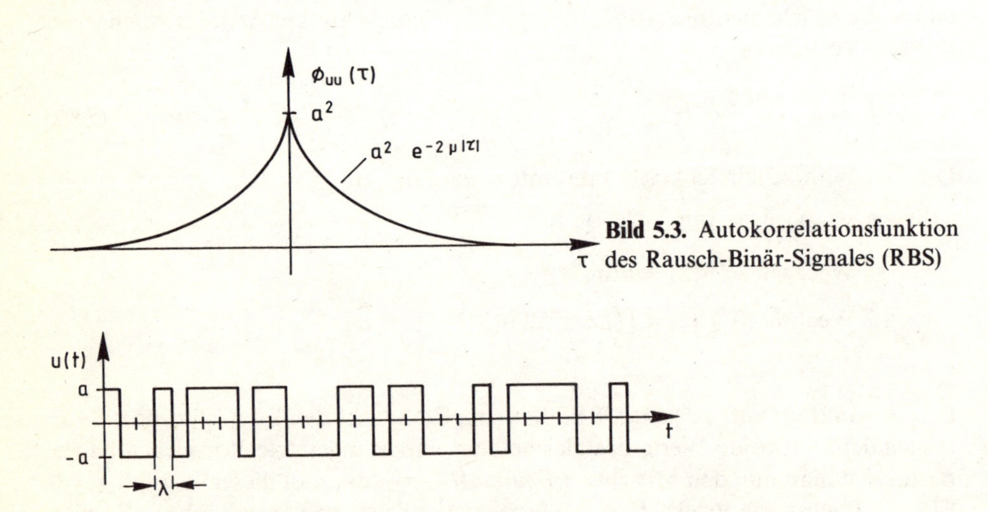

Bild 5.3. Autokorrelationsfunktion des Rausch-Binär-Signales (RBS)

Bild 5.4. Diskretes Rausch-Binär-Signal (DRBS)

Die AKF

$$\Phi_{uu}(\tau) = \lim_{T \to \infty} \frac{1}{2T} \int_{-T}^{T} u(t)u(t-\tau)\,\mathrm{d}\tau \,. \tag{5.3.4}$$

des DRBS läßt sich wie folgt ermitteln. Für $\tau = 0$ entstehen nur positive Produkte und das Integral bildet die Fläche $2a^2T$, so daß $\Phi_{uu}(0) = a^2$ wird. Bei einer kleinen Zeitverschiebung $|\tau| < \lambda$ bilden sich auch negative Produkte, so daß $\Phi_{uu}(\tau) < a^2$ wird. Die bei der Integration zu subtrahierenden Flächen sind proportional zu τ. Für $|\tau| \geqq \lambda$ treten positive und negative Produkte gleichhäufig auf, so daß $\Phi_{uu}(\tau) = 0$ wird. Daher gilt

$$\Phi_{uu}(\tau) = \begin{cases} a^2\left[1 - \dfrac{|\tau|}{\lambda}\right] & |\tau| \geqq \lambda \\ 0 & |\tau| > \lambda \,. \end{cases} \tag{5.3.5}$$

Die AKF eines DRBS hat also eine Dreieckform, Bild 5.5.

Die Leistungsdichte des DRBS folgt durch Fourier-Transformation der AKF, Gl. (2.1.46), also hier eines Dreieckimpulses der Breite 2λ aus Gl. (3.2.4) zu

$$S_{uu}(\omega) = a^2\lambda \left(\frac{\sin \dfrac{\omega\lambda}{2}}{\dfrac{\omega\lambda}{2}} \right)^2 . \tag{5.3.6}$$

Sein Verlauf ist in Bild 5.8 dargestellt.

Setzt man den Betrag dieser Leistungsdichte für $\omega = \omega_g$ gleich der Leistungsdichte des bandbegrenzten Rauschens $S_{uu}(\omega_g) = S_{u0}/2$, siehe Gl. (5.2.21), dann folgt

$$S_{u0} = a^2\lambda \quad \text{und} \quad \lambda \approx 2.77/\omega_g \,. \tag{5.3.7}$$

Bandbegrenztes Rauschen und DRBS haben dann für $\omega < \omega_g$ etwa dieselbe Leistungsdichte.

Mit kleiner werdender Taktzeit λ nähert sich die AKF einem schmalen Impuls der Fläche $a^2\lambda$. Wenn dann λ klein ist im Vergleich zur Summe der Zeitkonstanten eines nachfolgenden Übertragungsgliedes, dann kann man die dreieckförmige AKF durch eine δ-Funktion mit der gleichen Fläche approximieren

$$\Phi_{uu}(\tau) \approx a^2\lambda\delta(\tau) \tag{5.3.8}$$

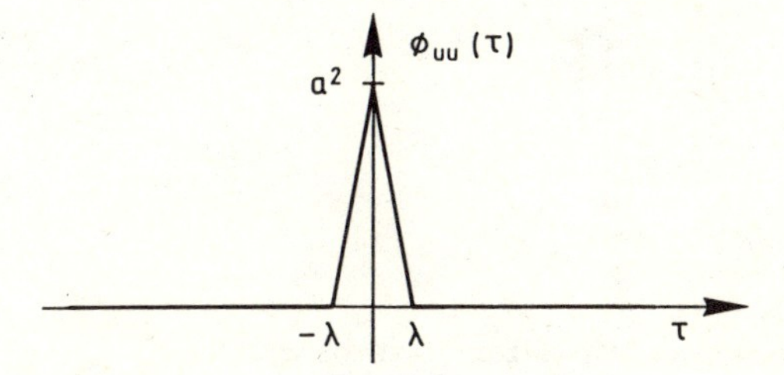

Bild 5.5. Autokorrelationsfunktion des DRBS

und für die Leistungsdichte gilt dann

$$S_{u0} \approx a^2 \lambda \,. \tag{5.3.9}$$

Zur Bestimmung der Gewichtsfunktion $g(\tau)$ kann dann nach Abschnitt 5.2.2 wie bei weißem Rauschen als Eingangssignal vorgegangen werden. Es gilt dann

$$\left.\begin{aligned} g(\tau) &= \frac{1}{a^2\lambda}\,\Phi_{uy}(\tau) \qquad \tau \geqq \lambda \\ g(0) &= \frac{2}{a^2\lambda}\,\Phi_{uy}(0)\,. \end{aligned}\right\} \tag{5.3.10}$$

Für $\tau = 0$ muß man den doppelten Wert der KKF nehmen, da dann nur die eine Hälfte der dreieckförmigen AKF ($\tau \leqq 0$) wirksam wird.

Für diese vereinfachte Auswertung gelten auch die in Abschnitt 5.2.2 angegebenen Fehlerabschätzungen. Bei gegebener Amplitude a darf die Taktzeit λ nicht zu klein gewählt werden, da sonst die Varianz der Gewichtsfunktionswerte zu groß wird, siehe Beispiel 5.1.

Die Verwendung des diskreten Rausch-Binär-Signales hat zwar den Vorteil, daß Amplitude a und Taktzeit λ dem zu untersuchenden Prozeß besser angepaßt werden können, als ein stochastisches Signal mit kontinuierlicher Amplitudenverteilung. Es bleibt jedoch die eigene statistische Unsicherheit bei der Bildung sowohl von AKF als auch KKF, siehe Abschnitt 5.1. Hinzu kommt noch, daß die Messungen wegen der stochastischen Natur des Eingangssignals nicht reproduzierbar sind. Diese Nachteile lassen sich jedoch vermeiden, wenn man ein periodisches binäres Testsignal verwendet, das fast dieselbe AKF wie ein DRBS besitzt.

c) *Pseudo-Rausch-Binär-Signale* (*PRBS*)

Periodisch binäre Signalfolgen entstehen zum Beispiel dadurch, daß man ein DRBS nach einer Dauer von N Intervallen der Dauer λ unterbricht und dann ein- oder mehrmals wiederholt. Zweckmäßiger ist jedoch die Erzeugung durch rückgekoppelte Schieberegister. Dies wird ausführlich in Abschnitt 6.3 beschrieben. Bild 5.6 zeigt als Beispiel ein Signal, das durch ein rückgekoppeltes vierstufiges Schieberegister entsteht. Durch geeignete Rückkoppelung eines n-stufigen Schieberegisters entstehen Signale maximaler Länge (m-Folgen) der Länge $N = 2^n - 1$,

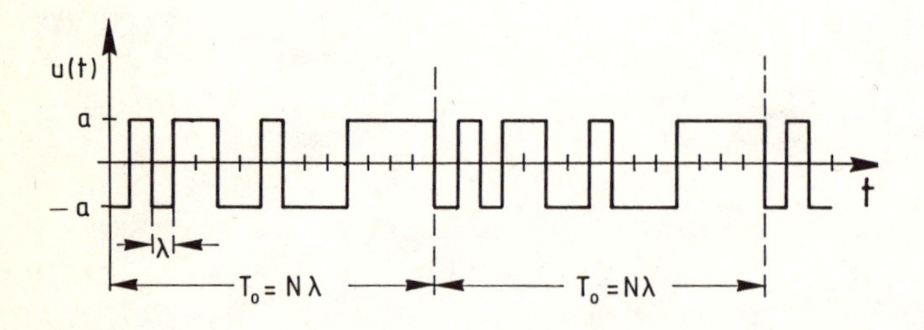

Bild 5.6. Pseudo-Rausch-Binär-Signal (PRBS) eines vierstufigen. Schieberegisters

Chow-Davis (1964), Pittermann und Schweizer (1966). Eine andere Möglichkeit besteht in der Erzeugung von quadratischen Residuen-Folgen.

Übersichten werden z.B. gegeben von Briggs u.a. (1967), Everett (1966), Godfrey (1970) und Davies (1970). Durch die Periodizität wird das PRBS zu einem deterministischen Signal. Dadurch ist es reproduzierbar und durch Wahl seiner Parameter fest auf einen bestimmten Prozeß einstellbar. Da dann auch die AKF genau bekannt ist, entstehen keine zusätzlichen Fehler mehr durch die eigene Unsicherheit bei der Bestimmung der AKF und KKF.
In Abschnitt 6.3 ist gezeigt, daß für die AKF eines PRBS zunächst gilt

$$\Phi_{uu}(\tau) = \begin{cases} a^2 & \tau = 0 \\ -a^2/N & \lambda \leqq |\tau| < (N-1)\lambda \end{cases} \tag{5.3.11}$$

Wegen der ungeraden Zahl N tritt ein Gleichanteil $-a^2/N$ auf, der allerdings für große N vernachlässigt werden kann. Durch ähnliche Betrachtung wie bei DRBS folgt

$$\Phi_{uu}(\tau) = a^2\left[1 - \frac{|\tau|}{\lambda}\left(1 + \frac{1}{N}\right)\right] \quad 0 < |\tau| \leqq \lambda\,. \tag{5.3.12}$$

Damit hat dieses Signal ebenfalls eine dreieckförmige AKF wie das DRBS. Dies erklärt die Bezeichnung „Pseudo-Rauschen". Durch die Periodizität des Signales wird auch die AKF periodisch, vgl. Bild 5.7,

$$\Phi_{uu}(\tau) = \begin{cases} a^2\left[1 - \left(1 + \frac{1}{N}\right)\frac{|\tau - \nu N\lambda|}{\lambda}\right] & |\tau - \nu N\lambda| \leqq \lambda \\ -a^2/N & (\lambda + \nu N\lambda) < |\tau| < (N-1)\lambda + \nu N\lambda \end{cases} \tag{5.3.13}$$

$$\nu = 0,\ \pm 1,\ \pm 2,\ \pm, \ldots$$

Die Leistungsdichte weist dann kein kontinuierliches, sondern ein diskretes Spektrum auf. Sie berechnet sich aus der Fourier-Transformierten der AKF nach Gl. (2.2.12)

$$S_{uu}(\omega) = \int_{-\infty}^{\infty} \Phi_{uu}(\tau)\mathrm{e}^{-\mathrm{i}\omega\tau}\,\mathrm{d}\tau\,. \tag{5.3.14}$$

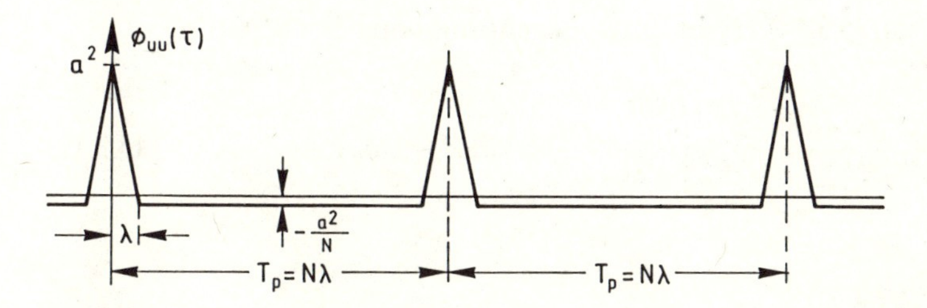

Bild 5.7. Autokorrelationsfunktion des Pseudo-Rausch-Binär-Signales (PRBS)

Die AKF wird nun in eine Fourier-Reihe entwickelt, Cummins (1964), Pittermann und Schweizer (1966), Davies (1970),

$$\Phi_{uu}(\tau) = \sum_{\nu=-\infty}^{\infty} c_\nu e^{i\nu\omega_0\tau} \qquad \omega_0 = \frac{2\pi}{T_p} = \frac{2\pi}{N\lambda} \tag{5.3.15}$$

mit den Fourierkoeffizienten

$$c_\nu(i\nu\omega_0) = \frac{1}{T_p} \int_{-T_p/2}^{T_p/2} \Phi_{uu}(\tau) e^{-i\nu\omega_0\tau} d\tau$$

$$= \frac{2}{T_p} \int_0^{T_p/2} \Phi_{uu}(\tau) \cos \nu\omega_0\tau \, d\tau \, . \tag{5.3.16}$$

Einsetzen von Gln. (5.3.11) und (5.3.12) ergibt

$$c_\nu(i\nu\omega_0) = \frac{2}{T_p} \int_0^\lambda a^2 \left[1 - \frac{\tau}{\lambda}\left(\frac{N+1}{N}\right)\right] \cos \nu\omega_0\tau \, d\tau$$

$$+ \frac{2}{T_p} \int_\lambda^{T_p/2} \left(-\frac{a^2}{N}\right) \cos \nu\omega_0\tau \, d\tau$$

$$= \frac{2a^2}{N\lambda}\left[\frac{1}{\nu\omega_0} \sin \nu\omega_0\lambda - \frac{N+1}{N\lambda(\nu\omega_0)^2}[\cos \nu\omega_0\lambda - 1]\right.$$

$$\left. - \frac{N+1}{N\nu\omega_0} \sin \nu\omega_0\lambda + \frac{1}{N\nu\omega_0} \sin \nu\omega_0\lambda\right]$$

$$= \frac{2a^2(N+1)}{(N\lambda\nu\omega_0)^2}[1 - \cos \nu\omega_0\lambda] = \frac{a^2(N+1)}{N^2}\left(\frac{\sin\frac{\nu\omega_0\lambda}{2}}{\frac{\nu\omega_0\lambda}{2}}\right)^2 . \tag{5.3.17}$$

Die Fourierkoeffizienten sind also reell und die Fourier-Reihe für die AKF lautet

$$\Phi_{uu}(\tau) = \sum_{\nu=-\infty}^{\infty} \frac{a^2(N+1)}{N^2}\left(\frac{\sin\frac{\nu\omega_0\lambda}{2}}{\frac{\nu\omega_0\lambda}{2}}\right)^2 \cos \nu\omega_0\tau \, . \tag{5.3.18}$$

Dies eingesetzt in Gl. (5.3.14) ergibt unter Beachtung von Gl. (2.1.60)

$$S_{uu}(\nu\omega_0) = \frac{a^2(N+1)}{N^2} \sum_{\nu=-\infty}^{\infty} \left(\frac{\sin\frac{\nu\omega_0\lambda}{2}}{\frac{\nu\omega_0\lambda}{2}}\right)^2 \delta(\omega - \nu\omega_0) \tag{5.3.19}$$

wobei

$$S_{uu}(0) = \frac{a^2(N+1)}{N^2}\delta(\omega) \, . \tag{5.3.20}$$

Der in Gl. (5.3.19) auftretende Formfaktor

$$Q(\nu\omega_0) = \frac{a^2}{N}\left(1 + \frac{1}{N}\right)\left(\frac{\sin\frac{\nu\omega_0\lambda}{2}}{\frac{\nu\omega_0\lambda}{2}}\right)^2 = \frac{a^2}{N}\left(1 + \frac{1}{N}\right)\left(\frac{\sin\frac{\nu}{N}\pi}{\frac{\nu}{N}\pi}\right)^2 \qquad (5.3.21)$$

ist in Bild 5.8 für variables $\nu = 0, 1, 2, \ldots$ aufgetragen. Das entstehende diskrete Spektrum zeigt folgende Eigenschaften:

— Die Linien haben den Abstand $\Delta\omega = \omega_0 = 2\pi/N\lambda$.

— Die Linien werden mit zunehmender Frequenz $\omega = \nu\omega_0$ kleiner, mit Nullstellen bei $\nu\omega_0 = (2\pi/\lambda)j$, $j = 1, 2, \ldots$.

— Als Bandbreite des Signales wird

$$\omega_B = 2\pi/\lambda \qquad (5.3.22)$$

bezeichnet.

— Als Grenzfrequenz sei mit $S_{uu}(\omega_g) = S_{uu}(0)/2$ in Anlehnung an Gl. (5.3.7)

$$\omega_g \approx 2{,}77/\lambda \qquad (5.3.23)$$

festgelegt.

— Bei $\nu \approx N/3$ ist $Q(\nu\omega_0)$ im Vergleich zu $Q(0)$ um 3 dB abgefallen. Das heißt, daß man bis zu

$$\omega_{3dB} = \omega_B/3 = 2\pi/3\lambda \qquad (5.3.24)$$

mit etwa konstanter Leistungsdichte rechnen kann.

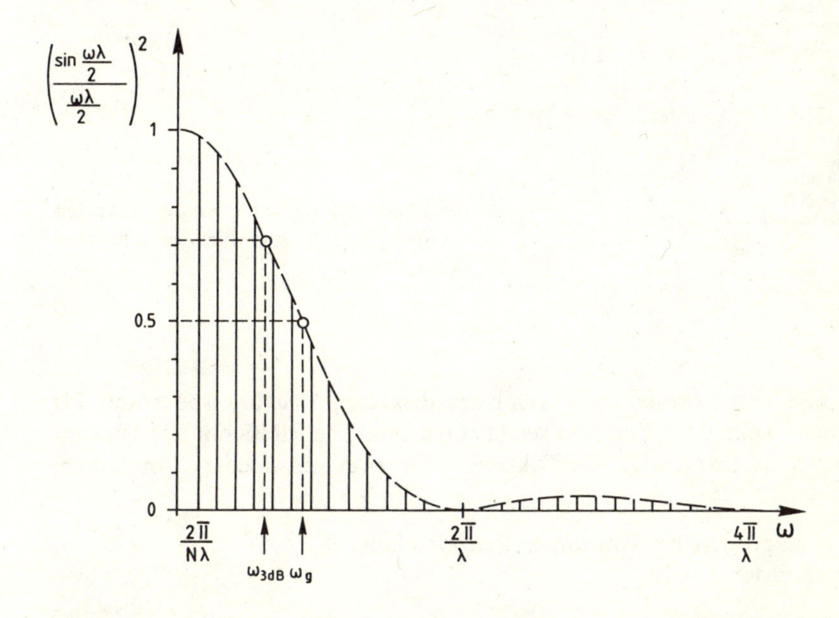

Bild 5.8. Formfaktor des diskreten Leistungsspektrums eines PRBS mit der Periodendauer $T_p = N\lambda$ für $N = 15$

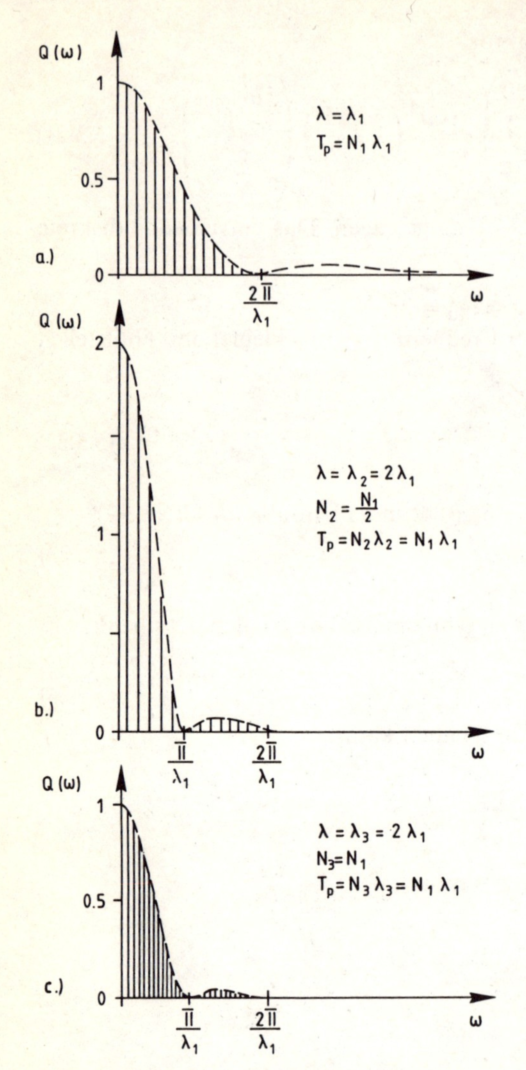

Bild 5.9. Formfaktor $Q(\omega)$ des diskreten Leistungsspektrums für verschiedene Taktzeiten λ

Bild 5.9 zeigt den Formfaktor $Q(\nu\omega_0)$ des diskreten Leistungsspektrums für Änderungen der Taktzeit λ. Bild 5.9a sei das ursprüngliche PRBS mit der Taktzeit λ_1 mit $T_p = N_1\lambda_1$. Dann wird die Taktzeit λ für zwei verschiedene Annahmen vergrößert.

a) Taktzeit λ vergrößert bei konstanter Periodendauer T_p:
Bild 5.9b zeigt für $\lambda = 2\lambda_1$

$$Q(\nu\omega_0) = 2\frac{a^2}{N_1}\left(1 + \frac{2}{N_1}\right)\left(\frac{\sin \nu\omega_0\lambda_1}{\nu\omega_0\lambda_1}\right)^2$$

— Der Linienabstand $\Delta\omega = 2\pi/T_p$ bleibt gleich
— Die erste Nullstelle wird bei $\omega = 2\pi/\lambda_2 = \pi/\lambda_1$, also früher erreicht
— Es treten weniger, aber größere Amplituden auf
(Die Gesamtleistung bleibt etwa konstant).

b) Taktzeit λ vergrößert bei konstanter Taktlänge N:
Bild 5.9c zeigt für $\lambda = 2\lambda_1$

$$Q(\nu\omega_0) = \frac{a^2}{N_1}\left(1 + \frac{1}{N_1}\right)\left(\frac{\sin\frac{\nu\omega_0\lambda_1}{2}}{\frac{\nu\omega_0\lambda_1}{2}}\right)^2$$

— Der Linienabstand $\Delta\omega = 2\pi/2N_1\lambda_1 = \pi/N_1\lambda_1$ wird kleiner
— Die erste Nullstelle wird bei $\omega = 2\pi/\lambda_2 = \pi/\lambda_1$, also früher erreicht
— Es treten mehr, aber gleich große Amplituden auf.

Dies zeigt also, daß in beiden Fällen durch Vergrößern der Taktzeit λ eine stärkere Anregung im Bereich der niederen Frequenzen stattfindet.

Für eine große Periodendauer T_p im Vergleich zur Einschwingzeit des Prozesses und damit für $\lambda \ll N$ und ein großes N nähert sich die AKF des PRBS der AKF des DRBS nach Gl. (5.3.5), wobei auch der Gleichanteil $-a^2/N$ vernachlässigbar klein wird. Dann kann die Gewichtsfunktion wie beim DRBS bestimmt werden. Wenn dann zusätzlich λ klein ist im Vergleich zu der Summe der Zeitkonstanten des Prozesses, dann gilt

$$\Phi_{uu}(\tau) \approx a^2\lambda\delta(\tau) \tag{5.3.25}$$

mit der Leistungsdichte

$$S_{u0} \approx a^2\lambda$$

und die Auswertung kann vereinfacht wie bei weißem Rauschen als Eingangssignal nach Gl. (5.3.10) erfolgen. Für diesen Fall können auch die in Abschnitt 5.2.2c) angegebenen Fehlerabschätzungen für den Einfluß des Störsignales $n(t)$ verwendet werden. Man beachte, daß wegen der deterministischen Natur des Eingangssignales keine eigene statistische Unsicherheit der KKF nach Gl. (5.1.6) mehr auftritt und deshalb σ_{g1} nach Gl. (5.2.24) Null wird.

Zur *Wahl der freien Parameter* a, λ und N eines PRBS gelten folgende Regeln:

a) Die Amplitude a ist stets so groß zu wählen, wie dies der Betrieb des Prozesses zuläßt, damit der durch Störsignale verursachte Fehler relativ klein wird.
b) Die Taktzeit λ sollte zunächst möglichst groß gewählt werden, damit für eine gegebene Amplitude a die Leistungsdichte $S_{uu}(\omega)$ möglichst groß wird. Wenn dann die Bestimmung der Gewichtsfunktion vereinfacht nach Gl. (5.3.10) erfolgt, dann kommen Auswertefehler nach der Gl. (5.2.23) zum Tragen. Die Grenzfrequenz des Testsignals $\omega_g = 1/\lambda$ darf deshalb nicht zu klein, also λ nicht zu groß gewählt werden. Es ist deshalb $\lambda \leqq T_i/5$ zu empfehlen, wenn T_i die kleinste interessierende Zeitkonstante des Prozesses ist.

c) Die Periodendauer $T_p = N\lambda$ darf nicht kleiner sein, als die Einschwingzeit T_{95} der Gewichtsfunktion, damit sich keine Überlappung mit dem nächstfolgenden Dreieckimpuls der AKF ergibt. Richtwert: $T_p \approx 1{,}5 T_{95}$.

Die Anzahl M der Perioden des PRBS richtet sich schließlich nach der erforderlichen Meßzeit $T = MT_p = MN\lambda$ die für gegebene Signalparameter a, λ und N im wesentlichen vom Störsignal-Nutzsignal-Verhältnis abhängt, siehe Abschnitt 5.2.2c).

5.4 Korrelationsanalyse am geschlossenen Regelkreis

Ist ein gestörter Prozeß G_p, wie in Bild 5.10 gezeigt, mit einer Rückführung versehen, dann ist das Eingangssignal $u(t)$ mit dem Störsignal $n(t)$ über die Rückführung G_R korreliert. Es ist dann im allgemeinen nicht möglich, durch Bilden der Kreuzkorrelationsfunktion Φ_{uy} das dynamische Verhalten des Prozesses G_p zu bestimmen, siehe Satz 5.2. Dies gilt unabhängig davon, an welcher Stelle des Kreises ein Testsignal eingeführt wird. (Versucht man trotzdem ein Modell des Prozesses zu identifizieren, dann erhält man Modelle mit von Null verschiedenen Gewichtsfunktionen für negative Zeiten, siehe Goodman und Reswick (1956), Rödder (1973, 1974)). Das Verhalten des Prozesses G_p läßt sich jedoch bestimmen, wenn sein Ein- und Ausgangssignal mit einem von außen einwirkenden Testsignal, z.B. $w(t)$, korreliert wird. Es gilt dann

$$\Phi_{wu}(\tau) = E\{w(t-\tau)u_0(t)\} + \underbrace{E\{w(t-\tau)u_n(t)\}}_{=0} \tag{5.4.1}$$

falls $u_0(t)$ der von $w(t)$ erzeugte Anteil und $u_n(t)$ der von $n(t)$ entstehende Anteil von $u(t)$ ist. Entsprechend ist

$$\Phi_{wy}(\tau) = E\{w(t-\tau)y_0(t)\} + \underbrace{E\{w(t-\tau)n(t)\}}_{=0} \,. \tag{5.4.2}$$

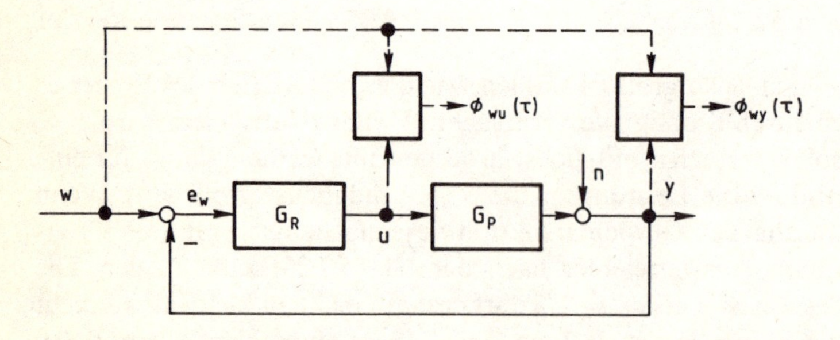

Bild 5.10. Zur Korrelationsanalyse eines Prozesses im geschlossenen Regelkreis

Aus $\Phi_{wu}(\tau)$ erhält man dann die Gewichtsfunktion $g_{wu}(\tau)$ und durch Fouriertransformation den Frequenzgang

$$G_{wu} = \frac{G_R}{1 + G_R G_P} \tag{5.4.3}$$

und in entsprechender Weise aus $\Phi_{wy}(\tau)$ die Gewichtsfunktion $g_{wy}(\tau)$ bzw.

$$G_{wy} = \frac{G_R G_P}{1 + G_R G_P} . \tag{5.4.4}$$

Aus den letzten beiden Gleichungen folgt dann

$$G_P = G_{wy}/G_{wu}$$

siehe auch Mesch (1966).

Wenn der Prozeß jedoch nicht zwischen den Meßstellen für $u(t)$ und $y(t)$ gestört ist, dann kann er fehlerfrei identifiziert werden, wenn der Regelkreis an anderer Stelle geeignet angeregt wird, Rödder (1974).

5.5 Spektralanalyse mit stochastischen Signalen

Die Korrelationsverfahren werten die gemessenen Signale im Zeitbereich aus und haben eine Kreuzkorrelationsfunktion als Ergebnis, aus der man entweder durch Entfaltung oder bei weißem Rauschen als Eingangsgröße direkt die Gewichtsfunktion des zu untersuchenden Prozesses erhält. Interessiert aber der Frequenzgang, dann kann man bei vorliegender Gewichtsfunktion nach Gl. (2.1.17) und Kapitel 3 durch numerisch ausgeführte Fourier-Transformation den Frequenzgang berechnen, siehe z.B. Davies (1970). Nun liegt es nahe, den Frequenzgang direkt aus dem Verhältnis von Kreuz- und Wirkleistungsdichte nach Gl. (2.1.65)

$$G(\mathrm{i}\omega) = \frac{S_{uy}(\mathrm{i}\omega)}{S_{uu}(\omega)} \tag{5.5.1}$$

zu bestimmen.

Eine Wirkleistungsdichte $S_{xx}(\omega)$ wird dabei aufgrund folgender Betrachtung gemessen. Nach Gl. (2.1.49) gilt für die Varianz eines stationären stochastischen Signals mit $E\{x(t)\} = 0$

$$\sigma_x^2 = E\{x^2(t)\} = \frac{1}{\pi} \int_0^\infty S_{xx}(\omega)\,\mathrm{d}\omega . \tag{5.5.2}$$

Nun wird das Signal $x(t)$ von einem idealen Bandpaßfilter mit der einstellbaren Mittenfrequenz ω_0 und der Bandbreite $\Delta\omega$ gefiltert, Bild 5.11. Dann gilt für das gefilterte Ausgangssignal

$$\sigma_{xF}^2(\omega_0, \Delta\omega) = \frac{1}{\pi} \int_{\omega_0 - \Delta\omega/2}^{\omega_0 + \Delta\omega/2} S_{xx}(\omega)\,\mathrm{d}\omega = \frac{1}{\pi} S_{xx}(\omega_0)\Delta\omega \tag{5.5.3}$$

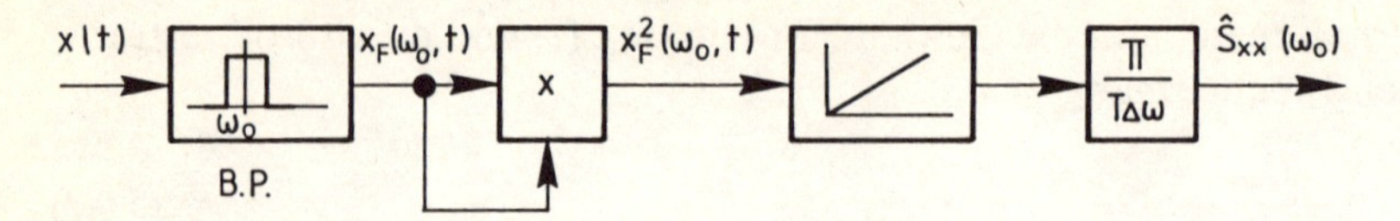

Bild 5.11. Meßanordnung für die Wirkleistungsdichte. B.P.: Bandpaß-Filter mit variabler Mittelfrequenz ω_0 und Bandbreite $\Delta\omega$

mit der Annahme, daß $S_{xx}(\omega) \approx \text{const}$ im Bereich $\omega_0 - \Delta\omega/2 \leqq \omega \leqq \omega_0 + \Delta\omega/2$. Somit folgt

$$\hat{S}_{xx}(\omega_0) = \frac{\pi}{\Delta\omega} \hat{\sigma}_{xF}^2(\omega_0, \Delta\omega) = \frac{\pi}{\Delta\omega} \frac{1}{T} \int_0^T x_F^2(\omega_0, \Delta\omega, t)\, dt . \tag{5.5.4}$$

Die zugehörige Meßanordnung ist in Bild 5.11 zu sehen. Für diese Schätzung gilt

$$\lim_{\Delta\omega \to 0} \lim_{T \to \infty} E\{\hat{S}_{xx}(\omega_0)\} = S_{xx}(\omega_0) . \tag{5.5.5}$$

Da im allgemeinen $S_{xx}(\omega) \neq \text{const}$ im Bereich $\Delta\omega$, ist die Schätzung nach Gl. (5.5.4) nicht erwartungstreu. Außerdem ist ihre Varianz proportional zu $1/\Delta\omega T$. Hieraus ergeben sich widersprechende Forderungen für die zu wählende Bandbreite $\Delta\omega$ des Bandpaßfilters, Bendat und Piersol (1967), S. 198 und 258. Hinzu kommen noch Durchlaßfehler wegen der nicht möglichen Realisierung idealer Bandpaßfilter. Während man sich für hochfrequente Signale mit durchstimmbaren Bandpaßfiltern und Meßanordnungen nach Bild 5.11 zumindest einen Überblick des Verlaufes der Leistungsdichte besorgen kann, scheidet dieses Verfahren für niederfrequente Signale wegen der viel zu großen Meßzeiten und der Realisierungsprobleme der Bandpaßfilter aus. Entsprechende Überlegungen und Meßanordnungen können auch für die Kreuzspektraldichte angegeben werden. Im allgemeinen wird deshalb empfohlen, den Frequenzgang durch Fourier-Transformation aus den Korrelationsfunktionen zu bestimmen

$$G(i\omega) = \frac{S_{uy}(i\omega)}{S_{uu}(i\omega)} = \frac{\mathfrak{F}\{\Phi_{uy}(\tau)\}}{\mathfrak{F}\{\Phi_{uu}(\tau)\}} . \tag{5.5.6}$$

5.6 Zusammenfassung

Die Korrelationsanalyse mit stochastischen und pseudostochastischen Testsignalen ist geeignet zur Ermittlung nichtparametrischer Modelle linearisierbarer Prozesse. Sie können zur On-line-Identifikation in Echtzeit eingesetzt werden und liefern bei näherungsweise weißem Rauschen als Testsignal als Ergebnis direkt die Gewichtsfunktion des Prozesses. Da durch den Vorgang der Kreuzkorrelation bei stationären Signalen automatisch eine Trennung von Stör- und Nutzsignaleinfluß erfolgt, dürfen bei der Korrelationsanalyse relativ große Störsignalamplituden im Vergleich zu den Nutzsignalamplituden zugelassen werden, sofern die zur Verfügung stehende Meßzeit ausreicht. Die Verwendung von natürlichem Rauschen als Testsignal ist zwar unter bestimmten Voraussetzungen prinzipiell möglich. Diese Voraussetzungen sind aber selten erfüllt. Deshalb wird grundsätzlich empfohlen, ein künstlich erzeugtes Testsignal zu verwenden. Eine große Verbreitung haben die Pseudo-Binär-Rausch-Signale (PRBS) gefunden, da sie einfach erzeugbar und reproduzierbar sind und eine einfache Autokorrelationsfunktion besitzen.

Die direkte Bestimmung des Frequenzganges über die Schätzung von Leistungsdichten (Spektralanalyse) hat sich besonders bei niederfrequenten Signalen nicht durchgesetzt.

Aufgaben zu Kap. 5

1. Wie verläuft die Autokorrelationsfunktion eines weißen Rauschens und eines breitbandigen Rauschens 1. Ordnung mit der Grenzfrequenz $f_g = 1$ Hz?
2. Wie verlaufen die Kreuzkorrelationsfunktionen von Ein- und Ausgangssignal für ein Verzögerungsglied 1. Ordnung $G(s) = K/(1 + T_1 s)$ und den Eingangssignalen von Aufgabe 1.?
   $K = 1$; $T_1 = 0{,}2$ s.
3. Man bestimme die Autokorrelationsfunktion eines diskreten Rausch-Binär-Signales mit $a = 2$ V und $\lambda = 2$ s und den Verlauf des Leistungsdichtespektrums.
4. An einem in Betrieb befindlichen Regelkreis sollen Sie den Frequenzgang $G_P(\mathrm{i}\omega)$ des Prozesses bestimmen. Aus Sicherheitsgründen darf der Regelkreis nicht aufgetrennt werden. Sie haben aber die Möglichkeit, ein Führungssignal w vorzugeben und die Stellgröße u des Regelkreises sowie die (gestörte) Regelgröße y zu messen.
   Als Auswertegerät stehen ein Korrelator und ein Digitalrechner zur Bildung der Fouriertransformierten zur Verfügung.
   a) Beschreiben Sie kurz wie Sie vorgehen und nennen Sie die zu bestimmenden Korrelationsfunktionen.
   b) Wie kann daraus der Frequenzgang des Prozesses bestimmt werden?

B Identifikation mit nichtparametrischen Modellen – zeitdiskrete Signale

Bis etwa 1965 wurden die Korrelationsfunktionen mit Mitteln der analogen Signalverarbeitung, wie z.B. Analogrechnern oder speziellen Korrelatoren mit Totzeit-Magnetbändern, ermittelt. Durch das Aufkommen von Digitalrechnern wurde diese Art der Auswertung jedoch allmählich verdrängt. Da die digitale Signalverarbeitung abgetastete Signale verwendet, können die Korrelationsfunktionen nur für diskrete Zeitpunkte bestimmt werden. Bei kleinen Abtastzeiten entstehen dann Näherungen der kontinuierlichen Korrelationsfunktionen. Bei größeren Abtastzeiten ergibt sich ein Übergang zu Modellen mit ausschließlich zeitdiskreten Signalen.

In Kapitel 6 wird die *Korrelationsanalyse mit zeitdiskreten Signalen* behandelt. Dabei wird auf die grundlegenden Algorithmen und auf binäre Testsignale eingegangen.

6 Korrelationsanalyse mit zeitdiskreten Signalen

Ausgehend von den in Kapitel 5 behandelten Grundlagen der Korrelationsanalyse wird in diesem Kapitel speziell der Fall zeitdiskreter Signale betrachtet, der heute bei der digitalen Signalverarbeitung im Vordergrund steht. Die Unterschiede in der Behandlung von zeitkontinuierlichen und zeitdiskreten Signalen sind an sich gering und beschränken sich zunächst bei der Bildung der Korrelationsfunktionen auf den Ersatz der Integration durch eine Summe. In Abschnitt 6.1 wird die *Schätzung der Korrelationsfunktionen* betrachtet, aber dieses mal für Signalabschnitte endlicher Länge und mit einer ausführlichen Betrachtung der Schätzunsicherheiten. Eine besondere Eigenschaft der Verarbeitung zeitdiskreter Signale ist die Möglichkeit der Bildung von rekursiven Schätzgleichungen. Dies wird am Beispiel der *rekursiven Korrelation* eingeführt. Der Abschnitt 6.2 ist der Korrelationsanalyse dynamischer Prozesse gewidmet. Dann schließt sich in Abschnitt 6.3 eine ausführliche Behandlung der *binären Testsignale* an.

6.1 Schätzung der Korrelationsfunktionen

6.1.1 Autokorrelationsfunktionen

Die Autokorrelationsfunktion eines zeitdiskreten stationären stochastischen Prozesses $x(k)$ ist nach Gl. (2.2.34)

$$\Phi_{xx}(\tau) = E\{x(k)x(k+\tau)\} = \lim_{N\to\infty} \frac{1}{N} \sum_{k=0}^{N-1} x(k)x(k+\tau)\,. \tag{6.1.1}$$

Dabei wurde angenommen, daß die Beobachtungszeit N unendlich groß ist. Gemessene Signale haben jedoch immer eine endliche Länge. Es interessiert deshalb die Genauigkeit, mit der man die Autokorrelationsfunktion eines einzelnen Signales $x(k)$, einer Musterfunktion des Prozesses $\{x(k)\}$, in endlicher Zeit schätzen kann. Aus Gl. (6.1.1) folgt zunächst als Schätzgleichung

$$\hat{\Phi}_{xx}(\tau) \approx \Phi_{xx}^{N}(\tau) = \frac{1}{N} \sum_{k=0}^{N-1} x(k)x(k+\tau)\,. \tag{6.1.2}$$

Wenn jedoch $x(k)$ nur im endlichen Bereich $0 \leqq k \leqq N-1$ existiert, dann gilt

$$\hat{\Phi}_{xx}(\tau) = \frac{1}{N} \sum_{k=0}^{N-1-|\tau|} x(k)x(k+|\tau|), \quad 0 \leqq |\tau| \leqq N-1 \tag{6.1.3}$$

da $x(k) = 0$ für $k < 0$ und $k > N - 1$ bzw. $x(k + |\tau|) = 0$ für $k > N - 1 - |\tau|$. Es existieren dann nur $N - |\tau|$ Produkte.

Alternativ könnte als Schätzgleichung auch

$$\hat{\Phi}'_{xx}(\tau) = \frac{1}{N - |\tau|} \sum_{k=0}^{N-1-|\tau|} x(k)x(k + |\tau|), \quad 0 \leqq |\tau| \leqq N - 1 \tag{6.1.4}$$

verwendet werden. Hierbei wird durch die tatsächliche Anzahl ($N - |\tau|$) der aufsummierten Produkte dividiert.

Es soll nun untersucht werden, welcher dieser beiden Schätzwerte besser ist[1]. Hierzu werde $E\{x(k)\} = 0$ angenommen. Der Erwartungswert beider Schätzgleichungen lautet für $0 \leqq |\tau| \leqq N - 1$

$$\begin{aligned} E\{\hat{\Phi}_{xx}(\tau)\} &= \frac{1}{N} \sum_{k=0}^{N-1-|\tau|} E\{x(k)x(k + |\tau|)\} = \frac{1}{N} \sum_{k=0}^{N-1-|\tau|} \Phi_{xx}(\tau) \\ &= \left[1 - \frac{|\tau|}{N}\right] \Phi_{xx}(\tau) = \Phi_{xx}(\tau) + b(\tau) \end{aligned} \tag{6.1.5}$$

und

$$E\{\hat{\Phi}'_{xx}(\tau) = \Phi_{xx}(\tau) \,. \tag{6.1.6}$$

Gl. (6.1.3) liefert also bei endlicher Meßzeit N einen systematischen Schätzfehler $b(\tau)$ (Bias), der aber für $N \to \infty$ und $|\tau| \ll N$ verschwindet

$$\lim_{N \to \infty} E\{\hat{\Phi}_{xx}(\tau)\} = \Phi_{xx}(\tau) \quad |\tau| \ll N \tag{6.1.7}$$

so daß die Schätzung konsistent ist. Gl. (6.1.4) ergibt jedoch auch für endliche N eine erwartungstreue Schätzung.

Für ein normalverteiltes Signal folgt die Varianz des Schätzwertes Gl. (6.1.2) aus der Varianz der Kreuzkorrelationsfunktion, die im folgenden Abschnitt in Gl. (6.1.26) angegeben ist,

$$\begin{aligned} \lim_{N \to \infty} \operatorname{var}[\hat{\Phi}_{xx}(\tau)] &= \lim_{N \to \infty} E\{[\hat{\Phi}_{xx}(\tau) - \Phi_{xx}(\tau)]^2\} \\ &= \lim_{N \to \infty} \frac{1}{N} \sum_{\xi = -(N-1)}^{N-1} [\Phi_{xx}^2(\xi) + \Phi_{xx}(\xi + \tau)\Phi_{xx}(\xi - \tau)] \,. \end{aligned} \tag{6.1.8}$$

Dies stellt die eigene Unsicherheit der geschätzten AKF dar, vgl. Kap. 5. Falls die Autokorrelationsfunktion endlich ist und $E\{x(k)\} = 0$, wird die Varianz Null für $N \to \infty$. Die Schätzung der Autokorrelationsfunktion nach Gl. (6.1.2) ist dann also konsistent im quadratischen Mittel.

Aus Gl. (6.1.8) ergeben sich für große N folgende Sonderfälle:

a) $\tau = 0$:

$$\operatorname{var}[\hat{\Phi}_{xx}(0)] \approx \frac{2}{N} \sum_{\xi = -(N-1)}^{N-1} \Phi_{xx}^2(\xi) \,. \tag{6.1.9}$$

---

[1] Einige grundlegende Begriffe der Schätztheorie sind im Anhang erklärt.

Wenn $x(k)$ weißes Rauschen ist, wird

$$\operatorname{var}[\hat{\Phi}_{xx}(0)] \approx \frac{2}{N}\Phi_{xx}^2(0) = \frac{2}{N}[\overline{x^2(k)}]^2 . \tag{6.1.10}$$

b) große τ:
Es gilt

$$\Phi_{xx}^2(\xi) \gg \Phi_{xx}(\xi+\tau)\Phi_{xx}(\xi-\tau) \quad (\text{da } \Phi_{xx}(\tau) \approx 0) .$$

Somit wird

$$\operatorname{var}[\hat{\Phi}_{xx}(\tau)] \approx \frac{1}{N}\sum_{\xi=-(N-1)}^{N-1} \Phi_{xx}^2(\xi) . \tag{6.1.11}$$

Aus Gl. (6.1.11) und Gl. (6.1.9) folgt ferner

$$\operatorname{var}[\hat{\Phi}_{xx}(0)] \approx 2\operatorname{var}[\hat{\Phi}_{xx}(\tau)] . \tag{6.1.12}$$

Die Varianz bei großen τ ist also nur etwa halb so groß wie diejenige bei $\tau = 0$.

Für die erwartungstreue Schätzung, Gl. (6.1.4), muß man in Gl. (6.1.8) nur N durch $N - |\tau|$ ersetzen und für endliche N erhält man

$$\operatorname{var}[\hat{\Phi}'_{xx}(\tau)] = \frac{N}{N-|\tau|}\operatorname{var}[\hat{\Phi}_{xx}(\tau)] . \tag{6.1.13}$$

Die erwartungstreue Schätzgleichung liefert also für $\tau > 0$ stets Schätzwerte mit größerer Varianz. Für $|\tau| \to N$ strebt sie sogar gegen unendlich, Jenkins-Watts (1968). Deshalb wird im allgemeinen nur die biasbehaftete Schätzgleichung Gl. (6.1.2) verwendet. Zur Übersicht sind die Eigenschaften der Schätzgleichungen noch einmal in Tabelle 6.1 zusammengefaßt.
Da $E\{x(k)\} = 0$ angenommen wurde, gelten alle Gleichungen auch für die Schätzung der *Autokovarianzfunktion* $R_{xx}(\tau)$. Bei zusätzlichen überlagerten Störsignalen $n(t)$ gelten die in Abschnitt 5.1 gemachten Aussagen.

Tabelle 6.1. Eigenschaften der Schätzgleichungen von Autokorrelationsfunktionen

Schätzgleichung	Bias für endliche N	Varianz für endliche N	Bias für $N \to \infty$
$\hat{\Phi}_{xx}(\tau)$	$-\frac{\lvert\tau\rvert}{N}\Phi_{xx}(\tau)$	$\operatorname{var}[\hat{\Phi}_{xx}(\tau)]$	0
$\hat{\Phi}'_{xx}(\tau)$	0	$\frac{N}{N-\lvert\tau\rvert}\operatorname{var}[\hat{\Phi}_{xx}(\tau)]$	0

6.1.2 Kreuzkorrelationsfunktionen

Die Kreuzkorrelationsfunktion zweier diskreter stationärer Prozesse ist nach Gl. (2.4.4)

$$\begin{aligned}\Phi_{xy}(\tau) &= E\{x(k)y(k+\tau)\} = \lim_{N\to\infty} \frac{1}{N}\sum_{k=0}^{N-1} x(k)y(k+\tau) \\ &= E\{x(k-\tau)y(k)\}\,. \end{aligned} \tag{6.1.14}$$

Als Schätzgleichung der Kreuzkorrelationsfunktion werde analog zu Gl. (6.1.2)

$$\hat{\Phi}_{xy}(\tau) \approx \Phi_{xy}^{N}(\tau) = \frac{1}{N}\sum_{k=0}^{N-1} x(k)y(k+\tau) \tag{6.1.15}$$

verwendet. Für $-(N-1) \leqq \tau \leqq (N-1)$ folgt hieraus

$$\hat{\Phi}_{xy}(\tau) = \begin{cases} \dfrac{1}{N}\displaystyle\sum_{k=0}^{N-1-\tau} x(k)y(k+\tau) & \text{für} \quad 0 \leqq \tau \leqq N-1 \\ \dfrac{1}{N}\displaystyle\sum_{k=-\tau}^{N-1} x(k)y(k+\tau) & \text{für} \quad -(N-1) \leqq \tau \leqq 0 \end{cases} \tag{6.1.16}$$

da $y(k) = 0$ und $x(k) = 0$ für $k < 0$ und $k > N-1$.

Der Erwartungswert dieser Schätzgleichung wird, siehe Gl. (6.1.5),

$$E\{\hat{\Phi}_{xy}(\tau)\} = \left[1 - \frac{|\tau|}{N}\right]\Phi_{xy}(\tau)\,. \tag{6.1.17}$$

Bei endlicher Meßzeit N ergibt sich also ein Bias, der nur für $N \to \infty$ verschwindet

$$\lim_{N\to\infty} E\{\hat{\Phi}_{xy}(\tau)\} = \Phi_{xy}(\tau)\,. \tag{6.1.18}$$

Würde man in Gl. (6.1.16) anstelle von N durch $(N - |\tau|)$ dividieren, dann würde wie bei der Autokorrelationsfunktion zwar der Erwartungswert auch für endliche N biasfrei sein, aber die Varianz der Schätzwerte zunehmen.

Es wird nun die Varianz der Schätzung nach Gl. (6.1.16) berechnet. Die erste Veröffentlichung zur Berechnung der Varianz findet man bei Bartlett (1946) für den Fall der Autokorrelationsfunktion.

Laut Definition gilt für die Kreuzkorrelationsfunktion

$$\operatorname{var}[\hat{\Phi}_{xy}(\tau)] = E\{[\hat{\Phi}_{xy}(\tau) - \Phi_{xy}(\tau)]^2\} = E\{[\hat{\Phi}_{xy}(\tau)]^2\} - \Phi_{xy}^2(\tau) \tag{6.1.19}$$

wobei Gl. (6.1.18) verwendet wurde, also $\lim\limits_{N\to\infty}$ anzunehmen ist. Ferner gilt

$$E\{[\hat{\Phi}_{xy}(\tau)]^2\} = \frac{1}{N^2}\sum_{k=0}^{N-1}\sum_{k'=0}^{N-1} E\{x(k)y(k+\tau)x(k')y(k'+\tau)\}\,. \tag{6.1.20}$$

Zur Vereinfachung der Schreibweise wurden hierbei nicht die Grenzen von Gl. (6.1.16), sondern von Gl. (6.1.15) eingesetzt. Nun werde angenommen, daß $x(k)$ und $y(k)$ normal verteilt sind. Dann enthält Gl. (6.1.20) vier Zufallsvariable z_1, z_2, z_3, z_4, für die nach Laning–Battin (1956) und Bendat–Piersol (1971) gilt:

$$E\{z_1 z_2 z_3 z_4\} = E\{z_1 z_2\} E\{z_3 z_4\} + E\{z_1 z_3\} E\{z_2 z_4\}$$
$$+ E\{z_1 z_4\} E\{z_2 z_3\} - 2\bar{z}_1 \bar{z}_2 \bar{z}_3 \bar{z}_4 . \tag{6.1.21}$$

Wenn $E\{x(k)\} = 0$ oder $E\{y(k)\} = 0$, dann folgt

$$E\{x(k)\,y(k+\tau)\,x(k')\,y(k'+\tau)\}$$
$$= \Phi_{xy}^2(\tau) + \Phi_{xx}(k'-k)\Phi_{yy}(k'-k) + \Phi_{xy}(k'-k+\tau)\Phi_{yx}(k'-k-\tau) .$$

Somit wird nach Einsetzen von Gl. (6.1.21) in Gl. (6.1.20)

$$\operatorname{var}[\hat{\Phi}_{xy}(\tau)] = \frac{1}{N^2} \sum_{k=0}^{N-1} \sum_{k'=0}^{N-1} [\Phi_{xx}(k'-k)\Phi_{yy}(k'-k)$$
$$+ \Phi_{xy}(k'-k+\tau)\Phi_{yx}(k'-k-\tau)] . \tag{6.1.22}$$

Nun werde $k' - k = \xi$ gesetzt. Dann wird

$$\operatorname{var}[\hat{\Phi}_{xy}(\tau)] = \frac{1}{N^2} \sum_{k=0}^{N-1} \sum_{\xi=-k}^{N-1-k} [\Phi_{xx}(\xi)\Phi_{yy}(\xi) + \Phi_{xy}(\xi+\tau)\Phi_{yx}(\xi-\tau)] . \tag{6.1.23}$$

Der Summand sei mit $F(\xi)$ bezeichnet. Sein Summationsbereich ist in Bild 6.1 angegeben. Nach Vertauschen der Summationsfolge ist

$$\sum_{k=0}^{N-1} \sum_{\xi=-k}^{N-1-k} F(\xi) = \underbrace{\sum_{\xi=0}^{N-1} F(\xi) \sum_{k=0}^{N-1-\xi} 1}_{\text{rechtes Dreieck}} + \underbrace{\sum_{\xi=-(N-1)}^{0} F(\xi) \sum_{k=-\xi}^{N-1} 1}_{\text{linkes Dreieck}}$$

$$= \sum_{\xi=0}^{N-1} (N-\xi)F(\xi) + \sum_{\xi=-(N-1)}^{0} (N+\xi)F(\xi) = \sum_{\xi=-(N-1)}^{N-1} (N-|\xi|)F(\xi) . \tag{6.1.24}$$

Mit dieser Umformung lautet Gl. (6.1.23)

$$\operatorname{var}[\hat{\Phi}_{xy}(\tau)] = \frac{1}{N} \sum_{\xi=-(N-1)}^{N-1} \left[1 - \frac{|\xi|}{N}\right] [\Phi_{xx}(\xi)\Phi_{yy}(\xi) + \Phi_{xy}(\xi+\tau)\Phi_{yx}(\xi-\tau)] \tag{6.1.25}$$

und es folgt schließlich

$$\lim_{N\to\infty} \operatorname{var}\hat{\Phi}_{xy}(\tau) = \lim_{N\to\infty} \frac{1}{N} \sum_{\xi=-(N-1)}^{N-1} \left[\Phi_{xx}(\xi)\Phi_{yy}(\xi) + \Phi_{xy}(\xi+\tau)\Phi_{yx}(\xi-\tau)\right] . \tag{6.1.26}$$

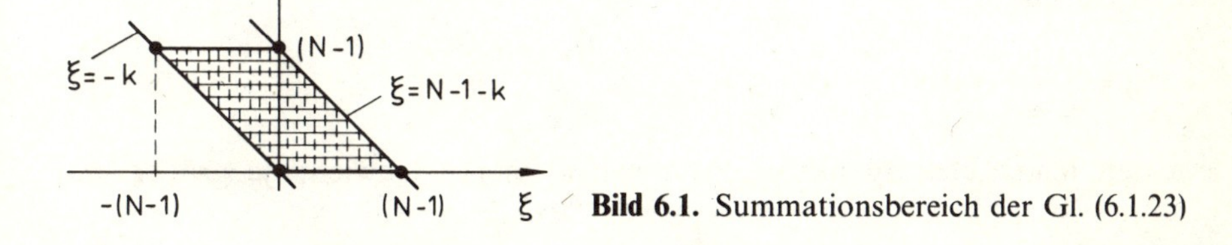

Bild 6.1. Summationsbereich der Gl. (6.1.23)

Diese Varianz ist alleine bedingt durch die stochastische Natur der beiden Zufallssignale. Sie drückt die eigene statistische Unsicherheit der KKF aus, siehe Abschnitt 5.1. Für $N \to \infty$ wird die Varianz also Null falls die Korrelationsfunktionen endlich sind und entweder $E\{x(k)\} = 0$ oder $E\{y(k)\} = 0$. Deshalb ist die Schätzung der Kreuzkorrelationsfunktion nach Gl. (6.1.15) für normalverteilte Signale konsistent im quadratischen Mittel. Bei zusätzlichen Störsignalen gelten die in Abschnitt 5.1 angegebenen Gesetzmäßigkeiten.

6.1.3 Rekursive Korrelation

Die Korrelationsfunktionen können auch rekursiv ermittelt werden. Dies wird am Beispiel der KKF erläutert. Zum Zeitpunkt $k-1$ lautet die nichtrekursive Schätzgleichung nach Gl. (6.1.15)

$$\hat{\Phi}_{xy}(\tau, k-1) = \frac{1}{k} \sum_{\nu=0}^{k-1} x(\nu - \tau) y(\nu) . \tag{6.1.27}$$

Für den Zeitpunkt k läßt sich dann schreiben

$$\begin{aligned} \hat{\Phi}_{xy}(\tau, k) &= \frac{1}{k+1} \sum_{\nu=0}^{k} x(\nu - \tau) y(\nu) \\ &= \frac{1}{k+1} \Bigg[\underbrace{\sum_{\nu=0}^{k-1} x(\nu - \tau) y(\nu)}_{k\hat{\Phi}_{xy}(\tau, k-1)} + x(k-\tau) y(k) \Bigg] . \end{aligned} \tag{6.1.28}$$

Somit gilt

$$\hat{\Phi}_{xy}(\tau, k) = \hat{\Phi}_{xy}(\tau, k-1) + \frac{1}{k+1}[x(k-\tau)y(k) - \hat{\Phi}_{xy}(\tau, k-1)]$$

$$\begin{matrix}\text{Neuer} \\ \text{Schätzwert}\end{matrix} = \begin{matrix}\text{Alter} \\ \text{Schätzwert}\end{matrix} + \begin{matrix}\text{Korrektur-} \\ \text{faktor}\end{matrix} \left[\begin{matrix}\text{Neues} \\ \text{Produkt}\end{matrix} - \begin{matrix}\text{Alter} \\ \text{Schätzwert}\end{matrix} \right] \tag{6.1.29}$$

Interpretiert man als Fehler oder Innovation

$$e(k) = x(k-\tau)y(k) - \hat{\Phi}_{xy}(\tau, k-1) \tag{6.1.30}$$

dann gilt auch

$$\hat{\Phi}_{xy}(\tau, k) = \hat{\Phi}_{xy}(\tau, k-1) + \gamma(k)e(k) . \tag{6.1.31}$$

Der Korrekturfaktor

$$\gamma(k) = \frac{1}{k+1} \tag{6.1.32}$$

versieht den neuen Beitrag mit einem umso kleineren Gewicht, je größer die

Meßdauer k ist, ganz entsprechend der arithmetischen Mittelwertbildung, wobei alle Produkte $0 \leqq \nu \leqq k$ dasselbe Gewicht erhalten.

Wird der Korrekturfaktor für ein bestimmtes k_1 festgehalten, dann erhalten die neuen Beiträge stets dasselbe Gewicht $\gamma(k_1)$. Der rekursive Schätzalgorithmus entspricht dann einem diskreten Tiefpaßfilter. Damit wird es möglich, auch langsam zeitvariante Prozesse zu analysieren. Auf verschiedene Möglichkeiten der Bildung von rekursiven Schätzalgorithmen wird in Kapitel 15 eingegangen.

6.2 Korrelationsanalyse linearer dynamischer Prozesse

6.2.1 Bestimmung der Gewichtsfunktion durch Entfaltung

Wenn ein linearer, stabiler und zeitinvarianter Prozeß mit einem stationären stochastischen Eingangssignal $u(k)$ angeregt wird, dann ist auch das Ausgangssignal $y(k)$ im eingeschwungenen Zustand ein stationäres stochastisches Signal, so daß man die Autokorrelationsfunktion $\hat{\Phi}_{uu}(\tau)$ und die Kreuzkorrelationsfunktion $\hat{\Phi}_{uy}(\tau)$ schätzen kann.

Es sei zunächst angenommen, daß sowohl $E\{u(k)\} = 0$ als auch $E\{y(k)\} = 0$ ist. Dann sind beide Korrelationsfunktionen nach Gl. (2.2.45) durch die Faltungssumme

$$\Phi_{uy}(\tau) = \sum_{\nu=0}^{\infty} g(\nu)\,\Phi_{uu}(\tau - \nu) \tag{6.2.1}$$

verknüpft, wobei $g(\nu)$ die Gewichtsfunktion des Prozesses ist.

Es sei nun angenommen, daß $\Phi_{uu}(\tau)$ und $\Phi_{uy}(\tau)$ für verschiedene τ, wie z.B. in Bild 6.2 angegeben, bestimmt worden sind und daß die Gewichtsfunktion $g(\nu)$ ermittelt werden soll.

Für jeden Wert von τ erhält man nach Gl. (6.2.1) eine Bestimmungsgleichung mit unterschiedlich vielen Elementen. Zur Ermittlung der Gewichtsfunktionswerte $g(0), g(1), \ldots, g(l)$ werden nun diese Bestimmungsgleichungen in einem Gleichungssystem mit $l + 1$ Näherungsgleichungen zusammengefaßt

$$\begin{bmatrix} \Phi_{uy}(-P+l) \\ \vdots \\ \Phi_{uy}(-1) \\ \Phi_{uy}(0) \\ \Phi_{uy}(1) \\ \vdots \\ \Phi_{uy}(M) \end{bmatrix} \approx \begin{bmatrix} \Phi_{uu}(-P+l) & \cdots & \Phi_{uu}(-P) \\ \vdots & & \\ \Phi_{uu}(-1) & \cdots & \Phi_{uu}(-1-l) \\ \Phi_{uu}(0) & \cdots & \Phi_{uu}(-l) \\ \Phi_{uu}(1) & \cdots & \Phi_{uu}(1-l) \\ \vdots & & \vdots \\ \Phi_{uu}(M) & \cdots & \Phi_{uu}(M-l) \end{bmatrix} \begin{bmatrix} g(0) \\ \\ \\ \vdots \\ \\ \\ g(l) \end{bmatrix}$$

$$\hat{\boldsymbol{\Phi}}_{uy} \approx \hat{\boldsymbol{\Phi}}_{uu} \quad \boldsymbol{g} \tag{6.2.2}$$

Die größte verwendete negative Zeitverschiebung von $\Phi_{uu}(\tau)$ sei hierbei $\tau_{\min} = -P$ und die größte positive Zeitverschiebung $\tau_{\max} = M$. Das Gleichungssystem besteht dann aus $P - l + M + 1$ Gleichungen. Setzt man $M = -P + 2l$; dann bleiben $l + 1$ Gleichungen, so daß $\hat{\boldsymbol{\Phi}}_{uu}$ eine quadratische Matrix wird und unmittelbar folgt

$$\boldsymbol{g} \approx \hat{\boldsymbol{\Phi}}_{uu}^{-1} \hat{\boldsymbol{\Phi}}_{uy} . \tag{6.2.3}$$

Setzt man zusätzlich $P = l$, dann werden für positive und negative τ der AKF $\Phi_{uu}(\tau)$ dieselbe Anzahl von Werten verwendet (eine symmetrische AKF, da $\tau_{\min} = -P = -l$ und $\tau_{\max} = M = l$). Durch die Berücksichtigung der Gewichtsfunktion bis zum endlichen Wert $v = l$ anstelle von $v \to \infty$ entsteht ein Abbruchfehler. Die Näherungslösung Gl. (6.2.3) wird deshalb im allgemeinen mit zunehmendem l besser.

Voraussetzung zur Inversion von $\hat{\boldsymbol{\Phi}}_{uu}$ in Gl. (6.2.3) ist, daß

$$\det \hat{\boldsymbol{\Phi}}_{uu} \neq 0 \tag{6.2.4}$$

d.h. das Gleichungssystem darf keine linear abhängigen Zeilen oder Spalten besitzen. Mindestens ein AKF-Wert $\Phi_{uu}(\tau)$ muß deshalb von Zeile zu Zeile verschieden sein, was der Fall ist, wenn der Prozeß ein dynamisch anregendes Eingangssignal $u(k)$ besitzt. Dies wird ausführlich bei den „Bedingungen für fortdauernde Anregung“ in Abschnitt 8.1.3 behandelt.

Wie aus Bild 6.2 zu entnehmen ist, werden zur Ermittlung von g noch nicht alle verfügbaren Werte von $\Phi_{uy}(\tau)$ und $\Phi_{uu}(\tau)$ verwendet.

Sollen zur Verbesserung der Genauigkeit auch die restlichen, von Null verschiedenen Werte der Korrelationsfunktionen und damit mehr Information über den Prozeß verwendet werden, dann kann man P weiter nach links und M weiter nach rechts schieben und erhält $(P + M + 1) > l + 1$ Gleichungen zur Bestimmung der $l + 1$ unbekannten $g(v)$. Mit Hilfe der Methode der kleinsten Quadrate, die in Kapitel 8 beschrieben wird, läßt sich dann ein im allgemeinen verbesserter Schätzwert von $\boldsymbol{g}$ angeben

$$\hat{\boldsymbol{g}} = [\hat{\boldsymbol{\Phi}}_{uu}^T \hat{\boldsymbol{\Phi}}_{uu}]^{-1} \hat{\boldsymbol{\Phi}}_{uu}^T \hat{\boldsymbol{\Phi}}_{uy} . \tag{6.2.5}$$

Die Ermittlung der Gewichtsfunktion läßt sich dabei wesentlich vereinfachen,

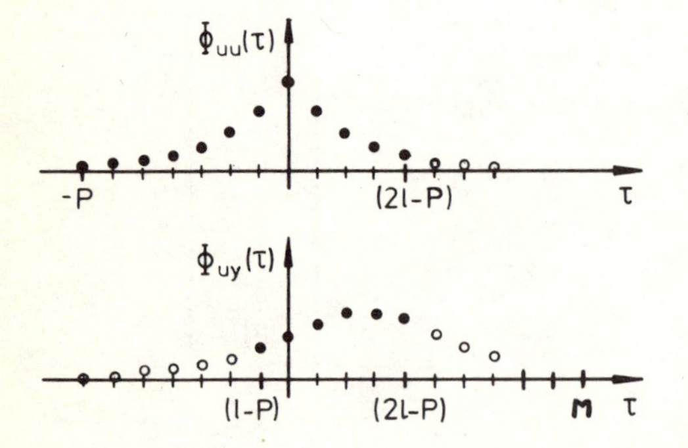

Bild 6.2. Geschätzte Korrelationsfunktionen eines linearen Prozesses

wenn das Eingangssignal ein *weißes Rauschen* mit der Autokorrelationsfunktion

$$\Phi_{uu}(\tau) = \sigma_u^2 \delta(\tau) = \Phi_{uu}(0)\delta(\tau) \tag{6.2.6}$$

$$\delta(\tau) = \begin{cases} 1 & \text{für } \tau = 0 \\ 0 & \text{für } |\tau| \neq 0 \end{cases}$$

ist. Dann folgt aus Gl. (6.2.1)

$$\Phi_{uy}(\tau) = \Phi_{uu}(0)g(\tau)$$

und somit

$$\hat{g}(\tau) = \frac{1}{\hat{\Phi}_{uu}(0)} \hat{\Phi}_{uy}(\tau) . \tag{6.2.7}$$

Die Gewichtsfunktion ist dann proportional zur Kreuzkorrelationsfunktion.

Es sei noch angemerkt, daß die Gewichtsfunktion auch mit Hilfe der in Kapitel 8 beschriebenen Methode der kleinsten Quadrate ermittelt werden kann. Hierzu werden die Gewichtsfunktionswerte $g(0)$, $g(1)$, . . . , $g(l)$ als Parameter aufgefaßt und es wird die Methode der kleinsten Quadrate auf die Faltungssumme, Gl. (2.2.11), angewendet, Levin (1964). Hierbei kann das Eingangssignal beliebige Form erhalten.

6.2.2 Einfluß stochastischer Störsignale

Es werde der Einfluß stochastischer Störsignale im Ausgangssignal auf die Ermittlung der Kreuzkorrelationsfunktion $\Phi_{uy}(\tau)$ untersucht. Dazu sei angenommen, daß dem exakten Ausgangssignal $y_u(k)$ ein stationäres, stochastisches Störsignal $n(k)$ überlagert sei

$$y(k) = y_u(k) + n(k) \tag{6.2.8}$$

und das Eingangssignal $u(k)$ und seine Autokorrelationsfunktion $\Phi_{uu}(\tau)$ genau bekannt seien.

Dann folgt aus

$$\hat{\Phi}_{uy}(\tau) = \frac{1}{N} \sum_{k=0}^{N-1} u(k)y(k+\tau) \tag{6.2.9}$$

mit Gl. (6.2.8) für den Fehler

$$\Delta\Phi_{uy}(\tau) = \frac{1}{N} \sum_{k=0}^{N-1} u(k)n(k+\tau) . \tag{6.2.10}$$

Falls das Störsignal $n(k)$ nicht mit dem Eingangssignal korreliert ist und $E\{n(k)\} = 0$ oder $E\{u(k)\} = 0$ ist, gilt

$$\begin{aligned} E\{\Delta\Phi_{uy}(\tau)\} &= \frac{1}{N} \sum_{k=0}^{N-1} E\{u(k)\} \cdot E\{n(k+\tau)\} \\ &= E\{u(k)\} \cdot E\{n(k)\} = 0 . \end{aligned} \tag{6.2.11}$$

Für die Varianz des Fehlers gilt

$$E\{[\Delta\hat{\Phi}_{uy}(\tau)]^2\} = \frac{1}{N^2} E\left\{\sum_{k=0}^{N-1}\sum_{k'=0}^{N-1} u(k)u(k')n(k+\tau)n(k'+\tau)\right\}$$

$$= \frac{1}{N^2}\sum_{k=0}^{N-1}\sum_{k'=0}^{N-1} \Phi_{uu}(k'-k)\,\Phi_{nn}(k'-k) \tag{6.2.12}$$

wenn $u(k)$ und $n(k)$ statistisch unabhängig sind.
Wenn das Eingangssignal ein weißes Rauschen mit der Autokorrelationsfunktion nach Gl. (6.2.6) ist, kann Gl. (6.2.12) vereinfacht werden zu

$$E\{[\Delta\hat{\Phi}_{uy}(\tau)]^2\} = \frac{1}{N}\Phi_{uu}(0)\,\Phi_{nn}(0) = \frac{1}{N} S_{uu0}\,\overline{n^2(k)}\,. \tag{6.2.13}$$

Die Standardabweichung des Gewichtsfunktionsfehlers

$$\Delta g(\tau) = \frac{1}{S_{uu0}}\Delta\hat{\Phi}_{uy}(\tau) \tag{6.2.14}$$

wird somit

$$\sigma_g = \sqrt{E\{\Delta g^2(\tau)\}} = \sqrt{\frac{\overline{n^2(k)}}{S_{uu0}N}} = \frac{\sqrt{\overline{n^2(k)}}}{\sigma_u}\cdot\frac{1}{\sqrt{N}} = \frac{\sigma_n}{\sigma_u}\cdot\frac{1}{\sqrt{N}}\,. \tag{6.2.15}$$

Diese Beziehung entspricht völlig der Gl. (5.2.30) für den Fall zeitkontinuierlicher Signale. Die Standardabweichung der Gewichtsfunktion ist proportional zum Störsignal – Nutzsignal-Verhältnis σ_n/σ_u und umgekehrt proportional zur Wurzel aus der Meßzeit N.

Somit folgt bei Einwirkung von Störsignalen $n(k)$ aus Gln. (6.2.11) und (6.2.15)

$$\left.\begin{aligned} &E\{\hat{g}(\tau)\} = g_0(\tau)\\ &\lim_{N\to\infty} \operatorname{var}[\hat{g}(\tau)] = 0 \end{aligned}\right\} \tag{6.2.16}$$

Die Gewichtsfunktion wird also mit Gl. (6.2.7) konsistent im quadratischen Mittel geschätzt.

Eine entsprechende Konvergenzuntersuchung läßt sich auch für die allgemeiner geltenden Schätzgleichungen (6.2.3) und (6.2.5) durchführen. Unter der Voraussetzung, daß die Korrelationsfunktionen entsprechend den Gln. (6.1.7) und (6.1.18) je für sich konsistent sind, gilt z.B. für

$$\begin{aligned} \lim_{N\to\infty} E\{\hat{\boldsymbol{g}}\} &\approx \lim_{N\to\infty} E\{\hat{\boldsymbol{\Phi}}_{uu}^{-1}\hat{\boldsymbol{\Phi}}_{uy}\}\\ &\approx \lim_{N\to\infty} E\{\hat{\boldsymbol{\Phi}}_{uu}^{-1}\}\cdot\lim_{N\to\infty} E\{\hat{\boldsymbol{\Phi}}_{uy}\}\\ &= \boldsymbol{\Phi}_{uu}^{-1}\boldsymbol{\Phi}_{uy} \approx \boldsymbol{g}_0\,. \end{aligned} \tag{6.2.17}$$

Da auch die Varianzen der Korrelationsfunktionsschätzwerte nach Abschnitt 6.1 für $N \to \infty$ gegen Null gehen, folgt, wenn man die Auswirkung des Abbruchfehlers nicht berücksichtigt:

Satz 6.1: Konvergenz der Ermittlung einer Gewichtsfunktion aus Korrelationsfunktion

Die Gewichtsfunktion $g(v)$ eines linearen zeitinvarianten Prozesses wird durch Entfaltung nach Gl. (6.2.3) oder durch die Gln. (6.2.5) oder (6.2.7) unter folgenden notwendigen Bedingungen konsistent im quadratischen Mittel geschätzt:

— Die Nutzsignale $u(k)$ und $y_u(k)$ sind stationär
— $E\{u(k)\} = 0$ (Gln. (6.1.8), (6.1.26), (6.2.11))
— Das Eingangssignal $u(k)$ ist dauernd anregend, so daß det $\hat{\boldsymbol{\Phi}}_{uu} \neq 0$
— Das Störsignal $n(k)$ ist stationär und nicht mit dem Eingangssignal $u(k)$ korreliert. □

Wenn die AKF des Eingangssignales exakt bekannt ist, wie z.B. bei einem PRBS, dann entfällt die eigene statistische Unsicherheit der AKF nach Gl. (6.1.8) und aus Gl. (6.1.26) und (6.2.11) folgt daß auch $E\{u(k)\} \neq 0$ sein darf, falls $E\{y(k)\} = 0$ und $E\{n(k)\} = 0$.

Dies wird auch noch aus folgender Betrachtung deutlich. Falls Ein- oder Ausgangssignal einen von Null verschiedenen Mittelwert haben, gilt

$$u(k) = U(k) - U_{00}$$
$$y(k) = Y(k) - Y_{00} \quad .$$

wobei $U_{00} = \overline{U(k)}$ und $Y_{00} = \overline{Y(k)}$, und nach Einsetzen in Gl. (6.2.9) wird

$$\hat{\Phi}_{uy}(\tau) = \frac{1}{N} \sum_{k=0}^{N-1} [U(k) Y(k+\tau)] - U_{00} Y_{00} \,. \tag{6.2.18}$$

Die Mittelwerte müssen dann also während der Messung gesondert ermittelt und ihr Produkt subtrahiert werden. Ist jedoch entweder $U_{00} = 0$ oder $Y_{00} = 0$ und $E\{n(k)\} = 0$, dann braucht eine besondere Mittelwertbildung nicht vorgenommen werden, da dann Gl. (6.2.18) dasselbe Ergebnis wie Gl. (6.2.9) liefert.

Beispiel 6.1

Wie in Beispiel 5.1 wird ein Prozeß erster Ordnung, mit der Übertragungsfunktion

$$G(s) = \frac{y(s)}{u(s)} = \frac{K}{1 + T_1 s}$$

betrachtet, dessen z-Übertragungsfunktion mit einem Halteglied nullter Ordnung lautet

$$G(z) = \frac{y_u(z)}{u(z)} = \frac{b_1 z^{-1}}{1 + a_1 z^{-1}} \,.$$

Mit den Zahlenwerten $K = 1$, $T_1 = 2\,\text{sec}$ und der Abtastzeit $T_0 = 0{,}4\,\text{sec}$ gilt

$$a_1 = -0{,}81873 \quad \text{und} \quad b_1 = 0{,}18127 \,.$$

Das Ausgangssignal $y(k)$ wird gestört durch ein normal verteiltes bandbegrenztes weißes Rauschen $n(k)$ mit der Grenzfrequenz $f_g = 0{,}5$ Hz bzw. $\omega_g = 3{,}142$ 1/sec. Als Eingangssignal wird ein (gleichverteiltes) diskretes Rausch-Binär-Signal (DRBS) mit der Amplitude a verwendet (siehe Abschnitt 6.3). Der Verlauf der Signale ist in Bild 6.3 zu sehen. Aufgrund der Gln. (6.2.7) und (6.3.1) gilt dann für die Gewichtsfunktion

$$\hat{g}(\tau) = \frac{1}{\hat{\Phi}_{uu}(0)} \hat{\Phi}_{uy}(\tau) = \frac{1}{a^2} \hat{\Phi}_{uy}(\tau)$$

wobei angenommen wird, daß die AKF stets $\hat{\Phi}_{uu}(\tau) = a^2 \delta(\tau)$ für alle Meßzeiten ist.

Auto- und Kreuzkorrelationsfunktion wurden nun über einen digital simulierten Prozeß, der mit einem Rauschgenerator am Ausgang gestört wurde, mit einem Prozeßrechner ermittelt für die Meßzeiten $T/T_1 = 20, 50, 100, 200, 400$ und für das Störsignal–Nutzsignal Verhältnis $\sigma_n/a = 0{,}2$. Bild 6.4 zeigt den Verlauf der ermittelten Korrelationsfunktionen in Abhängigkeit von der Zeit. Es ist deutlich zu erkennen, wie sich der Verlauf der Korrelationsfunktionen mit zunehmender

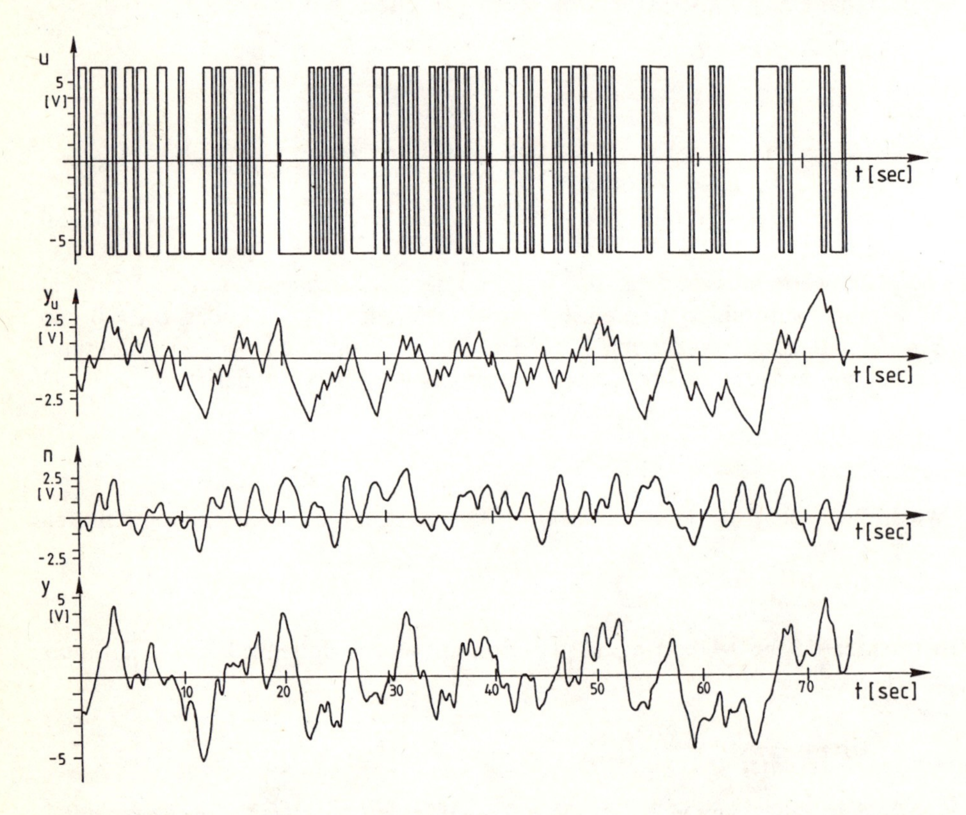

Bild 6.3. Verlauf der Signale für Beispiel 6.1. *u*: PRBS-Testsignal; *n*: Störsignal; *y*: gestörtes Ausgangssignal

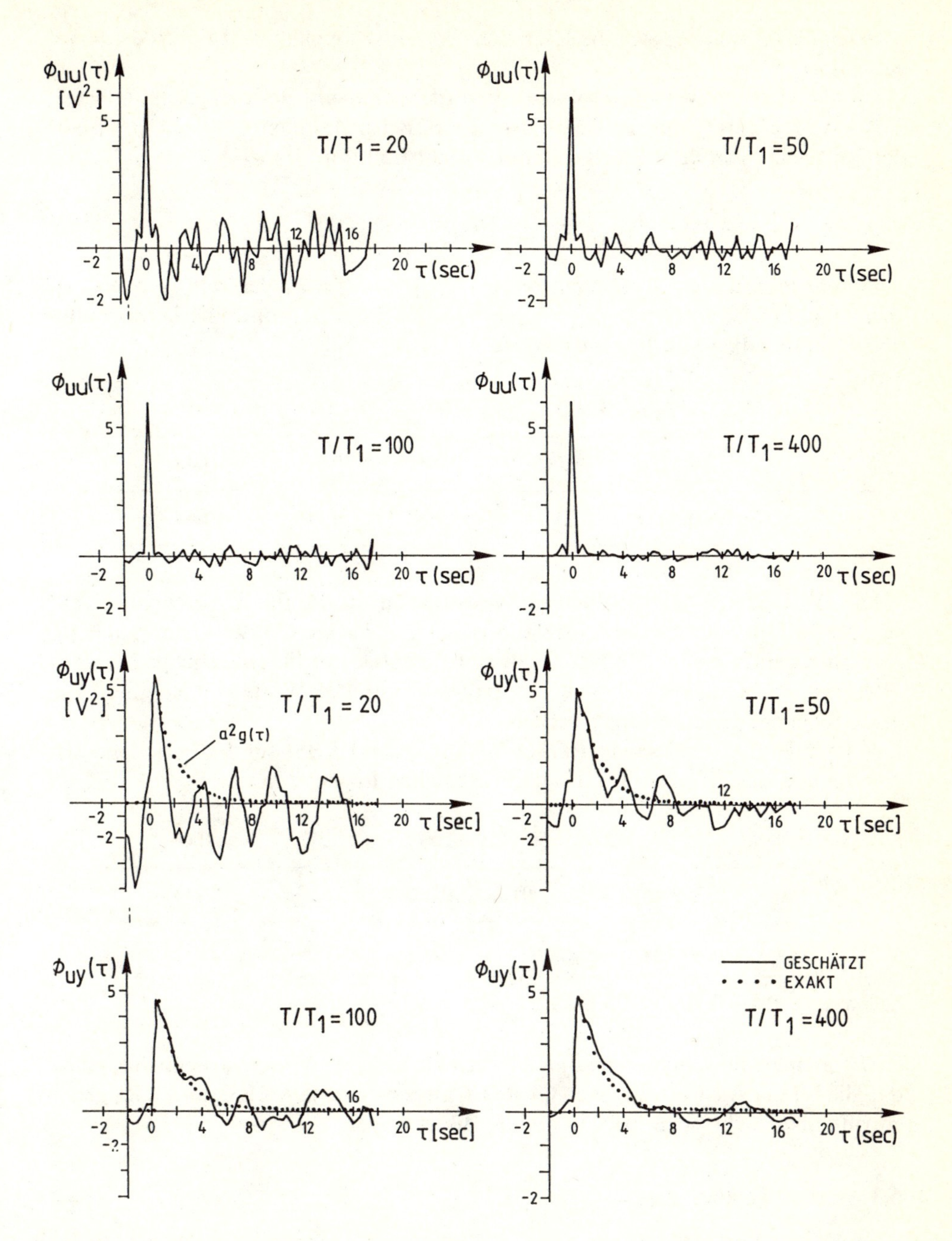

Bild 6.4. Verlauf von Autokorrelationsfunktion und Kreuzkorrelationsfunktion für einen gestörten zeitdiskreten Prozeß erster Ordnung mit diskretem binärem Rauschen (DRBS)

Meßzeit glättet und wie sich die KKF dem Verlauf $a^2 g(\tau)$ nähert (Es wurde $a = 6$ V verwendet).

Da dieselben Zahlenwerte verwendet wurden wie beim Beispiel 5.1 ($\sigma_n/a = 0{,}2$; $\lambda/T_1 = 0{,}2$), ermöglichen die Ergebnisse dieses Beispiels einen Vergleich der Standardabweichungen der (zeitdiskreten) Gewichtsfunktion

$$\sigma_g = \sqrt{\overline{\Delta g^2(\tau)}} = \frac{1}{a^2 \lambda} \sqrt{\frac{1}{50} \sum_{k=-5}^{44} [\Phi_{uy}(\tau) - \Phi_{uy}(\tau)]^2} \, .$$

Bezieht man diesen Wert nicht auf $g_{max} = g(k = 1) = b_1$ der zeitdiskreten Gewichtsfunktion, sondern auf $g_{max} = g(t = 0) = K/T_1$ der zeitkontinuierlichen Funktion, dann ergeben sich folgende Werte:

	σ_n/a	$T/T_1 = 20$	50	100	200	400
σ_g/g_{max}	0	0,222	0,069	0,049	0,071	0,044
σ_g/g_{max}	0,2	0,305	0,114	0,094	0,110	0,064

Die Werte für $\sigma_n/a = 0$ geben im wesentlichen die Einflüsse durch die eigene statistische Unsicherheit der Korrelationsfunktion wieder, die Werte für $\sigma_n/a = 0{,}2$ zusätzlich den Störsignaleinfluß. Da diese Ergebnisse nur für eine einzige Messung gelten, läßt sich aussagen, daß die theoretisch ermittelten Werte von Beispiel 5.1 in der Größenordnung bestätigt werden.

Verwendet man ein Pseudo-Rausch-Binär-Signal (PRBS) mit der Periodendauer $N = 63$ und der Taktzeit $\lambda = T_0$, dann entstehen folgende Werte:

	σ_n/a	$(T/T_1 = 20)$*	50	100	200	400
σ_g/g_{max}	0	(0,064)	0,017	0,008	0,003	0,0004
σ_g/g_{max}	0,2	(0,181)	0,097	0,051	0,043	0,030

* Erste volle Periode des PRBS bei $T/T_1 = 25$ sec.

Die Standardabweichungen sind deutlich kleiner, was darauf zurückzuführen ist, daß die bei der Auswertung nach Gl. (6.2.7) angenommene AKF beim PRBS genau zutrifft, aber nicht beim DRBS, wie die Bilder zeigen. □

6.3 Binäre Testsignale

Zur Korrelationsanalyse linearer dynamischer Prozesse sind als Eingangssignale stationäre stochastische Signale mit beliebiger Amplitudenverteilung zugelassen. Wenn man zur Prozeßidentifikation jedoch künstlich erzeugte Eingangssignale verwendet, dann ist es sehr zweckmäßig binäre Signale zu wählen, also Signale die nur zwei Zustände $+a$ und $-a$ besitzen, wie in Abschnitt 5.3 bereits ausführlich dargelegt.

Ein diskretes binäres Rauschsignal (abgekürzt DRBS = Diskretes Rausch-Binär-Signal) entsteht dadurch, daß die binären Werte des Signales regellos zu diskreten Zeitpunkten kT_0 wechseln, Bild 6.5.

Die zeitdiskrete Autokorrelationsfunktion dieses binären Rauschsignales folgt aus Gl. (5.3.5)

$$\Phi_{uu}(\tau) = \begin{cases} a^2 & \text{für } \tau = 0 \\ 0 & \text{für } |\tau| > 0 \,. \end{cases} \tag{6.3.1}$$

Für $|\tau| > 0$ treten positive und negative Produkte der Signalwerte gleich häufig auf, Bild 6.5. Die Leistungsdichte folgt aus Gl. (2.4.8)

$$\begin{aligned} S_{uu}(z) &= \sum_{\tau=-\infty}^{\infty} \Phi_{uu}(\tau) z^{-\tau} = \Phi_{uu}(0) \\ &= S_{uu}^{*}(\omega) = a^2 \qquad 0 \leqq |\omega| \leqq \pi/T_0 \,. \end{aligned} \tag{6.3.2}$$

Das diskrete binäre Rauschsignal hat also dieselbe Autokorrelationsfunktion und Leistungsdichte wie diskretes weißes Rauschen mit beliebiger Amplitudenverteilung, siehe Gl. (2.4.11/13).

Gln. (6.3.1) und (6.3.2) gelten für unendlich große Meßzeiten. Für endliche Meßzeiten nehmen Korrelationsfunktion und Spektraldichte jedoch andere Werte an, so daß sie bei jeder Messung ermittelt werden müssen und nicht zur vereinfachten Auswertung nach Gl. (6.2.7) führen.

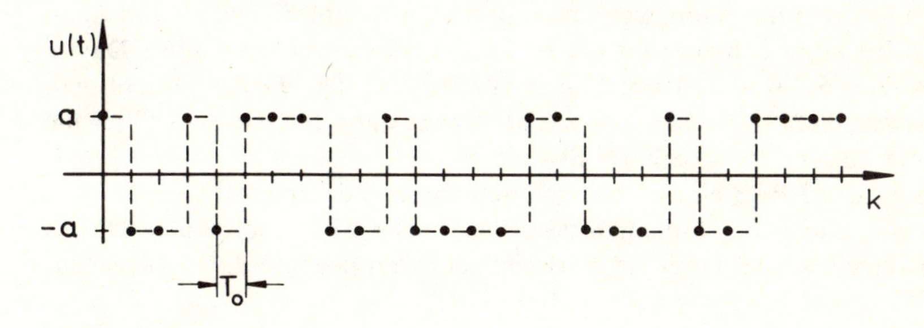

Bild 6.5. Diskretes Rausch-Binär-Signal

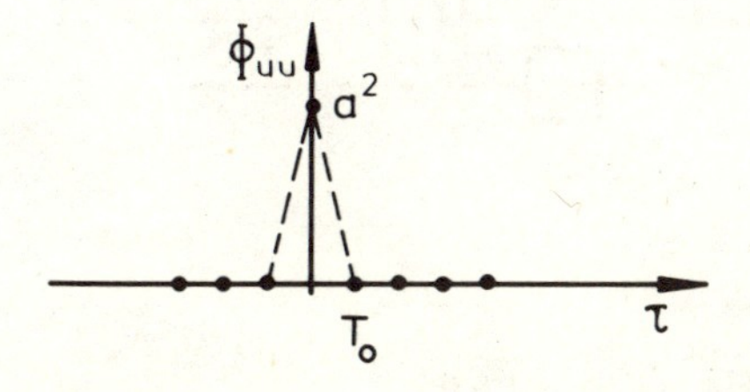

Bild 6.6. Autokorrelationsfunktion des diskreten Rausch-Binär-Signals

Aus diesem Grunde bevorzugt man periodische binäre Signalfolgen, die dann determinierte Signale werden, und fast dieselbe Autokorrelationsfunktionen haben, wie stochastische binäre Signale. Sie werden deshalb Pseudo-Rausch-Binär Signale (PRBS) genannt, siehe auch Abschnitt 5.3.

Eine Möglichkeit der Erzeugung von Pseudo-Rausch-Binär-Signalen ist die Verwendung von *rückgekoppelten Schieberegistern.*

In einem Schieberegister, das aus n Stufen mit dem binären Informationsgehalt 0 oder 1 besteht, werden die zu einem bestimmten Zeitpunkt in den einzelnen Stufen gespeicherten Werte nach Einwirken des Schiebeimpulses an die jeweils darauf folgenden Stufen weitergegeben. Bei periodisch einwirkenden Schiebeimpulsen erhält man daher in der Ausgangsstufe zunächst eine binäre Folge, die in der n-ten bis ersten Stufe beim Start gespeichert war.

Wenn man das Schieberegister in geeigneter Weise rückkoppelt, dann entstehen periodische Folgen binärer Signale. Hierzu werden die Ausgänge zweier (oder mehrerer) bestimmter Stufen über eine Antivalenzstufe auf den Eingang des Schieberegisters zurückgeführt, Bild 6.7.

Die Antivalenzstufe ordnet dabei den Eingangssignalen 0,0 und 1,1 das Ausgangssignal 0 und den Eingangssignalen 0,1 und 1,0 das Ausgangssignal 1 zu (Modulo-Zwei-Addition). Schließt man den Fall aus, daß in allen Stufen 0 steht, dann erhält man bei beliebigem Anfangszustand eine periodische Signalfolge. Bei n Stufen sind 2^n verschiedene Binärkombinationen im Schieberegister möglich. Da der Fall 0 in allen Stufen ausscheidet, bilden

$$N = 2^n - 1$$

binäre Signale eine Periode maximal möglicher Länge, denn nach jedem Schiebeimpuls entsteht eine neue Kombination im Schieberegister. Perioden maximaler Länge erhält man aber nur dann, wenn bestimmte Stufenzahlen gewählt und wenn bestimmte Stufen eines Schieberegisters zurückgekoppelt werden, Chow, Davies (1964), Pittermann, Schweizer (1966), Davies (1970), siehe Tabelle 6.2. Ordnet man den Ausgangswert 0 und 1 die Werte $+a$ und $-a$ zu, dann entsteht schließlich die gewünschte periodische Folge binärer Signale.

In Bild 6.8 ist das PRBS eines 4-stufigen Schieberegisters dargestellt.

Es werden nun einige Eigenschaften des *zeitdiskreten* PRBS betrachtet, Davies (1970). Die Taktzeit werde dabei mit λ bezeichnet. Man beachte dabei die Eigen-

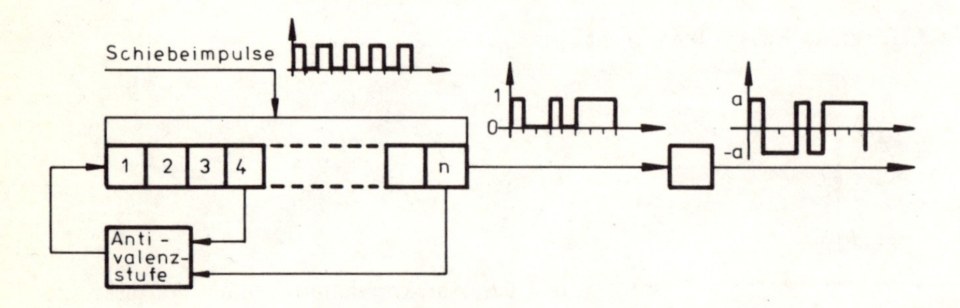

Bild 6.7. Rückgekoppeltes Schieberegister zur Erzeugung eines PRBS

Table 6.2. Aufbau von Schieberegistern zur Erzeugung von PRBS maximaler Länge

2	1 und 2	3
3	1 und 3 oder 2 und 3	7
4	3 und 4 oder 1 und 4	15
5	3 und 5 oder 2 und 5	31
6	5 und 6	63
7	4 und 7	127
8	1 und 2 und 7 und 8	255
9	5 und 9	511
10	7 und 10	1023
11	9 und 11	2047

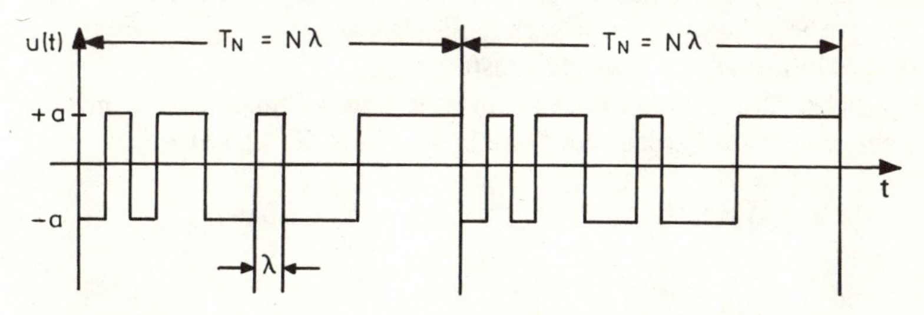

Bild 6.8. Pseudo-Rausch-Binär-Signal für ein 4-stufiges Schieberegister

schaften des in Abschnitt 5.3 behandelten PRBS, das dort für *kontinuierliche Zeit* t betrachtet wurde.

a) Ein PRBS enthält $(N+1)/2$ Werte a und $(N-1)/2$ Werte $-a$. Der Mittelwert ist deshalb

$$\overline{u(k)} = \frac{a}{N}\,. \tag{6.3.3}$$

b) Denkt man sich ein PRBS aus Rechteckimpulsen der Höhe $+a$ und $-a$ zusammengesetzt, dann kommen in einem PRBS die einzelnen Impulslängen mit folgender Häufigkeit vor:

$$\left.\begin{array}{lll} \alpha = \frac{1}{2}\cdot\frac{N+1}{2} & \text{Impulse der Länge} & \lambda \\ \frac{1}{4}\cdot\frac{N+1}{2} & \text{Impuls der Länge} & 2\lambda \\ \frac{1}{8}\cdot\frac{N+1}{2} & \text{Impulse der Länge} & 3\lambda \end{array}\right\}\alpha > 1$$

$$\vdots \qquad\qquad \vdots$$

$$\left.\begin{array}{ll} 1 \text{ Impuls der Länge} & (n-1)\lambda \\ 1 \text{ Impuls der Länge} & n\lambda\,. \end{array}\right\}\ \alpha = 1$$

Die Anzahl der Impulse mit der Höhe $+a$ und $-a$ ist jeweils gleich groß, mit der Ausnahme, daß jeweils nur ein Impuls der Länge $n\lambda$ und der Höhe $+a$ und ein Impuls der Länge $(n-1)\lambda$ und der Höhe $-a$ vorkommt.

c) Die Autokorrelationsfunktion eines PRBS ist für den Fall, daß die Taktzeit λ gleich der Abtastzeit T_0 ist

$$\hat{\Phi}_{uu}(\tau) = \begin{cases} a^2 & \text{für} \quad \tau = 0,\ N\lambda, 2N\lambda, \ldots \\ -\dfrac{a^2}{N} & \text{für}\ \lambda(1+\nu N) < |\tau| < \lambda(N-1+\nu N) \\ & \nu = 0,\ \pm 1,\ \pm 2, \ldots \end{cases} \tag{6.3.4}$$

Der Gleichanteil der Korrelationsfunktion entsteht dadurch, daß stets $(N+1)/2$ negative Produkte und $(N-1)/2$ positive Produkte $a \cdot a$ vorkommen. Dieser Gleichanteil kann für große N jedoch meist vernachlässigt werden.

Bild 6.9 zeigt die periodische Autokorrelationsfunktion.

d) Die Leistungsdichte des PRBS als zeitkontinuierliches Signal wurde in Abschnitt 5.3 abgeleitet. Für zeitdiskrete Signale folgt aus Gl. (2.4.8)

$$S_{uu}(z) = \sum_{\tau=-\infty}^{\infty} \hat{\Phi}_{uu}(\tau) z^{-\tau} \tag{6.3.5}$$

mit $z = e^{T_0 i\omega}$ und $0 \leqq |\omega| \leqq \eta/T_0$.

Die AKF wird hierzu in eine Fourier-Reihe entwickelt

$$\Phi_{uu}(\tau) = \sum_{\nu=-\infty}^{\infty} c_\nu e^{i\nu\omega_0\tau T_0} \qquad \omega_0 = \frac{2\pi}{N\lambda}$$
$$\tau = 0, 1, 2, \ldots \tag{6.3.6}$$

mit den Fourier-Koeffizienten

$$\begin{aligned} c_\nu(i\nu\omega_0) &= \frac{1}{N} \sum_{\tau=0}^{N-1} \Phi_{uu}(\tau) e^{i\nu\omega_0 T_0 \tau} \\ &= \frac{1}{N} \sum_{\tau=0}^{N-1} \Phi_{uu}(\tau) z_0^{-\nu\tau} \end{aligned} \tag{6.3.7}$$

wobei

$$z_0 = e^{iT_0\omega_0}.$$

Setzt man Gl. (6.3.4) für die AKF ein, dann folgt für $\lambda = T_0$

$$\begin{aligned} c_\nu(i\nu\omega_0) &= \frac{1}{N}\left[\Phi_{uu}(0) - \frac{a^2}{N}\sum_{\tau=1}^{N-1} z_0^{-\nu\tau}\right] \\ &= \frac{1}{N}\left[a^2 - \frac{a^2}{N}\underbrace{z_0^{-\nu\frac{N}{2}}}_{-1}\right] = \frac{a^2(N+1)}{N^2} \end{aligned} \tag{6.3.8}$$

wobei $\nu = 1, 2, \ldots, \frac{N-1}{2}$. Für $\nu = 0$ ist

$$c_0 = \frac{a^2}{N}\,.$$

Im Falle großer N sind die Fourier-Koeffizienten

$$c_\nu = \frac{a^2}{N} \qquad \nu = 0, 1, 2, \ldots, \frac{N-1}{2}$$

und die AKF lautet

$$\Phi_{uu}(\tau) = \frac{a^2}{N} \sum_{\nu=-\frac{N-1}{2}}^{\frac{N-1}{2}} e^{i\nu\omega_0 T_0 \tau}\,. \tag{6.3.9}$$

Sie besteht also aus Schwingungen der Frequenzen $\nu\omega_0$ mit gleichgroßer Amplitude, deren diskrete Fourier-Transformierte nach Gl. (6.3.5)

$$S_{uu}(z) = \frac{a^2}{N}\,\delta(\omega - \nu\omega_0) \tag{6.3.10}$$

ist. Die Leistungsdichte besteht also aus Linien gleicher Höhe a^2/N für $-\pi/\lambda \leqq \nu\omega_0 \leqq \pi/\lambda$ und trägt damit den Charakter eines weißen Rauschens. Je größer die Periodendauer N wird, desto größer wird die Anzahl ν der enthaltenen Schwingungen und desto kleiner ihre Amplitude. Für die Gesamtleistung der reellen Schwingungen gilt

$$L = \sum_{\nu=1}^{\frac{N-1}{2}} \frac{a^2}{N} = \frac{N-1}{2N}\,a^2 \approx \frac{a^2}{2}\,. \tag{6.3.11}$$

Sie ist also für große N unabhängig von der Taktlänge N ungefähr konstant.

e) Die Wahl der Taktzeit λ ist beim diskreten PRBS an die gewählte Abtastzeit T_0 geknüpft

$$\lambda = \mu T_0 \qquad \mu = 1, 2, \ldots\,.$$

Für $\mu = 1$ und große N nähern sich die Eigenschaften des PRBS denen des diskreten weißen Rauschens, siehe d. (In Abschnitt 5.3 wurde gezeigt, daß die Bandbreite des PRBS $\omega_B = 2\pi/\lambda$ ist. Da bei zeitdiskreten Signalen nur Schwingungen bis $\omega_{sh} = \pi/T_0$ definiert sind, ist die Bandbreite also bei $\lambda = T_0$ mit $\omega_B = 2\omega_{sh}$ größer).

Vergrößert man λ durch Wahl von $\mu = 2, 3, \ldots$, dann wird sowohl für $N = \text{const}$ als auch $T_p = \text{const}$ die Anregung der niederen Frequenzen verstärkt, wie im einzelnen aus Abschnitt 5.2 und insbesondere Bild 6.9 hervorgeht.

6.4 Zusammenfassung

Die im Kapitel 6 beschriebene Korrelationsanalyse mit stochastischen und pseudostochastischen Testsignalen ist geeignet zur Identifikation nichtparametrischer

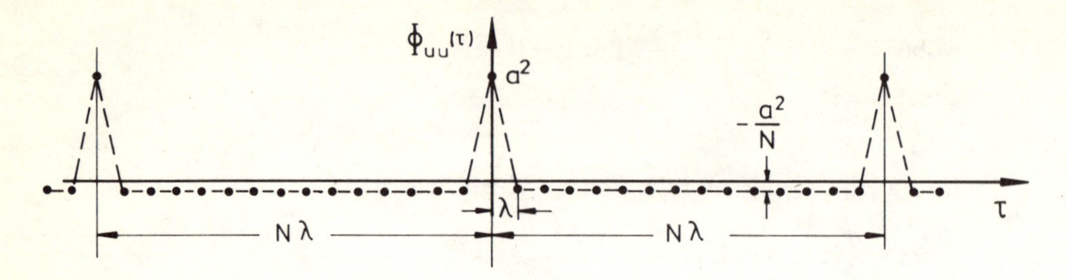

Bild 6.9. Autokorrelationsfunktion eines PRBS mit $\lambda = T_0$

Modelle linearisierbarer Prozesse mit zeitdiskreten Signalen. Sie läßt sich zur Auswertung mittels digitaler Signalverarbeitung einfach programmieren. In der rekursiven Schreibweise ist sie zur On-line-Identifikation in Echtzeit verwendbar. Im übrigen gelten dieselben Aussagen wie bei der Korrelationsanalyse für zeitkontinuierliche Signale, siehe Abschnitt 5.6.

Aufgaben zu Kap. 6

1. Ein vierstufiges Schieberegister hat folgenden Anfangszustand:

Stufe:	1	2	3	4
Inhalt:	1	0	0	1

   Die Stufen 3 und 4 sind über eine Antivalenzstufe zurückgekoppelt.
   a) Bestimmen Sie die Amplitudenfolge des entstehenden Pseudo-Rausch-Binär-Signals (PRBS).
   b) Ermitteln Sie die Periodenlänge N, den Mittelwert $\bar{u}(k)$ und die Autokorrelationsfunktion (AKF) $\Phi_{uu}(\tau)$ des PRBS.

2. Auf einem Digitalrechner soll ein PRBS-Signal mit einem 3-stufigen Schieberegister erzeugt werden. Die Stufen 2 und 3 seien zurückgekoppelt. Mit diesem Signal soll ein dynamischer Prozeß angeregt werden, um seine Gewichtsfunktion mit einem Korrelationsverfahren zu bestimmen.
   a) Zeichnen Sie in einem Strukturbild die Systematik zur Berechnung eines PRBS-Signals.
   b) Die Startwerte in den Registern seien:

Register:	1	2	3
Inhalt:	0	0	1

   Bestimmen und zeichnen Sie die Amplitudenfolge des entstehenden PRBS-Signals (Amplitude 1).
   c) Wie groß sind die Periodenlänge, Mittelwert und Varianz des entstehenden PRBS-Signals?

d) Skizzieren Sie qualitativ die Autokorrelationsfunktion des PRBS-Signals $\Phi_{uu}(\tau)$ für $-15\ T_0 \leqq \tau \leqq 15\ T_0$.
e) Geben Sie eine Bestimmungsgleichung für die Gewichtsfunktion $g(k)$ an, wenn Auto- und Kreuzkorrelationsfunktionen der Prozeßsignale verwendet werden sollen. Leiten Sie die Gleichung her.

3. Gegeben ist die z-Übertragungsfunktion des Prozesses:

$$G(z) = \frac{0{,}5z^{-1}}{1 - 0{,}5z^{-1}}$$

Eingangssignal $u(k)$ sei das in Aufgabe 1 ermittelte PRBS.
a) Bestimmen Sie die Werte $y(k)$, $k = 1, \ldots, 25$.
b) Berechnen Sie die Kreuzkorrelationsfunktion (KKF) $\Phi_{uy}(\tau)$.
(Hinweis: Werte $y(k)$ des eingeschwungenen Zustands benutzen.)

4. a) Berechnen Sie mit der in Aufgabe 1. und 2. bestimmten Funktionen $\Phi_{uu}(\tau)$ und $\Phi_{uy}(\tau)$ die Gewichtsfunktionswerte $g(k)$, $k = 1, \ldots, N-1$.
b) Ermitteln Sie zum Vergleich die Gewichtsfunktionswerte $g(k)$ aus der in Aufgabe 2 angegebenen z-Übertragungsfunktion.

5. Wie verläuft die Autokorrelationsfunktion eines PRBS mit Periodendauer $N = 31$ und Taktzeit $\lambda = T_0$ und $\lambda = 2T_0$. Wie groß ist die Bandbreite ω_B für beide Taktzeiten?

6. Wie ermittelt man eine Gewichtsfunktion aus gemessener Autokorrelationsfunktion und Kreuzkorrelationsfunktion?

C Identifikation mit parametrischen Modellen – zeitdiskrete Signale

Als Ergebnis der in den Teilen A und B behandelten Identifikationsmethoden erhält man nichtparametrische Modelle in Form von Frequenzgängen, Korrelationsfunktionen oder Gewichtsfunktionen. Diese Modelle haben zwar den Vorteil, daß keine bestimmte Struktur oder Ordnung vorausgesetzt werden muß. Zur Lösung vieler sich an die Identifikation anschließenden Aufgaben, wie z.B. Synthese von Regelsystemen, Optimierung der Prozeßführung, Überwachung von Prozessen oder Signalvorhersage, sind jedoch parametrische Modelle besser geeignet. Diese parametrischen Modelle sind, wie in Kapitel 2 beschrieben, durch Gleichungen mit einer endlichen Zahl expliziter Parameter gekennzeichnet.

In Teil C werden deshalb Methoden zur Schätzung der Parameter von parametrischen Modellen dynamischer Prozesse behandelt. Dabei wird zunächst davon ausgegangen, daß Struktur und Ordnung des Modells in Form einer Modellgleichung bekannt, die Modellparameter jedoch unbekannt sind. Im Unterschied zum bisherigen Vorgehen, werden die Parameterschätzmethoden zunächst für Modelle mit zeitdiskreten Signalen beschrieben und erst im Teil D für zeitkontinuierliche Signale. Die Gründe liegen darin, daß die Parameterschätzung für Modelle mit zeitdiskreten Signalen sowohl theoretisch als auch praktisch einfacher ist und weiter entwickelt ist.

Die einfachste Parameterschätzmethode ist die *Methode der kleinsten Quadrate.* Sie wird zunächst für statische Prozesse in Kapitel 7 eingeführt. Dann erfolgt in Kapitel 8 eine ausführliche Behandlung der Methode der kleinsten Quadrate für dynamische Prozesse. Für die nichtrekursive Methode werden nach Aufstellung der Grundgleichungen die Konvergenzeigenschaften, Bedingungen für die Parameter-Identifizierbarkeit, die Einbeziehung unbekannter Gleichwerte und numerische Probleme betrachtet. Dann folgen die Ableitung der Algorithmen für die *rekursive Methode der kleinsten Quadrate* und für die *Methode der gewichteten kleinsten Quadrate*, einschließlich nachlassendem Gedächtnis.

Da die Methode der kleinsten Quadrate für viele gestörte dynamische Prozesse keine erwartungstreuen Parameterschätzwerte liefert, sind noch andere Methoden erforderlich. In Kapitel 9 werden deshalb Modifikationen beschrieben, wie z.B. die *Methode der verallgemeinerten kleinsten Quadrate*, der *erweiterten kleinsten Quadrate* und der *Biaskorrektur* und in Kapitel 10 die *Methode der Hilfsvariablen.*

Eine besonders einfache Methode ist die *stochastische Approximation*, die nur in rekursiver Form existiert, Kapitel 11.

Einen tiefergehenden wahrscheinlichkeitstheoretischen Hintergrund besitzt die *Maximum-Likelihood-Methode*, die sowohl in nichtrekursiver als auch rekursiver Form beschrieben wird, Kapitel 12. Aus ihr läßt sich auch in Form der Cramér – Rao-Ungleichung die bestenfalls erreichbare Genauigkeit angeben. Noch weitergehenden Gebrauch der Wahrscheinlichkeitstheorie macht die *Bayes-Methode*, deren Grundgedanke in Kapitel 13 kurz beschrieben wird. Sie liefert auch den Rahmen zur Einbettung einiger der bisher betrachteten Methoden durch schrittweise spezialisierende Annahmen.

Die folgenden Kapitel befassen sich mit besonderen Einsatzfällen und vertieften Betrachtungen. In Kapitel 14 wird zunächst die Parameterschätzung aufgrund eines *nichtparametrischen Zwischenmodells* geschildert. Dann schließt sich eine Abhandlung über die bei vielen Anwendungen wichtigen *rekursiven Parameterschätzmethoden* an, wobei deren Konvergenzanalyse im Vordergrund steht, Kapitel 15, Hierauf aufbauend folgen verschiedene Möglichkeiten der Parameterschätzung *zeitvarianter Prozesse*, Kapitel 16. Für die Anwendung sind ferner die *numerisch verbesserten rekursiven Parameterschätzmethoden* wichtig, wie z.B. Wurzelfilterung und Faktorisierung, Kapitel 17.

Es folgt ein *Vergleich* der verschiedenen Parameterschätzmethoden, besonders in Form von Simulationen, Kapitel 18. Einige Besonderheiten sind bei der Parameterschätzung im geschlossenen Regelkreis zu beachten, Kapitel 19. Schließlich werden in Kapitel 20 *verschiedene Probleme* betrachtet, die besonders für die Anwendung wichtig sind, wie z.B. Wahl von Eingangssignal und Abtastzeit, Ermittlung einer unbekannten Modellordnung, usw.

Der Teil C ist somit besonders umfangreich. Die früher in Teil B behandelten Korrelationsfunktionen treten dabei häufig als Elemente der Parameterschätzmethoden auf. Bei der Parameterschätzung mit zeitkontinuierlichen Modellen in Teil D kann dann auf die Ergebnisse im Teil C zurückgegriffen werden.

7 Methode der kleinsten Quadrate für statische Prozesse

Angeregt durch ein Problem der Astronomie hat Gauß 1795 (im Alter von 18 Jahren) die Methode der kleinsten Quadrate gefunden, die er 1809 wahrscheinlichkeitstheoretisch begründete, Gauß (1809/1963, 1887). Die diesen Arbeiten zugrunde liegende Aufgabe lautet in allgemeiner Form:

Gegeben ist ein Prozeß mit den Parametern

$$\boldsymbol{\theta}_0^T = [\theta_{10}, \theta_{20}, \ldots, \theta_{m0}]$$

und der Ausgangsgröße $y(k)$. Diese Ausgangsgröße ist jedoch nicht direkt meßbar, sondern nur eine durch ein Störsignal $n(k)$ verfälschte Meßgröße $y_p(k)$, siehe Bild 7.1a.

Es sei ferner bekannt ein Modell des Prozesses

$$y_M = f[\boldsymbol{\theta}]$$

in dem

$$\boldsymbol{\theta}^T = [\theta_1, \theta_2, \ldots, \theta_m]$$

unbekannte Parameter sind. Welche Modellparameter $\boldsymbol{\theta}$ ergeben dann ein Modell, das am besten mit den Beobachtungen $y_p(k)$ übereinstimmt?

Die beste Übereinstimmung wurde von Gauß so festgelegt, daß ein Beobachtungsfehler

$$e(k) = y_p(k) - y_M(k)$$

eingeführt und gefordert wurde, siehe Bild 7.1b, daß die Summe der Fehlerquadrate

$$v = e^2(1) + e^2(2) + \cdots + e^2(N)$$

ein Minimum wird.

Bei der ursprünglichen Aufgabe von Gauß waren die θ_i die Bahnparameter von Planeten, das Modell $y_M = f(\boldsymbol{\theta})$ die Keplerschen Gesetze, $y_M(k)$ die Koordinaten der Planeten zu verschiedenen Zeiten k und $y_p(k)$ deren beobachtete Werte.

Die oben formulierte verallgemeinerte Aufgabenstellung ist der Ausgangspunkt für die folgenden Kapitel. Die Methode der kleinsten Quadrate wird zunächst für den einfacheren Fall statischer Prozesse abgeleitet, Kapitel 7. Hier ist sie auch unter den Bezeichnungen „Ausgleichsrechnung“ oder „Regressionsverfahren“ bekannt. Dann wird sie auf den schwierigeren Fall der dynamischen Prozesse angewandt, Kapitel 8.

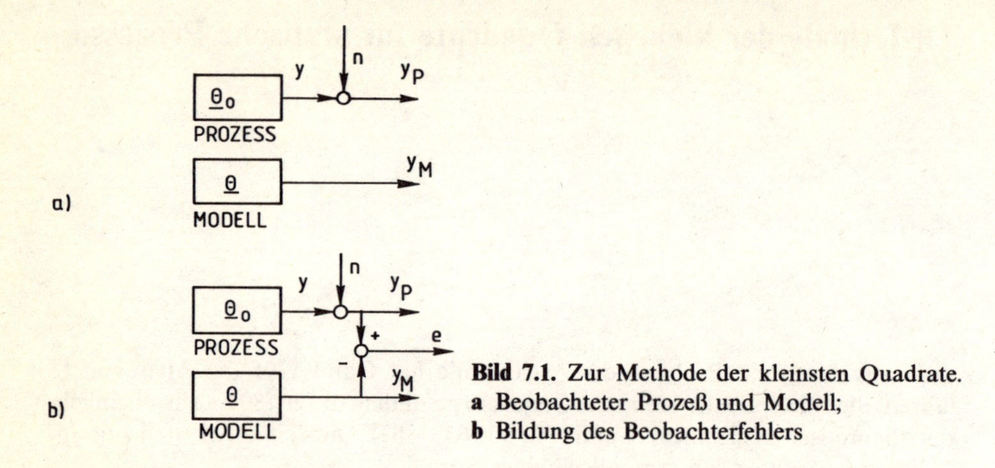

Bild 7.1. Zur Methode der kleinsten Quadrate. **a** Beobachteter Prozeß und Modell; **b** Bildung des Beobachterfehlers

7.1 Lineare statische Prozesse

Das statische Verhalten (Verhalten in den Gleichgewichtszuständen) eines Prozesses werde durch eine Kennlinie für die absolute Eingangsgröße U und Ausgangsgröße Y

$$Y = f(U) \tag{7.1.1}$$

entsprechend Bild 7.2 beschrieben. Interessiert man sich für das Verhalten in der Umgebung des Arbeitspunktes (Y_{00}, U_{00}), dann gilt für kleine Änderungen

$$\begin{aligned} Y &= \Delta Y = Y - Y_{00} \\ u &= \Delta U = U - U_{00} \end{aligned} \tag{7.1.2}$$

die linearisierte Beziehung

$$\left.\begin{aligned} y &= \frac{\mathrm{d}Y}{dU} u \\ y &= Ku\,. \end{aligned}\right\} \tag{7.1.3}$$

Wenn der Arbeitspunkt $(Y_{00},\quad U_{00})$ exakt bekannt ist, dann kann man den *Prozeß* beschreiben durch

$$y_u(k) = Ku(k)\,. \tag{7.1.4}$$

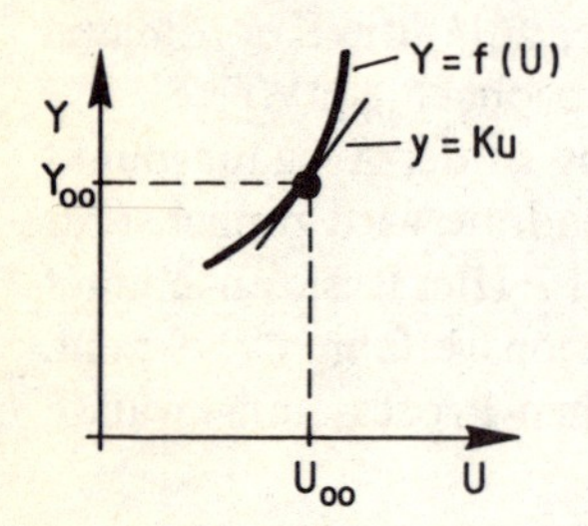

Bild 7.2. Linearisierung einer Kennlinie für einen Arbeitspunkt

Im allgemeinen muß nun angenommen werden, daß zumindest die Ausgangsgröße $y_u(k)$ (Nutzsignal) von Störsignalen $n(k)$ beeinflußt wird, so daß für die gemessenen Größen gilt

$$y_p(k) = y_u(k) + n(k)\,. \tag{7.1.5}$$

$n(k)$ sei hierbei ein zeitdiskretes stationäres Zufallssignal mit $E\{n(k)\} = 0$. Dann gilt für den *gestörten Prozeß*

$$y_p(k) = Ku(k) + n(k) \tag{7.1.6}$$

siehe Bild 7.3. Die Aufgabe bestehe nun darin, den Parameter K aus N Messungen von paarweise zugehörigen Werten $u(0)$, $u(1), \ldots, u(N-1)$ und $y_p(0)$, $y_p(1), \ldots, y_p(N-1)$ zu schätzen.
Da die Struktur des Prozeßmodells bekannt ist, kann man ein *Modell* der Form

$$y_M(k) = K_M u(k) \tag{7.1.7}$$

parallel zum Prozeß nach Bild 7.4 angeordnet denken, so daß ein Fehler zwischen Modell und Prozeß als Differenz der Ausgangssignale

$$e(k) = y_P(k) - y_M(k) \tag{7.1.8}$$

entsteht. Mit Gl. (7.1.7) gilt dann

$$\underset{\text{Fehler}}{e(k)} = \underset{\text{Beobachtung}}{y_P(k)} \quad \underset{\text{Vorhersage des Modells}}{- K_M u(k)}. \tag{7.1.9}$$

Nach der Methode der kleinsten Quadrate ist nun die Verlustfunktion

$$V = \sum_{k=0}^{N-1} e^2(k) = \sum_{k=0}^{N-1} [y_P(k) - K_M u(k)]^2 \tag{7.1.10}$$

bezüglich des gesuchten Parameters K_M zu minimieren:

$$\frac{\mathrm{d}V}{\mathrm{d}K_M} = -2 \sum_{k=0}^{N-1} [y_P(k) - K_M u(k)]u(k) = 0\,.$$

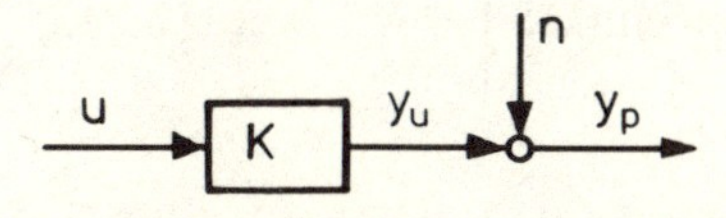

Bild 7.3. Linearer statischer Prozeß mit einem Parameter

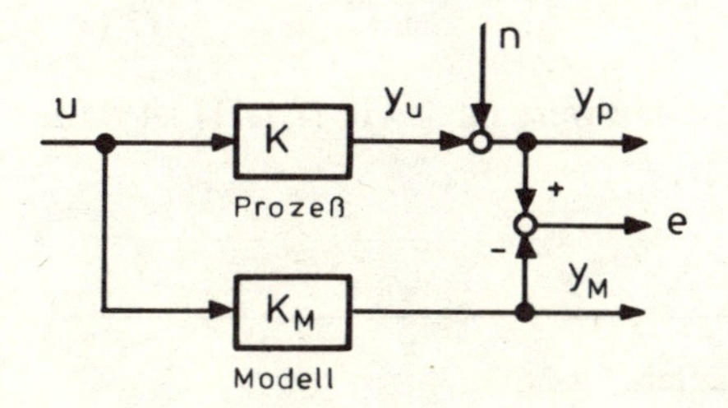

Bild 7.4. Anordnung von Prozeß und Modell zur Bildung des Fehlers *e*

Hieraus ergibt sich der Schätzwert

$$\hat{K} = \frac{\sum_{k=0}^{N-1} y_P(k)u(k)}{\sum_{k=0}^{N-1} u^2(k)} \tag{7.1.11}$$

und nach Erweiterung mit $1/N$ im Zähler und Nenner

$$\hat{K} = \frac{\hat{\phi}_{uy}(0)}{\hat{\phi}_{uu}(0)} . \tag{7.1.12}$$

Der Parameterschätzwert $\hat{K}$ ist also das Verhältnis der Schätzwerte von Kreuzkorrelationsfunktion und Autokorrelationsfunktion für $\tau = 0$. Eine Bedingung für die Existenz des Parameterschätzwertes ist

$$\sum_{k=0}^{N-1} u^2(k) \neq 0 \quad \text{oder} \quad \hat{\phi}_{uu}(0) \neq 0 .$$

Das bedeutet, daß das Eingangssignal sich ändern muß, oder, anders ausgedrückt, daß cs den Prozeß mit seinem Parameter K „anregen“ muß.

K wird auch *Regressionskoeffizent* genannt, da Gl. (7.1.3) eine Regressionsgerade darstellt. Da der *Korrelationskoeffizient* wie folgt definiert ist

$$\rho = \frac{\hat{\phi}_{uy}(0)}{\sqrt{\hat{\phi}_{uu}(0)\hat{\phi}_{yy}(0)}}$$

folgt die Beziehung

$$\hat{K} = \rho \sqrt{\frac{\hat{\phi}_{yy}(0)}{\hat{\phi}_{uu}(0)}} = \rho \frac{\hat{\sigma}_y}{\hat{\sigma}_u}$$

siehe auch van der Waerden (1971), Vincze (1971).

Nun wird die Konvergenz dieser Schätzung untersucht.[1]

Für den Erwartungswert von $\hat{K}$ gilt mit Gl. (7.1.5)

$$E\{\hat{K}\} = \frac{1}{\sum_{k=0}^{N-1} u^2(k)} \left[\sum_{k=0}^{N-1} y_u(k)u(k) + \sum_{k=0}^{N-1} E\{n(k)u(k)\} \right] = K \tag{7.1.13}$$

wenn das Eingangssignal $u(k)$ nicht mit dem Störsignal $n(k)$ korreliert ist

$$E\{n(k)u(k)\} = E\{u(k)\} \cdot E\{n(k)\} \tag{7.1.14}$$

und wenn $\overline{n(k)} = 0$ und/oder $\overline{u(k)} = 0$. Der Schätzwert nach Gl. (7.1.11) ist dann also erwartungstreu (biasfrei).

[1] Begriffe der Schätztheorie sind im Anhang erläutert

Die Varianz des Parameters K folgt mit Gl. (7.1.11), (7.1.5) und (7.1.13)

$$\sigma_K^2 = E\{(\hat{K} - K)^2\} = \frac{1}{\left[\sum_{k=0}^{N-1} u^2(k)\right]^2} E\left\{\left[\sum_{k=0}^{N-1} n(k)u(k)\right]^2\right\}.$$

Falls $n(k)$ und $u(k)$ nicht korreliert sind, gilt

$$E\left\{\sum_{k=0}^{N-1} n(k)u(k)\cdot \sum_{k'=0}^{N-1} n(k')u(k')\right\} = \sum_{k=0}^{N-1}\sum_{k'=0}^{N-1} \phi_{nn}(k-k')\phi_{uu}(k-k') = Q\,.$$

Diese Gleichung läßt sich für zwei Fälle vereinfachen.

a) Es sei zunächst angenommen, daß $n(k)$ weißes Rauschen ist. Dann gilt

$$\phi_{nn}(\tau) = \sigma_n^2\delta(\tau) = \overline{n^2(k)}\delta(\tau)$$

$$Q = N\phi_{uu}(0)\overline{n^2(k)} = \overline{n^2(k)}\sum_{k=0}^{N-1} u^2(k) \tag{7.1.15}$$

$$\sigma_N^2 = \frac{\overline{n^2(k)}}{\sum_{k=0}^{N-1} u^2(k)}\,.$$

b) Im zweiten Fall sei $u(k)$ weißes Rauschen. Eine entsprechende Rechnung ergibt dieselbe Gleichung wie Gl. (7.1.15).
Für die Standardabweichung des geschätzten Parameters gilt also, falls $n(k)$ oder/und $u(k)$ weißes Rauschen ist

$$\sigma_K = \sqrt{E\{(\hat{K} - K)^2\}} = \sqrt{\frac{\overline{n^2(k)}}{\overline{u^2(k)}}}\cdot\frac{1}{\sqrt{N}} = \frac{\sigma_n}{\sigma_u}\cdot\frac{1}{\sqrt{N}}\,. \tag{7.1.16}$$

Die Standardabweichung ist also proportional zum Störsignal–Nutzsignal-Verhältnis und umgekehrt proportional zur Wurzel aus der Meßzeit N. Da sowohl

$$E\{\hat{K}\} = K$$

als auch

$$\lim_{N\to\infty} E\{(\hat{K} - K_0)^2\} = 0\,,$$

ist Gl. (7.1.11) eine im quadratischen Mittel konsistente Schätzung.
Die mit wachsendem N besser werdende Schätzung des Parameters K beruht darauf, daß zur Berechnung dieses einen Parameters, zu der bei fehlerfreier Messung eine einzige Gleichung ausreichen müßte, N Gleichungen verwendet werden.

Es wird nun eine *vektorielle Schreibweise* dieser Parameterschätzung betrachtet. Führt man folgende Vektoren ein

$$\boldsymbol{u} = \begin{bmatrix} u(0) \\ u(1) \\ \vdots \\ u(N-1) \end{bmatrix} \quad \boldsymbol{y}_p = \begin{bmatrix} y_P(0) \\ y_P(1) \\ \vdots \\ y_P(N-1) \end{bmatrix} \quad \boldsymbol{e} = \begin{bmatrix} e(0) \\ e(1) \\ \vdots \\ e(N-1) \end{bmatrix}$$

dann lautet die Fehlergleichung mit $k_M = K$

$$\boldsymbol{e} = \boldsymbol{y}_P - \boldsymbol{u}K$$

und die Verlustfunktion ist

$$V = \boldsymbol{e}^T\boldsymbol{e} = [\boldsymbol{y}_P - \boldsymbol{u}K]^T[\boldsymbol{y}_P - \boldsymbol{u}K]\,.$$

Ableitung nach K ergibt

$$\frac{\mathrm{d}V}{\mathrm{d}K} = \frac{\mathrm{d}\boldsymbol{e}^T}{\mathrm{d}K}\boldsymbol{e} + \boldsymbol{e}^T\frac{\mathrm{d}\boldsymbol{e}}{\mathrm{d}K} = 0$$

und mit

$$\frac{\mathrm{d}\boldsymbol{e}}{\mathrm{d}K} = -\boldsymbol{u}; \quad \frac{\mathrm{d}\boldsymbol{e}^T}{\mathrm{d}K} = -\boldsymbol{u}^T$$

folgt

$$\frac{\mathrm{d}V}{\mathrm{d}K} = -2\boldsymbol{u}^T[\boldsymbol{y}_P - \boldsymbol{u}K] = 0.$$

Hieraus wird

$$\boldsymbol{u}^T\boldsymbol{u}K = \boldsymbol{u}^T\boldsymbol{y}_P$$

$$K = [\boldsymbol{u}^T\boldsymbol{u}]^{-1}\boldsymbol{u}^T\boldsymbol{y}_P\,. \tag{7.1.17}$$

Diese Schätzgleichung ist identisch mit Gl. (7.1.11)

Wenn die Werte des Arbeitspunktes (U_{00}, Y_{00}) nicht bekannt sind, folgt durch Einsetzen von Gl. (7.1.2) in Gl. (7.1.6) und (7.1.7)

$$Y_P(k) - Y_{00} = K[U(k) - U_{00}] + n(k)$$

$$Y_M(k) - Y_{00} = K_M[U(k) - U_{00}]$$

und anstelle von Gl. (7.1.9) erhält man

$$e(k) = Y_P(k) - Y_M(k) = y_P(k) - y_M(k)$$

$$= y_p(k) - K_M[U(k) - U_{00}]\,. \tag{7.1.1}$$

Der Gleichwert Y_{00} fällt dabei heraus, muß also nicht bekannt sein (oder kann beliebig gewählt werden). Der Gleichwert U_{00} muß aber bekannt sein.

Satz 7.1: Konvergenz der Schätzung eines linearen statischen Prozesses
Der Parameter K eines linearen statischen Prozesses wird mit der Methode der kleinsten Quadrate konsistent im quadratischen Mittel geschätzt, falls folgende

notwendigen Bedingungen erfüllt sind:

a) Das Eingangssignal $u(k) = U(k) - U_{00}$ ist exakt meßbar und der Gleichwert U_{00} exakt bekannt.

b) Es ist $\sum_{k=0}^{N-1} u^2(k) \neq 0$, d.h. der Prozeß wird genügend angeregt.

c) Das Störsignal $n(k)$ ist stationär und damit $E\{n(k)\} = \text{const.}$

d) Das Eingangssignal $u(k)$ ist nicht mit dem Störsignal $n(k)$ korreliert.

e) Es ist entweder $E\{n(k)\} = 0$ oder $E\{u(k)\} = 0$. □

7.2 Nichtlineare statische Prozesse

Es werde nun ein statischer Prozeß betrachtet, bei dem die Ausgangsgröße nichtlinear von der Eingangsgröße abhängt

$$Y_u(k) = K_0 + U(k)K_1 + U^2(k)k_2 + \cdots + U^q(k)K_q$$

$$= K_0 + \sum_{\nu=1}^{q} U^\nu(k)K_\nu \,. \tag{7.2.1}$$

Vergleiche Bild 7.5. $U(k)$ sei exakt meßbar. Wenn das gemessene Ausgangssignal stationäre zufällige Störungen $n(k)$ enthält, gilt zusätzlich

$$Y_P(k) = Y_u(k) + n(k) \,. \tag{7.2.2}$$

Es seien folgende Matrix und folgende Vektoren Vereinbart

$$\boldsymbol{U} = \begin{bmatrix} 1 & U(0) & U^2(0) & \cdots & U^q(0) \\ 1 & U(1) & U^2(1) & \cdots & U^q(1) \\ \vdots & \vdots & \vdots & & \vdots \\ 1 & U(N-1) & U^2(N-1) & \cdots & U^q(N-1) \end{bmatrix}$$

$$\boldsymbol{Y_P} = \begin{bmatrix} Y_P(0) \\ Y_P(1) \\ \vdots \\ Y_P(N-1) \end{bmatrix} \quad \boldsymbol{e} = \begin{bmatrix} e(0) \\ e(1) \\ \vdots \\ e(N-1) \end{bmatrix} \quad \boldsymbol{n} = \begin{bmatrix} n(1) \\ n(1) \\ \vdots \\ n(N-1) \end{bmatrix} \quad \boldsymbol{K} = \begin{bmatrix} K_0 \\ K_1 \\ \vdots \\ K_q \end{bmatrix}.$$

Die Prozeßgleichung lautet dann

$$\boldsymbol{Y_P} = \boldsymbol{UK} + \boldsymbol{n} \tag{7.2.3}$$

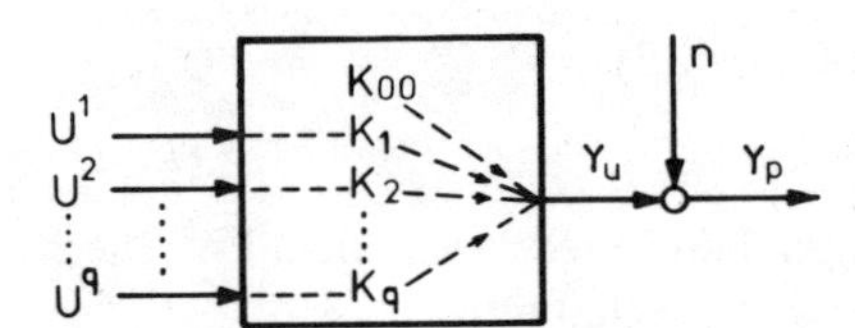

Bild 7.5. Nichtlinearer statischer Prozeß

und als Modellgleichung (Regressionsmodell) wird verwendet

$$Y_M = UK_M \,. \tag{7.2.4}$$

Prozeß und Modell werden wieder parallel geschaltet, so daß für den Fehler gilt

$$e = Y_P - UK_M \,.$$

Führt man vorübergehend einfachere Symbole ein

$$e = Y - UK \tag{7.2.5}$$

dann lautet die Verlustfunktion

$$\begin{aligned} V = e^T e &= [Y^T - K^T U^T][Y - UK] \\ &= Y^T Y - K^T U^T Y - Y^T UK + K^T U^T UK \end{aligned}$$

und es ergibt sich

$$V = Y^T Y - K^T U^T Y - (U^T Y)^T K + K^T U^T UK \,. \tag{7.2.6}$$

Mit den im Anhang angegebenen Regeln zur Ableitung von Vektoren und Matrizen nach dem Parametervektor K ergeben sich

$$\frac{\mathrm{d}}{\mathrm{d}K}[K^T U^T Y] = U^T Y; \quad \frac{\mathrm{d}}{\mathrm{d}K}[(U^T Y)^T K] = U^T Y$$

$$\frac{\mathrm{d}}{\mathrm{d}K}[K^T U^T UK] = 2U^T UK$$

und damit wird

$$\frac{\mathrm{d}V}{\mathrm{d}K} = -2U^T Y + 2U^T UK = -2U^T[Y - UK] \,. \tag{7.2.7}$$

Aus

$$\left.\frac{\mathrm{d}V}{\mathrm{d}K_M}\right|_{K_M = \hat{K}} = 0 \tag{7.2.8}$$

folgt schließlich die Schätzgleichung

$$\hat{K} = [U^T U]^{-1} U^T Y_P \,. \tag{7.2.9}$$

Für deren Existenz darf $U^T U$ nicht singulär sein, Die Bedingung für die Anregung lautet also hier

$$\det[U^T U] \neq 0 \,. \tag{7.2.10}$$

Der Erwartungswert dieser Schätzung ist mit Gl. (7.2.3)

$$E\{\hat{K}\} = K + E\{[U^T U]^{-1} U^T n\} = K \tag{7.2.11}$$

falls die Elemente von U und n, also Eingangssignal und Störsignal, nicht korreliert sind und falls $E\{n(k)\} = 0$. $\hat{K}$ ist somit eine biasfreie Schätzung.

Die Ableitung der Varianz der Schätzwerte erfolgt analog zu der im folgenden Kapitel 8 gezeigten Weise.

Satz 7.2: Konvergenz der Schätzung eines nichtlinearen statischen Prozesses
Die Parameter $\boldsymbol{K}$ eines nichtlinearen statischen Prozesses nach Gln. (7.2.1) bis (7.2.4) werden mit der Methode der kleinsten Quadrate konsistent im quadratischen Mittel geschätzt, falls folgende notwendigen Bedingungen erfüllt sind:
a) Das Eingangssignal $U(k)$ ist exakt meßbar.
b) Es ist $\det[\boldsymbol{U}^T\boldsymbol{U}] \neq 0$,
c) Das Störsignal $n(k)$ ist stationär mit $E\{n(k)\} = 0$.
d) Das Eingangssignal $U(k)$ ist nicht mit dem Störsignal $n(k)$ korreliert. □

Die Methode der kleinsten Quadrate läßt sich auch geometrisch interpretieren, Himmelblau (1968), van der Waerden (1971). Es sei angenommen, daß 3 (gestörte) Messungen $Y_P(1)$, $Y_P(2)$ und $Y_P(3)$ vorliegen. Diese können in einem dreidimensionalen Koordinatensystem als Vektor $\boldsymbol{Y_P}$ dargestellt werden, Bild 7.6a. Wenn $\boldsymbol{K}$ zweidimensional ist, also das Regressionsmodell

$$Y_M(k) = K_1U_1(k) + K_2U_2(k) = \boldsymbol{U}\boldsymbol{K}_M$$

gilt, spannen die Koordinaten U_1 und U_2 eine Ebene auf, in der die Vorhersagen des Modells $\boldsymbol{Y}_M(k)$ als Vektoren dargestellt werden können, Bild 7.6b. Eine beste Schätzung im Sinne der Methode der kleinsten Quadrate wird dann erreicht, wenn der Abstand

$$\boldsymbol{e} = \boldsymbol{Y_P} - \boldsymbol{Y_M} = \boldsymbol{Y_P} - \boldsymbol{U}\boldsymbol{K}_M$$

minimal ist. Das bedeutet, daß $\boldsymbol{e}$ *orthogonal* zu Koordinaten U_1 und U_2 ist, also

$$\boldsymbol{U}^T\boldsymbol{e} = \boldsymbol{0}\,. \tag{7.2.12}$$

Hieraus folgen

$$\boldsymbol{U}^T[\boldsymbol{Y_P} - \boldsymbol{U}\boldsymbol{K}_M] = \boldsymbol{0} \tag{7.2.13}$$

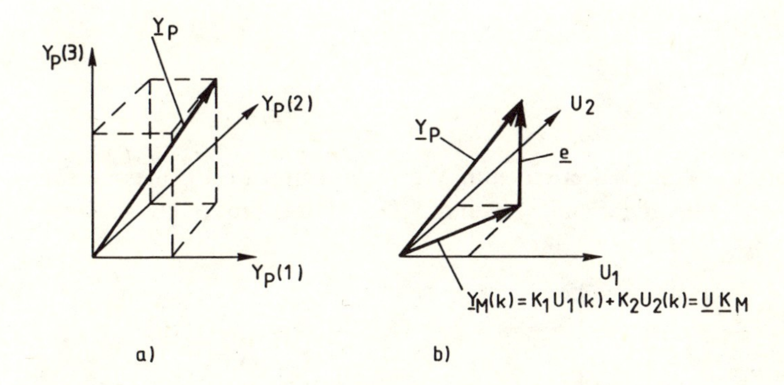

Bild 7.6. Zur geometrischen Interpretation der Methode der kleinsten Quadrate

bzw.

$$\boldsymbol{U}^T \boldsymbol{U} \boldsymbol{K}_M = \boldsymbol{U}^T \boldsymbol{Y}_P \tag{7.2.14}$$

die sogenannte *Normalengleichung*, und schließlich die Schätzgleichung (7.2.9).

Bei linearen statischen Prozessen nach Abschnitt 7.1 waren das Ausgangssignal Y und das Fehlersignal e linear abhängig vom Eingangssignal U und vom Parameter K. Bei den in diesem Abschnitt behandelten nichtlinearen statischen Prozessen waren Y und e zwar ebenfalls linear abhängig in den Parametern K_ν, aber nichtlinear in $\boldsymbol{U}$. Die beschriebene Parameterschätzmethode der kleinsten Quadrate ist also für nichtlineare Prozesse geeignet, sofern das *Fehlersignal e linear in den Parametern* ist.

Die Anwendung der Methode der kleinsten Quadrate zur Parameterschätzung von Gleichungen der Form wie Gl. (7.1.4) und (7.1.19) wird auch *Regression* genannt. Im ersten Fall handelt es sich um die Regression einer linearen Funktion, im zweiten Fall um die Regression einer nichtlinearen Funktion. Hierzu existiert ausführliche Literatur, siehe z.B. Cramér (1946), Aitken (1952), Deutsch (1965), Van der Waerden (1957, 1971), Zurmühl (1965), und andere Bücher der mathematischen Statistik.

Beispiel 7.1 Methode der kleinsten Quadrate zur Schätzung der Parameter einer nichtlinearen Kennlinie

Sehr viele Kennlinien können durch Polynome nach Gl. (7.2.1) beschrieben werden. Zur expliziten Schätzung der Parameter dieser Polynome mit der Methode der kleinsten Quadrate muß der Gleichungsfehler linear von den Parametern abhängen. Das bedeutet, daß die Variablen $U(k)$ und $Y(k)$ in (eindeutig) nichtlinearer Form auftreten können. Die Exponenten von Gl. (7.2.1) müssen also nicht ganzzahlig sein, sondern können beliebige Zahlen sein.

Als Beispiel sei angenommen, daß eine zu identifizierende Kennlinie beschrieben werden kann durch

$$y(k) = K_1 u(k) + K_2 u^\nu(k) = \boldsymbol{u}^T \boldsymbol{K}$$

(was aus Voruntersuchungen folgt) mit

$$\boldsymbol{u}^T(k) = [u(k) \quad u^\nu(k)]$$

$$\boldsymbol{K} = \begin{bmatrix} K_1 \\ K_2 \end{bmatrix}$$

ν habe z.B. den Wert $\nu = 0{,}5$. Es werden nun Werte $y(k)$ und $u(k)$ gemessen für $k = 0, 1, 2, \ldots, N-1$. Für die Schätzgleichung (7.2.9) müssen dann gebildet werden

$$\boldsymbol{U} = \begin{bmatrix} u(0) & u^\nu(0) \\ u(1) & u^\nu(1) \\ \vdots & \\ u(N-1) & u^\nu(N-1) \end{bmatrix}$$

$$\boldsymbol{U}^T\boldsymbol{U} = \begin{bmatrix} \sum_{k=0}^{N-1} u^2(k) & \sum_{k=0}^{N-1} u(k)u^v(k) \\ \sum_{k=0}^{N-1} u^v(k)u(k) & \sum_{k=0}^{N-1} [u^v(k)]^2 \end{bmatrix}$$

$$\boldsymbol{U}^T\boldsymbol{Y}_P = \begin{bmatrix} \sum_{k=0}^{N-1} u(k)y(k) \\ \sum_{k=0}^{N-1} u^v(k)y(k) \end{bmatrix}.$$

Entsprechend Gl. (7.1.12) kann man verallgemeinerte Korrelationsfunktionen einführen, indem alle auftretenden Summen durch N dividiert werden.

$$\Phi_{11}(N) = \frac{1}{N}\sum_{k=0}^{N-1} u^2(k)$$

$$\Phi_{22}(N) = \frac{1}{N}\sum_{k=0}^{N-1} [u^v(k)]^2$$

$$\Phi_{12}(N) = \frac{1}{N}\sum_{k=0}^{N-1} u(k)u^v(k) = \Phi_{21}(N)$$

$$\Phi_{1y}(N) = \frac{1}{N}\sum_{k=0}^{N-1} u(k)y(k)$$

$$\Phi_{2y}(N) = \frac{1}{N}\sum_{k=0}^{N-1} u^v(k)y(k).$$

Dann folgt

$$\frac{1}{N}\boldsymbol{U}^T\boldsymbol{U} = \begin{bmatrix} \Phi_{11} & \Phi_{12} \\ \Phi_{12} & \Phi_{22} \end{bmatrix}$$

$$\frac{1}{N}\boldsymbol{U}^T\boldsymbol{Y}_P = \begin{bmatrix} \Phi_{1y} \\ \Phi_{2y} \end{bmatrix}.$$

Für die Inverse gilt nach Definition

$$\left[\frac{1}{N}\boldsymbol{U}^T\boldsymbol{U}\right]^{-1} = N\frac{\operatorname{adj}\boldsymbol{U}^T\boldsymbol{U}}{\det \boldsymbol{U}^T\boldsymbol{U}} = \frac{1}{\Phi_{11}\Phi_{22} - \Phi_{12}^2}\cdot\begin{bmatrix} \Phi_{22} & -\Phi_{12} \\ -\Phi_{12} & \Phi_{11} \end{bmatrix}$$

und die Schätzgleichung lautet nach Gl. (7.1.23)

$$\hat{\boldsymbol{K}}(N) = \begin{bmatrix} \hat{K}_1(N) \\ \hat{K}_2(N) \end{bmatrix} = \frac{1}{\Phi_{11}\Phi_{22} - \Phi_{12}^2}\begin{bmatrix} \Phi_{22}\Phi_{1y} - \Phi_{12}\Phi_{2y} \\ -\Phi_{12}\Phi_{1y} + \Phi_{11}\Phi_{2y} \end{bmatrix}.$$

Die Bildung der Korrelationsfunktion hat den Vorteil, daß man anschaulich interpretierbare und konvergierende Werte von Zwischenergebnissen erhält. Diese können zudem rekursiv berechnet werden, wie in Abschnitt 6.1.3 gezeigt wurde.

Dann wird die Parameterschätzung auch im On-line-Betrieb einfach realisierbar. □

7.3 Zusammenfassung

Die im Kapitel 7 beschriebene Methode der kleinsten Quadrate eignet sich für statische Prozesse, die sich durch lineare oder nichtlineare algebraische Gleichungen beschreiben lassen. Wesentlich zur direkten, also nicht iterativen Anwendung ist, daß der gebildete Gleichungsfehler linear in den zu schätzenden Parametern ist. Die Annahme eines parametrischen Modells erlaubt die Anwendung auch bei großem Störsignal-Nutzsignal-Verhältnis. Die Ableitung der auch als Ausgleichsrechnung oder Regressionsanalyse bekannten Methode wurde so in skalarer und vektorieller Schreibweise vorgenommen, daß ein unmittelbarer Übergang auf den schwierigeren Fall der dynamischen Prozesse möglich ist. Besondere Darstellungen zeigen, daß Korrelationsfunktionen als Elemente auftreten.

Aufgaben zu Kap. 7

1. An einem nichtlinearen Prozeß, wurden folgende gestörte Ein/Ausgangssignale gemessen:

Messung Nr.	1	2	3	4	5
Eingangssignal u	− 1,5	− 0,5	4,5	7	8
Ausgangssignal y	5,5	1,5	− 3,5	4,5	8,5

Der Prozeß soll durch ein nichtlineares statisches Modell 2. Ordnung:

$$y(K) = K_0 + K_1 u + K_2 u^2$$

beschrieben werden. Der Parameter K_0 soll den Wert $K_0 = 0$ haben. Bestimmen Sie die Parameter K_1 und K_2 unter Berücksichtigung aller gemessenen Wertepaare mit der Methode der kleinsten Quadrate.

Hinweis: $$\begin{bmatrix} a & b \\ c & d \end{bmatrix}^{-1} = \frac{1}{ad - bc} \begin{bmatrix} d & -b \\ -c & a \end{bmatrix}$$

2. Ein MISO-Prozeß soll durch ein nichtlineares Modell zweiter Ordnung

$$y(k) = K_0 - K_1 u_1 u_2 + K_2 u_1^2$$

beschrieben werden.
Der Prozeß soll mit einem LS-Verfahren identifiziert werden. Lösen Sie hierzu die folgenden Teilaufgaben:
a) Geben Sie die Belegung der Meßmatrix Ψ, des Meßvektors $\boldsymbol{y}$ und des Parametervektors $\boldsymbol{\theta}$ an.

b) Für die Analyse des Systems wurde folgende Meßreihe aufgenommen:

Messung Nr.	1	2	3	4	5
Eingang u_1	-1	$-0{,}5$	0	1	2
Eingang u_2	2	2	2	2	2
Ausgang y	3,5	1,875	0	$-4{,}5$	-10

Berechnen Sie die Parameter K_1 und K_2 unter der Annahme, daß für den konstanten Gleichwert $K_0 = 0$ gilt. Berücksichtigen Sie für Ihre Berechnungen *alle* gemessene Wertetupel.

Anmerkung: $$\begin{bmatrix} a & b \\ c & d \end{bmatrix}^{-1} = \frac{1}{ad - bc} \begin{bmatrix} d & -b \\ -c & a \end{bmatrix}$$

3. Ein statischer nichtlinearer Prozeß der Struktur
$$y = \sqrt{au} + (b + 1)u^2$$
soll mit einem LS-Verfahren identifiziert werden. Folgende Werte für y und u werden gemessen:

u	0,5	1	1,5	2	2,5
y	2,33	5,677	12,21	20,4	29,75

a) Wie sieht die Meßmatrix $\boldsymbol{\Psi}$ und der Parametervektor $\boldsymbol{\theta}$ für dieses System aus?

b) Formulieren Sie die Lösung des Schätzproblems als Funktion von u und y:
$$\hat{\boldsymbol{\theta}} = f(u, y)$$

c) Bestimmen Sie aus den Meßdaten die Koeffizienten a und b.

4. Was versteht man unter einer konsistenten Schätzung?
5. Was ist ein Bias?

8 Methode der kleinsten Quadrate für dynamische Prozesse

Die im letzten Kapitel behandelte Anwendung der Methode der kleinsten Quadrate auf übliche Regressionsmodelle für die statische Zuordnung von Variablen kann schon seit langem als ein abgeschlossenes Gebiet betrachtet werden. Die Anwendung der Methode der kleinsten Quadrate auf dynamische Vorgänge wurde viel später in Angriff genommen. Erste Arbeiten sind bekannt zur Parameterschätzung von autoregressiven Modellen (AR) im Rahmen der Zeitreihenanalyse von Wirtschaftsdaten, siehe z.B. Koopmans (1937), Mann und Wald (1943), und von Differenzengleichungen linearer dynamischer Prozesse, siehe z.B. Kalman (1958), Durbin (1960), Levin (1960), Lee (1964).

In diesem Kapitel wird die Methode der kleinsten Quadrate zuerst in der ursprünglichen, nichtrekursiven und dann rekursiven Form ausführlich betrachtet. Dann wird die Methode der gewichteten kleinsten Quadrate behandelt. In Kapitel 9 folgen dann verschiedene Modifikationen der Methode der kleinsten Quadrate.

8.1 Nichtrekursive Methode der kleinsten Quadrate (LS)

8.1.1 Grundgleichungen

Geht man von einem statischen Regressionsmodell nach Gln. (7.2.1) und (7.2.4) aus und versucht entsprechende Modelle für dynamische Vorgänge aufzustellen, dann liegt es nahe, zunächst ein lineares Regressionsmodell der Form

$$y(k) = b_0 u(k) + b_1 u(k-1) + \cdots + b_m u(k-m) \tag{8.1.1}$$

zu betrachten, wobei die zeitabhängige Ausgangsgröße $y(k)$ und die zeitabhängigen Eingangsgrößen $u(k-i)$ meßbar sind. Man beachte die Ähnlichkeit dieses Modells mit dem Signalmodell des gleitenden Mittelwertes (MA-Modell, moving-average), bei dem allerdings nur $y(k)$ meßbar und $u(k-i) = v(k-i)$ ein nicht meßbares weißes Rauschen ist, siehe Abschnitt 2.2. Ein anderes einfaches Modell ist das lineare Autoregressionsmodell

$$y(k) = -a_1 y(k-1) - \cdots - a_m y(k-m) + d_0 v(k) \tag{8.1.2}$$

oder der autoregressive Signalprozeß (AR-Modell) nach Gl. (2.2.50), wobei $v(k)$ ein nichtmeßbares weißes Rauschen ist. Auf dieses Modell wird später noch einmal eingegangen.

Das zeitdiskrete Modell eines linearen Prozesses entsteht durch Kombination der Gln. (8.1.1) und (8.1.2) zu

$$\begin{aligned} & y(k) + a_1 y(k-1) + \cdots + a_m y(k-m) \\ & = b_0 u(k) + b_1 u(k-1) + \cdots + b_m u(k-m) + d_0 v(k) \end{aligned} \tag{8.1.3}$$

wobei $y(k-i)$ und $u(k-i)$ meßbare Prozeßsignale sind und $v(k)$ ein nichtmeßbares Störsignal ist. Dies ist das Ausgangsmodell für die im folgenden beschriebene Methode der kleinsten Quadrate. Es wird jedoch noch etwas modifiziert.

Es werde angenommen, daß der zu identifizierende Prozeß stabil und zeitinvariant sei und durch eine lineare Differenzengleichung

$$\begin{aligned} & y_u(k) + a_1 y_u(k-1) + \cdots + a_m y_u(k-m) \\ & = b_1 u(k-d-1) + \cdots + b_m u(k-d-m) \end{aligned} \tag{8.1.4}$$

beschrieben werden kann. Hierbei sind

$$\left.\begin{aligned} u(k) &= U(k) - U_{00} \\ y_u(k) &= Y_u(k) - Y_{00} \end{aligned}\right\} \tag{8.1.5}$$

die Änderungen der absoluten Signalwerte $U(k)$ und $Y_u(k)$ von den Gleichwerten (Beharrungswerten) U_{00} und Y_{00}. d ist der ganzzahlige Wert einer Totzeit $d = T_t/T_0 = 0, 1, 2, \ldots$. In Gl. (8.1.4) wurde $b_0 = 0$ gesetzt, da sprungfähige Systeme selten auftreten und somit ein Parameter weniger geschätzt werden muß. Aus Gl. (8.1.4) folgt die z-Übertragungsfunktion

$$G_P(z) = \frac{y_u(z)}{u(z)} = \frac{B(z^{-1})}{A(z^{-1})} z^{-d} = \frac{b_1 z^{-1} + \cdots + b_m z^{-m}}{1 + a_1 z^{-1} + \cdots + a_m z^{-m}} z^{-d} . \tag{8.1.6}$$

Das meßbare Signal $y(k)$ enthalte ein überlagertes stochastisches Störsignal $n(k)$

$$y(k) = y_u(k) + n(k) \tag{8.1.7}$$

siehe Bild 8.1.

Die Aufgabe besteht darin, die unbekannten Parameter a_i und b_i des Prozesses aus N gemessenen Ein- und Ausgangssignalen zu schätzen. Hierzu werde angenommen:

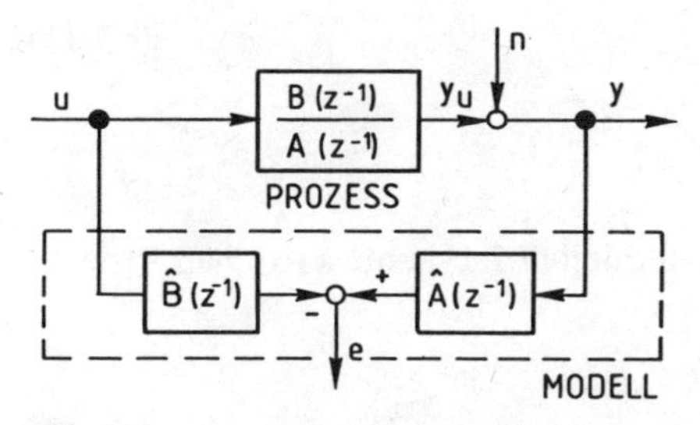

Bild 8.1. Blockschaltbild der nichtrekursiven Parameterschätzung nach der Methode der kleinsten Quadrate ($d = 0$)

— Der Prozeß ist für $k < 0$ im Gleichgewichtszustand
— Die Ordnung m und Totzeit d des Modells sind bekannt
— Das Eingangssignal $u(k)$ und sein Gleichwert U_{00} sind exakt meßbar
— Das Störsignal $n(k)$ ist stationär mit $E\{n(k)\} = 0$
— Der Gleichwert Y_{00} des Ausgangssignals ist exakt bekannt und gehöre zu U_{00}.

Setzt man in Gl. (8.1.4) die bis zum Zeitpunkt k gemessenen Signalwerte $y(k)$ und $u(k)$ und die bis zum Zeitpunkt $(k-1)$ geschätzten Parameter ein, dann gilt

$$\begin{aligned} & y(k) + \hat{a}_1(k-1)y(k-1) + \cdots + \hat{a}_m(k-1)y(k-m) \\ & \quad -\hat{b}_1(k-1)u(k-d-1) - \cdots - \hat{b}_m(k-1)u(k-d-m) = e(k) \end{aligned} \quad (8.1.8)$$

wobei anstelle einer '0' wie bei der entsprechend geschriebenen Gl. (8.1.4) nun der *Gleichungsfehler* $e(k)$ (Residuum) eingeführt wird, der durch die Störsignalanteile und die fehlerbehafteten Parameterschätzwerte entsteht.

Mit den Polynomen der z-Übertragungsfunktion Gl. (8.1.6) schreibt sich diese Gl.

$$\hat{A}(z^{-1})y(z) - \hat{B}(z^{-1})z^{-d}u(z) = e(z) . \quad (8.1.9)$$

Bild 8.1 zeigt die Anordnung dieses Modells. $e(k)$ ist somit nach Kapitel 1 ein *verallgemeinerter Fehler* zwischen Prozeß und Modell. Dieser Fehler ist linear abhängig von den zu schätzenden Parametern, was Voraussetzung ist für die Anwendung eines *direkten Verfahrens* zur Parameterschätzung, also eines Verfahrens, das die Parameter in einem Zuge ermittelt, siehe Abschnitt 1.3.

In Gl. (8.1.8) kann als Vorhersage $y(k|k-1)$ des Ausgangssignals $y(k)$ um einen Schritt nach vorn (Einschritt-Vorhersage) aufgrund von Messungen bis zum Zeitpunkt $(k-1)$ folgender Term interpretiert werden

$$\begin{aligned} \hat{y}(k|k-1) &= -\hat{a}_1(k-1)y(k-1) - \cdots - \hat{a}_m(k-1)y(k-m) \\ &\quad + \hat{b}_1(k-1)u(k-d-1) + \cdots + \hat{b}_m(k-1)u(k-d-m) \\ &= \boldsymbol{\psi}^T(k)\hat{\boldsymbol{\theta}}(k-1) \end{aligned} \quad (8.1.10)$$

mit dem Datenvektor

$$\boldsymbol{\psi}^T(k) = [-y(k-1) \quad \cdots \quad -y(k-m) \mid u(k-d-1) \quad \cdots \quad u(k-d-m)] \quad (8.1.11)$$

und dem Parametervektor

$$\hat{\boldsymbol{\theta}} = [\hat{a}_1 \quad \ldots \quad \hat{a}_m \mid \hat{b}_1 \ldots \hat{b}_m]^T . \quad (8.1.12)$$

Gl. (8.1.10) entspricht somit dem Regressionsmodell (7.2.4) beim statischen Prozeß.

Für den Gleichungsfehler gilt

$$e(k) = y(k) - y(k|k-1) . \quad (8.1.13)$$

Gleichungs-fehler = Neue Beobachtung − Einschrittvorhersage des Modells

Es werden nun Ein- und Ausgangssignale gemessen für $k = 0, 1, 2, \ldots, m + d + N$. Dann läßt sich für $k = m + d$ der Datenvektor Gl. (8.1.11) zum erstenmal ganz auffüllen. Für $k = m + d, m + d + 1, \ldots, m + d + N$ entstehen dann $N + 1$ Gleichungen der Form

$$y(k) = \boldsymbol{\psi}^T(k)\hat{\boldsymbol{\theta}}(k-1) + e(k) . \tag{8.1.14}$$

Zur Bestimmung der $2m$ unbekannten Parameter braucht man mindestens $2m$ Gleichungen. Es muß also gelten $N \geqq 2m - 1$. Zur Unterdrückung des Einflusses der Störsignale $n(k)$ werden jedoch sehr viel mehr Gleichungen verwendet, also $N \gg 2m - 1$.

Die $N + 1$ Gleichungen lauten in Matrizendarstellung

$$\boldsymbol{y}(m + d + N) = \boldsymbol{\Psi}(m + d + N)\hat{\boldsymbol{\theta}}(m + d + N - 1) + \boldsymbol{e}(m + d + N) \tag{8.1.15}$$

mit

$$\boldsymbol{y}^T(m + d + N) = [y(m + d) \quad y(m + d + 1) \quad \cdots \quad y(m + d + N)] \tag{8.1.16}$$

$$\boldsymbol{\Psi}(m + d + N) = \left[\begin{array}{cccc|cccc} -y(m+d-1) & -y(m+d-2) & \cdots & -y(d) & u(m-1) & u(m-2) & \cdots & u(0) \\ -y(m+d) & -y(m+d-1) & \cdots & -y(d+1) & u(m) & u(m-1) & \cdots & u(1) \\ \vdots & \vdots & & \vdots & \vdots & \vdots & & \vdots \\ -y(m+d+N-1) & -y(m+d+N-2) & \cdots & -y(d+N) & u(m+N-1) & u(m+N-2) & \cdots & u(N) \end{array}\right] \tag{8.1.17}$$

$$\boldsymbol{e}^T(m + d + N) = [e(m + d) \quad e(m + d + 1) \quad \cdots \quad e(m + d + N)] . \tag{8.1.18}$$

Durch Minimieren der Verlustfunktion

$$V = \boldsymbol{e}^T(m + d + N)\boldsymbol{e}(m + d + N) = \sum_{k=m+d}^{m+d+N} e^2(k) \tag{8.1.19}$$

erhält man entsprechend der in Abschnitt 7.2 gezeigten Ableitung

$$\left.\frac{\mathrm{d}V}{\mathrm{d}\boldsymbol{\theta}}\right|_{\boldsymbol{\theta}=\hat{\boldsymbol{\theta}}} = -2\boldsymbol{\Psi}^T[\boldsymbol{y} - \boldsymbol{\Psi}\hat{\boldsymbol{\theta}}] = \boldsymbol{0} \tag{8.1.20}$$

als Lösung des überbestimmten Gleichungssystems die Schätzgleichung für $k = m + d + N$

$$\hat{\boldsymbol{\theta}} = [\boldsymbol{\Psi}^T\boldsymbol{\Psi}]^{-1}\boldsymbol{\Psi}^T\boldsymbol{y} . \tag{8.1.21}$$

Mit der Abkürzung

$$\boldsymbol{P} = [\boldsymbol{\Psi}^T\boldsymbol{\Psi}]^{-1} \tag{8.1.22}$$

lautet sie

$$\hat{\boldsymbol{\theta}}(m+d+N) = \boldsymbol{P}(m+d+N)\boldsymbol{\Psi}^T(m+d+N)\boldsymbol{y}(m+d+N)\,. \qquad (8.1.23)$$

Zur Berechnung von $\hat{\boldsymbol{\theta}}$ muß man also die Matrix

$$\boldsymbol{\Psi}^T\boldsymbol{\Psi} = \boldsymbol{P}^{-1} \text{ siehe nächste Seite} \qquad (8.1.24)$$

invertieren und mit dem Vektor

$$\boldsymbol{\Psi}^T\boldsymbol{y} = \text{siehe nächste Seite} \qquad (8.1.25)$$

multiplizieren.

Der Term $[\boldsymbol{\Psi}^T\boldsymbol{\Psi}]^{-1}\boldsymbol{\Psi}^T$, der durch die Auflösung von Gl. (8.1.20) nach $\boldsymbol{\theta}$ entstand, entspricht der Inversen von $\boldsymbol{\Psi}$ für den Fall, daß $\boldsymbol{\Psi}$ quadratisch ist, denn dann wäre

$$[\boldsymbol{\Psi}^T\boldsymbol{\Psi}]^{-1}\boldsymbol{\Psi}^T = [\boldsymbol{\Psi}^T\boldsymbol{\Psi}]^{-1}\boldsymbol{\Psi}^T\boldsymbol{\Psi}\boldsymbol{\Psi}^{-1} = \boldsymbol{\Psi}^{-1}\,.$$

Die Matrix $\boldsymbol{\Psi}$ hat die Dimension $(N+1)\times 2m$ und erhält deshalb bei großen Meßzeiten eine entsprechend große Dimension. Die Matrix $\boldsymbol{\Psi}^T\boldsymbol{\Psi}$ ist für stationäre Ein- und Ausgangssignale jedoch symmetrisch und hat unabhängig von der Meßzeit die Dimension $2m\times 2m$. Damit ihre Inverse existiert, muß $\boldsymbol{\Psi}^T\boldsymbol{\Psi}$ den Rang $2m$ haben oder

$$\det[\boldsymbol{\Psi}^T\boldsymbol{\Psi}] = \det[\boldsymbol{P}^{-1}] \neq 0\,. \qquad (8.1.26)$$

Diese notwendige Bedingung bedeutet u.a., daß der zu identifizierende Prozeß vom Eingangssignal ausreichend angeregt werden muß, siehe Abschnitt 8.1.3. Nach Gl. (8.1.20) folgt für die zweite Ableitung

$$\frac{\mathrm{d}^2 V}{\partial\boldsymbol{\theta}\,\partial\boldsymbol{\theta}^T} = \boldsymbol{\Psi}^T\boldsymbol{\Psi}\,. \qquad (8.1.27)$$

Damit die Verlustfunktion ein Minimum annimmt und $\hat{\boldsymbol{\theta}}$ eine eindeutige Lösung ist, muß die Matrix $\boldsymbol{\Psi}^T\boldsymbol{\Psi}$ positiv definit sein, also

$$\det \boldsymbol{\Psi}^T\boldsymbol{\Psi} > 0\,. \qquad (8.1.28)$$

Dividiert man $\boldsymbol{\Psi}^T\boldsymbol{\Psi}$ und $\boldsymbol{\Psi}^T\boldsymbol{y}$ durch $(N+1)$, dann sind ihre Elemente Schätzwerte von Korrelationsfunktionen, allerdings mit unterschiedlichen Anfangs- und Endzeiten, wie Gln. (8.1.24) und (8.1.25) zeigen. Für große N können diese verschiedenen Zeiten jedoch vernachläßigt werden und es kann zur Berechnung von $\hat{\boldsymbol{\theta}}$ von den Gln. (8.1.29) und (8.1.30) ausgegangen werden, die eine „Korrelationsmatrix"

$$
\boldsymbol{\Psi}^T\boldsymbol{\Psi} = \left[\begin{array}{cccc:ccc}
\sum\limits_{k=m+d-1}^{m+d+N-1} y^2(k) & \sum\limits_{k=m+d-1}^{m+d+N-1} y(k)y(k-1) & \cdots & \sum\limits_{k=m+d-1}^{m+d+N-1} y(k)y(k-m+1) & -\sum\limits_{k=m+d-1}^{m+d+N-1} y(k)u(k-d) & \cdots & \sum\limits_{k=m+d-1}^{m+d+N-1} y(k)u(k-d-m+1) \\
\sum\limits_{k=m+d-2}^{m+d+N-2} y(k)y(k+1) & \sum\limits_{k=m+d-2}^{m+d+N-2} y^2(k) & \cdots & \sum\limits_{k=m+d-2}^{m+d+N-2} y(k)y(k-m+2) & -\sum\limits_{k=m+d-2}^{m+d+N-2} y(k)u(k-d+1) & \cdots & \sum\limits_{k=m+d-2}^{m+d+N-2} y(k)u(k-d-m+2) \\
\vdots & \vdots & \ddots & \vdots & \vdots & \cdots & \vdots \\
 & & & \sum\limits_{k=d}^{d+N} y^2(k) & -\sum\limits_{k=d}^{d+N} y(k)u(k-d+m-1) & \cdots & -\sum\limits_{k=d}^{d+N} y(k)u(k-d) \\
\hdashline
 & & & & \sum\limits_{k=m-1}^{m+N-1} u^2(k) & \cdots & \sum\limits_{k=m-1}^{m+N-1} u(k)u(k-m+1) \\
\vdots & \vdots & & \vdots & \vdots & \ddots & \sum\limits_{k=m-2}^{m+N-2} u(k)u(k-m+2) \\
 & & & & & & \vdots \\
 & & & & & & \sum\limits_{k=0}^{N} u^2(k)
\end{array}\right]; \quad (8.1.24)
$$

$$
\boldsymbol{\Psi}^T\boldsymbol{y} = \left[\begin{array}{c}
-\sum\limits_{k=m+d}^{m+d+N} y(k)y(k-1) \\
-\sum\limits_{k=m+d}^{m+d+N} y(k)y(k-2) \\
\vdots \\
-\sum\limits_{k=m+d}^{m+d+N} y(k)y(k-m) \\
\hdashline
\sum\limits_{k=m+d}^{m+d+N} y(k)u(k-d-1) \\
\vdots \\
\sum\limits_{k=m+d}^{m+d+N} y(k)u(k-d-m)
\end{array}\right] \quad (8.1.25)
$$

und einen „Korrelationsvektor" bilden:

$$
(N+1)^{-1}\boldsymbol{\Psi}^T\boldsymbol{\Psi} =
\left[\begin{array}{cccc|cccc}
\hat{\Phi}_{yy}(0) & \hat{\Phi}_{yy}(1) & \cdots & \hat{\Phi}_{yy}(m-1) & -\hat{\Phi}_{uy}(d) & & \cdots & -\hat{\Phi}_{uy}(d+m-1) \\
\vdots & \hat{\Phi}_{yy}(0) & \cdots & \hat{\Phi}_{yy}(m-2) & -\hat{\Phi}_{uy}(d-1) & & \cdots & -\hat{\Phi}_{uy}(d+m-2) \\
 & \vdots & \ddots & \vdots & \vdots & & & \vdots \\
 & & & \hat{\Phi}_{yy}(0) & -\hat{\Phi}_{uy}(d-m+1) & & \cdots & -\hat{\Phi}_{uy}(d) \\
\hline
 & & & & \hat{\Phi}_{uu}(0) & & \cdots & \hat{\Phi}_{uu}(m-1) \\
\vdots & \vdots & & \vdots & \vdots & & & \hat{\Phi}_{uu}(m-2) \\
 & & & & & & \ddots & \vdots \\
 & & & & & & & \hat{\Phi}_{uu}(0)
\end{array}\right]
\tag{8.1.29}
$$

$$
(N+1)^{-1}\boldsymbol{\Psi}^T\boldsymbol{y} =
\left[\begin{array}{c}
-\hat{\Phi}_{yy}(1) \\
-\hat{\Phi}_{yy}(2) \\
\vdots \\
-\hat{\Phi}_{yy}(m) \\
\hline
\hat{\Phi}_{uy}(d+1) \\
\vdots \\
\hat{\Phi}_{uy}(d+m)
\end{array}\right]
\tag{8.1.30}
$$

Die Methode der kleinsten Quadrate läßt sich damit auch für dynamische Prozesse auf Korrelationsfunktionen zurückführen. Berechnet man $\hat{\boldsymbol{\theta}}$ gemäß

$$
\hat{\boldsymbol{\theta}} = \left[\frac{1}{N+1}\boldsymbol{\Psi}^T\boldsymbol{\Psi}\right]^{-1}\frac{1}{N+1}\boldsymbol{\Psi}^T\boldsymbol{y}
\tag{8.1.31}
$$

dann streben die Elemente der Matrix und des Vektors im Fall der Konvergenz gegen feste Werte der Korrelationsfunktionen. Diese sind zur Überprüfung der Parameterschätzung als (nichtparametrische und leicht interpretierbare) Zwischenergebnisse sehr geeignet. Man beachte, daß die Methode der kleinsten Quadrate in der behandelten Form folgende Korrelationsfunktionen verwendet:

$$\hat{\Phi}_{yy}(0), \hat{\Phi}_{yy}(1), \ldots, \hat{\Phi}_{yy}(m-1)$$

$$\hat{\Phi}_{uu}(0), \hat{\Phi}_{uu}(1), \ldots, \hat{\Phi}_{uu}(m-1)$$

$$\hat{\Phi}_{uy}(d), \hat{\Phi}_{uy}(d+1), \ldots, \hat{\Phi}_{uy}(d+m-1) \,.$$

Es werden also nur jeweils m Werte verwendet. Wenn die Korrelationsfunktionen auch für andere Zeitverschiebungen τ, also für $\tau < 0$ und $\tau > m-1$ bzw. $\tau < d$ und $\tau > d + m - 1$ deutlich von Null verschieden sind, dann wird nicht alle verfügbare Information über die Prozeßdynamik ausgenutzt. Hierauf wird in Kapitel 14 noch einmal eingegangen.

Zur Berechnung der Parameterschätzwerte bieten sich also folgende Möglichkeiten an:

(a) Aufstellen von $\boldsymbol{\Psi}$ und $\boldsymbol{y}$.
Berechnen von $\boldsymbol{\Psi}^T\boldsymbol{\Psi}$ und $\boldsymbol{\Psi}^T\boldsymbol{y}$.
Dann Gl. (8.1.21).

(b) Berechnen der Elemente von $\boldsymbol{\Psi}^T\boldsymbol{\Psi}$ und $\boldsymbol{\Psi}^T\boldsymbol{y}$ in Form von Summen nach Gln. (8.1.24, 25). Dann Gl. (8.1.21).

(c) Berechnen der Elemente von $(N+1)^{-1}\boldsymbol{\Psi}^T\boldsymbol{\Psi}$ und $(N+1)^{-1}\boldsymbol{\Psi}^T\boldsymbol{y}$ in Form von Korrelationsfunktionen nach Gln. (8.1.29, 30). Dann Gl. (8.1.31).

Zur Programmierung auf Digitalrechnern ist (a) im allgemeinen nicht zweckmäßig, sondern (b) oder (c). Sowohl die Summen bei (b) als auch die Korrelationsfunktion nach (c) können dabei rekursiv berechnet werden, siehe Abschnitt 6.1.3.

8.1.2 Konvergenz

Zur Untersuchung der Konvergenz werden nun die Erwartungswerte und die Konvergenzen der Parameterschätzwerte betrachtet für den Fall, daß das Ausgangssignal, wie in Gl. (8.1.7) angenommen, durch ein stationäres stochastisches Störsignal $n(k)$ beeinflußt wird.

Für den Erwartungswert der Schätzung folgt nach Einsetzen von Gl. (8.1.15) in (8.1.21) mit der Annahme, daß die Parameter $\hat{\boldsymbol{\theta}}$ des Modells in Gl. (8.1.15) bereits mit den wahren Werten $\boldsymbol{\theta}_0$ des Prozesses übereinstimmen,

$$\begin{aligned} E\{\hat{\boldsymbol{\theta}}\} &= E\{[\boldsymbol{\Psi}^T\boldsymbol{\Psi}]^{-1}\ \boldsymbol{\Psi}^T\boldsymbol{\Psi}\boldsymbol{\theta}_0 + [\boldsymbol{\Psi}^T\boldsymbol{\Psi}]^{-1}\boldsymbol{\Psi}^T\boldsymbol{e}\} \\ &= \boldsymbol{\theta}_0 + E\{[\boldsymbol{\Psi}^T\boldsymbol{\Psi}]^{-1}\boldsymbol{\Psi}^T\boldsymbol{e}\} \end{aligned} \tag{8.1.32}$$

wobei

$$\boldsymbol{b} = E\{[\boldsymbol{\Psi}^T\boldsymbol{\Psi}]^{-1}\boldsymbol{\Psi}^T\boldsymbol{e}\} \tag{8.1.33}$$

ein Bias ist (siehe Anhang). Die oben getroffene Annahme $\hat{\boldsymbol{\theta}} = \boldsymbol{\theta}_0$ wird dann erfüllt, wenn der Bias verschwindet. Dies führt zu:

Satz 8.1: Eine Eigenschaft der erwartungstreuen Parameterschätzung
Wenn die mit der Methode der kleinsten Quadrate geschätzten Parameter eines dynamischen Prozesses nach Gl. (8.1.4) erwartungstreu (biasfrei) sind, sind $\boldsymbol{\Psi}^T$

und $\boldsymbol{e}$ *nicht korreliert* und es ist $E\{\boldsymbol{e}\} = \boldsymbol{0}$. Dann gilt

$$\boldsymbol{b} = E\{[\boldsymbol{\Psi}^T \boldsymbol{\Psi}]^{-1} \boldsymbol{\Psi}^T\} \cdot E\{\boldsymbol{e}\} = \boldsymbol{0} \tag{8.1.34}$$

für eine beliebige, d.h. auch endliche Meßzeit N. □

Dies bedeutet, daß entsprechend Gl. (8.1.30)

$$(N+1)^{-1} E\{\boldsymbol{\Psi}^T \boldsymbol{e}\} = E \left\{ \begin{bmatrix} -\hat{\Phi}_{ye}(1) \\ \vdots \\ -\hat{\Phi}_{ye}(m) \\ \text{-------} \\ \hat{\Phi}_{ue}(d+1) \\ \vdots \\ \hat{\Phi}_{ue}(d+m) \end{bmatrix} \right\} = \boldsymbol{0} \tag{8.1.35}$$

sein muß. Für $\hat{\boldsymbol{\theta}} = \boldsymbol{\theta}_0$ ist dann das Eingangssignal $u(k)$ nicht mit dem Fehlersignal $e(k)$ korreliert, so daß $\Phi_{ue}(\tau) = 0$. Gl. (8.1.35) wird später noch einmal betrachtet (Gl. (8.1.56) f.f.).

Es wird nun untersucht, welche Bedingungen erfüllt sein müssen, damit eine biasfreie Parameterschätzung erzielt wird. Hierzu wird angenommen, daß die Signale stationäre Prozesse sind, so daß die Korrelationsfunktionsschätzwerte konsistent sind und es gilt

$$\left.\begin{aligned} \lim_{N\to\infty} E\{\hat{\Phi}_{uu}(\tau)\} &= \Phi_{uu}(\tau) \\ \lim_{N\to\infty} E\{\hat{\Phi}_{yy}(\tau)\} &= \Phi_{yy}(\tau) \\ \lim_{N\to\infty} E\{\hat{\Phi}_{uy}(\tau)\} &= \Phi_{uy}(\tau)\,. \end{aligned}\right\} \tag{8.1.36}$$

Aus dem Theorem von Slutsky, das im Anhang A4.1 angegeben ist, folgt mit Gl. (8.1.31) für die Konvergenz des Parameterschätzwertes in Wahrscheinlichkeit mit den Gln. (A4.10, 11)

$$p \lim_{N\to\infty} \hat{\boldsymbol{\theta}} = \left[p \lim_{N\to\infty} \frac{1}{N+1} \boldsymbol{\Psi}^T \boldsymbol{\Psi} \right]^{-1} \left[p \lim_{N\to\infty} \frac{1}{N+1} \boldsymbol{\Psi}^T \boldsymbol{y} \right]. \tag{8.1.37}$$

Nach Gl. (A4.8) schließt dies ein

$$\lim_{N\to\infty} E\{\hat{\boldsymbol{\theta}}\} = \left[\lim_{N\to\infty} E\left\{ \frac{1}{N+1} \boldsymbol{\Psi}^T \boldsymbol{\Psi} \right\} \right]^{-1} \left[\lim_{N\to\infty} E\left\{ \frac{1}{N+1} \boldsymbol{\Psi}^T \boldsymbol{y} \right\} \right]. \tag{8.1.38}$$

Dies bedeutet, daß die Terme in Klammern je für sich gegen feste Werte konvergieren und dann statistisch unabhängig sind.

Nun werden in Gl. (8.1.38) die Nutz- und Störsignale getrennt geschrieben. Mit Gl. (8.1.7) gilt für Gl. (8.1.11)

$$\begin{aligned}\boldsymbol{\psi}^T(k) &= [-y_u(k-1) \quad \cdots \quad -y_u(k-m) \mid u(k-d-1) \quad \cdots \quad u(k-d-m)] \\ &\quad + [-n(k-1) \quad \cdots \quad -n(k-m) \mid 0 \quad \cdots \quad 0 \quad] \\ &= \boldsymbol{\psi}_u^T(k) \quad + \quad \boldsymbol{\psi}_n^T(k)\end{aligned} \tag{8.1.39}$$

und entsprechend

$$\boldsymbol{\Psi}^T = \boldsymbol{\Psi}_u^T + \boldsymbol{\Psi}_n^T . \tag{8.1.40}$$

Weiter gilt nach Gl. (8.1.7)

$$y(k) = y_u(k) + n(k) = \boldsymbol{\psi}_u^T(k)\boldsymbol{\theta}_0 + n(k) \tag{8.1.41}$$

wobei $\boldsymbol{\theta}_0$ die wirklichen Prozeßparameter sind und damit auch

$$\boldsymbol{y} = \boldsymbol{\Psi}_u\boldsymbol{\theta}_0 + \boldsymbol{n} = [\boldsymbol{\Psi} - \boldsymbol{\Psi}_n]\boldsymbol{\theta}_0 + \boldsymbol{n} . \tag{8.1.42}$$

Setzt man Gl. (8.1.42) in Gl. (8.1.38) ein, dann folgt

$$\begin{aligned}\lim_{N\to\infty} E\{\hat{\boldsymbol{\theta}}\} &= \left[\lim_{N\to\infty} E\left\{\frac{1}{N+1}\boldsymbol{\Psi}^T\boldsymbol{\Psi}\right\}\right]^{-1} \\ &\quad\times\left[\lim_{N\to\infty} E\left\{\frac{1}{N+1}\boldsymbol{\Psi}^T[\boldsymbol{\Psi} - \boldsymbol{\Psi}_n]\boldsymbol{\theta}_0 + \frac{1}{N+1}\boldsymbol{\Psi}^T\boldsymbol{n}\right\}\right] \\ &= \boldsymbol{\theta}_0 + \boldsymbol{b}\end{aligned} \tag{8.1.43}$$

wobei

$$\begin{aligned}\lim_{N\to\infty} \boldsymbol{b} &= \left[\lim_{N\to\infty} E\left\{\frac{1}{N+1}\boldsymbol{\Psi}^T\boldsymbol{\Psi}\right\}\right]^{-1} \\ &\quad\times\left[\lim_{N\to\infty} E\left\{\frac{1}{N+1}\boldsymbol{\Psi}^T\boldsymbol{n} - \frac{1}{N+1}\boldsymbol{\Psi}^T\boldsymbol{\Psi}_n\boldsymbol{\theta}_0\right\}\right]\end{aligned} \tag{8.1.44}$$

ein *asymptotischer Bias* ist.

Zur Abkürzung wird eine „Korrelationsmatrix" eingeführt

$$\left.\begin{aligned}\hat{\boldsymbol{\Phi}}(N+1) &= \frac{1}{N+1}\boldsymbol{\Psi}^T\boldsymbol{\Psi} \\ \boldsymbol{\Phi} &= \lim_{N\to\infty} E\left\{\frac{1}{N+1}\boldsymbol{\Psi}^T\boldsymbol{\Psi}\right\}\end{aligned}\right\} \tag{8.1.45}$$

und es folgt in Anlehnung an Gln. (8.1.30) und (8.1.29)

$$\lim_{N\to\infty} \boldsymbol{b} = \boldsymbol{\Phi}^{-1} \lim_{N\to\infty} E \left\{ \begin{bmatrix} -\hat{\Phi}_{yn}(1) \\ \vdots \\ -\hat{\Phi}_{yn}(m) \\ \hline 0 \\ \vdots \\ 0 \end{bmatrix} - \begin{bmatrix} a_1 \hat{\Phi}_{yn}(0) + \cdots + a_m \hat{\Phi}_{yn}(1-m) \\ \vdots \\ a_1 \hat{\Phi}_{yn}(m-1) + \cdots + a_m \hat{\Phi}_{yn}(0) \\ \hline 0 \\ \vdots \\ 0 \end{bmatrix} \right\} \tag{8.1.46}$$

wobei $\hat{\Phi}_{un}(\tau) = 0$ gesetzt wurde, d.h. es wird angenommen, daß Eingangssignal $u(k)$ und Störsignal $n(k)$ nicht korreliert sind.

Für die KKF gilt mit $y(k) = y_u(k) + n(k)$

$$E\{\hat{\Phi}_{yn}(\tau)\} = E\left\{\frac{1}{N+1}\sum_{k=0}^{N} y(k)n(k+\tau)\right\}$$

$$= \underbrace{E\left\{\frac{1}{N+1}\sum_{k=0}^{N} y_u(k)n(k+\tau)\right\}}_{0} + E\left\{\frac{1}{N+1}\sum_{k=0}^{N} n(k)n(k+\tau)\right\}$$

$$= \Phi_{nn}(\tau) \tag{8.1.47}$$

und somit

$$\lim_{N\to\infty} \boldsymbol{b} = -\boldsymbol{\Phi}^{-1} \lim_{N\to\infty} E \left\{ \begin{bmatrix} \hat{\Phi}_{nn}(1) + a_1 \hat{\Phi}_{nn}(0) + \cdots + a_m \hat{\Phi}_{nn}(1-m) \\ \vdots \\ \hat{\Phi}_{nn}(m) + a_1 \hat{\Phi}_{nn}(m-1) + \cdots + a_m \hat{\Phi}_{nn}(0) \\ \hline 0 \\ \vdots \\ 0 \end{bmatrix} \right\} \tag{8.1.48}$$

Der Bias verschwindet also, falls für $N \to \infty$

$$\sum_{j=0}^{m} a_j \Phi_{nn}(\tau - j) = 0 \quad 1 \leqq \tau \leqq m \quad a_0 = 1\,. \tag{8.1.49}$$

Dies ist nach Gl. (2.4.25) die Yule–Walker-Gleichung des autoregressiven Signalprozesses

$$\begin{aligned} n(k) + a_1 n(k-1) + \cdots + a_m n(k-m) &= v(k) \\ A(z^{-1})n(z) &= v(z) \end{aligned} \tag{8.1.50}$$

wobei $v(k)$ ein statistisch unabhängiges Signal $(\bar{v}, \sigma_v) = (0, 1)$ ist. Das heißt, das Störsignal $n(k)$ muß aus weißem Rauschen $v(k)$ über ein Filter mit der Übertragungsfunktion $1/A(z^{-1})$ erzeugt sein, damit eine biasfreie Schätzung $\boldsymbol{b} = \boldsymbol{0}$ erreicht wird. Somit ist

$$G_v(z) = \frac{n(z)}{v(z)} = \frac{1}{A(z^{-1})} \tag{8.1.51}$$

siehe Bild 8.2. Für das Ausgangssignal gilt dann

$$y(z) = \frac{1}{A} v(z) + \frac{B}{A} u(z)$$

und für das Fehlersignal

$$\begin{aligned} e(z) &= -\hat{B} u(z) + \hat{A} y(z) \\ &= -\hat{B} u(z) + \frac{\hat{A}}{A} v(z) + \hat{A} \frac{B}{A} u(z) \,. \end{aligned} \tag{8.1.52}$$

Wenn Prozeß- und Modellparameter exakt übereinstimmen, $\hat{\boldsymbol{\theta}} = \boldsymbol{\theta}_0$ bzw. $\hat{A} = A$ und $\hat{B} = B$ und damit der Bias $\boldsymbol{b} = \boldsymbol{0}$ ist, gilt

$$e(z) = v(z) \tag{8.1.53}$$

Satz 8.2: Bedingungen für eine konsistente Parameterschätzung
Die mit der Methode der kleinsten Quadrate geschätzten Parameter eines dynamischen Prozesses nach Gl. (8.1.4) sind konsistent (asymptotisch erwartungstreu bzw. asymptotisch biasfrei), wenn das Fehlersignal $e(k)$ *nicht*

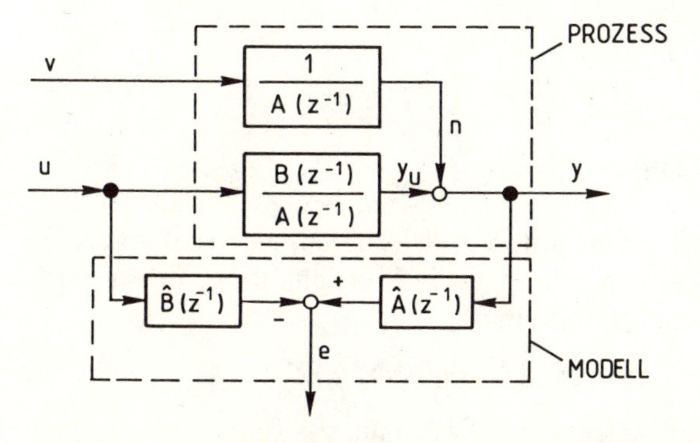

Bild 8.2. Erforderliche Struktur des Prozesses für biasfreie Parameterschätzung mit der Methode der kleinsten Quadrate. v, weißes Rauschen

korreliert ist, also

$$\Phi_{ee}(\tau) = \sigma_e^2\,\delta(\tau); \quad \delta(\tau) = \begin{cases} 1 & \text{für} \quad \tau = 0 \\ 0 & \text{für} \quad |\tau| \neq 0 \end{cases} \tag{8.1.54}$$

gilt, und den *Mittelwert Null* hat

$$E\{e(k)\} = 0\,. \tag{8.1.55}$$

□

Anmerkung zu Satz 8.2: Wenn die Bedingungen nach Satz 8.2 erfüllt sind, ist die Parameterschätzung auch erwartungstreu (biasfrei) für endliche Meßzeit N.

Um dies zu zeigen, werden die Aussagen von Satz 8.1 und Satz 8.2 verglichen.

Aus Gl. (8.1.35) folgt für eine biasfreie Schätzung bei *endlicher Meßzeit N*

$$\begin{aligned} \hat{\Phi}_{ye}(\tau) &= \frac{1}{N+1}\sum_{k=m+d}^{m+d+N} e(k)\,y(k-\tau) \\ &= \frac{1}{N+1}\sum_{k=m+d}^{m+d+N} e(k+\tau)\,y(k) = 0 \quad \tau = 1, 2, \ldots, m\,. \end{aligned} \tag{8.1.56}$$

Hierbei gilt für $e(k)$ nach Einsetzen von Gln. (8.1.13), (8.1.10), (8.1.7), (8.1.39) und $\hat{\boldsymbol{\theta}} = \boldsymbol{\theta}_0$

$$\begin{aligned} e(k) &= y(k) - \boldsymbol{\psi}^T(k)\boldsymbol{\theta}_0 = y_u(k) + n(k) - \boldsymbol{\psi}_u^T(k)\boldsymbol{\theta}_0 - \boldsymbol{\psi}_n^T(k)\boldsymbol{\theta}_0 \\ &= n(k) - \boldsymbol{\psi}_n^T(k)\boldsymbol{\theta}_0 \end{aligned} \tag{8.1.57}$$

$$\boldsymbol{\psi}_n^T(k) = [-n(k-1) \quad \ldots \quad -n(k-m) \;\vdots\; 0 \quad \ldots \quad 0] \tag{8.1.58}$$

Der Gleichungsfehler ist dann nur von $n(k)$ abhängig. Diese beiden Gleichungen werden später gebraucht. (Beispiel 8.1).

Führt man Gl. (8.1.7) in (8.1.56) ein und beachtet, daß im abgeglichenen Zustand mit $\hat{\boldsymbol{\theta}} = \boldsymbol{\theta}_0$ das Nutzsignal $y_u(k)$ nicht mit $e(k)$ korreliert ist, dann folgt

$$\begin{aligned} E\{\hat{\Phi}_{ye}(\tau)\} &= E\left\{\frac{1}{N+1}\sum_{k=m+d}^{m+d+N} e(k)\,n(k-\tau)\right\} = \Phi_{ne}(\tau) \\ &\tau = 1, 2, \ldots, m\,. \end{aligned} \tag{8.1.59}$$

Wenn das Störsignal $n(k)$ durch einen autoregressiven Signalprozeß nach Gl. (8.1.50) beschrieben werden kann, dann folgt nach Multiplikation, dieser Gleichung mit $n(k-\tau)$ und Erwartungswertbildung

$$\Phi_{nn}(\tau) + a_1\,\Phi_{nn}(\tau-1) + \cdots + a_m\,\Phi_{nn}(\tau-m) = \Phi_{ne}(\tau)\,. \tag{8.1.60}$$

Hierbei gilt nach der Yule–Walker-Gleichung (2.4.25) für $\tau > 0$

$$\Phi_{nn}(\tau) + a_1\,\Phi_{nn}(\tau-1) + \cdots + a_m\,\Phi_{nn}(\tau-m) = 0 \tag{8.1.61}$$

so daß also

$$\Phi_{ne}(\tau) = 0 \quad \text{für} \quad \tau = 1, 2, \ldots, m \tag{8.1.62}$$

und damit nach Satz 8.1, Gln. (8.1.35) und (8.1.59) der Bias $\boldsymbol{b} = \boldsymbol{0}$ wird.

Satz 8.1 wird also durch Annahme des Störsignalfilters nach Gl. (8.1.51) für endliche Meßzeit N erfüllt. Hiermit ist gezeigt, daß Satz 8.2 auch für endliche Meßzeit gilt.

Da das geforderte Störsignalfilter

$$G_v(z^{-1}) = \frac{D(z^{-1})}{C(z^{-1})} = \frac{1}{A(z^{-1})}$$

sehr speziell ist und da bei dynamischen Prozessen größer als erster Ordnung im allgemeinen das Zählerpolynom des Störübertragungsverhaltens $D(z^{-1}) \neq 1$ ist und die Form

$$D(z^{-1}) = d_0 + d_1 z^{-1} + d_2 z^{-2} + \cdots$$

hat, ergeben sich bei der Parameterschätzung gestörter Prozesse mit der einfachen Methode der kleinsten Quadrate im allgemeinen biasbehaftete Schätzwerte. Wie Gl. (8.1.46) zeigt, ist der Bias umso größer, je größer die Amplitude des Störsignals $n(k)$ im Vergleich zum Nutzsignal ist, siehe Beispiel 8.1.

Wenn die Bedingungen nach Satz 8.2 nicht erfüllt sind, dann entstehen biasbehaftete Parameterfehler, also systematische Schätzfehler. Die *Größe des Bias* ergibt sich aus Gl. (8.1.48) und Anmerkung zu Satz 8.2.

$$E\{\boldsymbol{b}(N+1)\} = -E\{\boldsymbol{\Phi}^{-1}(N+1)\} \cdot E\left\{\begin{bmatrix} \hat{\Phi}_{nn}(1) + a_1\hat{\Phi}_{nn}(0) + \cdots + a_m\hat{\Phi}_{nn}(1-m) \\ \vdots \\ \hat{\Phi}_{nn}(m) + a_1\hat{\Phi}_{nn}(m-1) + \cdots + a_m\hat{\Phi}_{nn}(0) \\ \hline 0 \\ \vdots \\ 0 \end{bmatrix}\right\}. \tag{8.1.63}$$

Für den Sonderfall, daß das Störsignal $n(k)$ ein weißes Rauschen ist, kann diese Gl. mit

$$E\{\hat{\Phi}_{nn}(0)\} = \Phi_{nn}(0) = E\{n^2(k)\} = \sigma_n^2$$

vereinfacht werden.

$$E\{\boldsymbol{b}(N+1)\} = -E\{\boldsymbol{\Phi}^{-1}(N+1)\} \begin{bmatrix} a_1 \\ \vdots \\ a_m \\ -- \\ 0 \\ \vdots \\ 0 \end{bmatrix} \sigma_n^2$$

$$= -E\{\boldsymbol{\Phi}^{-1}(N+1)\} \left[\begin{array}{c|c} \boldsymbol{I} & \boldsymbol{0} \\ \hline \boldsymbol{0} & \boldsymbol{0} \end{array}\right] \boldsymbol{\theta}_0 \sigma_n^2 . \tag{8.1.64}$$

Ergänzende Studien zur Größe des Bias findet man z.B. in Sagara u.a. (1979).

Die *Kovarianzmatrix* der Parameterschätzwerte ist nach der Definition Gl. (2.4.35) und mit Gl. (8.1.32) für die Annahme $\hat{\boldsymbol{\theta}} = \boldsymbol{\theta}_0$

$$\begin{aligned} \operatorname{cov}[\Delta\boldsymbol{\theta}] &= E\{[\hat{\boldsymbol{\theta}} - \boldsymbol{\theta}_0][\hat{\boldsymbol{\theta}} - \boldsymbol{\theta}_0]^T\} \\ &= E\{([\boldsymbol{\Psi}^T\boldsymbol{\Psi}]^{-1}\boldsymbol{\Psi}^T\boldsymbol{e})([\boldsymbol{\Psi}^T\boldsymbol{\Psi}]^{-1}\boldsymbol{\Psi}^T\boldsymbol{e})^T\} \\ &= E\{[\boldsymbol{\Psi}^T\boldsymbol{\Psi}]^{-1}\boldsymbol{\Psi}^T\boldsymbol{e}\boldsymbol{e}^T\boldsymbol{\Psi}[\boldsymbol{\Psi}^T\boldsymbol{\Psi}]^{-1}\} . \end{aligned} \tag{8.1.65}$$

Man beachte hierbei $[[\boldsymbol{\Psi}^T\boldsymbol{\Psi}]^{-1}]^T = [\boldsymbol{\Psi}^T\boldsymbol{\Psi}]^{-1}$, da $[\boldsymbol{\Psi}^T\boldsymbol{\Psi}]$ symmetrisch ist.

Wenn $\boldsymbol{\Psi}$ und $\boldsymbol{e}$ statistisch unabhängig sind (Satz 8.1), gilt

$$\operatorname{cov}[\Delta\boldsymbol{\theta}] = E\{[\boldsymbol{\Psi}^T\boldsymbol{\Psi}]^{-1}\boldsymbol{\Psi}^T\}E\{\boldsymbol{e}\boldsymbol{e}^T\}E\{\boldsymbol{\Psi}[\boldsymbol{\Psi}^T\boldsymbol{\Psi}]^{-1}\} \tag{8.1.66}$$

und wenn $\boldsymbol{e}$ nicht korreliert ist

$$E\{\boldsymbol{e}\boldsymbol{e}^T\} = \sigma_e^2 \cdot \boldsymbol{I} . \tag{8.1.67}$$

Somit wird die Kovarianzmatrix bei Erfüllung der Bedingungen nach Satz 8.2, also bei biasfreier Parameterschätzung

$$\begin{aligned} \operatorname{cov}[\Delta\boldsymbol{\theta}] &= \sigma_e^2 E\{[\boldsymbol{\Psi}^T\boldsymbol{\Psi}]^{-1}\} = \sigma_e^2 \cdot E\{\boldsymbol{P}\} \\ &= \sigma_e^2 E\{[(N+1)^{-1}\boldsymbol{\Psi}^T\boldsymbol{\Psi}]^{-1}\}\frac{1}{N+1} = \sigma_e^2 \frac{1}{N+1} E\{\hat{\boldsymbol{\Phi}}^{-1}(N+1)\} . \end{aligned} \tag{8.1.68}$$

Für $N \to \infty$ gilt mit Gl. (8.1.45)

$$\lim_{N\to\infty} \operatorname{cov}[\Delta\boldsymbol{\theta}] = \boldsymbol{\Phi}^{-1} \cdot \lim_{N\to\infty} \frac{\sigma_e^2}{N+1} = \boldsymbol{0} . \tag{8.1.69}$$

Die Parameterschätzwerte sind also konsistent im quadratischen Mittel, sofern Satz 8.2 erfüllt wird.

Im allgemeinen ist σ_e^2 nicht bekannt. Dann kann es biasfrei geschätzt werden mit

$$\sigma_e^2 \approx \hat{\sigma}_e^2(m+d+N) = \frac{1}{N+1-2m}\boldsymbol{e}^T(m+d+N)\boldsymbol{e}(m+d+N) \tag{8.1.70}$$

wobei

$$e = y - \Psi\hat{\theta}\,.$$

Siehe Kendall–Stuart (1960), Johnston (1963), S. 128, Mendel (1973), S. 84, Eykhoff (1974), S. 208.

Somit lassen sich zugleich mit der Parameterschätzung nach Gln. (8.1.21) oder (8.1.31) auch Schätzwerte der Varianzen und Kovarianzen nach Gln. (8.1.68) und (8.1.70) berechnen, falls die Parameterschätzung biasfrei ist.

Beispiel 8.1 Methode der kleinsten Quadrate für eine Differenzengleichung erster Ordnung

Die Methode der kleinsten Quadrate soll nun an einer einfachen Differenzengleichung erster Ordnung erläutert werden:

$$y_u(k) + a_1 y_u(k-1) = b_1 u(k-1)$$
$$y(k) = y_u(k) + n(k)\,.$$

Diese Differenzengleichung entsteht aus einem kontinuierlichen Verzögerungsglied erster Ordnung mit Halteglied nullter Ordnung. Als Prozeßmodell für die Parameterschätzung werde gemäß Gl. (8.1.8) verwendet

$$y(k) + \hat{a}_1 y(k-1) - \hat{b}_1 u(k-1) = e(k)\,.$$

Es werden $N + 1$ Werte $u(k)$ und $y(k)$ gemessen

$$\Psi = \begin{bmatrix} -y(0) & u(0) \\ -y(1) & u(1) \\ \vdots & \vdots \\ -y(N) & u(N) \end{bmatrix}.$$

Damit wird

$$(N+1)^{-1}\Psi^T\Psi = \begin{bmatrix} \hat{\Phi}_{yy}(0) & -\hat{\Phi}_{uy}(0) \\ -\hat{\Phi}_{uy}(0) & \hat{\Phi}_{uu}(0) \end{bmatrix}$$

$$(N+1)^{-1}\Psi^T y = \begin{bmatrix} -\hat{\Phi}_{yy}(1) \\ \hat{\Phi}_{uy}(1) \end{bmatrix}.$$

Die Invertierte lautet

$$(N+1)[\Psi^T\Psi]^{-1} = (N+1)\frac{\operatorname{adj}[\Psi^T\Psi]}{\det[\Psi^T\Psi]}$$

$$= \frac{1}{\hat{\Phi}_{uu}(0)\hat{\Phi}_{yy}(0) - [\hat{\Phi}_{uy}(0)]^2}\begin{bmatrix} \hat{\Phi}_{uu}(0) & \hat{\Phi}_{uy}(0) \\ \hat{\Phi}_{uy}(0) & \hat{\Phi}_{yy}(0) \end{bmatrix}$$

und für die Parameterschätzung ergibt sich somit

$$\begin{bmatrix} \hat{a}_1 \\ \hat{b}_1 \end{bmatrix} = \frac{1}{\hat{\Phi}_{uu}(0)\hat{\Phi}_{yy}(0) - [\hat{\Phi}_{uy}(0)]^2} \begin{bmatrix} -\hat{\Phi}_{uu}(0)\hat{\Phi}_{yy}(1) + \hat{\Phi}_{uy}(0)\hat{\Phi}_{uy}(1) \\ -\hat{\Phi}_{uy}(0)\hat{\Phi}_{yy}(1) + \hat{\Phi}_{yy}(0)\hat{\Phi}_{uy}(1) \end{bmatrix}$$

Wenn die Bedingungen nach Satz 8.2 nicht erfüllt sind, dann läßt sich der entstehende Bias nach Gl. (8.1.48) und Anmerkung zu Satz 8.2 wie folgt abschätzen

$$\begin{aligned} \boldsymbol{b} &= -E\{(N+1)[\boldsymbol{\Psi}^T\boldsymbol{\Psi}]^{-1}\} \cdot E\left\{\begin{bmatrix} \hat{\Phi}_{nn}(1) + a_1\hat{\Phi}_{nn}(0) \\ 0 \end{bmatrix}\right\} \\ &= -\frac{1}{\hat{\Phi}_{uu}(0)\hat{\Phi}_{yy}(0) - [\hat{\Phi}_{uy}(0)]^2} \begin{bmatrix} \hat{\Phi}_{uu}(0)\hat{\Phi}_{nn}(1) + a_1\hat{\Phi}_{uu}(0)\hat{\Phi}_{nn}(0) \\ \hat{\Phi}_{uy}(0)\hat{\Phi}_{nn}(1) + a_1\hat{\Phi}_{uy}(0)\hat{\Phi}_{nn}(0) \end{bmatrix}. \end{aligned}$$

Dieser Ausdruck wird einfacher, wenn für $u(k)$ und $n(k)$ jeweils ein weißes Rauschen angenommen wird, so daß $\Phi_{uy}(0) = g(0) = 0$. Dann wird

$$E\{\Delta\hat{a}_1\} = -a_1\frac{\Phi_{nn}(0)}{\Phi_{yy}(0)} = -a_1\frac{\overline{n^2(k)}}{\overline{y^2(k)}} = -a_1\frac{1}{\dfrac{\overline{y_u^2(k)}}{\overline{n^2(k)}} + 1}$$

$$E\{\Delta\hat{b}_1\} = 0 .$$

Der Bias von $\hat{a}_1$ wird also umso größer, je größer der Störsignalpegel ist. $\hat{b}_1$ wird in diesem Fall biasfrei geschätzt.

Die Kovarianzmatrix der Parameterfehler wird nach Gl. (8.1.68)

$$\operatorname{cov}\begin{bmatrix} \Delta\hat{a}_1 \\ \Delta\hat{b}_1 \end{bmatrix} = E\left\{\frac{\sigma_e^2}{\hat{\Phi}_{uu}(0)\hat{\Phi}_{yy}(0) - [\hat{\Phi}_{uy}(0)]^2}\begin{bmatrix} \hat{\Phi}_{uu}(0) & \hat{\Phi}_{uy}(0) \\ \hat{\Phi}_{uy}(0) & \hat{\Phi}_{yy}(0) \end{bmatrix}\right\}\frac{1}{N+1}.$$

Falls $u(k)$ weißes Rauschen ist, erhält man

$$\operatorname{var}[\Delta\hat{a}_1] = \frac{\overline{e^2(k)}}{\overline{y^2(k)}} \cdot \frac{1}{N+1} \quad \text{und} \quad \operatorname{var}[\Delta\hat{b}_1] = \frac{\overline{e^2(k)}}{\overline{u^2(k)}} \cdot \frac{1}{N+1}$$

und falls weiter $n(k)$ weißes Rauschen, dann gilt für biasfreie Schätzung $\hat{\boldsymbol{\theta}} = \boldsymbol{\theta}_0$ nach Quadrieren von Gl. (8.1.57)

$$\operatorname{var}[\Delta\hat{a}_1] = (1 + a_1^2)\frac{\overline{n^2(k)}}{\overline{y^2(k)}} \cdot \frac{1}{N+1}$$

$$\operatorname{var}[\Delta\hat{b}_1] = (1 + a_1^2)\frac{\overline{n^2(k)}}{\overline{u^2(k)}} \cdot \frac{1}{N+1} .$$

Die Standardabweichung der Parameterfehler nimmt also umgekehrt proportional zur Wurzel aus der Meßzeit ab.

Es gilt ferner

$$\frac{\operatorname{var}[\Delta\hat{b}_1]}{\operatorname{var}[\Delta\hat{a}_1]} = \frac{\overline{y^2(k)}}{\overline{u^2(k)}} = \frac{\overline{y_u^2(k)}}{\overline{u^2(k)}} + \frac{\overline{n^2(k)}}{\overline{u^2(k)}} .$$

Die Varianz des Parameters b_1 wird also im Verhältnis zur Varianz des Parameters a_1 umso kleiner, je kleiner das Störsignal $n(k)$ und je kleiner $y_u(k)$, d.h. je höherfrequenter die Anregung $u(k)$.

Zahlenbeispiel:

Im folgenden werden Parameterschätzwerte für einen Prozeß erster Ordnung in Abhängigkeit von der Meßzeit betrachtet. Hierzu wurden die gleichen Zahlenwerte wie bei Beispiel 6.1 verwendet. Als Eingangssignal wird ein DRBS-Signal mit der Amplitude a und der Taktzeit $\lambda = T_0$ verwendet, das einem diskreten weißen Rauschsignal entspricht. Das Störsignal ist ein bandbegrenztes weißes Rauschen mit der Standardabweichung σ_n. Für die beiden Störsignal/Nutzsignal-Verhältnisse $\eta = \sigma_n/a = 0{,}2$ und 0,4 (dies entspricht $\sigma_n/\sigma_y = 0{,}6$ und 1,2) ergaben sich mit der Methode der kleinsten Quadrate folgende Parameterschätzwerte in Abhängigkeit von der Meßzeit:

$\eta = \sigma_n/a = 0{,}2$

RLS	Wahre Werte	T_M/T_1 20	50	100	200	400
a_1	−0,8187	−0,6897	−0,7645	−0,7840	−0,8004	−0,7942
b_1	0,1813	0,1872	0,1709	0,1784	0,1792	0,1786
K	1,0	0,6033	0,7257	0,8255	0,8979	0,8681

Startwerte: $\alpha = 1000$; $\boldsymbol{\theta}(0) = \mathbf{0}$.

$\eta = \sigma_n/a = 0{,}4$

RLS	Wahre Werte	T_M/T_1 20	50	100	200	400
a_1	−0,8187	−0,6761	−0,7356	−0,7482	−0,7680	−0,7592
b_1	0,1813	0,1993	0,1623	0,1764	0,1775	0,1765
K	1,0	0,6154	0,6138	0,7005	0,7651	0,7327

(Zur Auswertung wurde die rekursive Methode der kleinsten Quadrate verwendet. Es ergibt sich für die relativ großen Meßzeiten kaum ein Unterschied zur nichtrekursiven Methode.) Man erkennt, daß der Parameter b_1 genau geschätzt wird, der Parameter a_1 aber nicht gegen den wahren Wert konvergiert. Beim berechneten Verstärkungsfaktor $\hat{K} = \hat{b}_1/(1 + \hat{a}_1)$ wird der entstehende Bias noch deutlicher. Er beträgt bei $T_M/T_1 = 400$ etwa 13% bzw. 27%. Die Simulationen bestätigen, daß die Bias bei $\hat{a}_1$ und $\hat{K}$ umso größer werden, je größer die Standardabweichung des Störsignales. □

8.1.3 Parameter-Identifizierbarkeit

Vor der Anwendung einer Identifikationsmethode müssen die Bedingungen für die Identifizierbarkeit geprüft werden. Unter *Identifizierbarkeit* wird dabei im allgemeinen verstanden, daß es möglich ist, das wirkliche System aufgrund der gemessenen Daten durch Anwenden einer Identifikationsmethode in Form eines mathematischen Modells eindeutig zu beschreiben. Dies wird demnach durch Folgendes beeinflußt:

— System S (Prozeß)
— Experimentelle Bedingungen X
— Modell-Struktur M
— Identifikationsmethode I.

Zum Begriff der Identifizierbarkeit sind verschiedene Definitionen eingeführt worden. Bellman und Åström (1970) nennen ein Modell identifizierbar, wenn das Identifikations-Kriterium (Verlustfunktion) ein eindeutiges Minimum hat. Meistens wird jedoch die Identifizierbarkeit an die Konsistenz der Schätzung gekoppelt. Bei Verwendung eines parametrischen Modells sind die Modellparameter $\boldsymbol{\theta}$ dann identifizierbar, wenn die Parameterschätzwerte $\hat{\boldsymbol{\theta}}(N)$ für $N \to \infty$ gegen die wahren Parameter $\boldsymbol{\theta}_0$ konvergieren. Die Konvergenz wird hierbei verschieden festgelegt. Åström und Bohlin (1966), Tse und Anton (1972) verwenden die Konvergenz in Wahrscheinlichkeit, Staley und Yue (1970) die Konvergenz im quadratischen Mittel (Konvergenzbegriffe: siehe Anhang). Ljung, Gustavsson und Söderström (1974) führen (für Systeme mit Rückführung) noch die Begriffe systemidentifizierbar, streng systemidentifizierbar und parameteridentifizierbar ein.

Hier soll in Anlehnung an Staley und Yue (1970) und Young (1984) verwendet werden:

Definition der Parameter-Identifizierbarkeit

Der Parametervektor $\boldsymbol{\theta}$ des Modelles ist dann parameteridentifizierbar, wenn die Schätzwerte $\hat{\boldsymbol{\theta}}$ im quadratischen Mittel gegen die wahren Werte $\boldsymbol{\theta}_0$ konvergieren.

Dies bedeutet, daß

$$\lim_{N \to \infty} E\{\hat{\boldsymbol{\theta}}(N)\} = \boldsymbol{\theta}_0$$

$$\lim_{N \to \infty} \operatorname{cov}[\Delta\boldsymbol{\theta}] = \boldsymbol{0}$$

also eine Schätzung, die konsistent im quadratischen Mittel ist.

Für die praktische Anwendung sind vor allen Dingen die Bedingungen wichtig, die das System S, die Experimente X, die Modellstruktur M und die Identifikationsmethode I erfüllen müssen, damit die Parameter-Identifizierbarkeit erfüllt wird. Dies soll hier für die Methode der kleinsten Quadrate betrachtet werden.

Es sei nun angenommen, daß die Modell-Struktur M mit der System-Struktur S übereinstimmt und daß die Modell-Struktur so ist, daß Satz 8.2 erfüllt wird, d.h. eine konsistente Parameterschätzung möglich ist. Die Frage ist nun, welche zusätzlichen Bedingungen an das System S und die Experimente X noch zu stellen sind.

Damit die Schätzwerte $\hat{\boldsymbol{\theta}}$ nach Gl. (8.1.21) existieren, muß $\det[\boldsymbol{\Psi}^T \boldsymbol{\Psi}] \neq 0$ erfüllt sein, Gl. (8.1.26) und damit die Verlustfunktion V ein Minimum annimmt und $\hat{\boldsymbol{\theta}}$ eine eindeutige Lösung ist, muß die Matrix $\boldsymbol{\Psi}^T \boldsymbol{\Psi}$ positiv definit sein, Gl. (8.1.28). Beides wird erfüllt, falls

$$\det[\boldsymbol{\Psi}^T \boldsymbol{\Psi}] = \det \boldsymbol{P}^{-1} > 0 \,. \tag{8.1.71}$$

Nach Einführen der Korrelationsmatrix entsprechend Gl. (8.1.45) kann diese Bedingung auch wie folgt angegeben werden

$$\det \frac{1}{N+1} \boldsymbol{\Psi}^T \boldsymbol{\Psi} = \det \hat{\boldsymbol{\Phi}}(N+1) > 0 \,. \tag{8.1.72}$$

Dann wird nach Gl. (8.1.69) aber auch $\operatorname{cov}[\Delta\boldsymbol{\theta}]$ für $N \to \infty$ gegen Null konvergieren, so daß die Schätzung konsistent im quadratischen Mittel ist. Die Korrelationsmatrix wird nun entsprechend Gl. (8.1.29) wie folgt aufgeteilt und $N \to \infty$ betrachtet

$$\boldsymbol{\Phi} = \left[\begin{array}{c|c} \boldsymbol{\Phi}_{11} & \boldsymbol{\Phi}_{12} \\ \hline \boldsymbol{\Phi}_{21} & \boldsymbol{\Phi}_{22} \end{array}\right] \tag{8.1.73}$$

so daß z.B.

$$\boldsymbol{\Phi}_{22} = \begin{bmatrix} \Phi_{uu}(0) & \Phi_{uu}(1) & \cdots & \Phi_{uu}(m-1) \\ \Phi_{uu}(-1) & \Phi_{uu}(0) & \cdots & \Phi_{uu}(m-2) \\ \vdots & \vdots & & \vdots \\ \Phi_{uu}(-m+1) & \Phi_{uu}(-m+2) & \cdots & \Phi_{uu}(0) \end{bmatrix} . \tag{8.1.74}$$

Für die Determinante Gl. (8.1.72) gilt nun nach Zerlegung entsprechend Gl. (8.1.73) gemäß Gantmacher (1960), S. 46 und Young (1984), S. 145

$$|\boldsymbol{\Phi}| = |\boldsymbol{\Phi}_{11}| \cdot |\boldsymbol{\Phi}_{22} - \boldsymbol{\Phi}_{21} \boldsymbol{\Phi}_{11}^{-1} \boldsymbol{\Phi}_{12}| \tag{8.1.75a}$$

oder

$$|\boldsymbol{\Phi}| = |\boldsymbol{\Phi}_{22}| \cdot |\boldsymbol{\Phi}_{11} - \boldsymbol{\Phi}_{12} \boldsymbol{\Phi}_{22}^{-1} \boldsymbol{\Phi}_{21}| \,. \tag{8.1.75b}$$

Notwendige Bedingungen für die Parameteridentifizierbarkeit sind also

$$\det \boldsymbol{\Phi}_{22} > 0 \tag{8.1.76a}$$

und

$$\det \boldsymbol{\Phi}_{11} > 0 \,. \tag{8.1.76b}$$

Diese beiden Bedingungen führen zu Forderungen an das Eingangssignal und an das zu identifizierende System, die nun nacheinander betrachtet werden.

a) Bedingungen für die Anregung durch das Eingangssignal

Zur Erfüllung von Gl. (8.1.76a) ist Gl. (8.1.74) zu untersuchen. Für diese Gleichung folgt nach dem Sylvester-Kriterium für symmetrische Matrizen, siehe z.B. Schwarz (1970), S. 166, daß für alle Hauptabschnittsdeterminanten der Matrix $\boldsymbol{\Phi}_{22}$ gelten muß

$$\det \boldsymbol{\Phi}_i > 0 \qquad i = 1, 2, \ldots, m\,. \tag{8.1.77}$$

Das bedeutet, wenn man mit dem rechten unteren Element beginnt

$$\det \Phi_1 = \Phi_{uu}(0) > 0$$

$$\det \boldsymbol{\Phi}_2 = \begin{vmatrix} \Phi_{uu}(0) & \Phi_{uu}(1) \\ \Phi_{uu}(-1) & \Phi_{uu}(0) \end{vmatrix} = \Phi_{uu}^2(0) - \Phi_{uu}^2(1) > 0$$

$$\vdots$$

und schließlich auch

$$\det \boldsymbol{\Phi}_{22} > 0\,. \tag{8.1.78}$$

$\boldsymbol{\Phi}_{22}$ hängt dabei nur vom Eingangssignal $u(k)$ ab, Gl. (8.1.74). Durch geeignete Wahl des Eingangssignals kann somit Bedingung Gl. (8.1.78) erfüllt werden.

Satz 8.3: Bedingung für fortdauernde Anregung
Eine notwendige Bedingung zur Parameterschätzung mit der Methode der kleinsten Quadrate ist, daß das Eingangssignal $u(k) = U(k) - \bar{U}$ so beschaffen ist, daß

$$\bar{U} = \lim_{N \to \infty} \frac{1}{N+1} \sum_{k=m+d}^{m+d+N} U(k) \tag{8.1.79}$$

und

$$\Phi_{uu}(\tau) = \lim_{N \to \infty} \sum_{k=m+d}^{m+d+N} [U(k) - \bar{U}][U(k+\tau) - \bar{U}] \tag{8.1.80}$$

existieren, siehe Gl. (8.1.36), und die Matrix

$$\boldsymbol{\Phi}_{22} = [\Phi_{ij} = \Phi_{uu}(i-j)] \quad i, j = 1, \ldots, m \tag{8.1.81}$$

positiv definit ist. □

Diese Bedingungen wurden von Åström und Bohlin (1966) für die Maximum-Likelihood-Methode angegeben und „*fortdauernde Anregung der Ordnung m*" (persistent excitation of order *m*) genannt. Man beachte, daß Bedingung Gl. (8.1.78) dieselbe ist, wie für die Korrelationsanalyse, siehe Gl. (6.2.4), bis auf die Ordnung $l + 1$ anstelle von m. Deshalb gibt es Eingangssignale, die fortdauernd anregend für beide Identifikationsmethoden sind.

Einige Beispiele für fortdauernd anregende Eingangssignale der Ordnung m, die Gl. (8.1.81) erfüllen, sind:

a) $\Phi_{uu}(0) > \Phi_{uu}(1) > \Phi_{uu}(2) > \cdots > \Phi_{uu}(m)$
(MA-Signalprozeß der Ordnung m, Gl. (2.4.21)
oder farbiges Rauschsignal, falls $m \to \infty$)

b) $\Phi_{uu}(0) \neq 0 \quad \Phi_{uu}(1) = \Phi_{uu}(2) = \cdots = \Phi_{uu}(m) = 0$
(Weißes Rauschen, wenn $m \to \infty$)

c) $\Phi_{uu}(\tau) = a^2$ für $\tau = 0, N\lambda, 2N\lambda, \ldots$
$\Phi_{uu}(\tau) = -a^2/N$ für $\lambda(1 + \nu N) < \tau < \lambda(N - 1 + \nu N)$
$\nu = 0, 1, 2, \ldots$
(PRBS mit Amplitude a, Taktzeit $\lambda = T_0$ und Periode N.
Fortdauernd anregend der Ordnung m, falls $N = m + 1$).

Satz 8.3 kann also einfach anhand der Autokorrelationsfunktionen stochastischer oder deterministischer Eingangssignale überprüft werden.

Die Bedingung für fortdauernde Anregung der Ordnung m kann auch im Frequenzbereich interpretiert werden. Aus der Fourieranalyse von Signalen ist bekannt, daß eine notwendige Bedingung für die Existenz der Wirkleistungsdichte eines zeitdiskreten Signalprozesses nach Gl. (2.4.7)

$$
\begin{aligned}
S_{uu}^*(\omega) &= \sum_{\tau=-\infty}^{\infty} \Phi_{uu}(\tau)\, e^{-i\omega T_0 \tau} \\
&= \Phi_{uu}(0) + 2 \sum_{\tau=1}^{\infty} \Phi_{uu}(\tau) \cos \omega T_0 \tau \qquad (8.1.82)
\end{aligned}
$$

im Definitionsbereich $0 < \omega < \pi/T_0$ ist, daß die AKF $\Phi_{uu}(\tau) > 0$ ist für alle τ. Dann ist das Signal fortdauernd anregend von beliebiger Ordnung. Wenn also $S_{uu}^*(\omega) > 0$ für alle ω, ist das betreffende Signal fortdauernd anregend von beliebiger Ordnung, Åström und Eykhoff (1971). Fortdauernde Anregung von endlicher Ordnung bedeutet, daß $S_{uu}^*(\omega) = 0$ wird für gewisse Frequenzen (wie z.B. die Fourier-Transformierten von Impulsen, Abschnitt 3.2, oder vom PRBS, Abschnitt 5.3).

b) Bedingungen an das zu identifizierende System

Zur Erfüllung von Gl. (8.1.76b) gilt analog

$$\det \boldsymbol{\Phi}_1 = \Phi_{yy}(0) > 0$$

$$\det \boldsymbol{\Phi}_2 = \begin{vmatrix} \Phi_{yy}(0) & \Phi_{yy}(1) \\ \Phi_{yy}(-1) & \Phi_{yy}(0) \end{vmatrix} = \Phi_{yy}^2(0) - \Phi_{yy}^2(1) > 0$$

$$\vdots$$

und schließlich

$$\det \boldsymbol{\Phi}_{11} > 0\,. \qquad (8.1.83)$$

Nachdem Gl. (8.1.78) durch ein geeignet anregendes Signal erfüllt ist, hängt die Erfüllung von Gl. (8.1.83) vom identifizierten System ab.

Für bereits positiv definites $\boldsymbol{\Phi}_{22}$ folgt:

Satz 8.4: Bedingung für das identifizierte System
Eine notwendige Bedingung zur Parameterschätzung der Methode der kleinsten Quadrate ist, daß das Ausgangssignal $y(k) = Y(k) - \bar{Y}$ so beschaffen ist, daß

$$\bar{Y} = \lim_{N \to \infty} \frac{1}{N+1} \sum_{k=m+d}^{m+d+N} Y(k) \tag{8.1.84}$$

und

$$\Phi_{yy}(\tau) = \lim_{N \to \infty} \sum_{k=m+d}^{m+d+N} [Y(k) - \bar{Y}][Y(k+\tau) - \bar{Y}] \tag{8.1.85}$$

existieren und die Matrix

$$\boldsymbol{\Phi}_{11} = [\Phi_{ij} = \Phi_{yy}(i-j)] \quad i, j = 1, \ldots, m \tag{8.1.86}$$

positiv definit ist. □

Hierzu sei angemerkt:

Damit Gl. (8.1.84) und (8.1.85) erfüllt werden, muß gelten:

a) Das System muß stabil sein. Alle Pole von $A(z) = 0$ müssen deshalb im Inneren des Einheitskreises liegen.
b) Es dürfen nicht alle Koeffizienten b_i, $i = 1, 2, \ldots, m$ gleich Null sein. Damit bei fortdauernder Anregung des Eingangssignals $u(k)$ der Ordnung m auch das Ausgangssignal $y(k)$ fortdauernd angeregt ist mit der selben Ordnung m und damit auch $\boldsymbol{\Phi}_{11}$ positiv definit ist, muß gelten:
c) In $A(z) = 0$ und $B(z) = 0$ dürfen keine gemeinsamen Wurzeln auftreten.

Das bedeutet auch, daß die richtige Ordnung m gewählt werden muß. Denn wenn die Ordnung zu hoch gewählt wird, können Pole und Nullstellen auftreten, die sich kürzen. Die Ergebnisse a) bis c) können wie folgt zusammengefaßt werden, Tse und Anton (1972):

d) Wenn die minimale Dimension m bekannt ist, dann schließen Stabilität, Steuerbarkeit und Beobachtbarkeit die Identifizierbarkeit ein.

Wenn nun entsprechend Satz 8.3 und 8.4 die Gl. (8.1.76, a,b) erfüllt sind, ist noch nicht sicher gestellt, daß Gl. (8.1.72) erfüllt ist, da nach Gl. (8.1.75 a,b) auch die rechten Faktoren positiv definit sein müssen. Dies soll an einem Beispiel betrachtet werden.

Beispiel 8.2 Parameteridentifizierbarkeit bei Anregung durch eine harmonische Schwingung

Ein linearer Prozeß mit zeitdiskreten Signalen wird durch eine Sinusschwingung

$$u(kT_0) = u_0 \sin \omega_1 kT_0$$

angeregt. Es soll bestimmt werden, bis zu welcher Ordnung m die Parameter der Prozesse

$$G_P(z) = \frac{b_0 + b_1 z^{-1} + \cdots + b_m z^{-m}}{1 + a_1 z^{-1} + \cdots + a_m z^{-m}} \tag{A}$$

$$G_P(z) = \frac{b_1 z^{-1} + \cdots + b_m z^{-m}}{1 + a_1 z^{-1} + \cdots + a_m z^{-m}} \tag{B}$$

identifizierbar sind, wenn das Ausgangssignal eingeschwungen ist.

In beiden Fällen gilt dann für das Ausgangssignal

$$y(kT_0) = y_0 \sin(\omega_1 k T_0 + \varphi)$$

jedoch mit verschiedenem y_0 und φ und es gilt ferner nach Gl. (4.4.5)

$$\Phi_{uu}(\tau) = \frac{u_0^2}{2} \cos \omega_1 \tau T_0$$

$$\Phi_{yy}(\tau) = \frac{y_0^2}{2} \cos \omega_1 \tau T_0 \, .$$

Prozeß A ($b_0 \neq 0$)
Es ist

$$\boldsymbol{\Phi}_{22} = \begin{bmatrix} \Phi_{uu}(0) & \cdots & \Phi_{uu}(m) \\ \vdots & & \vdots \\ \Phi_{uu}(m) & \cdots & \Phi_{uu}(0) \end{bmatrix}$$

$$\boldsymbol{\Phi}_{11} = \begin{bmatrix} \Phi_{yy}(0) & \cdots & \Phi_{yy}(m-1) \\ \vdots & & \vdots \\ \Phi_{yy}(m-1) & \cdots & \Phi_{yy}(0) \end{bmatrix} .$$

Für $m = 1$ folgt:

$$\det \boldsymbol{\Phi}_{22} = \Phi_{uu}^2(0) - \Phi_{uu}^2(1) = \frac{u_0^2}{2} [1 - \cos^2 \omega_1 T_0]$$

$$= \frac{u_0^2}{2} \sin^2 \omega_1 T_0 > 0 \quad \text{falls } \omega_1 T_0 \neq 0; \pi; 2\pi; \ldots$$

$$\det \boldsymbol{\Phi}_{11} = \Phi_{yy}(0) = \frac{y_0^2}{2} > 0$$

$$\det \boldsymbol{\Phi} > 0 \quad \text{(nach Gl. (8.1.75a))}.$$

Der Prozeß ist also identifizierbar.

Für $m = 2$ gilt:

$$\begin{aligned}\det \boldsymbol{\Phi}_{22} &= \Phi_{uu}^3(0) + 2\Phi_{uu}^2(1)\,\Phi_{uu}(2) - \Phi_{uu}^2(2)\,\Phi_{uu}(0) \\ &\quad -2\Phi_{uu}^2(1)\,\Phi_{uu}(0) \\ &= \left[\frac{u_0^2}{2}\right]^3 [1 - \cos^4\omega_1 T_0 - \sin^4\omega_1 T_0 - 2\cos^2\omega_1 T_0 \cdot \sin^2\omega_1 T_0] \\ &= 0\end{aligned}$$

$$\det \boldsymbol{\Phi}_{11} = \Phi_{yy}^2(0) - \Phi_{yy}^2(1) = \frac{y_0^2}{2}\sin^2\omega_1 T_0 > 0$$

$$\det \boldsymbol{\Phi} = 0 \quad \text{(nach Gl. (8.1.75b))}.$$

Der Prozeß ist also nicht identifizierbar.

Prozeß B ($b_0 = 0$)

Nun wird

$$\boldsymbol{\Phi}_{22} = \begin{bmatrix} \Phi_{uu}(0) & \cdots & \Phi_{uu}(m-1) \\ \vdots & & \vdots \\ \Phi_{uu}(m-1) & \cdots & \Phi_{uu}(0) \end{bmatrix}$$

$$\boldsymbol{\Phi}_{11} = \begin{bmatrix} \Phi_{yy}(0) & \cdots & \Phi_{yy}(m-1) \\ \vdots & & \vdots \\ \Phi_{yy}(m-1) & \cdots & \Phi_{yy}(0) \end{bmatrix}.$$

Für $m = 1$ folgt:

$$\det \boldsymbol{\Phi}_{22} = \Phi_{uu}(0) = \frac{u_0^2}{2} > 0$$

$$\det \boldsymbol{\Phi}_{11} = \Phi_{yy}(0) = \frac{y_0^2}{2} > 0$$

$$\det \boldsymbol{\Phi} > 0\,.$$

Der Prozeß ist identifizierbar.

Für $m = 2$ ist:

$$\det \boldsymbol{\Phi}_{22} = \Phi_{uu}^2(0) - \Phi_{uu}^2(1) = \frac{u_0^2}{2}\sin^2\omega_1 T_0 > 0$$

$$\det \boldsymbol{\Phi}_{11} = \Phi_{yy}^2(0) - \Phi_{yy}^2(1) = \frac{y_0^2}{2}\sin^2\omega_1 T_0 > 0$$

$$\text{falls } \omega_1 T_0 \neq 0;\ \pi,\ 2\pi;\ \ldots$$

Obwohl also $\boldsymbol{\Phi}_{22}$ und $\boldsymbol{\Phi}_{11}$ positiv definit sind ist jedoch

$$\det \boldsymbol{\Phi} = 0$$

was man z.B. für $\varphi = \pi/2$ und damit $y(t) = y_0 \cos \omega_1 k T_0$ durch Einsetzen zeigen kann.

Dieses Beispiel zeigt also, daß im Fall $b_0 \neq 0$ die Bedingungen Gl. (8.1.76 a,b) det $\boldsymbol{\Phi} > 0$, also die Parameteridentifizierbarkeit, einschließen, im Fall $b_0 = 0$ aber nicht. (Die in Åström, Bohlin (1966) und Young (1974) angegebenen Identifizierbarkeitsbedingungen beziehen sich nur auf den Fall $b_0 \neq 0$). Die gemeinsame Aussage für beide Fälle ist, daß mit einer einzigen harmonischen Schwingung ein Prozeß von höchstens erster Ordnung identifiziert werden kann.

Man beachte jedoch, daß bei Prozeß A die 3 Parameter b_0, b_1, a_1 und bei Prozeß B die 2 Parameter b_1, a_1 identifizierbar sind. □

Alle wesentlichen Bedingungen für die Methode der kleinsten Quadrate werden in einem Satz zusammengefaßt.

Satz 8.5: Bedingungen für konsistente Parameterschätzung mit der Methode der kleinsten Quadrate

Die Parameter einer linearen und zeitinvarianten Differenzengleichung werden mit der Schätzgleichung (8.1.21) im quadratischen Mittel konsistent geschätzt, wenn folgende notwendigen Bedingungen erfüllt sind:

a) Ordnung m und Totzeit d sind bekannt.
b) Eingangssignaländerungen $u(k) = U(k) - U_{00}$ müssen exakt meßbar und der Gleichwert U_{00} muß bekannt sein.
c) Es muß die Matrix

$$\boldsymbol{\Phi} = \frac{1}{N+1} \boldsymbol{\Psi}^T \boldsymbol{\Psi}$$

positiv definit sein. Hierzu sind notwendige Bedingungen:
— das Eingangssignal $u(k)$ muß fortdauernd anregend sein von mindestens Ordnung m, siehe Satz 8.3.
— der Prozeß muß stabil, steuerbar und beobachtbar sein, siehe Satz 8.4.
d) Das dem Ausgangssignal $y(k) = Y(k) - Y_{00}$ überlagerte stochastische Störsignal $n(k)$ muß stationär sein. Der Gleichwert Y_{00} muß exakt bekannt sein und zu U_{00} gehören.
e) Das Fehlersignal $e(k)$ darf nicht korreliert und es muß $E\{e(k)\} = 0$ sein.

□

Aus diesen Bedingungen folgt für $\hat{\boldsymbol{\theta}} = \boldsymbol{\theta}_0$:

1) $E\{n(k)\} = 0$ (aus Gl. (8.1.50), (8.1.53) und *e*)) (8.1.87)

2) $\Phi_{ue}(\tau) = 0$ (aus Gl. (8.1.57)). (8.1.88)

Diese Beziehungen können zusätzlich zu den Gln. (8.1.54) und (8.1.59) zur Verifikation der Parameterschätzwerte verwendet werden.

8.1.4 Unbekannte Gleichwerte

Im allgemeinen ist der Gleichwert Y_{00} des Ausgangssignals, gelegentlich auch U_{00} des Eingangssignals unbekannt. Zur Parameterschätzung kann dann wie folgt vorgegangen werden.

a) Mittelwertbildung

Bei zeitinvarianten Prozessen mit stationären Signalen und $E\{n(k)\} = 0$ kann man die Gleichwerte vor Beginn der Parameterschätzung durch Mittelwertbildung der absoluten Signalwerte (eingeschwungener Zustand) bestimmen

$$\left.\begin{aligned} Y_{00} &= \frac{1}{N_G} \sum_{k=1}^{N_G} Y(k) \\ U_{00} &= \frac{1}{N_G} \sum_{k=1}^{N_G} U(k) \end{aligned}\right\} . \tag{8.1.89}$$

Dann können die Signaländerungen $u(k)$ und $y(k)$ nach Gl. (8.1.5) gebildet und die Parameter $\hat{\theta}$, wie bisher beschrieben, geschätzt werden.

b) Differenzenbildung

Durch Differenzenbildung

$$\begin{aligned} \Delta Y(k) &= Y(k) - Y(k-1) \\ &= [y(k) + Y_{00}] - [y(k-1) + Y_{00}] \\ &= y(k) - y(k-1) = \Delta y(k) \end{aligned} \tag{8.1.90}$$

fällt der Gleichwert Y_{00} heraus. Führt man diese Differenzenbildung sowohl beim Ausgangssignal als auch Eingangssignal aus, dann braucht man im Datenvektor Gl. (8.1.11) lediglich $y(k)$ durch $\Delta y(k)$ und $u(k)$ durch $\Delta u(k)$ ersetzen und die Parameterschätzung wie bisher nach Gl. (8.1.21) durchführen. Durch die Differenzenbildung werden allerdings die Amplituden von hochfrequenten Störsignalen vergrößert, so daß sich bei vergleichsweise niederfrequenter Anregung das Stör-/Nutzsignal-Verhältnis verschlechtert.

c) Implizite Schätzung eines Gleichwertparameters

Nach Einsetzen von Gl. (8.1.5) in Gl. (8.1.4) folgt

$$\begin{aligned} &Y_u(k) + a_1 Y_u(k-1) + \cdots + a_m Y_u(k-m) - \underbrace{(1 + a_1 + \cdots + a_m) Y_{00}}_{Y_{00}^*} \\ &= b_1 U(k-d-1) + \cdots + b_m U(k-d-m) - \underbrace{(b_1 + \cdots + b_m) U_{00}}_{U_{00}^*} \end{aligned} \tag{8.1.91}$$

Die beiden Konstanten werden zu einem Gleichwertparameter zusammengefaßt

$$K_0 = Y_{00}^* - U_{00}^* \tag{8.1.92}$$

und Datenvektor und Parametervektor Gln. (8.1.11, 12) wie folgt erweitert

$$\psi_*^T(k) = [1 \; -Y(k-1) \ldots -Y(k-m) \mid U(k-d-1) \; \ldots \; U(k-d-m)]$$
$$\hat{\theta}_*^T = [\hat{K}_0 \;\; \hat{a}_1 \; \ldots \; \hat{a}_m \mid \hat{b}_1 \; \ldots \; \hat{b}_m]\,. \tag{8.1.93}$$

Der Gleichungsfehler lautet somit

$$e(k) = Y(k) - \hat{Y}(k|k-1) = Y(k) - \psi_*^T(k)\hat{\theta}_*(k-1)\,. \tag{8.1.94}$$

Die Parameterschätzung kann dann mit der entsprechend erweiterten Matrix $\boldsymbol{\Psi}_*$ und mit

$$\boldsymbol{Y}^T = [\,Y(m+d) \;\; \ldots \;\; Y(m+d+N)] \tag{8.1.95}$$

gemäß Gl. (8.1.21) erfolgen

$$\hat{\theta}_*^T = [\boldsymbol{\Psi}_*^T \boldsymbol{\Psi}_*]^{-1} \boldsymbol{\Psi}_*^T \boldsymbol{Y}\,. \tag{8.1.96}$$

Die implizite Schätzung des Gleichwertparameters ist z.B. dann von Interesse, wenn U_{00} bekannt ist und Y_{00} nach Gl. (8.1.92) laufend ermittelt werden soll. Gleichwertparameter $\hat{K}_0$ und Dynamikparameter $\hat{\theta}$ sind dann allerdings über die Schätzgleichung gekoppelt. Wenn sich z.B. (durch eine Gleichwertstörung) eigentlich nur K_0 ändert, ändern sich vorübergehend auch die Schätzwerte $\hat{\theta}$, und umgekehrt.

d) Explizite Schätzung eines Gleichwertparameters

Die Parameter $\hat{a}_i$ und $\hat{b}_i$ für das dynamische Verhalten und der Gleichwertparameter $\hat{K}_0$ können auch getrennt geschätzt werden. Hierzu werden zuerst die Dynamikparameter durch Differenzenbildung nach b) geschätzt. Dann folgt aus Gln. (8.1.91, 92) mit

$$\begin{aligned} L(k) = {} & Y(k) + \hat{a}_1 Y(k-1) + \cdots + \hat{a}_m Y(k-m) \\ & - \hat{b}_1 U(k-d-1) - \cdots - \hat{b}_m U(k-d-m) \end{aligned} \tag{8.1.97}$$

für den Gleichungsfehler

$$e(k) = L(k) - \hat{K}_0 \tag{8.1.98}$$

und nach Anwenden der Methode der kleinsten Quadrate gemäß Gl. (7.1.10) usw.

$$\hat{K}_0(m+d+N) = \frac{1}{N+1} \sum_{k=m+d}^{m+d+N} L(k)\,. \tag{8.1.99}$$

Für große N gilt dann

$$\hat{K}_0 \approx \left[1 + \sum_{i=1}^{m} \hat{a}_i\right] \hat{Y}_{00} - \left[\sum_{i=1}^{m} \hat{b}_i\right] \hat{U}_{00}\,. \tag{8.1.100}$$

Interessiert z.B. $\hat{Y}_{00}$ bei bekanntem U_{00}, dann kann es mit geschätztem $\hat{K}_0$ aus Gl. (8.1.100) berechnet werden.

In diesem Fall und für einen zeitinvarianten Prozeß ist die Kopplung von $\hat{\theta}$ und $\hat{K}_0$ nur einseitig, da $\hat{\theta}$ nicht von $\hat{K}_0$ abhängt. Von Nachteil kann aber die Verschlechterung des Stör-/Nutzsignal-Verhältnisses durch die Differenzenbildung sein, siehe b).

Die Auswahl der zweckmäßigsten Methoden zur Behandlung unbekannter Gleichwerte hängt somit ganz vom Einzelfall ab.

8.1.5 Numerische Probleme

a) Methoden zur Matrixinversion

Bei der Berechnung der Parameterschätzwerte mit der direkten (nichtrekursiven) Methode der kleinsten Quadrate muß die $2m \times 2m$ Matrix $\boldsymbol{\Psi}^T \boldsymbol{\Psi} = \boldsymbol{P}^{-1} = \boldsymbol{A}$, Gl. (8.1.21), invertiert werden. Da hierzu ausschließlich Digitalrechner verwendet werden, interessieren numerische Verfahren zur Matrixinversion. Diese Verfahren sind in vielen Büchern über Matrizenrechnung und numerische Rechenmethoden ausführlich behandelt. Da es außerhalb des Rahmens dieses Buches liegt, eine ausführliche Übersicht der vielfältigen Verfahren zu geben, sei hauptsächlich auf einige bei der numerischen Matrixinversion auftretende Probleme hingewiesen. Eine ausführlichere, zusammenfassende Darstellung der verschiedenen Verfahren findet man z.B. bei Westlake (1968), Deutsch (1965), (1969), Stewart (1973), Törnig (1979), Spelluci-Törnig (1985).

Zur Matrixinversion mit Digitalrechnern verwendet man nicht die bekannte Form der Cramerschen Regel

$$\boldsymbol{A}^{-1} = \frac{\operatorname{adj} \boldsymbol{A}}{\det \boldsymbol{A}} \tag{8.1.101}$$

da sie zuviel Rechenoperationen erfordert, sondern andere numerische Verfahren, die man in direkte (geschlossene) und iterative Verfahren unterteilt. Die direkten Verfahren liefern eine exakte Lösung mit einer endlichen Zahl von Rechenoperationen. Die iterativen Verfahren sind Suchverfahren, die unendlich viele Rechenoperationen benötigen, um die exakte Lösung anzugeben.

Eine Übersicht der direkten Verfahren wird außer bei Westlake (1968) und Deutsch (1965) bei Householder (1957), (1958) und Törnig (1979) gegeben. Am häufigsten werden Verfahren verwendet, die die zu invertierende Matrix durch eine geeignete Faktorisierung oder Modifikation in eine solche Form bringen, die sich leicht invertieren läßt. Hierzu spaltet man die zu invertierende Matrix in ein Produkt aus Matrizen mit unterer Dreiecksform, Diagonalform, oberer Dreiecksform auf (Gaußsche Elimination, Banachiewicz-, Cholesky-, Crout-, Doolittle-Verfahren), führt sie in eine Diagonalform über (Gauß–Jordan-Verfahren), oder verwendet orthogonale Vektoren. Im Fall der Methode der kleinsten Quadrate kann dabei beachtet werden, daß die zu invertierende Matrix $\boldsymbol{\Psi}^T \boldsymbol{\Psi}$ für große Meßzeiten symmetrisch ist, da dadurch Vereinfachungen der Verfahren möglich sind.

Iterative Verfahren zur Matrixinversion sind im allgemeinen weniger geeignet, da sie zum Start mehr oder weniger gute Anfangswerte der Parameter voraussetzen und schlechte Konvergenzeigenschaften haben können.

Die Ergebnisse eines Vergleichs der wichtigsten Verfahren zur Matrixinversion bezüglich Genauigkeit, Rechenzeit, Speicherplatz, usw. zeigt Westlake (1968). Hiernach werden die Methoden, die auf Gaußschen Eliminationsverfahren aufbauen für symmetrische und nichtsymmetrische Matrizen empfohlen.

Aus einem anderen Vergleich mit Bezug auf Prozeßrechner, folgt, daß bei symmetrischen Matrizen die Zerlegung in drei Matrizen den kleinsten Speicherplatz benötigt und die kleinste Rechenzeit ergibt, Kant, Winkler (1971).

b) Kondition der zu invertierenden Matrix

Die bisher genannten Verfahren setzen voraus, daß die Inverse der Matrix $\boldsymbol{A}$ existiert, d.h. daß $\boldsymbol{A}$ quadratisch und nicht singulär ist

$$\det \boldsymbol{A} \neq 0 .$$

Nun hat das der Methode der kleinsten Quadrate zugrundeliegende lineare Gleichungssystem, Gl. (8.1.21)

$$[\boldsymbol{\Psi}^T \boldsymbol{\Psi}]\hat{\boldsymbol{\theta}} = \boldsymbol{\Psi}^T \boldsymbol{y} \tag{8.1.102}$$

aber auch dann Lösungen, wenn $\boldsymbol{\Psi}^T \boldsymbol{\Psi}$ singulär ist. Diese Lösungen sind dann nicht mehr eindeutig und das zur Ableitung der Gl. (8.1.21) verwendete Standardverfahren der Multiplikation mit $\boldsymbol{\Psi}^T$ und dann Inversion der quadratischen Matrix $\boldsymbol{\Psi}^T \boldsymbol{\Psi}$ ist dann nicht mehr anwendbar. Man kann jedoch durch die Einführung einer Pseudoinversen versuchen, Lösungen zu finden, die das Gleichungssystem im Sinne eines kleinsten quadratischen Fehlers lösen, Deutsch (1969).

Wesentlich zweckmäßiger als Lösungen für singuläre Gleichungssysteme zu suchen ist es jedoch, die Identifikation so durchzuführen, daß singuläre Matrizen vermieden werden. Um zu verhindern daß die Matrix $\boldsymbol{\Psi}^T \boldsymbol{\Psi}$ singulär wird, müssen ihre Zeilen linear unabhängig sein. Das bedeutet, daß die gemessenen Vektoren $\boldsymbol{\psi}^T(m + d) \ldots \boldsymbol{\psi}^T(m + d + N)$, Gl. (8.1.17) nicht gleich Null und verschieden sein müssen, was im allgemeinen dann der Fall ist, wenn sich die Eingangssignalwerte fortlaufend ändern, also Satz 8.3 erfüllt ist.

Es kann jedoch auch vorkommen, daß die Matrix näherungsweise singulär wird. Die Vektoren sind dann näherungsweise gleich, was z.B. eintrifft, wenn die Signale des zu identifizierenden Prozesses zu häufig abgetastet werden oder wenn der in den Signalwerten enthaltene Gleichanteil zu groß ist. Man spricht dann von *schlecht konditionierten Gleichungen* (bzw. Matrizen). Diese machen sich dadurch bemerkbar, daß kleine Fehler in den Meßwerten große Einflüsse auf die Schätzwerte haben. Ein charakteristisches Merkmal für schlecht konditionierte Matrizen ist, daß Parameterwerte, die beträchtlich von den wirklichen Lösungen der Gleichungen abweichen, dennoch kleine Gleichungsfehler ergeben, Hartree (1958).

Bei der Anwendung der Methode der kleinsten Quadrate und anderen Parameterschätzmethoden wird deshalb grundsätzlich empfohlen die *Kondition* des Gleichungssytems zu beobachten. Hierzu sind geeignete Konditionsmaße erforderlich.

Das der Methode der kleinsten Quadrate zugrunde liegende Gleichungssystem ohne Störsignale, Gl. (8.1.102) werde hier mit der abgekürzten Schreibweise

$$\boldsymbol{A\theta} = \boldsymbol{b} \tag{8.1.103}$$

betrachtet. Wenn nun $\boldsymbol{b}$ durch Rechenungenauigkeit oder Störsignale verändert wird, gilt

$$\boldsymbol{A}[\boldsymbol{\theta} + \Delta\boldsymbol{\theta}] = \boldsymbol{b} + \Delta\boldsymbol{b} \tag{8.1.104}$$

und somit für den Parametervektorfehler

$$\Delta\boldsymbol{\theta} = \boldsymbol{A}^{-1}\Delta\boldsymbol{b}\,. \tag{8.1.105}$$

Nach Gl. (8.1.33) kann auch

$$\Delta b = -\boldsymbol{\Psi}^T\boldsymbol{e} \tag{8.1.106}$$

gesetzt werden. $\Delta\boldsymbol{b}$ drückt somit die Größe des Gleichungsfehlers aus.

Um nun den Einfluß des „Defektvektors“ $\Delta\boldsymbol{b}$ auf die Parameterschätzfehler $\Delta\boldsymbol{\theta}$ abzuschätzen, kann man für $\Delta\boldsymbol{\theta}$ und $\Delta\boldsymbol{b}$ Vektornormen $\|\Delta\boldsymbol{\theta}\|$ und $\|\Delta\boldsymbol{b}\|$ und für $\boldsymbol{A}^{-1}$ eine entsprechende (verträgliche) Matrixnorm $\|\boldsymbol{A}^{-1}\|$ einführen. Dann gilt

$$\|\Delta\boldsymbol{\theta}\| \leqq \|\boldsymbol{A}^{-1}\| \cdot \|\Delta\boldsymbol{b}\|\,. \tag{8.1.107}$$

Da ferner

$$\|\boldsymbol{b}\| = \|\boldsymbol{A\theta}_0\| \leqq \|\boldsymbol{A}\| \cdot \|\boldsymbol{\theta}\| \tag{8.1.108}$$

ist

$$\frac{1}{\|\boldsymbol{\theta}\|} \leqq \frac{\|\boldsymbol{A}\|}{\|\boldsymbol{b}\|}\,. \tag{8.1.109}$$

Hiermit folgt mit $\|\boldsymbol{b}\| \neq 0$

$$\frac{\|\Delta\boldsymbol{\theta}\|}{\|\boldsymbol{\theta}\|} \leqq \|\boldsymbol{A}\| \cdot \|\boldsymbol{A}^{-1}\| \frac{\|\Delta\boldsymbol{b}\|}{\|\boldsymbol{b}\|}\,. \tag{8.1.110}$$

Diese Beziehung drückt aus, wie sich relative Fehler von $\boldsymbol{b}$ in relativen Fehlern von $\boldsymbol{\theta}$ ausdrücken. Deshalb wird als *Konditionszahl*

$$\kappa(\boldsymbol{A}) = \|\boldsymbol{A}\| \cdot \|\boldsymbol{A}^{-1}\| \tag{8.1.111}$$

definiert. Sie stellt ein Empfindlichkeitsmaß für Störungen in $\boldsymbol{b}$ dar. Je kleiner die Konditionszahl ist, desto kleiner sind die durch $\Delta\boldsymbol{b}$ (Störsignale, Rechenungenauigkeiten) entstehenden Fehler $\Delta\boldsymbol{\theta}$ und desto besser ist $\boldsymbol{A}$ konditioniert.

Der Wert der Konditionszahl hängt nun von der gewählten Matrixnorm ab, Es gilt jedoch stets

$$\kappa(\boldsymbol{A}) \geqq 1 \tag{8.1.112}$$

da

$$\kappa^2(A) = \|A\|^2 \cdot \|A^{-1}\|^2 \geqq \|AA^{-1}\| \cdot \|A^{-1}A\| = 1 \,.$$

Einfache Verhältnisse erhält man, wenn als Matrixnorm die Spektralnorm gewählt wird. Es ist dann, da A reell und symmetrisch ist für größe N

$$\|A\| = \lambda_{\max} \tag{8.1.113}$$

wobei $\lambda_{\max}$ der größte Eigenwert ist der aus den Wurzeln λ_i, $i = 1, 2, \ldots, n$ des Polynoms

$$\det(A - \lambda I) = 0 \tag{8.1.114}$$

folgt mit

$$\lambda_{\max} = \max_{i=1,\ldots,n} |\lambda_i| \,. \tag{8.1.115}$$

Entsprechend ist

$$\|A^{-1}\| = \lambda_{\min} \tag{8.1.116}$$

so daß als Konditionszahl folgt

$$\kappa_1(A) = \frac{\lambda_{\max}}{\lambda_{\min}} \geqq 1 \,. \tag{8.1.117}$$

Man muß also die Wurzel des Polynoms

$$\det(A - \lambda I) = \det[P^{-1} - \lambda I] = 0 \tag{8.1.118}$$

berechnen und die größte und kleinste Wurzel bestimmen. Damit eine gute Konditionierung erreicht wird, muß für die Eigenwerte der Informationsmatrix P^{-1} gelten: $\lambda_{\max}$ muß möglichst klein und $\lambda_{\min}$ möglichst groß sein.

Die Berechnung der Konditionszahl κ_1 setzt die Berechnung von P^{-1} voraus, deren Bestimmung gerade bei schlechter Konditionierung Probleme bereitet. Eine einfacher zu bestimmende Größe ist die Konditionszahl nach Hadamard, Zurmühl (1964):

$$\kappa_{Ha} = \frac{|\det A|}{V}$$

$$V = a_1 a_2 \ldots a_n$$

$$a_i = \sqrt{\sum_{j=1}^{n} |a_{ij}|^2} \,. \tag{8.1.119}$$

V besteht aus den Produkten der Beträge aller Zeilenvektoren (Euklidische Vektornorm).

Es gilt

$$0 \leqq \kappa_{Ha} \leqq 1 \,. \tag{8.1.120}$$

Die Kondition ist umso schlechter je kleiner die Konditonszahl.

Eine weitere Möglichkeit zur Bildung eines Konditionsmaßes ist die Berechnung der Determinante von $\boldsymbol{A}^*$, die dadurch entsteht, daß die Zeilen von $\boldsymbol{A}$ durch Division der i-ten Zeile mit den Elementen $a_{i1}, a_{i2}, \ldots, a_{in}$ durch die Beträge der Zeilenvektoren

$$\sqrt{\sum_{j=1}^{n} |a_{ij}|^2} \tag{8.1.121}$$

normiert werden. Wenn dann

$$|\det \boldsymbol{A}^*| \leqq 1 \tag{8.1.122}$$

dann handelt es sich um eine schlecht konditionierte Matrix in bezug auf die Berechnung ihrer Inversen, Westlake (1968).

Anmerkung 8.1: Maßnahmen zur guten Konditionierung
Um einige Möglichkeiten zur Entstehung von schlecht konditionierten Matrizen auszuschließen, sollten die zur Parameterschätzung dynamischer Prozesse verwendeten Signale so beschaffen sein, daß sich die für die einzelnen Zeitpunkte verwendeten Zahlenwerte in den Differenzengleichungen „deutlich voneinander unterscheiden". Das bedeutet im allgemeinen:

a) Die Abtastzeit darf nicht zu klein gewählt werden.
b) Der in den verwendeten Signalwerten

$$Y(k) = Y_{00} + y(k)$$

steckende Gleichanteil Y_{00} sollte möglichst klein (am besten Null) sein.
c) Das Eingangssignal sollte sich fortlaufend ändern und genügend anregen (Satz 8.3), da die Differenzengleichungen sich um so mehr der linearen Abhängigkeit nähern, je mehr sich der Prozeß einem Beharrungszustand nähert. Signalwerte, die ausschließlich aus einem Beharrungszustand stammen, dürfen zur Parameterschätzung des dynamischen Verhaltens nicht verwendet werden. □

Geht man von gegebenen Meßwerten aus, dann läßt sich die Konditionierung durch die Zerlegung in zwei Dreiecksmatrizen

$$\boldsymbol{A} = \boldsymbol{P}^{-1} = \boldsymbol{S}\boldsymbol{S}^T \tag{8.1.123}$$

verbessern, wobei $\boldsymbol{S}$ als Quadrat-Wurzeln von $\boldsymbol{P}$ bezeichnet werden. Für die Konditionszahl gilt dann

$$\kappa(\boldsymbol{A}) = \kappa(\boldsymbol{S}^T\boldsymbol{S}) = \kappa^2(\boldsymbol{S}) \tag{8.1.124}$$

und somit

$$\kappa(\boldsymbol{S}) = \sqrt{\kappa(\boldsymbol{A})}$$

oder zumindest

$$\kappa(\boldsymbol{S}) \leqq \kappa(\boldsymbol{A}) .$$

Hierauf wird in Kapitel 17 eingegangen.

8.2 Rekursive Methode der kleinsten Quadrate

Die bisher betrachtete Methode der kleinsten Quadrate setzt voraus, daß die Signale während der Messung gespeichert werden, bevor die Parameter in einem Zuge berechnet werden (Blockverarbeitung). Das bedeutet, daß man die Parameterschätzwerte erst am Ende der Meßzeit erhält. Die nichtrekursive Methode der kleinsten Quadrate ist deshalb besonders für die Off-line-Identifikation geeignet.

Wenn der Prozeß jedoch on-line *in Echtzeit* identifiziert werden soll, dann interessieren die Parameterschätzwerte während der Messung, z.B. nach jeder neuen Abtastung der Signale. Bei Anwendung der nichtrekursiven Methode der kleinsten Quadrate wird dann nach jeder Messung eine neue Zeile in der Matrix $\boldsymbol{\Psi}$, Gl. (8.1.17), ergänzt, und es müssen zur Parameterschätzung nach Gl. (8.1.21) jedesmal auch alle vergangenen Meßwerte verarbeitet werden. Ein solches Vorgehen erfordert viel Rechenzeit und ist deshalb unzweckmäßig. Hier schaffen rekursive Methoden Abhilfe, bei denen die Parameter nach jedem neuen Meßwert so berechnet werden, daß eine Speicherung aller vergangenen Meßwerte nicht erforderlich ist. Diese rekursiven Methoden erlauben nach geeigneter Modifikation auch die Identifikation *zeitvarianter Prozesse.*

Auch die rekursive Methode der kleinsten Quadrate findet man bereits bei Gauß (1809, 1963), siehe Genin (1968). Über die Anwendung bei dynamischen Prozessen sind erste Arbeiten bekannt von z.B. Lee (1964) und Albert und Sittler (1965).

In Abschnitt 8.2.1 werden die Grundgleichungen für die rekursive Parameterschätzung für dynamische Prozesse behandelt. Es folgt dann die Anwendung auch auf stochastische Signalprozesse, Abschnitt 8.2.2. Schließlich werden noch Methoden zur Behandlung unbekannter Gleichwerte in 8.2.3 angegeben.

8.2.1 Grundgleichungen

Die nichtrekursive Schätzgleichung lautet nach Gl. (8.1.23) für den Zeitpunkt k

$$\hat{\boldsymbol{\theta}}(k) = \boldsymbol{P}(k)\boldsymbol{\Psi}^T(k)\boldsymbol{y}(k) \tag{8.2.1}$$

wobei

$$\boldsymbol{P}(k) = [\boldsymbol{\Psi}^T(k)\boldsymbol{\Psi}(k)]^{-1} \tag{8.2.2}$$

$$\left.\boldsymbol{y}(k) = \begin{bmatrix} y(1) \\ y(2) \\ \vdots \\ y(k) \end{bmatrix} \quad \boldsymbol{\Psi}(k) = \begin{bmatrix} \boldsymbol{\psi}^T(1) \\ \boldsymbol{\psi}^T(2) \\ \vdots \\ \boldsymbol{\psi}^T(k) \end{bmatrix} \right\} \tag{8.2.3}$$

$$\boldsymbol{\psi}^T(k) = [-y(k-1) \quad -y(k-2) \; \ldots \; -y(k-m) \,\vdots\, u(k-d-1) \; \ldots \; u(k-d-m)]$$

gilt.

Entsprechend lautet die Schätzgleichung zum Zeitpunkt $(k + 1)$

$$\hat{\boldsymbol{\theta}}(k+1) = \boldsymbol{P}(k+1)\boldsymbol{\Psi}^T(k+1)\boldsymbol{y}(k+1)\,. \tag{8.2.4}$$

Diese Gleichung läßt sich aufgespaltet schreiben

$$\begin{aligned}\hat{\boldsymbol{\theta}}(k+1) &= \boldsymbol{P}(k+1)\begin{bmatrix}\boldsymbol{\Psi}(k)\\ \boldsymbol{\psi}^T(k+1)\end{bmatrix}^T\begin{bmatrix}\boldsymbol{y}(k)\\ y(k+1)\end{bmatrix}\\ &= \boldsymbol{P}(k+1)\left[\boldsymbol{\Psi}^T(k)\boldsymbol{y}(k) + \boldsymbol{\psi}(k+1)y(k+1)\right].\end{aligned} \tag{8.2.5}$$

Setzt man aus Gl. (8.2.1) $\boldsymbol{\Psi}^T(k)\boldsymbol{Y}(k) = \boldsymbol{P}^{-1}(k)\hat{\boldsymbol{\theta}}(k)$ ein, und addiert $\hat{\boldsymbol{\theta}}(k)$, dann erhält man

$$\begin{aligned}\hat{\boldsymbol{\theta}}(k+1) &= \hat{\boldsymbol{\theta}}(k) + \left[\boldsymbol{P}(k+1)\boldsymbol{P}^{-1}(k) - \boldsymbol{I}\right]\hat{\boldsymbol{\theta}}(k)\\ &\quad + \boldsymbol{P}(k+1)\boldsymbol{\psi}(k+1)y(k+1)\,.\end{aligned} \tag{8.2.6}$$

Hierbei ist entsprechend Gl. (8.2.2)

$$\begin{aligned}\boldsymbol{P}(k+1) &= \left[\begin{bmatrix}\boldsymbol{\Psi}(k)\\ \boldsymbol{\psi}^T(k+1)\end{bmatrix}^T\begin{bmatrix}\boldsymbol{\Psi}(k)\\ \boldsymbol{\psi}^T(k+1)\end{bmatrix}\right]^{-1}\\ &= \left[\boldsymbol{P}^{-1}(k) + \boldsymbol{\psi}(k+1)\boldsymbol{\psi}^T(k+1)\right]^{-1}\end{aligned} \tag{8.2.7}$$

und daraus folgt

$$\boldsymbol{P}^{-1}(k) = \boldsymbol{P}^{-1}(k+1) - \boldsymbol{\psi}(k+1)\boldsymbol{\psi}^T(k+1)\,. \tag{8.2.8}$$

Dies in Gl. (8.2.6) eingesetzt ergibt

$$\hat{\boldsymbol{\theta}}(k+1) = \hat{\boldsymbol{\theta}}(k) + \boldsymbol{P}(k+1)\boldsymbol{\psi}(k+1)\left[y(k+1) - \boldsymbol{\psi}^T(k+1)\hat{\boldsymbol{\theta}}(k)\right] \tag{8.2.9}$$

$$\begin{matrix}\text{neuer}\\ \text{Schätz}\\ \text{wert}\end{matrix} = \begin{matrix}\text{alter}\\ \text{Schätz-}\\ \text{wert}\end{matrix} + \begin{matrix}\text{Korrektur-}\\ \text{vektor}\\ \end{matrix}\begin{bmatrix}\begin{matrix}\text{neuer}\\ \text{Meß-}\\ \text{wert}\\ \end{matrix} - \begin{matrix}\text{vorhergesagter}\\ \text{Meßwert aufgrund}\\ \text{der Parameter des}\\ \text{letzten Schritts}\end{matrix}\end{bmatrix}.$$

Damit wurde eine rekursive Schätzgleichung gefunden. Nach Gl. (8.1.10) kann hierbei

$$\boldsymbol{\psi}^T(k+1)\hat{\boldsymbol{\theta}}(k) = \hat{y}(k+1\,|\,k) \tag{8.2.10}$$

als Einschrittvorhersage des Modells mit den Parametern und den Meßdaten bis zum Zeitpunkt k betrachtet werden. Der Term in Klammern der Gl. (8.2.9) ist nach Gl. (8.1.13) der Gleichungsfehler

$$\left[y(k+1) - \boldsymbol{\psi}^T(k+1)\hat{\boldsymbol{\theta}}(k)\right] = e(k+1) \tag{8.2.11}$$

so daß man Gl. (8.2.9) auch schreiben kann

$$\hat{\boldsymbol{\theta}}(k+1) = \hat{\boldsymbol{\theta}}(k) + \boldsymbol{P}(k+1)\boldsymbol{\psi}(k+1)e(k+1)\,. \tag{8.2.12}$$

$\boldsymbol{P}(k+1)$ ist dabei nach Gl. (8.2.7) bzw. $\boldsymbol{P}^{-1}(k+1)$ nach Gl. (8.2.8) rekursiv zu berechnen. Somit ist nach jedem Schritt eine Matrizeninversion erforderlich. Sie kann vermieden werden, wenn man den im Anhang A6 bewiesenen Satz zur

Matrizeninversion verwendet. Danach gilt anstelle von Gl. (8.2.7)

$$P(k+1) = P(k) - P(k)\psi(k+1)$$
$$[\psi^T(k+1)P(k)\psi(k+1)+1]^{-1}\psi^T(k+1)P(k)\,. \qquad (8.2.13)$$

Da der Ausdruck in der Klammer ein Skalar ist, erübrigt sich eine Matrizeninversion. Nach Multiplikation mit $\psi(k+1)$ folgt die durch Kürzungen vereinfachte Beziehung

$$P(k+1)\psi(k+1) = \frac{P(k)\psi(k+1)}{\psi^T(k+1)P(k)\psi(k+1)+1} \qquad (8.2.14)$$

und nach Einsetzen in Gl. (8.2.9)

$$\hat{\theta}(k+1) = \hat{\theta}(k) + \gamma(k)\,[y(k+1) - \psi^T(k+1)\hat{\theta}(k)]\,. \qquad (8.2.15)$$

Hierbei gilt für den Korrekturvektor

$$\gamma(k) = P(k+1)\psi(k+1) = \frac{1}{\psi^T(k+1)P(k)\psi(k+1)+1}P(k)\psi(k+1)\,. \qquad (8.2.16)$$

Aus Gl. (8.2.13) folgt

$$P(k+1) = [I - \gamma(k)\psi^T(k+1)]\,P(k)\,. \qquad (8.2.17)$$

Die rekursive Methode der kleinsten Quadrate besteht also aus den letzten drei Gleichungen, die in der Reihenfolge Gln. (8.2.16), (8.2.15), (8.2.17) berechnet werden. Hierbei ist die Matrix $P(k+1)$ ein normierter Schätzwert der Kovarianzmatrix der Parameterschätzfehler, denn nach Gl. (8.1.68) gilt (bei biasfreier Parameterschätzung)

$$E\{P(k+1)\} = \frac{1}{\sigma_e^2}\operatorname{cov}[\Delta\theta(k+1)]\,. \qquad (8.2.18)$$

Zum *Start* der rekursiven Schätzalgorithmen müssen Anfangswerte von $\hat{\theta}(k)$ und $P(k)$ bekannt sein. Um sie geeignet festzulegen, sind hauptsächlich folgende Möglichkeiten bekannt, siehe auch z.B. Klinger (1968).

a) *Start mit der nichtrekursiven Methode*:
Man verwendet die nichtrekursive Schätzgleichung Gl. (8.1.21) so, daß mindestens $2m$ Gleichungen verwendet werden, also z.B. von $k = d+1$ bis $k = d + 2m = k'$ und bestimmt

$$\hat{\theta}(k') = [\Psi^T(k')\Psi(k')]^{-1}\,\Psi^T(k')y(k') = P(k')\Psi^T(k')y(k')\,. \qquad (8.2.19)$$

Die rekursive Methode beginnt dann mit $k = k'$ und den Anfangswerten $\hat{\theta}(k')$ und $P(k')$.

b) *Verwenden von A-priori-Schätzwerten*
Kennt man im voraus Näherungswerte für die Parameter, ihre Fehlerkovarianz und die Varianz des Gleichungsfehlers dann kann man diese Werte für $\hat{\theta}(0)$ und für $P(0)$ (Gl. (8.2.18)) einsetzen.

c) *Annahme geeigneter Startwerte*

Die einfachste Möglichkeit besteht jedoch darin, allgemein geeignete Startwerte für $\hat{\boldsymbol{\theta}}(0)$ und $\boldsymbol{P}(0)$ anzunehmen, Lee (1964).

Eine geeignete Wahl von $\boldsymbol{P}(0)$ läßt sich wie folgt ableiten. Aus Gl. (8.2.8) folgt

$$\begin{aligned}\boldsymbol{P}^{-1}(k+1) &= \boldsymbol{P}^{-1}(k) + \boldsymbol{\psi}(k+1)\boldsymbol{\psi}^T(k+1)\\ \boldsymbol{P}^{-1}(1) &= \boldsymbol{P}^{-1}(0) + \boldsymbol{\psi}(1)\boldsymbol{\psi}^T(1)\\ \boldsymbol{P}^{-1}(2) &= \boldsymbol{P}^{-1}(1) + \boldsymbol{\psi}(2)\boldsymbol{\psi}^T(2)\\ &= \boldsymbol{P}^{-1}(0) + \boldsymbol{\psi}(1)\boldsymbol{\psi}^T(1) + \boldsymbol{\psi}(2)\boldsymbol{\psi}^T(2)\\ &\vdots\\ \boldsymbol{P}^{-1}(k) &= \boldsymbol{P}^{-1}(0) + \boldsymbol{\Psi}^T(k)\boldsymbol{\Psi}(k)\,. \end{aligned} \tag{8.2.20}$$

Wählt man nun

$$\boldsymbol{P}(0) = \alpha\boldsymbol{I} \tag{8.2.21}$$

mit großen Werten von α, dann wird

$$\lim_{\alpha\to\infty} \boldsymbol{P}^{-1}(0) = \frac{1}{\alpha}\boldsymbol{I} = \boldsymbol{0} \tag{8.2.22}$$

und Gl. (8.2.20) stimmt mit Gl. (8.2.2), der Festlegung von $\boldsymbol{P}(k)$ für die nichtrekursive Methode überein.

Mit großen Werten von α hat demnach $\boldsymbol{P}(0)$ einen vernachlässigbar kleinen Einfluß auf das rekursiv berechnete $\boldsymbol{P}(k)$.

Ferner folgt aus Gl. (8.2.9)

$$\begin{aligned}\hat{\boldsymbol{\theta}}(1) &= \hat{\boldsymbol{\theta}}(0) + \boldsymbol{P}(1)\,\boldsymbol{\psi}(1)[y(1) - \boldsymbol{\psi}^T(1)\hat{\boldsymbol{\theta}}(0)]\\ &= \boldsymbol{P}(1)[\boldsymbol{\psi}(1)y(1) + [-\boldsymbol{\psi}(1)\boldsymbol{\psi}^T(1) + \boldsymbol{P}^{-1}(1)]\hat{\boldsymbol{\theta}}(0)]\end{aligned}$$

mit Gl. (8.2.20)

$$\hat{\boldsymbol{\theta}}(1) = \boldsymbol{P}(1)[\boldsymbol{\psi}(1)y(1) + \boldsymbol{P}^{-1}(0)\hat{\boldsymbol{\theta}}(0)] \tag{8.2.23}$$

und entsprechend

$$\begin{aligned}\hat{\boldsymbol{\theta}}(2) &= \boldsymbol{P}(2)[\boldsymbol{\psi}(2)y(2) + \boldsymbol{P}^{-1}(1)\hat{\boldsymbol{\theta}}(1)]\\ &= \boldsymbol{P}(2)[\boldsymbol{\psi}(2)y(2) + \boldsymbol{\psi}(1)y(1) + \boldsymbol{P}^{-1}(0)\hat{\boldsymbol{\theta}}(0)]\end{aligned}$$

so daß schließlich

$$\hat{\boldsymbol{\theta}}(k) = \boldsymbol{P}(k)[\boldsymbol{\Psi}^T(k)\boldsymbol{y}(k) + \boldsymbol{P}^{-1}(0)\hat{\boldsymbol{\theta}}(0)]\,. \tag{8.2.24}$$

Wegen Gl. (8.2.22) stimmt Gl. (8.2.24) für große α und beliebige $\hat{\boldsymbol{\theta}}(0)$ näherungsweise mit der nichtrekursiven Schätzung Gl. (8.2.1) überein. Die Wahl von großen Werten für α kann auch so aufgefaßt werden, daß man eine große Fehlervarianz der Parameter $\hat{\boldsymbol{\theta}}(0)$ annimmt, Gl. (8.2.18). Zum Start der rekursiven Schätzgleichung wähle man also $\boldsymbol{P}(0)$ nach Gl. (8.2.21) und beliebiges $\hat{\boldsymbol{\theta}}(0)$ bzw. der Einfachheit wegen $\hat{\boldsymbol{\theta}}(0) = \boldsymbol{0}$.

Nun ist noch festzulegen wie groß α mindestens gewählt werden muß. Aus Gl. (8.2.16) ist zu erkennen, daß $\boldsymbol{P}(0) = \alpha \boldsymbol{I}$ dann keinen wesentlichen Einfluß auf den Korrekturvektor $\gamma(0)$ hat, Isermann (1974), wenn

$$\boldsymbol{\psi}^T(1)\boldsymbol{P}(0)\boldsymbol{\psi}(1) = \alpha \boldsymbol{\psi}^T(1)\boldsymbol{\psi}(1) \gg 1 \tag{8.2.25}$$

denn dann gilt

$$\lim_{\alpha\to\infty} \gamma(0) = \lim_{\alpha\to\infty} \frac{\boldsymbol{P}(0)\boldsymbol{\psi}(1)}{\boldsymbol{\psi}^T(1)\boldsymbol{P}(0)\boldsymbol{\psi}(1)} = \frac{\boldsymbol{\psi}(1)}{\boldsymbol{\psi}^T(1)\boldsymbol{\psi}(1)}\,. \tag{8.2.26}$$

Ist der Prozeß für $k < 0$ im Gleichgewichtszustand, $u(k) = 0$ und $y(k) = 0$ vor Einwirken eines Testsignals ab $k = 0$, dann gilt für z.B. $d = 0$

$$\boldsymbol{\psi}^T(1) = [0 \quad \ldots \quad 0 \mid u(0) \quad \ldots]$$

und aus Gl. (8.2.25) folgt $\alpha u^2(0) \gg 1$ bzw.

$$\alpha \gg \frac{1}{u^2(0)}\,. \tag{8.2.27}$$

Ist der Prozeß nicht in einem Gleichgewichtszustand, so gilt entsprechend ($d = 0$)

$$\alpha \gg \frac{1}{\sum\limits_{k=0}^{1-m} y^2(k) + \sum\limits_{k=0}^{1-m} u^2(k)}\,. \tag{8.2.28}$$

Die Größe von α hängt also von den Quadraten der Signaländerungen ab. Je größer sie sind, desto kleiner kann α gewählt werden.

Für $u(0) = 1$ reicht z.B. $\alpha = 10$ aus, vgl. Lee (1964), S. 117. Baur (1976) zeigt anhand von Simulationen, daß mit $\alpha = 10$ oder 10^5 für größere Identifikationszeiten nur kleine Unterschiede auftreten. Gut bewährt haben sich in praktischen Fällen z.B. $\alpha = 100$ bis 1000.

Beispiel 8.3 Rekursive Parameterschätzung für eine Differenzengleichung nullter Ordnung mit einem Parameter.

Das folgende Beispiel liefert einen Einblick in den prinzipiellen Ablauf der rekursiven Schätzung an einem besonders einfachen statischen Prozeß. Der zu identifizierende Prozeß werde beschrieben durch

$$y_u(k) = b_0 u(k)$$

$$y(k) = y_u(k) + n(k)\,.$$

Als Modell wird für die Parameterschätzung gemäß Gl. (8.1.8) verwendet

$$y(k) - \hat{b}_0 u(k) = e(k)$$

bzw.
$$y(k) = \boldsymbol{\psi}(k)\hat{\boldsymbol{\theta}}(k) + e(k)$$

mit
$$\boldsymbol{\psi}(k) = u(k)$$

$$\hat{\theta}(k) = \hat{b}_0(k)\,.$$

1) Es werden zunächst die Algorithmen zur rekursiven Parameterschätzung nach den Gln. (8.2.15) bis (8.2.17) diskutiert, die hier lauten

$$\hat{\theta}(k+1) = \hat{\theta}(k) + \gamma(k)[y(k+1) - \psi(k+1)\hat{\theta}(k)]$$

$$\gamma(k) = \frac{1}{P(k)\psi^2(k+1)+1} P(k)\psi(k+1)$$

$$P(k+1) = [1 - \gamma(k)\psi(k+1)]\, P(k)\,.$$

$P(k)$ wird in diesem Fall zu einem Schätzwert der Varianz des Parameterfehlers $\Delta\theta = \Delta b_0$, siehe Gl. (8.2.18),

$$E\{P(k+1)\} = \frac{1}{\sigma_e^2}\operatorname{var}[\Delta\theta] = \frac{\sigma_{\Delta\theta}^2}{\sigma_e^2} = \frac{\sigma_{\Delta b_0}^2}{\sigma_e^2}\,.$$

Beim *Start* der rekursiven Schätzung gilt für den Korrekturfaktor

$$\gamma(0) = \frac{1}{P(0)\psi^2(1)+1} P(0)\psi(1)\,.$$

Wenn $P(0)$ groß angenommen wird, so daß $P(0)\psi^2(1) \gg 1$, dann gilt

$$\gamma(0) \approx \frac{1}{\psi(1)}\,.$$

Der Korrekturfaktor wird dann nur durch die Daten und nicht durch $P(0)$ bestimmt. Die rekursive Schätzgleichung lautet dann

$$\begin{aligned}\hat{\theta}(1) &= \hat{\theta}(0) + \Delta\hat{\theta}(1) = \hat{\theta}(0) + \gamma(0)e(1)\\ &= \hat{\theta}(0) + \gamma(0)[y(1) - \psi(1)\hat{\theta}(0)]\,.\end{aligned}$$

Bei Annahme kleiner Störungen $n(k)$ gilt

$$y(1) = \psi(1)\theta_0$$

$$\hat{\theta}(1) \approx \hat{\theta}(0) + \frac{\psi(1)}{\psi(1)}[\theta_0 - \hat{\theta}(0)] = \hat{\theta}(0) + 1[\theta_0 - \hat{\theta}(0)]$$

$$\hat{\theta}(1) \approx \theta_0\,.$$

Die Differenz zwischen dem wahren Wert θ_0 und dem vorhergegangenen Schätzwert $\hat{\theta}(0)$ wird mit 1 gewichtet, also mit dem größtmöglichen Wert. Der Zuwachs oder die Korrektur $\Delta\hat{\theta}(1)$ ist also groß. Man beachte, daß $\hat{\theta}(0)$ (näherungsweise) herausfällt. Die Wahl des Anfangswertes $\hat{\theta}(0)$ ist deshalb in weiten Grenzen beliebig, am einfachsten wähle man $\hat{\theta}(0) = 0$.

Für *große Zeiten k* wird $P(k)$ mit besser werdender Schätzung klein, Gl. (8.1.68), und mit der Annahme $P(k)\psi^2(k+1) \ll 1$ gilt

$$\gamma(k) \approx P(k)\psi(k+1)\,.$$

Der Korrekturfaktor wird dann also hauptsächlich durch $P(k)$ bestimmt. Die rekursive Schätzgleichung lautet somit

$$\begin{aligned}\hat{\theta}(k+1) &= \hat{\theta}(k) + \Delta\hat{\theta}(k+1) = \hat{\theta}(k) + \gamma(k)e(k+1) \\ &= \hat{\theta}(k) + \gamma(k)[y(k+1) - \psi(k+1)\hat{\theta}(k)]\end{aligned}$$

und bei Annahme kleiner Störungen $n(k)$

$$y(k+1) \approx \psi(k+1)\theta_0$$

$$\hat{\theta}(k+1) \approx \hat{\theta}(k) + P(k)\psi^2(k+1)[\theta_0 - \hat{\theta}(k)] .$$

Die Differenz zwischen dem wahren Wert θ_0 und dem vorhergegangenen Schätzwert $\hat{\theta}(k)$ wird jetzt mit dem Term $P(k)\psi^2(k+1)$ gewichtet, der nach obiger Annahme $\ll 1$ ist. Der Zuwachs, oder die Korrektur $\Delta\hat{\theta}(k+1)$ des Parameterschätzwertes ist also klein.
Diese Betrachtung zeigt, daß mit zunehmender Zeit k der Einfluß des Fehlersignals $e(k+1)$ bzw. der neuen Daten $\psi(k+1)$ auf den Schätzwert $\hat{\theta}(k+1)$ immer kleiner wird.

2) Eine weitere Einsicht in die rekursive Parameterschätzung erhält man bei Verwenden der ursprünglichen rekursiven Beziehungen Gln. (8.2.9) und (8.2.7), die jetzt lauten

$$\hat{\theta}(k+1) = \hat{\theta}(k) + P(k+1)\psi(k+1)[y(k+1) - \psi(k+1)\hat{\theta}(k)]$$

$$P^{-1}(k+1) = P^{-1}(k) + \psi^2(k+1) .$$

Es gilt dann

$$P^{-1}(1) = P^{-1}(0) + \psi^2(1) .$$

Wird $P(0)$ groß gewählt, gilt

$$P^{-1}(1) \approx \psi^2(1)$$

$$P^{-1}(2) = P^{-1}(1) + \psi^2(2) = \sum_{j=1}^{2} \psi^2(j)$$

$$\vdots$$

$$\begin{aligned}P^{-1}(k+1) = \sum_{j=1}^{k+1} \psi^2(j) &= (k+1)\left[\frac{1}{k+1}\sum_{j=1}^{k+1} \psi^2(j)\right] \\ &= (k+1)\hat{\sigma}_\psi^2\end{aligned}$$

und es wird

$$\hat{\theta}(k+1) = \hat{\theta}(k) + \frac{1}{k+1}\cdot\frac{\psi(k+1)}{\hat{\sigma}_\psi^2}[y(k+1) - \psi(k+1)\hat{\theta}(k)]$$

und für kleine Störsignale $n(k)$

$$y(k+1) \approx \psi(k+1)\theta_0$$

$$\hat{\theta}(k+1) \approx \hat{\theta}(k) + \frac{1}{k+1} \cdot \frac{\psi^2(k+1)}{\hat{\sigma}_\psi^2} [\theta_0 - \hat{\theta}(k)].$$

Die Gewichtung des Fehlersignals $e(k+1)$ wird also mit dem Faktor $1/(k+1)$ kleiner. Falls $\psi(k) = u(k)$ ein stationäres Signal mit $E\{u(k)\} = 0$ und $E\{u^2(k)\} = \sigma_u^2$ ist, gilt für große k

$$\gamma(k) = \frac{1}{(k+1)} \frac{\psi(k+1)}{\sigma_u^2} \quad \text{bzw.} \quad P(k) = \frac{1}{(k+1)\sigma_u^2}.$$

Man beachte für große k die Ähnlichkeit zur Methode der stochastischen Approximation, Kapitel 11.

3) Ein Zahlenbeispiel soll nun den Verlauf der rekursiven Parameterschätzung für verschiedene Startwerte $P(0)$ mit und ohne Störsignale $n(k)$ zeigen. Es sei $\theta_0 = b_0 = 2$. Das Eingangssignal nehme die Werte $u(k) = +1, -1, +1, -1, \ldots$ an.

α) *Ohne Störsignale* $n(k) = 0$

Die folgende Tabelle 8.1 und Bild 8.3a) zeigen die Größen $P(k)$, $\gamma(k)$ und $\hat{\theta}(k)$ in Abhängigkeit von der Zeit.

Man erkennt, daß der Parameterschätzwert $\hat{\theta}(k)$ umso schneller konvergiert und der Korrekturfaktor $|\gamma(k)|$ umso größer ist, je größer $P(0)$ gewählt wurde. Ohne Störungen ist der Parameter mit $P(0) = 100$ schon nach dem ersten Schritt auf 1% genau geschätzt. Für $k \geqq 10$ sind die Werte von $\gamma(k)$ unabhängig vom angenommenen $P(0)$ näherungsweise gleich.

β) *Mit Störsignalen* $n(k)$

Das Ausgangssignal wird durch diskretes weißes Rauschen mit $\sigma_n/\sigma_y = \sigma_n/b_0\sigma_u = 0{,}1$ und 0,5 gestört. Die Bilder 8.3b und c zeigen, daß auch bei gestörten Prozessen bei größerem $P(0)$ die Anfangskonvergenz besser ist. Im

Tabelle 8.1. Rekursive Parameterschätzung für verschiedene Anfangswerte $P(0)$

			$P(0) = 100$			$P(0) = 1$		
k	$u(k)$	$y(k)$	$P(k)$	$\gamma(k)$	$\hat{\theta}(k)$	$P(k)$	$\gamma(k)$	$\hat{\theta}(k)$
1	1	2	0,990	0,990	1,980	0,500	0,500	1,000
2	−1	−2	0,498	−0,498	1,990	0,333	−0,333	1,333
3	1	2	0,332	0,332	1,993	0,250	0,250	1,500
4	−1	2	0,249	−0,249	1,995	0,200	−0,200	1,600
100	−1	−2	0,100	−0,100	1,998	0,091	−0,091	1,818
1000	−1	−2	0,010	−0,010	2,000	0,010	−0,010	1,980

□

Vergleich zum ungestörten Fall treten jetzt erwartungsgemäß umso größere Varianzen der Parameterschätzwerte auf, je größer das Störsignal.

Beispiel 8.4 Rekursive Parameterschätzung für eine Differenzengleichung erster Ordnung mit 2 Parametern

An demselben dynamischen Prozeß, wie bei Beispiel 8.1, wird der prinzipielle Rechengang für die rekursive Parameterschätzung gezeigt.

Der Prozeß wird beschrieben durch

$$y_u(k) + a_1 y_u(k-1) = b_1 u(k-1)$$
$$y(k) = y_u(k) + n(k)\,.$$

Als Prozeßmodell für die Parameterschätzung werde gemäß Gl. (8.1.8) verwendet

$$y(k) + \hat{a}_1 y(k-1) - \hat{b}_1 u(k-1) = e(k)$$

bzw.

$$y(k) = \boldsymbol{\psi}^T(k)\hat{\boldsymbol{\theta}}(k-1) + e(k)$$

mit $\boldsymbol{\psi}^T(k) = [-y(k-1) \quad u(k-1)]$

$$\hat{\boldsymbol{\theta}}(k-1) = [\hat{a}_1(k-1) \quad \hat{b}_1(k-1)]^T.$$

Die Gleichungen werden so angegeben, wie sie zur Programmierung für eine On-line-Identifikation in Echtzeit (z.B. zur digitalen adaptiven Regelung) zweckmäßig sind:

a) Die neuen Daten $y(k)$ und $u(k)$ werden zur Zeit k gemessen.

b) $e(k) = y(k) - [-y(k-1) \quad u(k-1)]\begin{bmatrix}\hat{a}_1(k-1)\\ \hat{b}_1(k-1)\end{bmatrix}$

c) Die neuen Parameterschätzwerte lauten

$$\begin{bmatrix}\hat{a}_1(k)\\ \hat{b}_1(k)\end{bmatrix} = \begin{bmatrix}\hat{a}_1(k-1)\\ \hat{b}_1(k-1)\end{bmatrix} + \underbrace{\begin{bmatrix}\gamma_1(k-1)\\ \gamma_2(k-1)\end{bmatrix}}_{\text{von g)}} e(k).$$

d) die Daten $y(k)$ und $u(k)$ werden eingesetzt in

$$\boldsymbol{\psi}^T(k+1) = [-y(k) \quad u(k)]$$

e) $$\underbrace{\boldsymbol{P}(k)}_{\text{von h)}}\,\boldsymbol{\psi}(k+1) = \begin{bmatrix}p_{11}(k) & p_{12}(k)\\ p_{21}(k) & p_{22}(k)\end{bmatrix}\begin{bmatrix}-y(k)\\ u(k)\end{bmatrix}$$

$$= \begin{bmatrix}-p_{11}(k)y(k) + p_{12}(k)u(k)\\ -p_{21}(k)y(k) + p_{22}(k)u(k)\end{bmatrix} = \begin{bmatrix}i_1\\ i_2\end{bmatrix} = \boldsymbol{i}$$

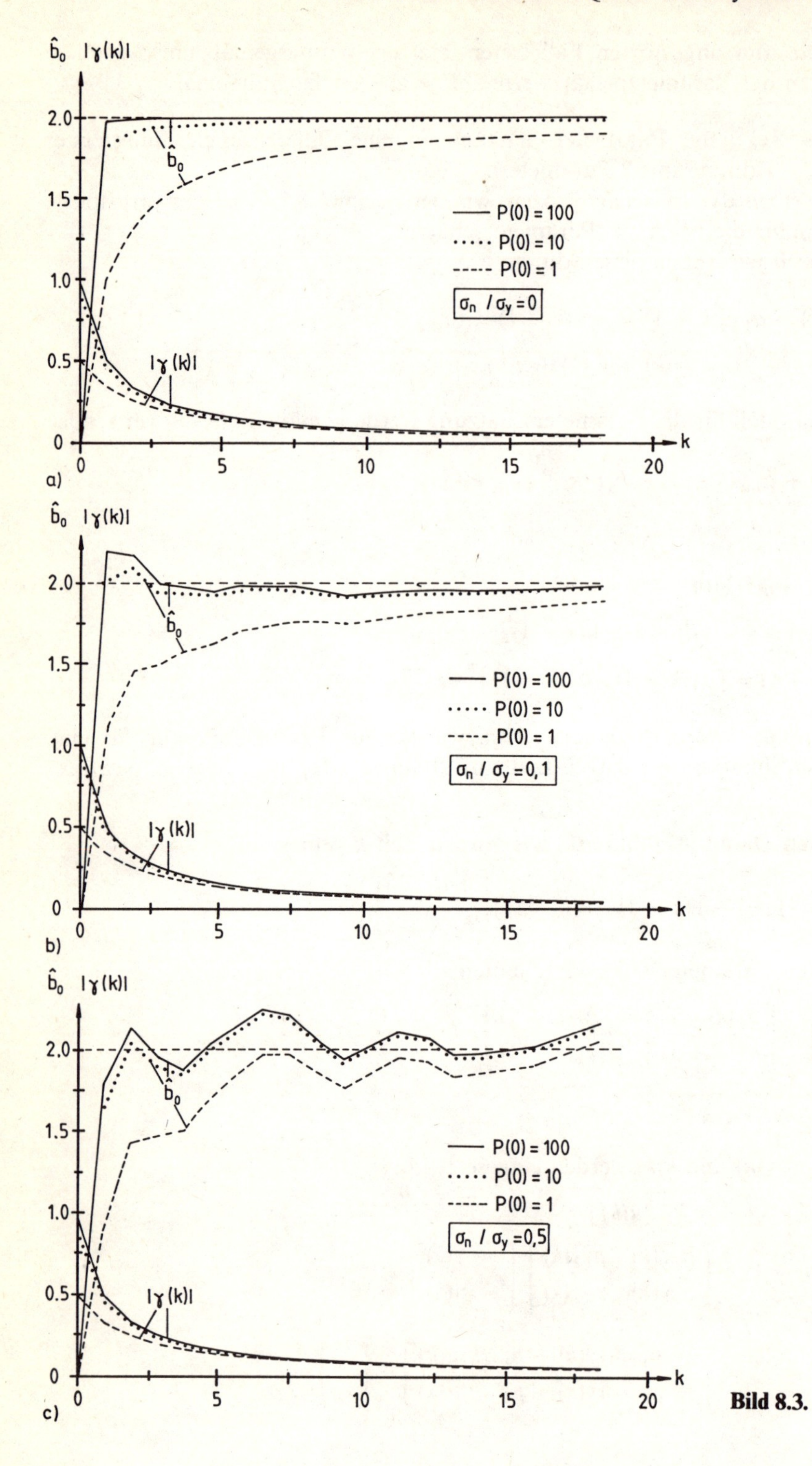

$\hat{b}_0$ $|\gamma(k)|$
2.0
1.5
1.0
0.5
0
$\hat{b}_0$
P(0) = 100
P(0) = 10
P(0) = 1
$\sigma_n / \sigma_y = 0$
$|\gamma(k)|$
0
5
10
15
20
k
a)
$\hat{b}_0$ $|\gamma(k)|$
2.0
1.5
1.0
0.5
0
$\hat{b}_0$
P(0) = 100
P(0) = 10
P(0) = 1
$\sigma_n / \sigma_y = 0,1$
$|\gamma(k)|$
0
5
10
15
20
k
b)
$\hat{b}_0$ $|\gamma(k)|$
2.0
1.5
1.0
0.5
0
$\hat{b}_0$
P(0) = 100
P(0) = 10
P(0) = 1
$\sigma_n / \sigma_y = 0,5$
$|\gamma(k)|$
0
5
10
15
20
k
c)

Bild 8.3.

f) $\underbrace{\boldsymbol{\psi}^T(k+1)\boldsymbol{P}(k)\boldsymbol{\psi}(k+1)}_{\text{von e)}} = [-y(k) \quad u(k)]\begin{bmatrix} i_1 \\ i_2 \end{bmatrix} = -i_1 y(k) + i_2 u(k) = j$

g) $\begin{bmatrix} \gamma_1(k) \\ \gamma_2(k) \end{bmatrix} = \dfrac{1}{j+\lambda}\begin{bmatrix} i_1 \\ i_2 \end{bmatrix}$

h) $\boldsymbol{P}(k+1) = \dfrac{1}{\lambda}[\boldsymbol{P}(k) - \gamma(k)\boldsymbol{\psi}^T(k+1)\boldsymbol{P}(k)]$ (λ: Vergessensfaktor siehe Abschnitt 8.3.2)

$$= \frac{1}{\lambda}[\boldsymbol{P}(k) - \gamma(k)\underbrace{[\boldsymbol{P}(k)\boldsymbol{\psi}(k+1)]}_{\text{von e)}}{}^T]$$

$$= \frac{1}{\lambda}[\boldsymbol{P}(k) - \gamma(k)\boldsymbol{i}^T]$$

$$= \frac{1}{\lambda}\begin{bmatrix} p_{11}(k) - \gamma_1 i_1 & p_{12}(k) - \gamma_1 i_2 \\ p_{21}(k) - \gamma_2 i_1 & p_{22}(k) - \gamma_2 i_2 \end{bmatrix}$$

i) Es wird $(k+1)$ durch k ersetzt und wieder mit a) gestartet.
Zum Start zur Zeit $k = 0$ verwende man

$$\hat{\boldsymbol{\theta}}(0) = \begin{bmatrix} 0 \\ 0 \end{bmatrix} \quad \text{und} \quad \boldsymbol{P}(0) = \begin{bmatrix} \alpha & 0 \\ 0 & \alpha \end{bmatrix}$$

wobei α eine große Zahl ist.

Man beachte, daß die Berechnung der Parameterschätzwerte $\hat{\boldsymbol{\theta}}(k)$ kurz nach Erfassung der neuen Daten $u(k)$ und $y(k)$ erfolgt, Gleichungen a) bis c). Die Berechnung des Korrekturvektors $\gamma(k+1)$ und von $\boldsymbol{P}(k+1)$ für den nächsten Schritt, Gln. d) bis i), erfolgt also nach Ausgabe der Parameterschätzwerte. Auf diese Weise stehen die Parameterschätzwerte kurz nach Erfassung der neuen Daten zur weiteren Verwendung zur Verfügung. □

Die rekursive Schätzgleichung der Methode der kleinsten Quadrate läßt sich in einem *Blockschaltbild* darstellen, Bild 8.4.

Hierzu wird Gl. (8.2.15) in folgender Form angeschrieben:

Stufe $(k+1)$:

(α) $\hat{\boldsymbol{\theta}}(k+1) = \hat{\boldsymbol{\theta}}(k) + \Delta\hat{\boldsymbol{\theta}}(k+1)$

(β) $\Delta\hat{\boldsymbol{\theta}}(k+1) = \gamma(k)[y(k+1) - \boldsymbol{\psi}^T(k+1)\hat{\boldsymbol{\theta}}(k)] = \gamma(k)e(k+1)$

Bild 8.3. Rekursive Parameterschätzung der Methode der kleinsten Quadrate für einen Prozeß nullter Ordnung für verschiedene Anfangsvarianzen $P(0)$ und Störsignal/Nutzsignal-Verhältnisse σ_n/σ_y. $\gamma(k)$: Korrekturfaktor

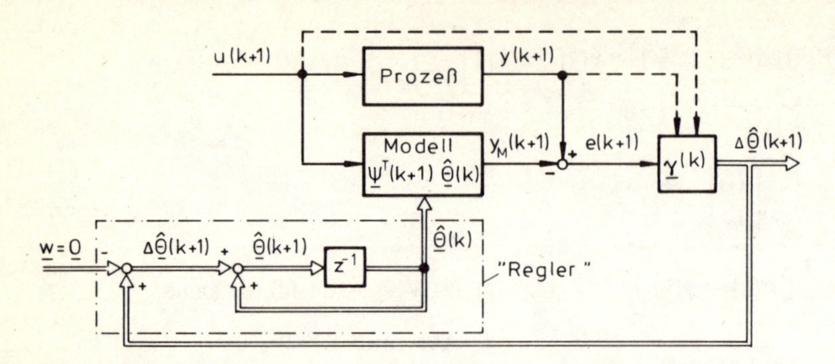

Bild 8.4. Blockschaltbild der rekursiven Parameterschätzung nach der Methode der kleinsten Quadrate

Stufe $(k + 2)$:

(γ) $\hat{\boldsymbol{\theta}}(k) = \hat{\boldsymbol{\theta}}(k + 1)$

(δ) siehe (α) und (β).

Es ergibt sich ein geschlossener Regelkreis mit $\Delta\hat{\boldsymbol{\theta}}(k + 1)$ als Regelgröße, dem Sollwert $\boldsymbol{w} = \boldsymbol{0}$, dem integralwirkenden zeitdiskreten „Regler"

$$\frac{\hat{\theta}(z)}{\Delta\hat{\theta}(z)} = \frac{1}{1 - z^{-1}} z^{-1}$$

und der Stellgröße $\hat{\boldsymbol{\theta}}(k)$. Die „Regelstrecke" besteht aus dem Modell und dem Korrekturfaktor $\gamma(k)$. Da sowohl das Modell als auch der Multiplikator $\gamma(k)$ in Abhängigkeit von den am Prozeß gemessenen Signalen $u(k + 1)$ und $y(k + 1)$ geändert werden, hat die „Regelstrecke" zeitvariantes und nichtlineares Verhalten.

8.2.2 Rekursive Parameterschätzung für stochastische Signale

Die rekursive Methode der kleinsten Quadrate kann auch für die Parameterschätzung stochastischer Signalmodelle verwendet werden. Es wird ein stationärer autoregressiver Signalprozeß mit gleitendem Mittel (ARMA) angenommen

$$\begin{aligned} &y(k) + c_1 y(k-1) + \cdots + c_p y(k-p) \\ &= v(k) + d_1 v(k-1) + \cdots + d_p v(k-p)\,. \end{aligned} \tag{8.2.29}$$

Hierbei ist $y(k)$ ein meßbares Signal und $v(k)$ ein virtuelles (gedachtes) weißes Rauschen mit $E\{v(k)\} = 0$ und Varianz σ_v^2. Entsprechend Gl. (8.1.14) wird geschrieben

$$y(k) = \boldsymbol{\psi}^T(k)\hat{\boldsymbol{\theta}}(k-1) + v(k) \tag{8.2.30}$$

wobei

$$\psi^T(k) = [-y(k-1) \quad \dots \quad -y(k-p) \;\vdots\; v(k-1) \quad \dots \quad v(k-p)] \tag{8.2.31}$$

$$\theta^T = [c_1 \quad \dots \quad c_p \;\vdots\; d_1 \quad \dots \quad d_p]\,. \tag{8.2.32}$$

Wenn $v(k-1), \dots, v(k-p)$ bekannt wäre, könnte die rekursive Methode der kleinsten Quadrate wie beim dynamischen Prozeß angewandt werden, da $v(k)$ in Gl. (8.2.30) als Gleichungsfehler interpretiert werden kann, der per Definition statistisch unabhängig ist.

Nun werde die Zeit nach der Messung von $y(k)$ betrachtet. Dann sind $y(k-1), \dots, y(k-p)$ bekannt. Nimmt man an, daß die Schätzwerte $\hat{v}(k-1), \dots, \hat{v}(k-p)$ und $\hat{\theta}(k-1)$ bekannt sind, dann kann das jüngste Eingangssignal $\hat{v}(k)$ mit Gl. (8.2.30) geschätzt werden, Panuska (1969),

$$\hat{v}(k) = y(k) - \hat{\psi}^T(k)\hat{\theta}(k-1) \tag{8.2.33}$$

mit

$$\hat{\psi}^T(k) = [-y(k-1) \quad \dots \quad -y(k-p) \;\vdots\; \hat{v}(k-1) \quad \dots \quad \hat{v}(k-p)]. \tag{8.2.34}$$

Dann steht auch

$$\hat{\psi}^T(k+1) = [-y(k) \quad \dots \quad -y(k-p+1) \;\vdots\; \hat{v}(k) \quad \dots \quad \hat{v}(k-p+1)] \tag{8.2.35}$$

zur Verfügung, so daß die rekursiven Schätzalgorithmen Gln. (8.2.15) bis (8.2.17) verwendet werden können um $\hat{\theta}(k+1)$ zu schätzen, wenn $\psi^T(k+1)$ durch $\hat{\psi}^T(k+1)$ ersetzt wird. Dann werden $\hat{v}(k+1)$ und $\hat{\theta}(k+2)$ geschätzt, usw. Zum Start verwende man

$$\hat{v}(0) = \hat{y}(0); \; \hat{\theta}(0) = \mathbf{0}; \; \mathbf{P}(0) = \alpha \mathbf{I}. \tag{8.2.36}$$

Da $v(k)$ statistisch unabhängig ist und auch $v(k)$ und $\hat{\psi}^T(k)$ nicht korreliert sind, ergeben sich nach Satz 8.1, 8.2 und Gl. (8.1.69) konsistente Schätzwerte im quadratischen Mittel.

Zusätzliche Bedingungen zur Parameter-Identifizierbarkeit sind:

a) Die Wurzeln des Polynoms $C(z) = 0$ müssen asymptotisch stabil sein, also im Inneren des Einheitskreises liegen, damit Gl. (8.2.29) stationär ist und die in der Korrelationsmatrix $\boldsymbol{\Phi}$ stehenden Korrelationsfunktionen gegen feste Werte streben. Dies entspricht der Forderung nach Stabilität des mit dem meßbaren $u(k)$ angeregten Prozesses, siehe Satz 8.4.

b) Die Wurzeln des Polynoms $D(z) = 0$ müssen ebenfalls im Inneren des Einheitskreises liegen, damit die Schätzungen des Störsignals nach Gl. (8.2.33) bzw. nach

$$\hat{v}(z) = \frac{\hat{C}(z^{-1})}{\hat{D}(z^{-1})} y(z)$$

nicht divergieren.

Die Varianz von $v(k)$ kann entsprechend Gl. (8.1.70) geschätzt werden mittels

$$\hat{\sigma}_v^2(k) = \frac{1}{k+1-2p} \sum_{i=0}^{k} \hat{v}^2(k) \tag{8.2.37}$$

oder durch die rekursive Form

$$\hat{\sigma}_v^2(k+1) = \hat{\sigma}_v^2(k) + \frac{1}{k+2-2p} [\hat{v}^2(k+1) - \hat{\sigma}_v^2(k)] . \tag{8.2.38}$$

Im allgemeinen konvergieren die Parameterschätzwerte eines stochastischen Signalprozesses wesentlich langsamer als bei dynamischen Prozessen, da das Eingangssignal $v(k)$ unbekannt ist und ebenfalls geschätzt werden muß.

8.2.3 Unbekannte Gleichwerte

Wenn die Gleichwerte U_{00} und Y_{00} von Ein- und Ausgangssignal nicht bekannt sind, dann können im Prinzip dieselben Methoden zu ihrer Bestimmung verwendet werden, wie in Abschnitt 8.1.4. Man muß diese lediglich in eine rekursive Form bringen:

a) Mittelwertbildung

Die rekursive Mittelwertbildung lautet z.B. für das Ausgangssignal

$$\hat{Y}_{00}(k) = \hat{Y}_{00}(k-1) + \frac{1}{k} [Y_{00}(k) - \hat{Y}_{00}(k-1)] . \tag{8.2.39}$$

Für langsam zeitvariante Gleichwerte empfiehlt sich eine Mittelwertbildung mit nachlassendem Gedächtnis

$$\hat{Y}_{00}(k) = \lambda \hat{Y}_{00}(k-1) + (1-\lambda) Y_{00}(k-1) \tag{8.2.40}$$

mit $\lambda < 1$, siehe Isermann (1987, Bd. II).

b) Differenzenbildung

Wird wie Gl. (8.1.90) durchgeführt.

c) Implizite Schätzung eines Gleichwertparameters

In den rekursiven Schätzgleichungen werden der Daten- und Parametervektor nach Gl. (8.1.93) verwendet.

d) Explizite Schätzung eines Gleichwertparameters

Man wendet zur Schätzung von $\hat{K}_0$ anstelle von Gl. (8.1.99) eine rekursive Beziehung entsprechend Gln. (8.2.39) oder (8.2.40) an.

8.3 Methode der gewichteten kleinsten Quadrate

8.3.1 Markov-Schätzung

Bei der einfachen Methode der kleinsten Quadrate wurden in der Verlustfunktion alle Gleichungsfehler $e(k)$ gleich gewichtet. Versieht man diese Fehler mit unterschiedlichen Gewichten, dann erhält man eine allgemeinere Fassung der Methode der kleinsten Quadrate. Die Verlustfunktion Gl. (8.1.19) lautet dann z.B.

$$V = w(m+d)e^2(m+d) + w(m+d+1)e^2(m+d+1) + \cdots + w(m+d+N)e^2(m+d+N) \tag{8.3.1}$$

bzw. in allgemeiner Form

$$V = \boldsymbol{e}^T \boldsymbol{W} \boldsymbol{e} \tag{8.3.2}$$

wobei $\boldsymbol{W}$ im allgemeinen eine symmetrische und positiv definite Matrix sein muß; denn nur der symmetrische Teil von $\boldsymbol{W}$ trägt zu V bei, und nur eine positiv definite Gewichtsmatrix sichert die Existenz einer in der Schätzgleichung erforderlichen Inversion. Für eine Gewichtung wie in Gl. (8.3.1) ist $\boldsymbol{W}$ eine Diagonalmatrix

$$\boldsymbol{W} = \begin{bmatrix} w(m+d) & 0 & \cdots & 0 \\ 0 & w(m+d+1) & \cdots & 0 \\ \vdots & \vdots & \ddots & \vdots \\ 0 & 0 & \cdots & w(m+d+N) \end{bmatrix}. \tag{8.3.3}$$

Analog zur Ableitung der Gl. (8.1.21) erhält man, beginnend mit Gl. (8.3.2), die *nichtrekursive Parameterschätzung* der gewichteten kleinsten Quadrate (WLS)

$$\hat{\boldsymbol{\theta}} = [\boldsymbol{\Psi}^T \boldsymbol{W} \boldsymbol{\Psi}]^{-1} \boldsymbol{\Psi}^T \boldsymbol{W} \boldsymbol{y}. \tag{8.3.4}$$

Die Bedingungen für eine konsistente Schätzung sind dieselben wie in Satz 8.5 angegeben. Für die Kovarianz der Parameterfehler folgt analog zu (8.1.65) falls $\boldsymbol{\Psi}$ und $\boldsymbol{e}$ statistisch unabhängig sind

$$cov[\Delta\boldsymbol{\theta}] = E\{[\boldsymbol{\Psi}^T \boldsymbol{W} \boldsymbol{\Psi}]^{-1} \boldsymbol{\Psi}^T\} \boldsymbol{W} E\{\boldsymbol{e}\boldsymbol{e}^T\} \boldsymbol{W} E\{\boldsymbol{\Psi}[\boldsymbol{\Psi}^T \boldsymbol{W} \boldsymbol{\Psi}]^{-1}\}. \tag{8.3.5}$$

Wenn die Gewichtsmatrix

$$\boldsymbol{W} = [E\{\boldsymbol{e}\boldsymbol{e}^T\}]^{-1} \tag{8.3.6}$$

gewählt wird, dann reduziert sich Gl. (8.3.5) auf

$$cov[\Delta\boldsymbol{\theta}]_{MV} = [\boldsymbol{\Psi}^T [E\{\boldsymbol{e}\boldsymbol{e}^T\}]^{-1} \boldsymbol{\Psi}]^{-1} \tag{8.3.7}$$

und es gilt

$$cov[\Delta\boldsymbol{\theta}]_{MV} \leqq cov[\Delta\boldsymbol{\theta}] \tag{8.3.8}$$

d.h. die Wahl von Gl. (8.3.6) als Gewichtsmatrix liefert Parameterschätzwerte mit der kleinstmöglichen Varianz, Deutsch (1965), S.64 oder Eykhoff (1974), S. 190. Schätzwerte mit minimaler Varianz werden auch *Markov-Schätzungen* genannt. Es sei jedoch angemerkt, daß die Kovarianzmatrix der Gleichungsfehler im allgemeinen nicht im voraus bekannt ist.

Falls das Fehlersignal $\boldsymbol{e}$ nicht korreliert ist, ist seine Kovarianzmatrix eine Diagonalmatrix, und aus Gl. (8.3.4) und (8.3.6) folgt für die Schätzung mit kleinster Varianz

$$\hat{\boldsymbol{\theta}} = [\boldsymbol{\Psi}^T \boldsymbol{\Psi}]^{-1} \boldsymbol{\Psi}^T \boldsymbol{y} \tag{8.3.9}$$

also die Schätzgleichung der einfachen Methode der kleinsten Quadrate.

Die *rekursive Version* der Methode der gewichteten kleinsten Quadrate läßt sich wie folgt angeben. Entsprechend Gl. (8.2.2) wird eingeführt

$$\boldsymbol{P}_W(k) = [\boldsymbol{\Psi}^T(k) \boldsymbol{W}(k) \boldsymbol{\Psi}(k)]^{-1} \tag{8.3.10}$$

und mit den Abkürzungen

$$\boldsymbol{\Psi}_W(k) = \boldsymbol{W}(k) \boldsymbol{\Psi}(k) \text{ und } \boldsymbol{y}_W(k) = \boldsymbol{W}(k) \boldsymbol{y}(k) \tag{8.3.11}$$

gilt $\quad \boldsymbol{\psi}_w^T(k) = \boldsymbol{\psi}^T(k) w(k)$

$$\boldsymbol{P}_W(k) = [\boldsymbol{\Psi}^T(k) \boldsymbol{\Psi}_W(k)]^{-1} \,. \tag{8.3.12}$$

Dann lauten die Schätzungen zu den Zeitpunkten k und $k+1$

$$\hat{\boldsymbol{\theta}}(k) = \boldsymbol{P}_W(k) \boldsymbol{\Psi}^T(k) \boldsymbol{y}_W(k) \tag{8.3.13}$$

$$\begin{aligned} \hat{\boldsymbol{\theta}}(k+1) &= \boldsymbol{P}_W(k+1) \boldsymbol{\Psi}^T(k+1) \boldsymbol{y}_W(k+1) \\ &= \boldsymbol{P}_W(k+1) \begin{bmatrix} \boldsymbol{\Psi}(k) \\ \boldsymbol{\psi}^T(k+1) \end{bmatrix}^T \begin{bmatrix} \boldsymbol{y}_W(k) \\ y_W(k+1) \end{bmatrix} \\ &= \boldsymbol{P}_W(k+1) [\boldsymbol{\Psi}^T(k) \boldsymbol{y}_W(k) + \boldsymbol{\psi}(k+1) y_W(k+1)] . \end{aligned} \tag{8.3.14}$$

Der weitere Rechengang folgt analog zu den Gln. (8.2.5) ff. und man erhält

$$\boldsymbol{P}_W(k+1) = [\boldsymbol{P}_W^{-1}(k+1) + \boldsymbol{\psi}(k+1) \boldsymbol{\psi}_W^T(k+1)]^{-1} \tag{8.3.15}$$

$$\hat{\boldsymbol{\theta}}(k+1) = \hat{\boldsymbol{\theta}}(k) + \boldsymbol{P}_W(k+1) \boldsymbol{\psi}(k+1) [y_W(k+1) - \boldsymbol{\psi}_W^T(k+1) \hat{\boldsymbol{\theta}}(k)] \tag{8.3.16}$$

und es folgen mit dem Zwischenergebnis

$$\boldsymbol{P}_W(k+1) \boldsymbol{\psi}(k+1) = \frac{\boldsymbol{P}_W(k) \boldsymbol{\psi}(k+1)}{\boldsymbol{\psi}_W^T(k+1) \boldsymbol{P}_W(k) \boldsymbol{\psi}(k+1) + 1} \tag{8.3.17}$$

die Schätzgleichungen

$$\hat{\boldsymbol{\theta}}(k+1) = \hat{\boldsymbol{\theta}}(k) + \boldsymbol{\gamma}_W(k) [y_W(k+1) - \boldsymbol{\psi}_W^T(k+1) \hat{\boldsymbol{\theta}}(k)] \tag{8.3.18}$$

$$\boldsymbol{\gamma}_W(k) = \frac{1}{\boldsymbol{\psi}_W^T(k+1) \boldsymbol{P}_W(k) \boldsymbol{\psi}(k+1) + 1} \boldsymbol{P}_W(k) \boldsymbol{\psi}(k+1) \tag{8.3.19}$$

$$\boldsymbol{P}_W(k+1) = [\boldsymbol{I} - \boldsymbol{\gamma}_W(k) \boldsymbol{\psi}_W^T(k+1)] \boldsymbol{P}_W(k) \,. \tag{8.3.20}$$

Nimmt man als Gewichtsmatrix eine Diagonalmatrix

$$\boldsymbol{W}(k) = \begin{bmatrix} w(0) & \dots\dots\dots & 0 \\ \vdots & \ddots \; w(k-1) & \vdots \\ 0 & \dots\dots\dots & w(k) \end{bmatrix} \tag{8.3.21}$$

an, dann gilt nach Gl. (8.3.11)

$$\boldsymbol{\psi}_W^T(k) = \boldsymbol{\psi}^T(k) w(k) \quad \text{und} \quad y_w(k) = y(k) w(k) \tag{8.3.22}$$

und nach Einsetzen in die Gln. (8.3.18) bis (8.3.20) folgen

$$\hat{\boldsymbol{\theta}}(k+1) = \hat{\boldsymbol{\theta}}(k) + \boldsymbol{\gamma}(k)[y(k+1) - \boldsymbol{\psi}^T(k+1)\hat{\boldsymbol{\theta}}(k)] \tag{8.3.23}$$

$$\boldsymbol{\gamma}(k) = \frac{1}{\boldsymbol{\psi}^T(k+1)\boldsymbol{P}_W(k)\boldsymbol{\psi}(k+1) + \dfrac{1}{w(k+1)}} \boldsymbol{P}_W(k)\boldsymbol{\psi}(k+1) \tag{8.3.24}$$

$$\boldsymbol{P}_W(k+1) = [\boldsymbol{I} - \boldsymbol{\gamma}(k)\boldsymbol{\psi}^T(k+1)]\boldsymbol{P}_W(k) \,. \tag{8.3.25}$$

Gegenüber der Grundform der Methode der kleinsten Quadrate ändert sich die Berechnung des Korrekturvektors $\boldsymbol{\gamma}(k)$, denn anstelle der 1 steht $1/w(k+1)$. Damit ändern sich auch die Werte von $\boldsymbol{P}_W(k+1)$.

8.3.2 Rekursive Methode der kleinsten Quadrate mit exponentiell nachlassendem Gedächtnis

Führt man in die Verlustfunktion Gl. (8.3.1)

$$V = \sum_{k=m+d}^{m+d+N} w(k) e^2(k) \tag{8.3.26}$$

mit $N' = m + d + N$ die spezielle Wahl

$$w(k) = \lambda^{(m+d+N)-k} = \lambda^{N'-k} \quad \text{mit} \quad 0 < \lambda < 1 \tag{8.3.27}$$

ein, dann werden die $e(k)$ wie folgt gewichtet:

$$\begin{array}{lll} e^2(N') & \text{mit} & w(N') = \lambda^0 = 1 \\ e^2(N'-1) & \text{mit} & w(N'-1) = \lambda \\ e^2(N'-2) & \text{mit} & w(N'-2) = \lambda^2 \\ \vdots & & \vdots \\ e^2(N'-N) & \text{mit} & w(N'-N) = \lambda^N \end{array}$$

d.h. die Gleichungsfehler werden umso geringer gewichtet, je weiter sie zurückliegen. Das Gewicht nimmt dabei mit dem Exponent $(N' - k)$ für zurückliegende Zeiten ab, siehe Tabelle 8.2.

Tabelle 8.2. Gewichtsfaktoren der Gl. (8.3.27) für $N' = 50$

k	1	10	20	30	40	47	48	49	50
$\lambda = 0{,}99$	0,61	0,67	0,73	0,82	0,90	0,97	0,98	0,99	1
$\lambda = 0{,}95$	0,08	0,13	0.21	0,35	0,60	0,85	0,90	0,95	1

Die zeitdiskrete Funktion entspricht dabei der Antwortfunktion eines Verzögerungsgliedes erster Ordnung mit der diskreten Zeitkonstanten

$$M = \frac{T_1}{T_0} = \frac{1}{1-\lambda}$$

wie aus der Anfangssteigung $(1-\lambda)/T_0$ folgt. Diese Funktion klingt entsprechend

$$\mathrm{e}^{-T_0 j/T_1} = \mathrm{e}^{-j/M} = \mathrm{e}^{-(1-\lambda)j} \quad j = 0, 1, 2, \ldots$$

ab. Deshalb spricht man auch von *exponentiell nachlassendem Gedächtnis.* λ wird *Vergessensfaktor* genannt.

Die Gewichtsmatrix Gl. (8.3.3) für die nichtrekursive Schätzung lautet dann

$$\boldsymbol{W}(m+d+N) = \begin{bmatrix} \lambda^N & & & \ldots & 0 \\ & \lambda^{N-1} & & & \\ \vdots & & \ddots & & \vdots \\ & & & \lambda^2 & \\ & & & & \lambda \\ 0 \ldots & & & & 1 \end{bmatrix}$$

und

$$\boldsymbol{W}(m+d+N+1) = \begin{bmatrix} \lambda^{N+1} & & & \ldots & 0 \\ & \lambda^{N} & & & \\ \vdots & & \ddots & & \vdots \\ & & & \lambda^2 & \\ & & & & \lambda \\ 0 & & & & 1 \end{bmatrix}.$$

Somit gilt für diese spezielle Gewichtung

$$\boldsymbol{W}(k+1) = \begin{bmatrix} \lambda \boldsymbol{W}(k) & \boldsymbol{0} \\ \boldsymbol{0}^T & 1 \end{bmatrix} \tag{8.3-28}$$

und für Gl. (8.3.13) bzw. (8.3.4)

$$\begin{aligned} \hat{\boldsymbol{\theta}}(k+1) &= \boldsymbol{P}_W(k+1) \begin{bmatrix} \boldsymbol{\Psi}(k) \\ \boldsymbol{\psi}^T(k+1) \end{bmatrix}^T \begin{bmatrix} \lambda \boldsymbol{W}(k) & \boldsymbol{0} \\ \boldsymbol{0}^T & 1 \end{bmatrix} \begin{bmatrix} \boldsymbol{y}(k) \\ y(k+1) \end{bmatrix} \\ &= \boldsymbol{P}_W(k+1)[\lambda \boldsymbol{\Psi}^T(k) \boldsymbol{W}(k) \boldsymbol{y}(k) + \boldsymbol{\psi}(k+1) y(k+1)] \\ &= \boldsymbol{P}_W(k+1)[\lambda \boldsymbol{P}_W^{-1}(k) \hat{\boldsymbol{\theta}}(k) + \boldsymbol{\psi}(k+1) y(k+1)]\,. \end{aligned} \tag{8.3.29}$$

Ferner gilt

$$\begin{aligned} \boldsymbol{P}_W(k+1) &= \left[\begin{bmatrix} \boldsymbol{\Psi}(k) \\ \boldsymbol{\psi}^T(k+1) \end{bmatrix}^T \begin{bmatrix} \lambda \boldsymbol{W}(k) & \boldsymbol{0} \\ \boldsymbol{0}^T & 1 \end{bmatrix} \begin{bmatrix} \boldsymbol{\Psi}(k) \\ \boldsymbol{\psi}^T(k+1) \end{bmatrix}\right]^{-1} \\ &= [\lambda \boldsymbol{\Psi}^T(k) \boldsymbol{W}(k) \boldsymbol{\Psi}(k) + \boldsymbol{\psi}(k+1)\boldsymbol{\psi}^T(k+1)]^{-1} \\ &= [\lambda \boldsymbol{P}_W^{-1}(k) + \boldsymbol{\psi}(k+1)\boldsymbol{\psi}^T(k+1)]^{-1}. \end{aligned} \tag{8.3.30}$$

Demnach gilt

$$\boldsymbol{P}_W^{-1}(k+1) = \lambda \boldsymbol{P}_W^{-1}(k) + \boldsymbol{\psi}(k+1)\boldsymbol{\psi}^T(k+1)\,. \tag{8.3.31}$$

Analog zu Gl. (8.2.6) folgt dann aus Gl. (8.3.29)

$$\begin{aligned} \hat{\boldsymbol{\theta}}(k+1) = \hat{\boldsymbol{\theta}}(k) &+ [\lambda \boldsymbol{P}_W(k+1)\boldsymbol{P}_W^{-1}(k) - \boldsymbol{I}]\hat{\boldsymbol{\theta}}(k) \\ &+ \boldsymbol{P}_W(k+1)\boldsymbol{\Psi}(k+1)y(k+1) \end{aligned} \tag{8.3.32}$$

und nach Einsetzen von Gl. (8.3.30)

$$\hat{\boldsymbol{\theta}}(k+1) = \hat{\boldsymbol{\theta}}(k) + \boldsymbol{P}_W(k+1)\boldsymbol{\psi}(k+1)[y(k+1) - \boldsymbol{\psi}^T(k+1)\hat{\boldsymbol{\theta}}(k)]\,. \tag{8.3.33}$$

Anwenden des Satzes zur Matrizeninversion liefert entsprechend Gl. (8.2.13)

$$\begin{aligned} \boldsymbol{P}_W(k+1) = \frac{1}{\lambda}\boldsymbol{P}_W(k) - \frac{1}{\lambda}\boldsymbol{P}_W(k)\boldsymbol{\psi}(k+1)\left[\boldsymbol{\psi}^T(k+1)\frac{1}{\lambda}\boldsymbol{P}_W(k)\boldsymbol{\psi}(k+1) + 1\right]^{-1} \cdot \\ \cdot\, \boldsymbol{\psi}^T(k+1)\frac{1}{\lambda}\boldsymbol{P}_W(k) \end{aligned} \tag{8.3.34}$$

und

$$\boldsymbol{P}_W(k+1)\boldsymbol{\psi}(k+1) = \frac{\boldsymbol{P}_W(k)\boldsymbol{\psi}(k+1)}{\boldsymbol{\psi}^T(k+1)\boldsymbol{P}_W(k)\boldsymbol{\psi}(k+1) + \lambda} = \boldsymbol{\gamma}_W(k)\,. \tag{8.3.35}$$

Schließlich lauten die Schätzgleichungen

$$\hat{\boldsymbol{\theta}}(k+1) = \hat{\boldsymbol{\theta}}(k) + \boldsymbol{\gamma}_W(k)[y(k+1) - \boldsymbol{\psi}^T(k+1)\hat{\boldsymbol{\theta}}(k)] \tag{8.3.36}$$

$$\boldsymbol{\gamma}_W(k) = \frac{1}{\boldsymbol{\psi}^T(k+1)\boldsymbol{P}_W(k)\boldsymbol{\psi}(k+1) + \lambda}\boldsymbol{P}_W(k)\boldsymbol{\psi}(k+1) \tag{8.3.37}$$

$$\boldsymbol{P}_W(k+1) = [\boldsymbol{I} - \boldsymbol{\gamma}_W(k)\boldsymbol{\psi}^T(k+1)]\boldsymbol{P}_W(k)\frac{1}{\lambda}\,. \tag{8.3.38}$$

Die Auswirkung des Vergessensfaktors λ läßt sich z.B. anhand der Gln. (8.3.31) und (8.3.33) erkennen. $\boldsymbol{P}_W^{-1}(k)$ ist für $\lambda = 1$ proportional zur Inversen der Kovarianzmatrix der Parameterschätzfehler. $\boldsymbol{P}_W^{-1}(k+1)$ wird so gebildet, daß die neuen Daten $\boldsymbol{\psi}(k+1)\boldsymbol{\psi}^T(k+1)$ mit dem Gewicht 1, die alten Daten $\boldsymbol{P}_W^{-1}(k)$ aber mit dem kleineren Gewicht $\lambda < 1$ versehen werden. Das entspricht also einem Vergrößern der Kovarianzwerte für den letzten Schritt. Bei der Wahl von λ muß man einen Kompromiß schließen zwischen einer besseren Elimination des Störeinflusses

($\lambda \to 1$) oder einem besseren Folgen von zeitveränderlichen Parametern ($\lambda < 1$). In der Praxis haben sich Werte $0{,}90 < \lambda < 0{,}995$ bewährt.

8.4 Zusammenfassung

Die in diesem Kapitel behandelte Methode der kleinsten Quadrate für dynamische zeitdiskrete parametrische Prozeßmodelle in Form von linearen Differenzengleichungen ist die grundlegende Parameterschätzmethode für dynamische Prozesse. Sie wurde, ausgehend von den Ansätzen für statische Prozesse in Kapitel 7 ausführlich abgeleitet. Eine Konvergenzanalyse zeigt jedoch, daß bei größeren Störsignalpegeln in der Praxis mit systematischen Parameterschätzfehlern (Bias) zu rechnen ist. Diese nichtrekursive Methode für die off-line-Datenverarbeitung ist der Ausgangspunkt zur Ableitung von rekursiven Schätzalgorithmen, die eine Online-Verarbeitung in Echtzeit erlauben. Die Einführung besonderer Gewichtungen der Gleichungsfehler führten zur Markov-Schätzung und zur rekursiven Methode mit einem exponentiell nachlassenden Gedächtnis, welches für langsam zeitvariante Prozesse anwendbar ist. Besonderer Wert wurde auch hier auf einfache Beispiele gelegt, die das Prinzip der Parameterschätzung und ihre Zusammenhänge und Unterschiede zu den Korrelationsverfahren zeigen. Die Methode der kleinsten Quadrate ist die Grundlage für weitere, verbesserte Parameterschätzmethoden.

Aufgaben zu Kap. 8

1. Ermitteln Sie eine Schätzgleichung zur Bestimmung der Gewichtsfunktion eines linearen Prozesses aus den Ein- Ausgangsdaten mit der Methode der kleinsten Quadrate.
2. Für eine Differenzengleichung erster Ordnung sollen mit der Methode der kleinsten Quadrate und den Ein- Ausgangssignalen der Aufgaben 2 von Kap. 6 die Parameter a_1 und b_1 geschätzt werden. Geben Sie die zu programmierenden Gleichungen entsprechend Gl. (8.1.21) und (8.1.31) an.
3. Gegeben sei der zeitdiskrete Prozeß

$$G(z) = \frac{0{,}5z^{-1}}{(1 - 0{,}5z^{-1})(1 - 0{,}1z^{-1})}$$

a) Man berechne die Übergangsfunktion für $u(k) = 1(k)$.

b) Man berechne das Antwortsignal für das Eingangssignal $u(k) = \sin\left(\frac{\pi k}{5}\right)$

c) Dann verwende man das vereinfachte Modell

$$G_m(z) = \frac{b_1 z^{-1}}{1 + a_1 z^{-1}}$$

zur Schätzung der Parameter a_1 und b_1 mit der Methode der kleinsten Quadrate für die Signale a) und b).

4. Gegeben sei der Prozeß 2. Ordnung

$y(k) = b_0 u(k) + b_1 u(k)$

und folgende Messungen

k	0	1	2	3	4	5	6	7	8	9	10
$u(k)$	0	1	−1	1	1	1	−1	−1	0	0	0
$y(k)$	0	1,1	−0,2	0,1	0,9	1	0,1	−1,1	−0,8	−0,1	0

a) Man schätze die Parameter b_0 und b_1 mit der Methode der kleinsten Quadrate.
b) Man bestimme das Störsignal $n(k)$, seinen Mittelwert und seine Varianz.

5. Ein PRBS
$u(k) = 1, -1, 1, 1, 1, -1, -1, 1, -1, 1, 1, 1, -1, -1 \ldots$ das periodisch ist mit $N = 7$ wird als Eingangssignal auf den Prozeß

$$G(z) = \frac{0{,}7z^{-1}}{1 - 0{,}3z^{-1}}$$

gegeben.
a) Man bestimme das Augangssignal $y(k)$, die AKF $\Phi_{uu}(\tau)$ und die KKF $\Phi_{uy}(\tau)$.
b) Wenden Sie $\Phi_{uu}(\tau)$ als Eingangsfolge auf den Prozeß an und vergleichen Sie die Ausgangsfolge mit $\Phi_{uy}(\tau)$ nach a).
c) Man bestimme die Gewichtsfunktion des Prozesses und vergleiche sie mit $\Phi_{uy}(\tau)$.
d) Man schätze die Parameter a_1 und b_1 mit der Methode der kleinsten Quadrate.

6. Man gebe die Gleichungen für die rekursive Methode der kleinsten Quadrate an für den Prozeß

$$y(k) + a_1 y(k-1) = b_1 u(k-1).$$

Was ändert sich bei Hinzufügen einer Totzeit $d = 2$?

7. Mit dem Verfahren der kleinsten Fehlerquadrate soll ein harmonisches Signal $u(t)$, in dem mehrere Schwingungsfrequenzen enthalten sind, analysiert werden. Mit Hilfe eines Ansatzes der Form

$$u(nT_0) = \sum_{\nu=1}^{N} c_\nu \sin(\nu \Delta\omega\, nT_0)$$

sollen die Amplituden der im Signal vorkommenden Frequenzanteile c_ν herausgefunden werden.
Die erreichbare Kreisfrequenzauflösung sei mit $\Delta\omega = \pi\ 1/\text{sec}$ festgelegt. Die Meßabtastfrequenz beträgt $f_0 = 100$ Hz.

a) Geben Sie die nichtrekursive Lösungsgleichung für die Methode der kleinsten Quadrate an.
Bezeichnen Sie den gesuchten Parametervektor mit $\hat{\boldsymbol{\theta}}$, die Meßmatrix mit $\boldsymbol{\Psi}$ und den Meßvektor mit $\boldsymbol{y}$.
Welche Dimensionen haben die Vektoren und Matrizen, wenn die Koeffizienten von N Schwingfrequenzen berechnet werden sollen, und M Meßwerte $u(t)$ zur Verfügung stehen?

b) Bestimmen Sie die Elemente der Matrix $(\boldsymbol{\Psi}^T\boldsymbol{\Psi})$ als Funktionen der N Kreisfrequenzen $v\Delta\omega$ für M Meßwerte $u(t)$ (als Formelausdrücke angeben).
Anleitung: Für orthogonale Funktionen der Form
$f(t) = \sin(k\omega n T_0)$ gilt:
$E\{\sin(k\omega n T_0)\cdot\sin(m\omega n T_0)\} = 0$ für alle $k \neq m$

c) Wie lautet die Lösung der kleinsten Quadrate für die gesuchten Koeffizienten c_v, $v = 1, 2, \ldots, N$?
Hinweis: Vermeiden Sie eine explizite Matrizeninversion!

8. Die Parameter eines nicht sprungfähigen Systems erster Ordnung sollen mit der einfachen Methode der kleinsten Quadrate identifiziert werden. Für die Identifikation seien $N = 18$ Wertepaare der Prozeßsignale u und y gemessen worden.
   a) Skizzieren Sie in einem Strukturbild die Anordnung des Modells zur Bildung von
   — Ausgangsfehler
   — Eingangsfehler
   — Gleichungsfehler
   Welche Anordnung muß gewählt werden, damit das Fehlersignal linear in den Parametern ist?
   b) Geben Sie die nichtrekursive Schätzgleichung der LS-Methode an, wenn $\boldsymbol{\theta}$ der gesuchte Parametervektor, $\boldsymbol{\Psi}$ die Meßmatrix und $\boldsymbol{y}$ der Ausgangsvektor ist. Welche Dimensionen haben die gesuchten Vektoren und Matrizen?
   c) Als Eingangssignal werde ein PRBS-Signal der Amplitude 1 verwendet. Dabei ergeben sich folgende Werte für die Auto- und Kreuzkorrelierten:
   $\Phi_{uy}(0) = -0{,}0662 \qquad \Phi_{uy}(1) = 0{,}4666$
   $\Phi_{yy}(0) = 0{,}278 \qquad \Phi_{yy}(1) = 0{,}112$
   Bestimmen Sie aus diesen Werten die Parameter a_i und b_i des Modells.
9. Man stelle die Bedingungen für die erwartungstreue Schätzung eines Prozesses 1. Ordnung mit der LS-Methode auf. Welche der Schätzwerte haben einen Bias für ein weißes Rauschen als Störsignal $n(k)$?
10. Vergleichen Sie die Vor- und Nachteile der verschiedenen Methoden zur Behandlung des Gleichwertes der Ein- und Ausgangssignale bei der Prozeß-Parameterschätzung.
11. Man gebe den Gewichtsfaktor $w(k)$ nach Gl. (8.3.27) an für $\lambda = 0{,}97$ für $k = 1$, 10, 20, ..., 100.

12. Welches Verhalten ist bei der Parameterschätzung mit nachlassendem Gedächtnis ($\lambda < 1$) zu erwarten, wenn das Eingangssignal sich nicht mehr ändert? (Vgl. Kap. 16).
13. Wenn ein Prozeß mit einer einzigen Sinusschwingung als Eingangssignal angeregt wird, was ist dann die zur eindeutigen Parameterschätzung maximal zulässige Modellordnung?
14. Wie verhalten sich die Parameterschätzwerte, wenn die Abtastzeit zu klein gewählt wird?
15. Nach welchem Gesetz nehmen die Parameterfehler ab, wenn stochastische Störsignale einwirken?

9 Modifikationen der Methode der kleinsten Quadrate

Zur erwartungstreuen Parameterschätzung dynamischer Prozesse mußte bei der Methode der kleinsten Quadrate unter anderem gefordert werden, daß das Fehlersignal $e(k)$ nicht korreliert ist. Diese Bedingung wird aber nur für den Sonderfall erfüllt, daß das Störsignal $n(k)$ einem gefilterten weißen Rauschen $v(k)$ durch ein Filter mit der Übertragungsfunktion $1/A_p(z^{-1})$ entspricht. Das Filter darf also nur aus einem Nennerpolynom bestehen, das gleich dem Nennerpolynom des zu identifizierenden Prozesses ist. Da diese Struktur praktisch nicht vorkommt, treten bei der einfachen Methode der kleinsten Quadrate im allgemeinen korrelierte Fehlersignale auf und es entstehen Schätzungen mit Bias, die bei größeren Störsignalpegeln so groß sein können, daß das Modell unbrauchbar wird, siehe Kapitel 18. Deshalb werden in den folgenden Kapiteln Parameterschätzmethoden beschrieben, die für erweiterte Klassen dynamischer Prozesse biasfreie Ergebnisse liefern.

9.1 Methode der verallgemeinerten kleinsten Quadrate

9.1.1 Nichtrekursive Methode der verallgemeinerten kleinsten Quadrate (GLS)

Der Grundgedanke für die Methode der verallgemeinerten kleinsten Quadrate (generalized least squares: GLS) ist, im Modell für die einfache LS-Methode

$$A(z^{-1})y(z) - B(z^{-1})z^{-d}u(z) = e(z) \tag{9.1.1}$$

das geforderte nichtkorrelierte Fehlersignal $e(z)$ durch ein korreliertes Signal, d.h. farbiges Rauschen $\xi(z)$ zu ersetzen, das über ein Filter

$$\xi(z) = \frac{1}{F(z^{-1})} e'(z) \tag{9.1.2}$$

erzeugt wird, wobei $e'(z)$ nichtkorreliert ist. $\xi(z)$ ist damit als autoregressiver Signalprozeß (AR) angenommen. Da jedoch das Filterpolynom $F(z^{-1})$ nicht bekannt ist, schlug Clarke (1967) folgendes iterative Verfahren vor.

1. *Schritt*:

Die Methode der kleinsten Quadrate wird für Messungen $m + d \leqq k \leqq m + d + N$ auf das Modell

$$A(z^{-1})y(z) - B(z^{-1})z^{-d}u(z) = \xi(z) \tag{9.1.3}$$

angewandt, wobei biasbehaftete Parameterschätzwerte $\hat{\boldsymbol{\theta}}_1$ entstehen und $\xi(z)$ ein korreliertes Signal wird.

2. *Schritt*:

Das Fehlersignal $\xi(k)$ wird für die geschätzten Parameter $\hat{\theta}_1$ entsprechend Gl. (9.1.3) berechnet. Aufgrund des AR-Modells gilt

$$\xi(k) = \boldsymbol{\psi}_\xi^T(k)\boldsymbol{f} + e'(k) \tag{9.1.4}$$

mit

$$\begin{aligned} \boldsymbol{\psi}_\xi^T(k) &= [-\xi(k-1) \quad -\xi(k-2) \quad \dots \quad -\xi(k-\nu)] \\ \boldsymbol{f}^T &= [f_1 \quad f_2 \quad \dots \quad f_\nu]\,. \end{aligned} \tag{9.1.5}$$

Die Ordnung ν ist geeignet anzunehmen, z.B. $\nu = m$. Dann werden die Parameter nach der LS-Methode geschätzt

$$\hat{\boldsymbol{f}} = [\boldsymbol{\Xi}^T\boldsymbol{\Xi}]^{-1}\boldsymbol{\Xi}^T\boldsymbol{\xi} \tag{9.1.6}$$

wobei $\boldsymbol{\Xi}$ aus den Zeilenvektoren $\boldsymbol{\psi}_\xi^T(k)$ besteht.

3. *Schritt*:

Die gemessenen Ein- und Ausgangssignale $u(k)$ und $y(k)$ werden durch das Filter

$$G_F(z^{-1}) = \hat{F}(z^{-1}) \tag{9.1.7}$$

gefiltert, siehe Bild 9.1, so daß gilt

$$\tilde{u}(z) = G_F(z^{-1})u(z); \quad \tilde{y}(z) = G_F(z^{-1})y(z)\,. \tag{9.1.8}$$

4. *Schritt*:

Die Methode der kleinsten Quadrate wird mit den gefilterten Signalen $\tilde{u}$ und $\tilde{y}$ durchgeführt, also auf das Modell

$$A(z^{-1})\tilde{y}(z) - B(z^{-1})z^{-d}\tilde{u}(z) = \xi'(z) \tag{9.1.9}$$

angewandt. Man erhält dann die Parameter $\hat{\boldsymbol{\theta}}_2$.

5. *Schritt*:

Dann werden die Schritte 2 bis 4 solange wiederholt, bis sich $\hat{\boldsymbol{\theta}}_j$ nicht mehr wesentlich ändert.

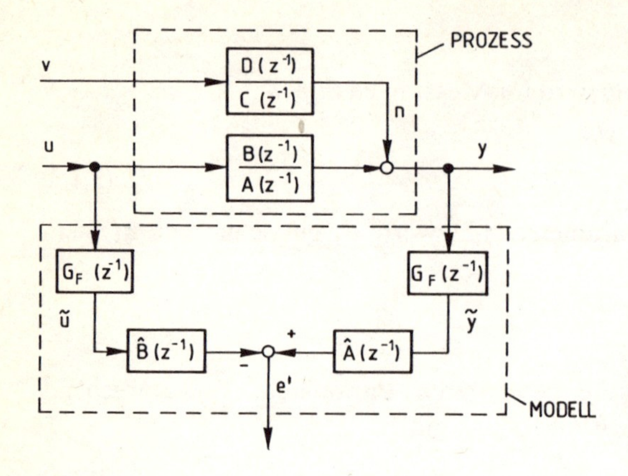

Bild 9.1. Modellanordnung bei der Methode der verallgemeinerten kleinsten Quadrate

Um biasfreie Parameterwerte zu erreichen, muß das Fehlersignal $\xi'(k)$ nichtkorreliert werden. Das ist dann der Fall, wenn $\hat{F}(z^{-1})$ mit dem $F(z^{-1})$ nach Gl. (9.1.2) übereinstimmt. Die GLS-Methode liefert also dann eine erwartungstreue Schätzung, wenn das Störsignalfilter des Prozesses die Form

$$G_v(z) = \frac{n(z)}{v(z)} = \frac{D(z^{-1})}{C(z^{-1})} = \frac{1}{A(z^{-1})F(z^{-1})} \tag{9.1.10}$$

hat, was durch Einsetzen von Gl. (9.1.2) in Gl. (9.1.3) und $v(z) = e'(z)$ folgt.

Wenn dieses Störsignalfilter nicht zutrifft, dann liefert die GLS-Methode Parameterschätzwerte mit Bias oder sie konvergiert nicht (siehe Abschnitt 18.3).

Eine einfache Form der GLS-Methode haben Steiglitz und McBride (1965) angegeben. Sie setzen in der i-ten Iterationsstufe $\hat{F}_j(z^{-1}) = \hat{A}_{(j-1)}(z^{-1})$. Dann wird allerdings ein noch spezielleres Störsignalfilter $G_v(z^{-1})$ vorausgesetzt.

Stoica und Söderström (1977) haben als weitere GLS-Variante vorgeschlagen, $\xi(z)$ in Gl. (9.1.3) durch einen Moving-Average-Prozeß zu beschreiben

$$\xi(z) = H(z^{-1})e'(z) \tag{9.1.11}$$

siehe auch Isermann (1974). Dieser Ansatz entspricht aber der ELS-Methode, siehe Abschnitt 9.2, die kein iteratives Vorgehen erfordert.

Im Vergleich zur Methode der kleinsten Quadrate erfordert die Methode der verallgemeinerten kleinsten Quadrate einen wesentlich größeren Aufwand. Sie liefert jedoch auch ein Modell des Störsignalfilters.

9.1.2 Rekursive Methode der verallgemeinerten kleinsten Quadrate (RGLS)

In ähnlicher Weise wie die einfache Methode der kleinsten Quadrate läßt sich auch die Methode der verallgemeinerten kleinsten Quadrate in rekursive Gleichungen umformen. Auf die Ableitung der Gleichungen wird hier der Kürze halber verzichtet. Sie ist ausführlich in Hastings-James und Sage (1969) beschrieben. Die Gln.

(9.1.3) bis (9.1.9) entsprechenden rekursiven Parameterschätzgleichungen lauten

$$\hat{\theta}(k+1) = \hat{\theta}(k) + [\tilde{\psi}^T(k+1)\tilde{P}(k)\tilde{\psi}(k+1) + 1]^{-1} \cdot \tilde{P}(k)\tilde{\psi}(k+1)[\tilde{y}(k+1) - \tilde{\psi}^T(k+1)\hat{\theta}(k)] \tag{9.1.12}$$

$$\tilde{P}(k+1) = \tilde{P}(k)[I - \tilde{\psi}^T(k+1)\tilde{\psi}(k+1)\tilde{P}(k) \cdot [\tilde{\psi}^T(k+1)\tilde{P}(k)\tilde{\psi}(k+1) + 1]^{-1}] \tag{9.1.13}$$

$$\hat{f}(k+1) = \hat{f}(k) + [\psi_\xi^T(k+1)Q(k)\psi_\xi(k+1) + 1]^{-1} \cdot Q(k)\psi_\xi(k+1)[\xi(k+1) - \psi_\xi^T(k+1)\hat{f}(k)] \tag{9.1.14}$$

$$Q(k+1) = Q(k)[I - \psi_\xi^T(k+1)\psi_\xi(k+1)Q(k) \cdot [\psi_\xi^T(k+1)Q(k)\psi_\xi(k+1) + 1]^{-1}]\,. \tag{9.1.15}$$

Die $\tilde{\psi}$ enthalten jeweils die nach Gl. (9.1.8) gefilterten Signale. Die Startmatrizen $P(0)$ und $Q(0)$ werden, wie in Gl. (8.2.21) angegeben, als Diagonalmatrizen mit großen Elementen gewählt. Sie dürfen nicht zu groß sein, da sonst Divergenz der Schätzung auftreten kann. Als Anfangswert der Parameter kann $\hat{\theta}(0) = 0$ gewählt werden.

Eine exponentielle Gewichtung der vergangenen Daten mit einem Gewichtsaktor λ in den Termen

$[\psi^T(k+1)\tilde{P}(k)\tilde{\psi}(k+1) + \lambda]$ der Gl. (9.1.12) und (9.1.13)

$\tilde{P}(k+1) = \frac{1}{\lambda}\tilde{P}(k)\,[I - \cdots]$ der Gl. (9.1.13)

und in den entsprechenden Termen der Gl. (9.1.14) und (9.1.15) kann die Schätzwerte verbessern, wenn sie für die ersten 100 oder 200 Meßwerte mit $\lambda = 0{,}99$ verwendet wird, Isermann u.a. (1973b). Die Anfangswerte gehen dann weniger stark ein, was zu einer besseren Konvergenz führt.

9.2 Methode der erweiterten kleinsten Quadrate (ELS)

Eine weitere Möglichkeit, im ursprünglichen LS-Modell

$$A(z^{-1})y(z) - B(z^{-1})z^{-d}u(z) = e(z) \tag{9.2.1}$$

korrelierte Fehlersignale zuzulassen, besteht im Ansatz eines allgemeinen Filters

$$\xi(z) = \frac{D(z^{-1})}{C(z^{-1})}e'(z) \tag{9.2.2}$$

für das Modell

$$A(z^{-1})y(z) - B(z^{-1})z^{-d}u(z) = \xi(z)\,. \tag{9.2.3}$$

Als Differenzengleichungen geschrieben, lauten die Modelle

$$y(k) + \sum_{i=1}^{m} a_i y(k-i) - \sum_{i=1}^{m} b_i u(k-d-i) = \xi(k) \tag{9.2.4}$$

$$\xi(k) + \sum_{i=1}^{p} c_i \xi(k-i) = e'(k) + \sum_{i=1}^{p} d_i e'(k-i) \tag{9.2.5}$$

oder zusammengefaßt in vektorieller Form

$$y(k) = \boldsymbol{\psi}^T(k)\hat{\boldsymbol{\theta}} + e'(k) \tag{9.2.6}$$

mit

$$\left.\begin{aligned} \boldsymbol{\psi}^T(k) &= [-y(k-1) \ \dots \ -y(k-m) \mid u(k-d-1) \ \dots \ u(k-d-m) \mid \\ &\qquad -\xi(k-1) \ \dots \ -\xi(k-p) \mid e'(k-1) \ \dots \ e'(k-p)] \\ \boldsymbol{\theta}^T &= [\hat{a}_1 \dots \hat{a}_m \mid \hat{b}_1 \ \dots \ \hat{b}_m \mid \hat{c}_1 \ \dots \hat{c}_p \mid \hat{d}_1 \ \dots \ \hat{d}_p] \,. \end{aligned}\right\} \tag{9.2.7}$$

Die Methode der kleinsten Quadrate könnte im Prinzip auf dieses Modell angewandt werden, wenn die Signale $\xi(k-i)$ und $e'(k-i)$ bekannt wären. Diese lassen sich jedoch iterativ nach jeder neuen Schätzung von $\hat{\boldsymbol{\theta}}_j$ aufgrund der Gl. (9.2.3) und (9.2.5) schätzen und einsetzen, siehe z.B. Eykhoff (1974), s 250. Diese Methode ist bekannt unter *„extended matrix method“*. Sie ist jedoch relativ aufwendig und kann bei einer größeren Zahl von Störsignalfilterparametern c_i und d_i nur langsam oder gar nicht konvergieren.

In vielen Fällen führt ein einfacherer Ansatz zu einem besseren Ergebnis. Es wird in Gl. (9.2.2) $C(z^{-1}) = 1$ gesetzt, so daß Gl. (9.2.3) lautet

$$A(z^{-1})y(z) - B(z^{-1})z^{-d}u(z) = D(z^{-1})e'(z) \,. \tag{9.2.8}$$

Auf dieses Modell (ARMAX: Autoregressiver Signalprozeß mit gleitendem Mittel und endogener Variablen) kann nun die rekursive Methode der kleinsten Quadrate für dynamische Prozesse, Abschnitt 8.2.1, und für stochastische Signale, Abschnitt 8.2.2, angewandt werden, Panuska (1969), Young (1968). Gl. (9.2.8) vektoriell geschrieben ergibt

$$y(k) = \boldsymbol{\psi}^T(k)\hat{\boldsymbol{\theta}}(k-1) + e'(k) \tag{9.2.9}$$

mit

$$\left.\begin{aligned} \boldsymbol{\psi}^T(k) &= [-y(k-1) \ \dots \ -y(k-m) \mid u(k-d-1) \ \dots \ u(k-d-m) \mid \\ &\qquad \hat{v}(k-1) \ \dots \ \hat{v}(k-p)] \\ \hat{\boldsymbol{\theta}}^T &= [\hat{a}_1 \ \dots \ \hat{a}_m \mid \hat{b}_1 \ \dots \ \hat{b}_m \mid \hat{d}_1 \ \dots \ \hat{d}_p] \,. \end{aligned}\right\} \tag{9.2.10}$$

Hierbei wurde in Anlehnung an Gl. (8.2.31) $e'(k) = \hat{v}(k)$ gesetzt, also der Schätzwert für das angenommene weiße Eingangssignal des Störsignalfilters verwendet. Dieser berechnet sich rekursiv analog zu Gl. (8.2.33).

$$\hat{v}(k) = y(k) - \boldsymbol{\psi}^T(k)\hat{\boldsymbol{\theta}}(k-1) \,. \tag{9.2.11}$$

$e'(k) = \hat{v}(k)$ ist ein A-priori-Fehler, da $\hat{\boldsymbol{\theta}}(k-1)$ verwendet wird.

Dann wird die rekursive Methode der kleinsten Quadrate nach Gl. (8.2.15) angewandt

$$\hat{\theta}(k+1) = \hat{\theta}(k) + \gamma(k)[y(k+1) - \psi^T(k+1)\hat{\theta}(k)] \tag{9.2.12}$$

mit den weiteren Rekursionsgleichungen entsprechend Gln. (8.2.16) und (8.2.17). Anstelle Gl. (9.2.11) kann auch

$$\hat{v}(k) = y(k) - \psi^T(k)\hat{\theta}(k) \tag{9.2.13}$$

also der *A*-posteriori-Fehler, verwendet wurden.

Diese rekursive Methode der erweiterten kleinsten Quadrate (RELS) liefert erwartungstreue und im quadratischen Mittel konsistente Parameterschätzwerte, wenn das Fehlersignal $e'(k)$ nicht korreliert ist und die sonstigen Konvergenzbedingungen für die Methode der kleinsten Quadrate zutreffen, Satz 8.5. Das bedeutet, daß das Störsignalfilter die Form

$$G_v(z) = \frac{n(z)}{v(z)} = \frac{D(z^{-1})}{A(z^{-1})} \tag{9.2.14}$$

haben muß. Das spezielle Nennerpolynom schränkt somit eine allgemeine Anwendbarkeit ein. Durch die freien Parameter und die frei wählbare Ordnungszahl enthält dieses Störsignalmodell jedoch genügend Freiheitsgrade, um sich einem gegebenen stationären Störsignal $n(k)$ näherungsweise anzupassen. Die Parameter von $D(z^{-1})$ konvergieren auch hier langsamer als diejenigen des Prozesses. Die RELS ist jedoch wenig aufwendig und hat sich bei vielen Anwendungen relativ gut bewährt. Eine genauere Konvergenzanalyse wird in Abschnitt 15.2 gebracht.

9.3 Methode der Biaskorrektur (CLS)

Die bisher behandelten Methoden GLS und ELS versuchen, das Entstehen von biasbehafteten Parameterschätzwerten dadurch zu verhindern, daß besondere Annahmen über die Störsignalfilter gemacht werden und damit korrelierte Gleichungsfehler $e(k)$ in der ursprünglichen LS-Methode zulässig sind. Eine andere Möglichkeit besteht darin, die entstehenden Bias zu berechnen und sie zur Korrektur der biasbehafteten LS-Schätzwerte zu verwenden. Die gelingt jedoch nur dann, wenn sich die Bias mit erträglichem Aufwand berechnen lassen, und dies ist wiederum nur für Spezialfälle möglich, vornehmlich für weiße Rauschsignale. Eine Übersicht und eine Methode geben Stoica und Söderström (1982). Es wird z.B. ein Modell der Form verwendet

$$y(z) = \frac{B(z^{-1})}{A(z^{-1})} z^{-d} u(z) + n(z) \tag{9.3.1}$$

wobei das Störsignal $n(k)$ als weißes Rauschen mit $E\{n(k)\} = 0$ und der Varianz σ_n^2 angenommen wird. Dann gilt für den Bias nach Gl. (8.1.64)

$$E\{\boldsymbol{b}(N+1)\} = -E\{\boldsymbol{\Phi}^{-1}(N+1)\} \underbrace{\left[\begin{array}{c|c} \boldsymbol{I} & \boldsymbol{0} \\ \hline \boldsymbol{0} & \boldsymbol{0} \end{array}\right]}_{\boldsymbol{S}} \boldsymbol{\theta}_0 \sigma_n^2 \tag{9.3.2}$$

wobei $\boldsymbol{\theta}_0$ die exakten Parameter sind. Um diesen Bias werden nun die mit der Methode der kleinsten Quadrate geschätzten Parameter $\hat{\boldsymbol{\theta}}_{LS}$ korrigiert, vgl. Gl. (8.1.43),

$$\begin{aligned} \hat{\boldsymbol{\theta}}_{CLS}(N+1) &= \hat{\boldsymbol{\theta}}_{LS}(N+1 - \boldsymbol{b}(N+1) \\ &= \hat{\boldsymbol{\Phi}}^{-1}(N+1) \cdot \frac{1}{N+1} \boldsymbol{\Psi}^T(N+1)\boldsymbol{y}(N+1) \\ &\quad + \hat{\boldsymbol{\Phi}}^{-1}(N+1)\boldsymbol{S}\hat{\boldsymbol{\theta}}_{CLS}(N+1)\sigma_n^2 \end{aligned} \tag{9.3.3}$$

und hieraus ergibt sich

$$\hat{\boldsymbol{\theta}}_{CLS}(N+1) = [\boldsymbol{\Phi}(N+1) - \boldsymbol{S}\sigma_n^2]^{-1} \frac{1}{N+1} \boldsymbol{\Psi}^T(N+1)\boldsymbol{y}(N+1) \,. \tag{9.3.4}$$

Die Varianz σ_n^2 folgt bei bekanntem Modell über Gl. (9.3.1)

$$n(z) = y(z) - \frac{B(z^{-1})}{A(z^{-1})} z^{-d} u(z) \tag{9.3.5}$$

bzw. über die Differenzengleichung

$$n(k) = y(k) - \boldsymbol{\psi}^T(k)\hat{\boldsymbol{\theta}}(k) - \boldsymbol{\psi}_n^T(k)\boldsymbol{S}\hat{\boldsymbol{\theta}}(k) \tag{9.3.6}$$

mit $\boldsymbol{\psi}_n^T(k)$ nach Gl. (8.1.58) aus

$$\sigma_n^2(N+1) = E\{n^2(k)\} = \frac{1}{N+1-2m} \boldsymbol{n}^T(N+1)\boldsymbol{n}(N+1) \,. \tag{9.3.7}$$

Gl. (9.3.4) und Gl. (9.3.7) können hierbei iterativ angewandt werden. Ein anderer Weg zur Bestimmung von σ_n^2 wird in Stoica und Söderström (1982) angegeben. Dort wird auch gezeigt, daß die Schätzwerte nicht besser sind als bei der Methode der Hilfsvariablen. Eine andere Methode zur (teilweisen) Biaskorrektur bei farbigem Fehlersignal $e(k)$ geben Kumar und Moore (1979a) an.

9.4 Methode der totalen kleinsten Quadrate (TLS)

Die Einführung eines Gleichungsfehlers bei der Methode der kleinsten Quadrate nach Gl. (8.1.15)

$$\boldsymbol{y} - \boldsymbol{e} = \boldsymbol{\Psi}\hat{\boldsymbol{\theta}} \tag{9.4.1}$$

kann auch als Fehler von y gedeutet werden, wenn man $\boldsymbol{\Psi}$ als fehlerfrei betrachtet. Golub, Reinsch (1970), Golub, van Loan (1980) führen nun zusätzlich noch einen Beobachtungsfehler bei der Datenmatrix $\boldsymbol{\Psi}$ ein

$$y + e = [\boldsymbol{\Psi} + F]\hat{\theta} . \tag{9.4.2}$$

Dies läßt sich auch wie folgt schreiben

$$([\boldsymbol{\Psi}, y] + [F, e]) \cdot \begin{bmatrix} \hat{\theta} \\ -1 \end{bmatrix} = 0 \tag{9.4.3}$$

$$[C + \varDelta] \cdot \begin{bmatrix} \hat{\theta} \\ -1 \end{bmatrix} = 0 . \tag{9.4.4}$$

Es werden dann diejenigen $\varDelta$ gesucht, die das Gleichungssystem mit der kleinsten Euklidschen Norm

$$\| \Delta \| = \left[\sum_{i=1}^{n} |\Delta_i|^2 \right]^{\frac{1}{2}} \tag{9.4.5}$$

erfüllen. Dann bekommt das Gleichungssystem für dieses $\varDelta$ einen Rangabfall von eins. Gesucht ist deshalb ein $\varDelta$ mit minimaler Norm so, daß $C + \varDelta$ einen Rangdefekt erfährt. Die Lösung kann dann über eine Singulärwertzerlegung von

$$C = U \begin{bmatrix} \Sigma \\ 0 \end{bmatrix} V^T \tag{9.4.6}$$

mit

$$\Sigma = \mathrm{diag}[\sigma_1, \sigma_2, \ldots, \sigma_{n+1}]$$

$$\sigma_1 \geqq \sigma_2 \geqq \cdots \geqq \sigma_{n+1} \tag{9.4.7}$$

erfolgen. Da das Quadrat der Euklidschen Norm einer Matrix gleich der Summe der Quadrate ihrer Singulärwerte ist, Stewart (1973), muß mindestens einer der Singulärwerte (minimal der kleinste) zu null werden, um einen Rangabfall von $C + \varDelta$ zu erreichen. Dies liefert den Ansatz zur Lösung für $\hat{\theta}$, siehe Golub, Reinsch (1970) und Goedecke (1987), in nichtrekursiver Form.

Einen ersten Ansatz zur On-line-Anwendung ist in Senning (1982) angegeben, allerdings unter Verwendung eines iterativen Algorithmus. Goedecke (1985, 1987), hat ebenfalls eine teilrekursive Form vorgeschlagen, die für den Echtzeiteinsatz geeignet ist (RTLS) und damit im Vergleich zu anderen Parameterschätzmethoden gute Ergebnisse erzielt, siehe auch Neumann u.a. (1988).

9.5 Zusammenfassung

Die modifizierten Methoden der kleinsten Quadrate haben zum Ziel, erwartungstreue Parameterschätzwerte für dynamische Prozesse zu liefern, die von praktisch vorkommenden farbigen Störsignalen gestört sind. Hierzu werden verschiedene

Annahmen über die Störsignalmodelle bzw. Fehlersignalmodelle gemacht: autoregressive (AR), gleitende Mittelwert- (MA), oder kombinierte (ARMA) Signalprozesse oder aber es werden für andere spezielle Störsignalmodelle die Bias korrigiert. Hierzu wurden nur die bekanntesten Methoden beschrieben. Über weitere Modifikationen berichtet z.B. van den Boom (1982). Die Güte der verschiedenen Methoden hängt sehr stark von der Übereinstimmung der Annahme über das Störsignal mit dem wirklichen Störsignal ab, siehe Kapitel 18. Eine größere praktische Bedeutung hat, auch wegen ihrer Einfachheit, die RELS-Methode erlangt. Die einen anderen Weg einschlagende TLS-Methode ist bisher noch nicht ausführlich im Vergleich untersucht worden.

10 Methode der Hilfsvariablen (Instrumental variables)

10.1 Nichtrekursive Methode der Hilfsvariablen (IV)

Eine direkte Methode zur Umgehung des Biasproblems der Methode der kleinsten Quadrate ist die Einführung von sogenannten Hilfsvariablen. Sie geht auf Reiersøl (1941), Durbin (1954), Kendall und Stuart (1961) zurück. Eine ausführliche Darstellung aus jüngerer Zeit geben Söderström und Stoica (1983). Wie bei der LS-Methode geht man von der Modellgleichung nach Einführung des Gleichungsfehlers, Gl. (8.1.15) aus

$$\boldsymbol{e} = \boldsymbol{y} - \boldsymbol{\Psi\theta} \,. \tag{10.1.1}$$

Diese Gl. wird nun mit der Transponierten einer *Hilfsvariablenmatrix* $\boldsymbol{W}$ durchmultipliziert

$$\boldsymbol{W}^T\boldsymbol{e} = \boldsymbol{W}^T\boldsymbol{y} - \boldsymbol{W}^T\boldsymbol{\Psi\theta} \,. \tag{10.1.2}$$

Wenn die Elemente von $\boldsymbol{W}$; d.h. die Hilfsvariablen, so gewählt werden, daß

$$p\lim_{N\to\infty} \{\boldsymbol{W}^T\boldsymbol{e}\} = \boldsymbol{0} \tag{10.1.3}$$

$$p\lim_{N\to\infty} \{\boldsymbol{W}^T\boldsymbol{\Psi}\} \quad \text{positiv definit} \tag{10.1.4}$$

dann folgt aus Gl. (10.1.2)

$$p\lim_{N\to\infty} \{\boldsymbol{W}^T\boldsymbol{\Psi\theta}\} = p\lim_{N\to\infty} \{\boldsymbol{W}^T\boldsymbol{y}\} \tag{10.1.5}$$

und somit als Schätzgleichung

$$\hat{\boldsymbol{\theta}} = [\boldsymbol{W}^T\boldsymbol{\Psi}]^{-1}\,\boldsymbol{W}^T\boldsymbol{y} \,. \tag{10.1.6}$$

Nach Satz 8.2 liefert diese Gleichung asymptotisch biasfreie (konsistente) Schätzwerte falls zusätzlich

$$p\lim_{N\to\infty} \boldsymbol{e} = \boldsymbol{0} \,. \tag{10.1.7}$$

Das Hauptproblem besteht bei dieser Methode darin, geeignete Hilfsvariablen zu finden. Die Gln. (10.1.3) und (10.1.4) legen jedoch nahe, die Hilfsvariablen $w_i(k)$ so zu wählen, daß sie möglichst

— nicht korreliert sind mit dem Störsignal $n(k)$
— stark korreliert sind mit den Nutzsignalen $u(k)$ und $y_u(k)$.

Denn für den Abgleichzustand mit $\hat{\boldsymbol{\theta}} = \boldsymbol{\theta}_0$ ist dann $e(k)$ nur noch vom Störsignal $n(k)$ abhängig, Gl. (8.1.57), so daß Gl. (10.1.3) erfüllt wird, und mit den Nutzsignalen in $\boldsymbol{W}$ wird auch $\boldsymbol{W}^T\boldsymbol{\Psi}$ positiv definit sein, siehe Abschnitt 8.1.3.

Joseph, Lewis und Tou (1961) haben zunächst die Eingangssignale als Hilfsvariable gewählt

$$\boldsymbol{w}^T(k) = [u(k-1-\delta) \ \ldots \ u(k-m-\delta) \ \vdots \ u(k-d-1) \ \ldots \ u(k-d-m)] \tag{10.1.8}$$

denn diese sind mit $\boldsymbol{\Psi}$ korreliert und sehr einfach zu erhalten. Dabei kann δ so gewählt werden, daß die Elemente der Kovarianzmatrix $R_{w\psi}(\tau)$ maximiert werden.

Eine stärkere Korrelation zwischen $\boldsymbol{\Psi}$ und $\boldsymbol{W}$ erhält man jedoch dann, wenn $\boldsymbol{W}$ die ungestörten Signale von $\boldsymbol{\Psi}$ enthält, also die Nutzsignale. Man muß deshalb versuchen, Schätzwerte der ungestörten Ausgangssignale $h(k) = \hat{y}_u(k)$ zu erhalten. Dann kann man als Hilfsvariable bilden

$$\boldsymbol{w}^T(k) = [-h(k-1) \ \ldots \ -h(k-m) \ \vdots \ u(k-d-1) \ \ldots \ u(k-d-m)]\,. \tag{10.1.9}$$

Dies haben Wong, Polak (1967) und Young (1970) vorgeschlagen. Die Schätzwerte der ungestörten Ausgangssignale kann man aus einem *Hilfsmodell* erhalten. Hierzu berechnet man aus dem bekannten Eingangssignal und den geschätzten Parametern nach Gl. (8.1.21)

$$h(k) = \hat{y}_u(k) = \boldsymbol{\psi}^T(k)\hat{\boldsymbol{\theta}}(k)\,. \tag{10.1.10}$$

Die Hilfsvariablenmatrix (instrumental matrix) lautet dann:

$$\boldsymbol{W} = \begin{bmatrix} -h(m+d+1) & \ldots & -h(d) & | & u(m-1) & \ldots & u(0) \\ -h(m+d) & \ldots & -h(d+1) & | & u(m) & \ldots & u(1) \\ \vdots & & & | & \vdots & & \vdots \\ -h(m+d+N+1) & \ldots & -h(d+N) & | & u(m+N-1) & & u(N) \end{bmatrix}. \tag{10.1.11}$$

Bei einer nichtrekursiven Anwendung dieser Methode geht man wie folgt vor, Young (1971):

1. Man verwende in einem ersten Lauf Gl. (10.1.8) als Hilfsvariable und schätze die Parameter $\hat{\boldsymbol{\theta}}_1$ nach Gl. (10.1.6), oder man verwende die einfache Methode der kleinsten Quadrate, Gl. (8.1.21).
2. Dann berechne man mit $\hat{\boldsymbol{\theta}}_1$ verbesserte Hilfsvariablen nach Gl. (10.1.10), und schätze mit diesen Hilfsvariablen die Parameter $\hat{\boldsymbol{\theta}}_2$ mit Gl. (10.1.6).
3. Der 2. Schritt wird solange wiederholt, bis sich die geschätzten Parameter nicht mehr ändern.

Im allgemeinen reichen wenige Iterationen aus. Die Erfahrung zeigt, daß die verwendeten Hilfsvariablen nicht sehr genau mit den ungestörten Signalen übereinstimmen müssen. Sehr bewährt hat sich der Start mit der Methode der kleinsten Quadrate, Baur (1976).

Die Kovarianz der Parameterfehler ergibt sich analog zu Gl. (8.1.65)

$$\begin{aligned} cov[\Delta\boldsymbol{\theta}] &= E\{[\hat{\boldsymbol{\theta}} - \boldsymbol{\theta}_0][\hat{\boldsymbol{\theta}} - \boldsymbol{\theta}_0]^T\} \\ &= E\{[\boldsymbol{W}^T\boldsymbol{\Psi}]^{-1}\boldsymbol{W}^T\boldsymbol{e}\boldsymbol{e}^T\boldsymbol{W}[\boldsymbol{W}^T\boldsymbol{\Psi}]^{-1}\}\,. \end{aligned} \tag{10.1.12}$$

Hierin sind $\boldsymbol{W}$ und $\boldsymbol{e}$ statistisch unabhängig, aber nicht $\boldsymbol{\Psi}$ und $\boldsymbol{e}$, da $\boldsymbol{e}$ korreliert ist. Deshalb kann diese Gleichung nicht unmittelbar vereinfacht werden.

Falls die Parameter des Hilfsmodelles gegen die Parameter des Prozesses konvergieren

$$p\lim_{N\to\infty}\{\hat{\boldsymbol{\theta}}_{\text{aux}}\} = p\lim_{N\to\infty}\{\hat{\boldsymbol{\theta}}\} = \boldsymbol{\theta}_0$$

darf jedoch angenommen werden, daß für große N

$$\frac{1}{N+1}E\{\boldsymbol{W}^T\boldsymbol{\Psi}\} \approx \frac{1}{N+1}E\{\boldsymbol{W}^T\boldsymbol{W}\}\,.$$

Dann folgt aus Gl. (10.1.12)

$$cov[\Delta\boldsymbol{\theta}] \approx E\{[\boldsymbol{W}^T\boldsymbol{W}]^{-1}\boldsymbol{W}^T\}E\{\boldsymbol{e}\boldsymbol{e}^T\}E\{\boldsymbol{W}[\boldsymbol{W}^T\boldsymbol{W}]^{-1}\}\,. \tag{10.1.13}$$

Mit entsprechenden Umformungen wie bei Gl. (8.1.68) nehmen die Kovarianzen mit $1/\sqrt{N+1}$ ab, falls $e(k)$ stationär ist.

Bisher wurden beim Ein- und Ausgangssignal nur Änderungen

$$u(k) = U(k) - U_{00}; \quad y(k) = Y(k) - Y_{00}$$

betrachtet. Hierbei ist Y_{00} meist unbekannt. Wenn $E\{u(k)\} = 0$, dann geht Y_{00} jedoch nicht ein, wenn für den Ausgang des Hilfsmodells ebenfalls $E\{h(k)\} = 0$, da in Gl. (10.1.6) die $y(k)$ mit den $h(k)$ korreliert werden.

Satz 10.1: Bedingungen für die konsistente Parameterschätzung mit der Methode der Hilfsvariablen

Die Parameter $\boldsymbol{\theta}$ werden mit der Methode der Hilfsvariablen im quadratischen Mittel konsistent geschätzt, wenn folgende Bedingungen erfüllt sind:

a) m und d sind exakt bekannt
b) $u(k) = U(k) - U_{00}$ ist exakt bekannt
c) $e(k)$ ist nicht korreliert mit den Hilfsvariablen $\boldsymbol{w}^T(k)$
d) $E\{e(k)\} = 0$ □

Hieraus folgt, daß:

$$\left.\begin{array}{l} - \; E\{u(k-\tau)n(k)\} = 0 \text{ für } |\tau| \geqq 0 \\ - \; Y_{00} \text{ muß nicht bekannt sein falls } E\{u(k)\} = 0 \\ \quad \text{und } E\{h(k)\} = 0 \text{ mit } h(k) \text{ nach Gl. (10.1.9)} \\ - \; \text{Entweder } E\{n(k)\} = 0 \text{ und } E\{u(k)\} = \text{const} \\ \quad \text{oder } E\{u(k)\} = 0 \text{ und } E\{n(k)\} = 0\,. \end{array}\right\} \tag{10.1.14}$$

Ein großer Vorteil der Methode der Hilfsvariablen ist, daß *keine besonderen Annahmen über das Störsignalfilter* gemacht werden müssen. Das Störsignal $n(k)$ kann ein beliebiges stationäres farbiges Signal sein, d.h. falls es durch

$$n(z) = \frac{D(z^{-1})}{C(z^{-1})} v(z) \tag{10.1.15}$$

modellierbar ist, können die Polynome $D(z^{-1})$ und $C(z^{-1})$, sofern sie stabile Wurzeln besitzen, beliebig und unabhängig von den Prozeß-Polynomen $A(z^{-1})$ und $B(z^{-1})$ sein.

Die IV-Methode liefert allerdings auch kein Störsignalmodell. Es kann jedoch, wie im nächsten Abschnitt angegeben, ermittelt werden. Eine ausführliche Analyse verschiedener IV-Methoden wird in Söderström und Stoica (1983) behandelt.

10.2 Rekursive Methode Hilfsvariablen (RIV)

Entsprechend der rekursiven Methoden der kleinsten Quadrate lassen sich auch Rekursionsgleichungen für die Hilfsvariablen-Methode angeben, Wong–Polak (1967), Young (1969):

$$\hat{\boldsymbol{\theta}}(k+1) = \hat{\boldsymbol{\theta}}(k) + \boldsymbol{\gamma}(k)[y(k+1) - \boldsymbol{\psi}^T(k+1)\hat{\boldsymbol{\theta}}(k)] \tag{10.2.1}$$

$$\boldsymbol{\gamma}(k) = \frac{1}{\boldsymbol{\psi}^T(k+1)\boldsymbol{P}(k)\boldsymbol{w}(k+1)+1}\boldsymbol{P}(k)\boldsymbol{w}(k+1) \tag{10.2.2}$$

$$\boldsymbol{P}(k+1) = [\boldsymbol{I} - \boldsymbol{\gamma}(k)\boldsymbol{\psi}^T(k+1)]\boldsymbol{P}(k)\,. \tag{10.2.3}$$

Hierbei ist

$$\boldsymbol{P}(k) = [\boldsymbol{W}^T(k)\boldsymbol{\Psi}(k)]^{-1} \tag{10.2.4}$$

$\boldsymbol{w}^T(k)$ und $h(k)$ siehe Gl. (10.1.9) und (10.1.10).

Ein Blockschaltbild dieser Methode ist in Bild 10.1 zu sehen.

Damit die Hilfsvariablen $h(k)$ in dieser rekursiven Version möglichst wenig mit dem momentanen Fehlersignal $e(k)$ korreliert sind, haben Wong, Polak (1967) vorgeschlagen, eine Totzeit q zwischen den geschätzten Parametern und den im Hilfsmodell eingestellten Parametern einzuführen, wobei q so gewählt wird, daß $e(k+q)$ unabhängig ist von $e(k)$.

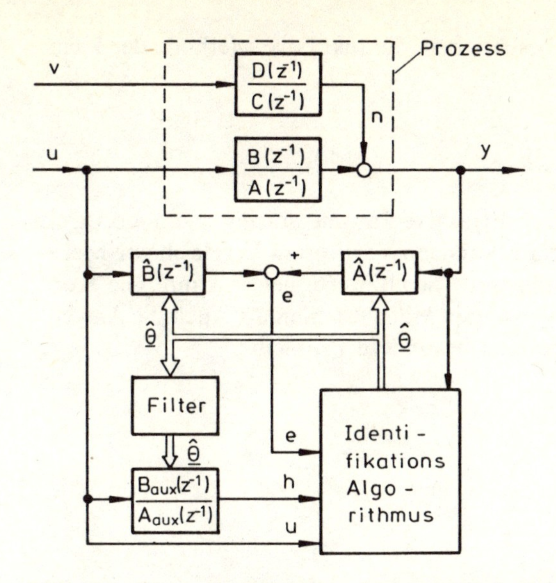

Bild 10.1. Blockschaltbild der rekursiven Methode der Hilfsvariablen

Young (1971) verwendet zusätzlich ein diskretes Tiefpaßfilter

$$\hat{\boldsymbol{\theta}}_{\mathrm{aux}}(k) = (1-\beta)\hat{\boldsymbol{\theta}}_{\mathrm{aux}}(k-1) + \beta\hat{\boldsymbol{\theta}}(k-q)\,. \tag{10.2.5}$$

Dann muß die Wahl von q weniger genau sein und die Parameterschätzwerte werden etwas geglättet, so daß schnelle Parameteränderungen des Hilfsmodells vermieden werden. Hierbei ist $0{,}01 \leqq \beta \leqq 0{,}1$ zu wählen, Baur (1976).

Zum Start der rekursiven Schätzgleichungen wird wie bei der Methode der kleinsten Quadrate die Matrix $\boldsymbol{P}(0)$ als Diagonalmatrix mit großen Elementen gewählt und die Parameter $\hat{\boldsymbol{\theta}}(0) = \boldsymbol{0}$ gesetzt. Man kann in der Anfangsphase zusätzlich die Konvergenz des Hilfsmodells überwachen.

Es hat sich besonders zweckmäßig erwiesen, am Anfang der rekursiven Methode der Hilfsvariablen, die Methode der kleinsten Quadrate zu verwenden, Baur (1976).

Da nicht wie bei der Methode der verallgemeinerten oder erweiterten kleinsten Quadrate automatisch auch ein Modell des Störsignals geschätzt wird, kann man wie folgt vorgehen, Young (1971):

1. Man berechnet das Störsignal $n(k)$ aus

$$n(k) = y(k) - \hat{y}_u(k) = y(k) - h(k) \tag{10.2.6}$$

   wobei $y(k)$ das gemessene Prozeßausgangssignal und $h(k)$ das Ausgangssignal des Hilfsmodells sind.

2. Dann wende man eine Methode zur Schätzung der Parameter des gemischt autoregressiv-summierenden Prozesses

$$n(z) = \frac{D(z^{-1})}{C(z^{-1})}v(z) \tag{10.2.7}$$

an, z.B. wie in Abschnitt 8.2.2 beschrieben, die rekursive Methode der kleinsten Quadrate.

10.3 Zusammenfassung

Die Methode der Hilfsvariablen ist eine attraktive Parameterschätzmethode, da sie bei nur geringem Mehraufwand in der rekursiven Version im Vergleich zur Methode der kleinsten Quadrate erwartungstreue Schätzwerte liefern kann. Die Konvergenz hängt jedoch stark von den gewählten Hilfsvariablen ab. Auch die Anwendung im geschlossenen Regelkreis bereitet besondere Probleme.

11 Methode der stochastischen Approximation (STA)

Die Methoden der stochastischen Approximation sind rekursive Schätzmethoden, die rechnerisch einfacher sind als die rekursive Methode der kleinsten Quadrate. Es wird das Minimum einer Verlustfunktion mittels Gradientenalgorithmen gesucht, die analog zum deterministischen Fall auf stochastische Gleichungen angewandt werden.

Die Methoden der stochastischen Approximation gehen auf Arbeiten von Robbins–Monro (1951), Kiefer–Wolfowitz (1952), Blum (1954) und Dvoretzki (1956) zurück. Übersichtsbeiträge findet man bei Sakrison (1966), Albert, Gardner (1967), Sage, Melsa (1971b).

In diesem Kapitel sollen nur einige Grundzüge der Parameterschätzung mittels stochastischer Approximation gegeben werden.

11.1 Der Robbins – Monro-Algorithmus

Zur Einführung werde zunächst nur die Schätzung eines einzigen Parameters θ betrachtet. Dieser Parameter erfüllt die Gleichung

$$g(\theta) = g_0 \tag{11.1.1}$$

wobei $g(0)$ exakt meßbar und g_0 eine bekannte Konstante ist. Dann kann der unbekannte Parameter θ, die Wurzel der Gl. (11.1.1), mit Hilfe des Gradientenalgorithmus

$$\theta(k+1) = \theta(k) - \rho(k)[g(\theta(k)) - g_0] \tag{11.1.2}$$

iterativ berechnet werden. Hierbei bilden die Gewichtsfaktoren $\rho(k)$ eine Zahlenfolge, die bestimmeten Bedingungen genügen müssen, damit der Algorithmus konvergiert. Wenn $g(\theta(k)) - g_0 = 0$, dann ist $\theta(k+1)$ die exakte Lösung.

Nun werde angenommen, daß $g(\theta)$ nicht exakt meßbar sei, sondern nur die gestörte Größe

$$f(\theta, n) = g(\theta) + n \tag{11.1.3}$$

wobei n eine regellose Größe mit $E\{n\} = 0$ und endlicher Varianz ist. Dann ist auch $f(\theta, n)$ eine regellose Größe, und Gl. (11.1.2) kann zur Berechnung von θ nicht verwendet werden, da $g(\theta)$ nicht bekannt ist. Da jedoch gilt

$$E\{f(\theta, n)\} = g(\theta) \tag{11.1.4}$$

ist zu erwarten, daß nach Ersetzen von $g(\theta)$ durch $f(\theta, n)$ in Gl. (11.1.2) der stochastische Algorithmus

$$\hat{\theta}(k+1) = \hat{\theta}(k) - \rho(k)[f(\hat{\theta}(k), n(k)) - g_0] \tag{11.1.5}$$

nach vielen iterativen Schritten ebenfalls gegen den richtigen Wert θ_0 von θ konvergiert. Dieser Algorithmus wird *Robbins–Monro-Algorithmus* genannt.

Der neue Wert des Parameters ergibt sich also aus dem alten Wert durch Subtraktion des mit einem Korrekturfaktor $\rho(k)$ versehenen Fehlers

$$e(k) = f(\hat{\theta}(k), n(k)) - g_0$$

der durch n gestörten Gl. (11.1.1).

Satz 11.1: Der Robbins–Monro-Algorithmus konvergiert im Sinne eines mittleren quadratischen Fehlers

$$\lim_{k \to \infty} E\{(\hat{\theta}(k) - \theta_0)^2\} = 0$$

unter folgenden Bedingungen:

1) Gl. (11.1.1) hat nur eine einzige Lösung.
2) Die Zufallsgrößen $f(k)$ müssen gleiche Verteilungsdichte haben und statistisch unabhängig sein.
3) $$\lim_{k \to \infty} \rho(k) = 0; \quad \sum_{k=1}^{\infty} \rho(k) = \infty; \quad \sum_{k=1}^{\infty} \rho^2(k) < \infty\,. \tag{11.1.6}$$

□

Der Beweis ist z.B. in Sakrison (1966) gegeben.

Einfache Gewichtsfaktoren, die die Gl. (11.1.6) erfüllen, sind z.B.

$$\rho(k) = \frac{\alpha}{\beta + k} \quad \text{oder} \quad \rho(k) = \frac{\alpha}{k}\,. \tag{11.1.7}$$

Die Wahl von α und β ist frei. Falls α genügend groß ist, kann man für große k eine gute Konvergenz erwarten.

11.2 Der Kiefer–Wolfowitz-Algorithmus

Ein zweiter stochastischer Approximationsalgorithmus läßt sich angeben, wenn man einen Parameter θ sucht, der die Funktion $g(\theta)$ zu einem Extremum macht, also

$$\frac{\mathrm{d}}{\mathrm{d}\theta} g(\theta) = 0$$

erfüllt. Der deterministische Gradientenalgorithmus lautet dann

$$\theta(k+1) = \theta(k) - \rho(k) \frac{\mathrm{d}}{\mathrm{d}\theta} g(\theta)\,. \tag{11.2.1}$$

Wenn $g(\theta)$ nicht direkt meßbar ist, sondern Gl. (11.1.3) gilt, dann kommt man wie bei Gl. (11.1.5) zu folgendem stochastischen Algorithmus

$$\hat{\theta}(k+1) = \hat{\theta}(k) - \rho(k)\frac{\mathrm{d}}{\mathrm{d}\theta} f(\hat{\theta}(k), n(k)) \tag{11.2.2}$$

dem *Kiefer–Wolfowitz-Algorithmus.*

Wenn die Funktion $f(\hat{\theta}(k), n(k))$ nicht überall differenzierbar ist oder ihre Differentiation zu kompliziert ist, dann kann der Differentialquotient durch einen Differenzenquotienten ersetzt werden und man erhält

$$\begin{aligned}\hat{\theta}(k+1) = \hat{\theta}(k) - \frac{\rho(k)}{2\Delta\theta(k)}[&f(\hat{\theta}(k) + \Delta\theta(k), n(k)) \\ &- f(\hat{\theta}(k) - \Delta\theta(k), n(k))] \,.\end{aligned} \tag{11.2.3}$$

Satz 11.2: Der Kiefer–Wolfowitz Algorithmus konvergiert im Sinne eines mittleren quadratischen Fehlers unter folgenden Bedingungen:

1) $g(\theta)$ hat nur ein einziges Extremum.
2) Die Zufallsgrößen $f(k)$ müssen gleiche Verteilungsdichten haben und statistisch unabhängig sein.
3) $\lim\limits_{k\to\infty} \Delta\theta(k) = 0; \quad \sum\limits_{k=1}^{\infty} \rho(k) = \infty$

$$\sum_{k=1}^{\infty} \rho(k)\Delta\theta(k) < \infty; \quad \sum_{k=1}^{\infty} [\rho(k)/\Delta\theta(k)]^2 < \infty \,. \tag{11.2.4}$$

□

Zur simultanen Schätzung mehrerer Parameter der skalaren Funktion $g(\theta)$ kann in Gl. (11.1.5) und (11.2.2) der skalare Parameter θ durch den Parametervektor $\boldsymbol{\theta}$ ersetzt werden.

Die Methode der stochastischen Approximation soll nun zur Schätzung der Parameter von Differenzengleichungen nach Gl. (8.1.4) bzw. (8.1.10) angewandt werden. Dann ist anstelle der Funktion $f(\hat{\theta}, n)$ die Verlustfunktion

$$V(k) = e^2(k) \tag{11.2.5}$$

einzuführen. Da deren Minimum im allgemeinen nicht bekannt ist, muß also der Kiefer–Wolfowitz-Algorithmus verwendet werden. Die folgenden Bezeichnungen stimmen mit Abschnitt 8.1 überein.

Nach Gl. (8.2.11) gilt

$$e(k+1) = y(k+1) - \boldsymbol{\psi}^T(k+1)\hat{\boldsymbol{\theta}}(k) \tag{11.2.6}$$

und somit mit Gl. (11.2.5)

$$\frac{\partial V(k+1)}{\partial \boldsymbol{\theta}} = -2\boldsymbol{\psi}(k+1)[y(k+1) - \boldsymbol{\psi}^T(k+1)\hat{\boldsymbol{\theta}}(k)] \,. \tag{11.2.7}$$

Gl. (11.2.2) lautet dann

$$\hat{\boldsymbol{\theta}}(k+1) = \hat{\boldsymbol{\theta}}(k) + 2\rho(k+1)\boldsymbol{\psi}(k+1)[y(k+1) - \boldsymbol{\psi}^T(k+1)\hat{\boldsymbol{\theta}}(k)]$$

$$\begin{matrix}\text{Neuer} \\ \text{Schätzwert}\end{matrix} = \begin{matrix}\text{Alter} \\ \text{Schätzwert}\end{matrix} + \begin{matrix}\text{Korrektur-} \\ \text{vektor}\end{matrix} \left[\begin{matrix}\text{Neue} \\ \text{Beobach-} \\ \text{tung}\end{matrix} - \begin{matrix}\text{Vorhergesagter} \\ \text{Meßwert auf-} \\ \text{grund der Pa-} \\ \text{rameter des} \\ \text{letzten Schritts}\end{matrix}\right] \qquad (11.2.8)$$

Häufig wird empfohlen

$$2\rho(k+1) = \frac{1}{k+1} \cdot \frac{1}{\kappa} \quad (\kappa > 0)\,. \qquad (11.2.9)$$

Dieser stochastische Approximationsalgorithmus stimmt mit dem Algorithmus der rekursiven Methode der kleinsten Quadrate, Gl. (8.2.15), bis auf den Korrekturvektor überein. In Beispiel 8.2 wurde für die Schätzung eines einzigen Parameters eines statischen Prozesses für große Zeiten gezeigt, daß gilt

$$2\rho(k+1) = \frac{1}{(k+1)\sigma_u^2} = \gamma(k+1)\,.$$

Man beachte die Übereinstimmung mit Gl. (11.2.9). Aber schon dieses einfache Beispiel zeigt, daß die rekursive Methode der kleinsten Quadrate den Korrekturfaktor von der Varianz der Daten abhängig macht. (Der Korrekturfaktor wird umso kleiner, je größer die Varianz des Eingangssignals). Im vektoriellen Fall steht anstelle des skalaren Korrekturfaktors $2\rho(k+1)$ der stochastischen Approximation bei der Methode der kleinsten Quadrate die zur Parameterfehler-Kovarianzmatrix proportionale Matrix $\boldsymbol{P}(k+1)$, siehe Gl. (8.2.17), welche den neuesten Gleichungsfehler entsprechend einer Schätzung der Parametergenauigkeit gewichtet. Insofern kann man die stochastische Approximation als eine stark vereinfachte rekursive Methode der kleinsten Quadrate auffassen.

Nach Satz 11.2 und Gl. (11.2.5) muß für eine konsistente Schätzung $e^2(k)$ statistisch unabhängig sein. Da dies jedoch bei der praktisch vorkommenden Prozessen nicht der Fall ist, entstehen wie bei der einfachen Methode der kleinsten Quadrate keine erwartungstreuen Schätzwerte.

Saridis–Stein (1968a) haben gezeigt, wie man bei der stochastischen Approximation die Bias korrigieren kann, wenn die statistischen Kennwerte der Signale exakt bekannt sind.

Man kann die stochastische Approximation auch zur Schätzung nichtparametrischer Modelle verwenden, Saridis–Stein (1968b), Isermann u.a. (1973b).

Es sei noch angemerkt, daß sich die Konvergenz durch geeignete Modifikation des Gewichtsfaktors $\rho(k)$ verbessern läßt. Dieser Faktor ist bei Verwendung von Gl. (11.2.9) besonders zu Beginn relativ groß, so daß eventuell große Fehler $e(k)$ zu sehr verstärkt werden. Ein Verlauf von $\rho(k)$ nach Bild 11.1 führt zu einem

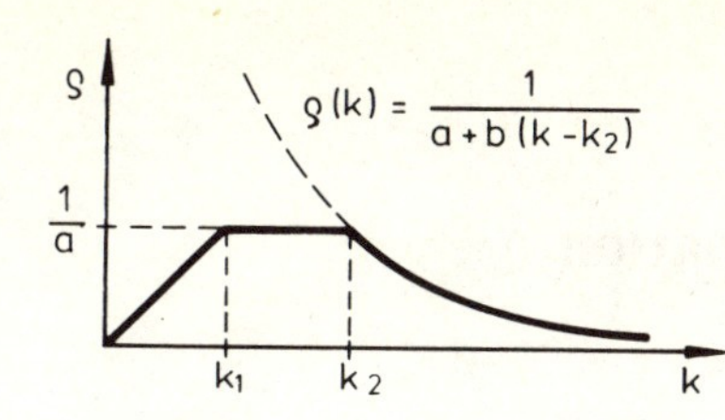

Bild 11.1. Möglicher Verlauf des Gewichtfaktors $\rho(k)$ bei der stochastischen Approximation

gedämpfteren Einschwingen der Parameterwerte und zu einer besseren Konvergenz, wie in Isermann u.a. (1973b) gezeigt wurde.

Die relativ freien Möglichkeiten bei der Wahl des Korrekturfaktors $\rho(k)$ sind jedoch im allgemeinen als nachteilig zu beurteilen, da bei einer unzweckmäßigen Wahl eine langsame Konvergenz oder Divergenz eintreten kann, siehe Kapitel 18. Da die rechentechnischen Vorteile heute kaum noch ins Gewicht fallen, sollte man die Methode der kleinsten Quadrate den Methoden der stochastischen Approximation vorziehen.

11.3 Zusammenfassung

Die Methode der stochastischen Approximation ist ein rechentechnisch einfaches rekursives Parameterschätzverfahren. Sie hat ihren Ursprung bei deterministischen Gradientenverfahren und kann als eine stark vereinfachte Approximation der RLS-Methode angesehen werden. Die stochastische Approximation hat sich jedoch in der Anwendung nicht durchsetzen können, da die Konvergenz unzuverlässig ist, und der größere rechentechnische Aufwand der zuverlässigen RLS-Methode heute meist nicht mehr ins Gewicht fällt.

Anhang

A1 Fourier- und Laplace-Transformation

Die Mathematischen Beziehungen zwischen der Eingangsgröße u und der Ausgangsgröße y linearer zeitinvarianter Übertragungsglieder können bekanntlich entweder als Funktion der Zeit oder als Funktion der Frequenz angegeben werden. Der Zusammenhang dieser Funktionen wird durch die Fourier- und Laplace-Transformation gebildet. Diese Transformationen werden im Hinblick auf ihre Verwendung bei Identifikationsverfahren kurz abgeleitet und einige ihrer Eigenschaften zusammengestellt. Für eine umfassende Behandlung sei auf die einschlägige Literatur verwiesen, z.B. Doetsch (1967), Föllinger (1978), Papoulis (1962), Thoma (1973).

A1.1 Fourier-Transformation

Eine *periodische Funktion*, für die

$$x(t) = x(t + nT_p) \quad n = 1, 2, 3, \ldots \tag{A1.1}$$

gilt, wobei T_p die Schwingungsdauer oder Periode ist, läßt sich bekanntlich angenähert durch eine trigonometrische Summe

$$x_N(t) = \frac{a_0}{2} + \sum_{\nu=1}^{N} a_\nu \cos \nu\omega_0 t + \sum_{\nu=1}^{N} b_\nu \sin \nu\omega_0 t \tag{A1.2}$$

darstellen, mit der Kreisfrequenz der Grundschwingung $\omega_0 = 2\pi/T_p$. Die Näherungsfunktion $x_N(t)$ ist eine (im Sinne der kleinsten Fehlerquadrate) beste Approximation von $x(t)$, wenn für die Koeffizienten a_ν und b_ν die *Fourier-Koeffizienten* gewählt werden:

$$\left.\begin{aligned} a_\nu &= \frac{2}{T_p} \int_0^{T_p} x(t) \cos(\nu\omega_0 t)\, \mathrm{d}t \\ b_\nu &= \frac{2}{T_p} \int_0^{T_p} x(t) \sin(\nu\omega_0 t)\, \mathrm{d}t \,. \end{aligned}\right\} \tag{A1.3}$$

Wenn $x_N(t)$ für $N \to \infty$ gegen $x(t)$ konvergiert, dann liegt eine konvergierende *Fourierreihe* der Funktion $x(t)$ vor. Dies ist der Fall, wenn $x(t)$ die *Dirichletschen Bedingungen* erfüllt, d.h. $x(t)$ muß stückweise stetig und monoton sein und es müssen die Werte $x(t + 0)$ und $x(t - 0)$ an den Unstetigkeitsstellen definiert sein.

Im folgenden wird die komplexe Form der Fourierreihe benötigt. Hierzu verwendet man die aus den *Eulerschen Formeln* für komplexe Zahlen

$$\left.\begin{aligned} e^{i\omega t} &= \cos \omega t + i \sin \omega t \\ e^{-i\omega t} &= \cos \omega t - i \sin \omega t \end{aligned}\right\} \tag{A1.4}$$

entstehenden Beziehungen

$$\left.\begin{aligned} \cos \omega t &= \frac{1}{2}\left[e^{i\omega t} + e^{-i\omega t}\right] \\ \sin \omega t &= -\frac{i}{2}\left[e^{i\omega t} - e^{-i\omega t}\right] \end{aligned}\right\} \tag{A1.5}$$

ein und erhält

$$x_N(t) = \underbrace{\frac{a_0}{2}}_{c_0} + \sum_{\nu=1}^{N} \underbrace{\frac{a_\nu - ib_\nu}{2}}_{c_\nu} e^{i\nu\omega_0 t} + \sum_{\nu=1}^{N} \underbrace{\frac{a_\nu + ib_\nu}{2}}_{c_{-\nu}} e^{-i\nu\omega_0 t} \tag{A1.6}$$

Mit Hilfe der konjugiert komplexen Fourierkoeffizienten c_ν und $c_{-\nu}$ lautet die *Fourierreihe in komplexer Form*

$$x(t) = \sum_{\nu=-\infty}^{\infty} c_\nu e^{i\nu\omega_0 t} \tag{A1.7}$$

mit den *komplexen Fourier–Koeffizienten*

$$\begin{aligned} c_\nu(i\nu\omega_0) &= \frac{1}{T_p} \int_0^{T_p} x(t)\, e^{-i\nu\omega_0 t}\, dt \\ &= \frac{1}{T_p} \int_{-T_p/2}^{T_p/2} x(t) e^{-i\nu\omega_0 t}\, dt \end{aligned} \tag{A1.8}$$

die als komplexe Amplituden der Teilschwingungen aufgefaßt werden können. Trägt man $|c_\nu(i\nu\omega_0)|$ über der Kreisfrequenz $\omega_\nu = \nu\omega_0$ auf, dann erhält man das diskrete Amplitudenspektrum der periodischen Funktion $x(t)$.

Im folgenden wird die Fourier-Transformation durch den Grenzübergang $T_p \to \infty$ abgeleitet, weil dieser Weg recht anschaulich ist. (Da dieser Weg aber mathematisch gesehen nicht befriedigend ist, sehe man die strenge Behandlung z.B. in Papoulis (1962) nach).

Durch den Grenzübergang $T_p \to \infty$ und damit $\omega_0 \to d\omega$ und $\nu\omega_0 = \omega$ geht die periodische Funktion $x(t)$ in eine *nichtperiodische Funktion* über und aus Gl. (A1.8) wird nach Erweiterung mit T_p

$$x(i\omega) = \int_{-\infty}^{\infty} x(t)\, e^{-i\omega t}\, dt \tag{A1.9}$$

die kontinuierliche komplexe Amplitudendichte oder die *Fourier-Transformierte*. $x(i\omega)$ entspricht dabei $T_p c_\nu(i\nu\omega_0)$, so daß aus Gl. (A1.7) mit $1/T_p = \omega_0/2\pi$ das

Fourier-Integral

$$x(t) = \frac{1}{2\pi} \int_{-\infty}^{\infty} x(\mathrm{i}\omega)\, \mathrm{e}^{\mathrm{i}\omega t}\, \mathrm{d}\omega \tag{A1.10}$$

entsteht. Im Unterschied zur Fourier-Reihe bei periodischen Funktionen hat die einzelne Teilschwingung $\mathrm{e}^{\mathrm{i}\omega t}$ des Fourier-Integrals keine endliche Amplitude, sondern ist mit der infinitesimal kleinen Größe

$$\frac{1}{2\pi} x(\mathrm{i}\omega)\, \mathrm{d}\omega = \mathrm{d}A\,(\mathrm{i}\omega)$$

multipliziert. Die Fourier-Transformierte

$$x(\mathrm{i}\omega) = 2\pi \frac{\mathrm{d}A(\mathrm{i}\omega)}{\mathrm{d}\omega} \tag{A1.11}$$

kann dann als komplexe Amplitudendichte (komplexer Amplitudenzuwachs pro Kreisfrequenzzuwachs) gedeutet werden. Nichtperiodische Funktionen $x(t)$ haben also ein kontinuierliches Amplitudendichtenspektrum $|x(\mathrm{i}\omega)|$ in Abhängigkeit von ω.

Man bezeichnet Gl. (A1.9), die eine Zeitfunktion $x(t)$ in den Frequenzbereich transformiert, als *Fourier-Transformation*

$$\mathfrak{F}\{x(t)\} = x(\mathrm{i}\omega) = \int_{-\infty}^{\infty} x(t)\, \mathrm{e}^{-\mathrm{i}\omega t}\, \mathrm{d}t \tag{A1.12}$$

und Gl. (A1.10) als *Fourier–Rücktransformation*

$$\mathfrak{F}^{-1}\{x(\mathrm{i}\omega)\} = x(t) = \frac{1}{2\pi} \int_{-\infty}^{\infty} x(\mathrm{i}\omega)\, \mathrm{e}^{\mathrm{i}\omega t}\, \mathrm{d}\omega\,. \tag{A1.13}$$

Voraussetzung zur Existenz der Fourier-Transformation ist, daß die Dirichletschen Bedingungen für $T_p \rightarrow \infty$ und die Konvergenzbedingungen

$$\int_{-\infty}^{\infty} |x(t)|\, \mathrm{d}t < \infty \tag{A1.14}$$

(die absolute Integrierbarkeit) erfüllt werden.

Einige Eigenschaften der Fourier-Transformation:

a) $x(t)$ ist eine gerade Funktion: $x_g(t) = x_g(-t)$
Es gilt mit

$$\mathrm{e}^{-\mathrm{i}\omega t} = \cos\omega t - \mathrm{i}\sin\omega t \tag{A1.15}$$

$$x(\mathrm{i}\omega) = \int_{-\infty}^{\infty} x(t)\cos\omega t\, \mathrm{d}t - \mathrm{i} \int_{-\infty}^{\infty} x(t)\sin\omega t\, \mathrm{d}t\,. \tag{A1.16}$$

Da $\sin \omega t$ eine ungerade Funktion ist, ist

$$x(\mathrm{i}\omega) = \int_{-\infty}^{\infty} x_g(t) \cos \omega t \,\mathrm{d}t = 2 \int_{0}^{\infty} x_g(t) \cos \omega t \,\mathrm{d}t \tag{A1.17}$$

eine reale Fourier-Transformierte.
b) $x(t)$ ist eine ungerade Funktion $x_u(t) = -x_u(-t)$.
Es folgt aus Gl. (A1.16)

$$x(\mathrm{i}\omega) = -\mathrm{i} \int_{-\infty}^{\infty} x_u(t) \sin \omega t \,\mathrm{d}t = -2\mathrm{i} \int_{0}^{\infty} x_u(t) \sin \omega t \,\mathrm{d}t \tag{A1.18}$$

also eine imaginäre Fourier-Transformierte.
c) Zeitverschiebung
Für eine um die Zeit t_0 zu positiver Zeit hin verschobene Zeitfunktion gilt mit der Substitution $t - t_0 = u$

$$\mathfrak{F}\{x(t-t_0)\} = \int_{-\infty}^{\infty} x(t-t_0)\,\mathrm{e}^{-\mathrm{i}\omega t}\,\mathrm{d}t = \int_{-\infty}^{\infty} x(u)\,\mathrm{e}^{-\mathrm{i}\omega u}\mathrm{e}^{-\mathrm{i}\omega t_0}\,\mathrm{d}u$$

$$= x(\mathrm{i}\omega)\,\mathrm{e}^{-\mathrm{i}\omega t_0}\,. \tag{A1.19}$$

Die Zeitverschiebung bewirkt also nur eine Änderung des Phasenwinkels um $\Delta\varphi = -\omega t_0$, aber keine Änderung im Betrag der Fourier-Transformierten (Verschiebungssatz).
d) Mittlere Energie und mittlere Leistung
Wenn $x(t)$ z.B. einen elektrischen Strom oder eine Spannung darstellt, dann ist $x^2(t)$ proportional zur momentanen Leistung und

$$E = \int_{-T/2}^{T/2} x^2(t)\,\mathrm{d}t \tag{A1.20}$$

proportional zur Energie, die zwischen den Zeiten $-T/2$ und $T/2$ umgesetzt wurde. Durch Einsetzen des Fourier-Integrals Gl. (A1.10) folgt

$$E = \int_{-T/2}^{T/2} x(t) \left[\frac{1}{2\pi} \int_{-\infty}^{\infty} x_T(\mathrm{i}\omega)\,\mathrm{e}^{\mathrm{i}\omega t}\,\mathrm{d}\omega \right] \mathrm{d}t$$

$$= \frac{1}{2\pi} \int_{-\infty}^{\infty} x_T(\mathrm{i}\omega) \left[\int_{-T/2}^{T/2} x(t)\,\mathrm{e}^{\mathrm{i}\omega t}\,\mathrm{d}t \right] \mathrm{d}\omega$$

$$= \frac{1}{2\pi} \int_{-\infty}^{\infty} x_T(\mathrm{i}\omega) x_T(-\mathrm{i}\omega)\,\mathrm{d}\omega$$

$$= \frac{1}{2\pi} \int_{-\infty}^{\infty} |x_T(\mathrm{i}\omega)|^2\,\mathrm{d}\omega = \frac{1}{\pi} \int_{0}^{\infty} |x_T(\mathrm{i}\omega)|^2\,\mathrm{d}\omega\,. \tag{A1.21}$$

Somit gilt

$$\int_{-T/2}^{T/2} x^2(t)\,\mathrm{d}t = \frac{1}{\pi} \int_{0}^{\infty} |x_T(\mathrm{i}\omega)|^2\,\mathrm{d}\omega \tag{A1.22}$$

die *Parsevalsche Beziehung*. Für die mittlere Leistung ist dann

$$\frac{1}{T}\int_{-T/2}^{T/2} x^2(t)\,\mathrm{d}t = \frac{1}{\pi}\int_0^{\infty}\frac{|x_T(\mathrm{i}\omega)|^2}{T}\,\mathrm{d}\omega \tag{A1.23}$$

wobei $|x_T(\mathrm{i}\omega)|^2/T$ *Periodogramm* genannt wird.

A1.2 Laplace-Transformation

Wegen der strengen Konvergenzbedingung Gl. (A1.14) kann die Fourier-Transformation auf einfache und oft benötigte Zeitfunktionen, wie z.B. die Sprungfunktion oder Anstiegfunktion nicht angewendet werden. Diese Schwierigkeiten lassen sich umgehen, wenn die Zeitfunktion $x(t)$ mit einer Dämpfungsfunktion $\mathrm{e}^{-\delta t}$ multipliziert und $x(t) = 0$ für $t < 0$ gesetzt wird. Dann entsteht aus der Fourier-Transformation die *Laplace-Transformation*

$$\mathfrak{L}\{x(t)\} = x(\mathrm{i}\omega, \delta) = \int_0^{\infty} x(t)\,\mathrm{e}^{-(\delta+\mathrm{i}\omega)t}\,\mathrm{d}t \tag{A1.24}$$

mit der Konvergenzbedingung

$$\int_0^{\infty} |x(t)\,\mathrm{e}^{-\delta t}|\,\mathrm{d}t < \infty\,. \tag{A1.25}$$

Durch entsprechende Wahl von δ kann man die Konvergenz jetzt für eine größere Klasse von Zeitfunktionen erfüllen. Mit $\delta > \alpha$ konvergiert Gl. (A1.24) sogar für ansteigende Exponentialfunktionen $\mathrm{e}^{\alpha t}$.

Die komplexe Variable wird abgekürzt mit

$$s = \delta + \mathrm{i}\omega \tag{A1.26}$$

und als Laplace-Variable bezeichnet.

Damit lautet die *Laplace-Transformation*

$$\mathfrak{L}\{x(t)\} = x(s) = \int_0^{\infty} x(t)\,\mathrm{e}^{-st}\,\mathrm{d}t \tag{A1.27}$$

und für die *Laplace-Rücktransformation* gilt

$$\mathfrak{L}^{-1}\{x(s)\} = x(t) = \frac{1}{2\pi\mathrm{i}}\int_{\delta-\mathrm{i}\infty}^{\delta+\mathrm{i}\infty} x(s)\,\mathrm{e}^{st}\,\mathrm{d}s\,. \tag{A1.28}$$

Die Laplace-Transformierten einiger Zeitfunktionen sind Tabelle A.1 zu entnehmen.

Tabelle A1. Laplace- und z-Transformierte einiger Zeitfunktionen $x(t)$. Die Abtastzeit ist mit T_0 bezeichnet

$x(t)$	$x(s)$	$x(z)$
1	$\frac{1}{s}$	$\frac{z}{z-1}$
t	$\frac{1}{s^2}$	$\frac{T_0 z}{(z-1)^2}$
t^2	$\frac{2}{s^3}$	$\frac{T_0^2 z(z+1)}{(z-1)^3}$
e^{-at}	$\frac{1}{s+a}$	$\frac{z}{z-e^{-aT_0}}$
$t \cdot e^{-at}$	$\frac{1}{(s+a)^2}$	$\frac{T_0 z e^{-aT_0}}{(z-e^{-aT_0})^2}$
$t^2 \cdot e^{-at}$	$\frac{2}{(s+a)^3}$	$\frac{T_0^2 z e^{-aT_0}(z+e^{-aT_0})}{(z-e^{-aT_0})^3}$
$1-e^{-at}$	$\frac{a}{s(s+a)}$	$\frac{(1-e^{aT_0})z}{(z-1)(z-e^{-aT_0})}$
$e^{-at}-e^{-bt}$	$\frac{b-a}{(s+a)(s+b)}$	$\frac{z(e^{-aT_0}-e^{-bT_0})}{(z-e^{-aT_0})(z-e^{-bT_0})}$
$\sin \omega_1 t$	$\frac{\omega_1}{s^2+\omega_1^2}$	$\frac{z \sin \omega_1 T_0}{z^2 - 2z \cos \omega_1 T_0 + 1}$
$\cos \omega_1 t$	$\frac{s}{s^2+\omega_1^2}$	$\frac{z(z-\cos \omega_1 T_0)}{z^2 - 2z \cos \omega_1 T_0 + 1}$
$e^{-at} \sin \omega_1 t$	$\frac{\omega_1}{(s+a)^2+\omega_1^2}$	$\frac{z \cdot e^{-aT_0} \sin \omega_1 T_0}{z^2 - 2z \cdot e^{-aT_0} \cos \omega_1 T_0 + e^{-2aT_0}}$
$e^{-at} \cos \omega_1 t$	$\frac{s+a}{(s+a)^2+\omega_1^2}$	$\frac{z^2 - z \cdot e^{-aT_0} \cos \omega_1 T_0}{z^2 - 2z \cdot e^{-aT_0} \cos \omega_1 T_0 + e^{-2aT_0}}$

A2 Modellstrukturen durch theoretische Modellbildung

In Ergänzung zum prinzipiellen Vorgehen bei der theoretischen Modellbildung in Abschnitt 1.1 und zur Erörterung der grundlegenden Modellstruktur in Abschnitt 2.1.2 soll hier die Entstehung bestimmter Modellstrukturen für Prozesse mit konzentrierten Parametern kurz betrachtet werden.

A2.1 Theoretische Modellbildung und elementare Modellstruktur

Die Gleichungen parametrischer Modelle entstehen primär auf dem Wege der theoretischen Modellbildung. Hierbei stellt man für den betrachteten Prozeß oder das Prozeßelement zuerst die Bilanzgleichung auf. Bezeichnet man den Massenstrom mit $\dot{M}$, den Energiestrom mit $\dot{E}$, die Kraft mit K, den Impuls mit I und betrachtet deren Änderungen, dann gilt für Prozesse mit konzentrierten Parametern:

Massenbilanzgleichung:

$$\Delta \dot{M}_e(t) - \Delta \dot{M}_a(t) = \frac{\mathrm{d}}{\mathrm{d}t} M_{sp}(t)$$

Energiebilanzgleichung:

$$\Delta \dot{E}_e(t) - \Delta \dot{E}_a(t) = \frac{\mathrm{d}}{\mathrm{d}t} E_{sp}(t)$$

Impulsbilanzgleichung:

$$\Delta \vec{K}_1(t) - \Delta \vec{K}_2(t) = \frac{\mathrm{d}}{\mathrm{d}t} \vec{I}_{sp}(t) \,.$$

Energie- und Massenbilanzgleichung haben dabei die Form

Änderung Eintretender Strom – Änderung Austretender Strom
= Gespeicherter Strom .

Die Bilanzgleichungen sind naturgemäß linear und können in einheitlicher Form wie folgt geschrieben werden

$$x_{\mathrm{spe}}(t) - x_{\mathrm{spa}}(t) = \frac{\mathrm{d}}{\mathrm{d}t} x_{\mathrm{sp}}(t) \tag{A2.1}$$

($x_{\mathrm{spe}} = \Delta \dot{M}_e$ oder $\Delta \dot{E}_e(t)$ oder ΔK_1; x_{spa} entsprechend) wenn die Impulsbilanz nur eindimensional betrachtet wird. Sie können deshalb auch in Form eines einzigen Blockschaltbildes angegeben werden, in dem der Integrator den jeweiligen Speicher darstellt, Bild A.2.1.

Wie in Abschnitt 1.1 angegeben, besteht der zweite Schritt im Aufstellen der physikalisch-chemischen Zustandsgleichungen. Diese Gleichungen beschreiben die Kopplungen zwischen verschiedenen Zustandsgrößen des Prozesses, wie z.B. gespeicherter Masse und Niveau in einem Massenspeicher, gespeicherter Wärme und Temperatur in einem Wärmespeicher oder gespeichertem Impuls und Geschwindigkeit bei einer bewegten Masse (Impulsspeicher). Sie können nichtlinear oder linear sein.

Der dritte Schritt besteht im Aufstellen der phänomenologischen Gleichungen, wenn irreversible Prozesse stattfinden. Viele dieser Gesetzmäßigkeiten sind linear und können dann auf die Form

$$\text{Stromdichte} = -\frac{1}{\text{spezifischer Widerstand}}\begin{bmatrix}\text{Potential-}\\ \text{gradient}\end{bmatrix} \tag{A2.2}$$

gebracht werden (z.B. Wärmeleitung, Diffusion, elektrische Leitung, Feuchteausbreitung). Es sind aber auch nichtlineare Beziehungen bekannt (z.B. chemisches Reaktionsgesetz).

Durch diese Gesetzmäßigkeiten wird die *elementare Struktur eines Prozeßmodells* gebildet. Diese Struktur kann in Form der Gleichungen des Gleichungssystems oder aber in einem Blockschaltbild dargestellt werden.

Für einfachste lineare oder linearisierbare Prozesse mit konzentrierten Parametern sind in Bild A2.2 Blockschaltbilder angegeben. Wenn keine Rückwirkung auf x_{spa} erfolgt, entsteht ein integralwirkendes Verhalten mit den Gleichungen

$$T_I \dot{x}_a(t) = x_e(t)$$

$$T_I = \frac{1}{c_1}\,(\text{Integrierzeit})\,. \tag{A2.3}$$

Wenn dagegen eine Rückwirkung auf x_{spa} vorhanden ist, dann bildet sich ein proportionalwirkendes Verhalten aus mit den Gleichungen

$$T_1 \dot{x}_a(t) + x_a(t) = K x_e(t)$$

$$T_1 = \frac{1}{c_1 c_2} \quad (\text{Zeitkonstante})$$

$$K = \frac{1}{c_2} \quad (\text{Verstärkungsfaktor})\,. \tag{A2.4}$$

c_1 und c_2 sind hierbei die physikalisch definierten *Prozeßkoeffizienten.*

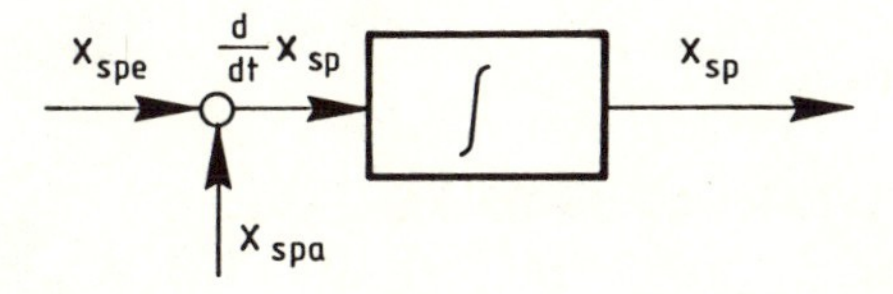

A2.1. Blockschaltbild der Bilanzgleichung(en)

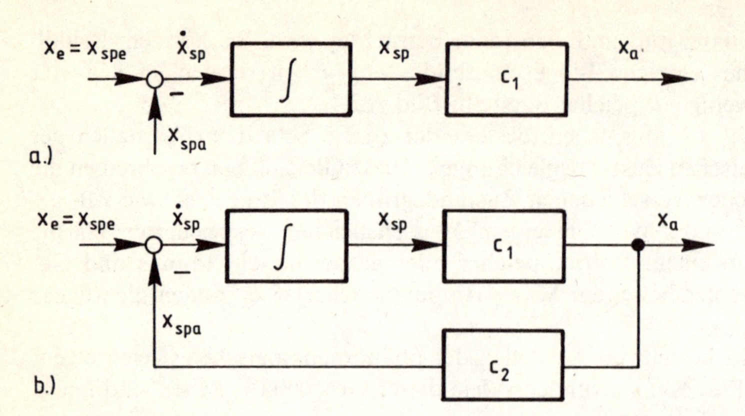

A2.2. Blockschaltbild von Prozessen erster Ordnung. **a** Integrales Verhalten; **b** Proportionales Verhalten

A2.2 Beispiel für verschiedene Modellstrukturen

Die grundlegende Modellstruktur und andere Modelldarstellungen sollen an einem einfachen Beispiel erläutert werden. Hierzu wird eine Feder–Dämpfer–Masse Anordnung nach Bild A2.3 betrachtet. Eingangsgröße ist der Weg u des Punktes A und Ausgangsgröße der Weg y des Punktes B.

a) Theoretische Modellbildung

Die Impulsbilanz lautet

$$\sum K_i(t) = \frac{\mathrm{d}}{\mathrm{d}t} I_{sp}(t) = m\ddot{y}(t) \,. \tag{A2.5}$$

Die einwirkenden Kräfte sind die Federkraft K_F und die Dämpfungskraft K_D. Für sie gelten folgende physikalische Zustandsgleichungen, wenn die Kräfte am Punkt B nach rechts positiv angesetzt werden

$$K_F(t) = c_F(u(t) - y(t)) \tag{A2.6}$$

$$K_D(t) = -c_D\dot{y}(t) \,. \tag{A2.7}$$

Dies ist das elementare Gleichungssystem. Die grundlegende Modellstruktur ist dem entsprechenden elementaren Blockschaltbild, Bild A2.4 zu entnehmen. m, c_F und c_D sind die Prozeßkoeffizienten.

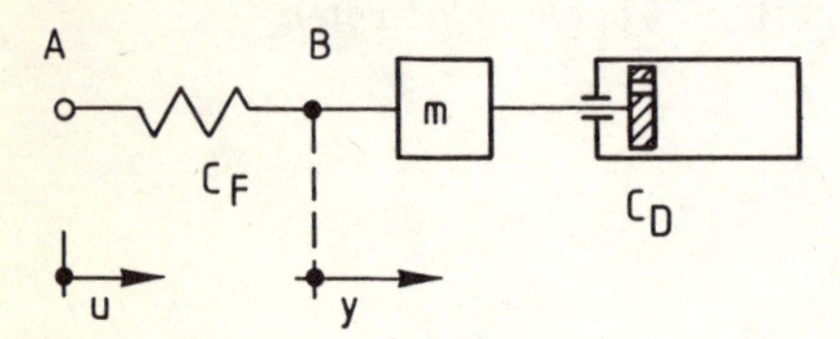

A2.3. Feder–Masse–Dämpfer System

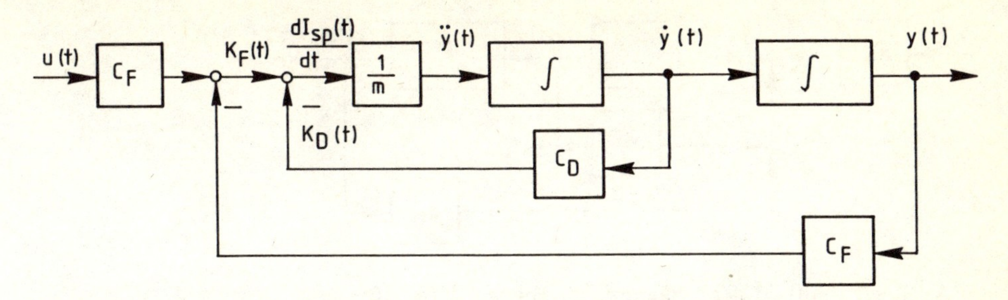

A2.4. Elementares Blockschaltbild des Feder–Masse–Dämpfer Systems

b) Differentialgleichung

Die Differentialgleichung erhält man durch Einsetzen der physikalischen Zustandsgleichungen in die Bilanzgleichung

$$m\ddot{y}(t) + c_D\dot{y}(t) + c_F y(t) = c_F u(t) \tag{A2.8}$$

$$\ddot{y}(t) + \frac{c_D}{m}\dot{y}(t) + \frac{c_F}{m}y(t) = \frac{c_F}{m}u(t)\,. \tag{A2.9}$$

Es entsteht also eine Dgl. vom Typ

$$\ddot{y}(t) + a_1\dot{y}(t) + a_0 y(t) = b_0 u(t) \tag{A2.10}$$

wobei auf $a_n = a_2 = 1$ normiert wurde, mit den Parametern

$$a_1 = \frac{c_D}{m};\quad a_0 = \frac{c_F}{m};\quad b_0 = \frac{c_F}{m}\,. \tag{A2.11}$$

Bild A2.5 zeigt das zugehörige Blockschaltbild mit den neuen Modellparametern a_0, a_1 und b_0. Die elementaren Prozeßkoeffizienten m, c_F und c_D treten also in der Differentialgleichung nicht mehr direkt auf. Sie können aus den Modellparametern berechnet werden, falls die Gleichungen aus der theoretischen Modellbildung bekannt und linear unabhängig sind. Hier ist allerdings $a_0 = b_0$, so daß Gl. (A2.11) ein linear abhängiges Gleichungssystem bildet, und die Prozeßkoeffizienten nicht eindeutig bestimmt werden können. Einer der Prozeßkoeffizienten muß bekannt sein, z.B. die Masse m.

Normiert man auf $a_0 = 1$, dann folgt aus Gl. (A2.10)

$$\alpha_2\ddot{y}(t) + \alpha_1\dot{y}(t) + y(t) = u(t) \tag{A2.12}$$

mit

$$\alpha_1 = \frac{c_D}{c_F};\quad \alpha_2 = \frac{m}{c_F} \tag{A2.13}$$

und das Blockschaltbild Bild A2.6. Man beachte, daß die in diesem Blockschaltbild auftretenden Parameter dieselben sind wie in Bild A2.5.

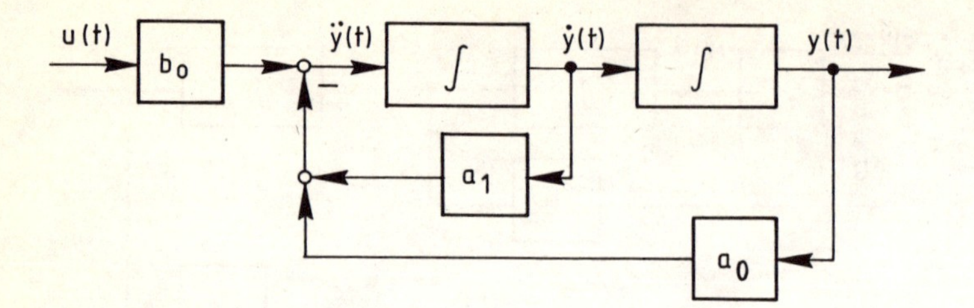

A2.5. Blockschaltbild der Differentialgleichung Gl. (A2.10)

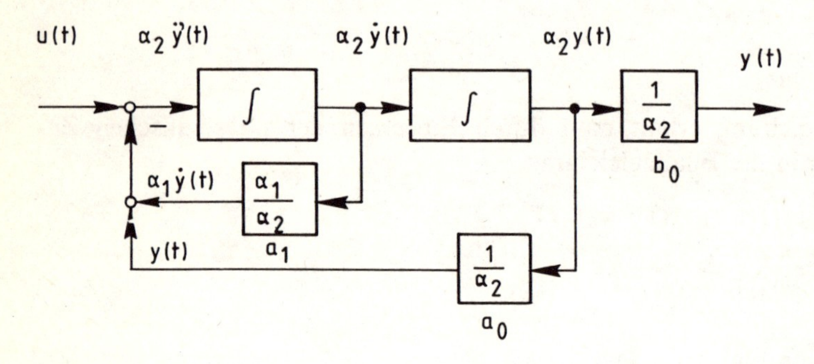

A2.6. Blockschaltbild der normierten Differentialgleichung Gl. (A2.12)

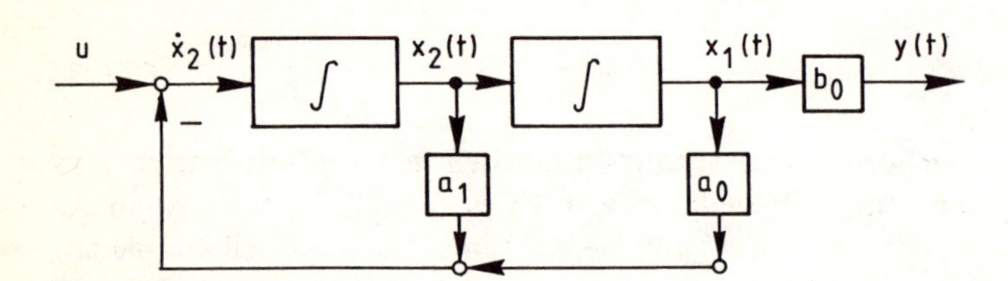

A2.7. Blockschaltbild der Zustandsdarstellung in Regelungs-Normalform

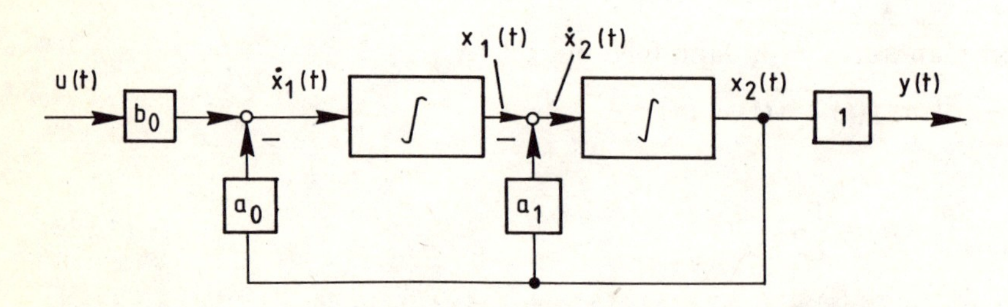

A2.8. Blockschaltbild der Zustandsdarstellung in Beobachter-Normalform

c) Übertragungsfunktion

Aus der Dgl. Gl. (A2.10) folgt direkt

$$G(s) = \frac{y(s)}{u(s)} = \frac{\mathrm{b}_0}{\mathrm{s}^2 + \mathrm{a}_1 s + \mathrm{a}_0} = \frac{\mathrm{B}(s)}{\mathrm{A}(s)}\,. \tag{A2.14}$$

d) Zustandsdarstellung

Bei der *elementaren Zustandsdarstellung*, die direkt aus den Gleichungen, der Modellbildung, Gl. (A2.6, A2.7) oder aus dem zugehörigen Blockschaltbild, Bild A2.4 folgt, werden die Ausgangsgrößen der Speicher als Zustandsgrößen gewählt. Es folgt mit $x_1(t) = y(t)$ und $x_2(t) = \dot{y}(t)$

$$\left.\begin{aligned} \begin{bmatrix} \dot{x}_1(t) \\ \dot{x}_2(t) \end{bmatrix} &= \begin{bmatrix} 0 & 1 \\ -a_0 & -a_1 \end{bmatrix} \begin{bmatrix} x_1(t) \\ x_2(t) \end{bmatrix} + \begin{bmatrix} 0 \\ b_0 \end{bmatrix} u(t) \\ y(t) &= [1 \quad 0] \begin{bmatrix} x_1(t) \\ x_2(t) \end{bmatrix}. \end{aligned}\right\} \tag{A2.15}$$

Ausgehend von dieser elementaren Zustandsdarstellung lassen sich durch mathematische Umformungen oder andere Festlegung von Zustandsgrößen andere Zustandsdarstellungen angeben. Die beiden wichtigsten Darstellungen werden im folgenden betrachtet.

Die *Regelungs-Normalform* erhält man über folgende Gleichungen:

$$y(s) = \frac{\mathrm{b}_0}{\mathrm{A}(s)} u(s)$$

$$x_1(s) = \frac{1}{\mathrm{A}(s)} u(s) = \frac{y(s)}{\mathrm{b}_0}$$

$$x_2(s) = \frac{s}{\mathrm{A}(s)} u(s) = \frac{s y(s)}{\mathrm{b}_0}$$

$$\dot{x}_1(t) = x_2(t)$$

$$\mathrm{A}(s) x_1(s) = u(s)$$

$$s^2 x_1(s) + a_1 s x_1(s) + a_0 x_1(s) = u(s)$$

$$\dot{x}_2(t) + a_1 x_2(t) + a_0 x_1(t) = u(t)$$

$$\dot{x}_2(t) = -a_0 x_1(t) - a_1 x_2(t) + u(t)$$

$$\left.\begin{aligned} \begin{bmatrix} \dot{x}_1(t) \\ \dot{x}_2(t) \end{bmatrix} &= \begin{bmatrix} 0 & 1 \\ -a_0 & -a_1 \end{bmatrix} \begin{bmatrix} x_1(t) \\ x_2(t) \end{bmatrix} + \begin{bmatrix} 0 \\ 1 \end{bmatrix} u(t) \\ y(t) &= [b_0 \quad 0] \begin{bmatrix} x_1(t) \\ x_2(t) \end{bmatrix}. \end{aligned}\right\} \tag{A2.16}$$

Bild A2.7 zeigt das zugehörige Blockschaltbild das dem Bild A2.6 völlig entspricht. Die Zustandsgrößen sind

$$x_1(t) = \frac{1}{b_0} y(t) \quad x_2(t) = \frac{1}{b_0} \dot{y}(t)$$

also proportional zur Ausgangsgröße und ihren Ableitungen und somit physikalisch einfach intepretierbar. Sie unterscheiden sich durch den Faktor b_0 von den Zustandsgrößen der elementaren Darstellung.

Die *Beobachtungs-Normalform* entsteht aus der Dgl. Gl. (A2.10) durch folgende Festlegung der Zustandsgrößen

$$0 = \underbrace{\underbrace{\underbrace{-a_0 y(t) + b_0 u(t)}_{\dot{x}_1(t)} - a_1 \dot{y}(t)}_{\ddot{x}_2(t)} - \ddot{y}(t)}_{0}$$

Die Zustandsgrößen sind also wie folgt definiert

$$\begin{aligned} \dot{x}_1(t) &= -a_0 y(t) + b_0 u(t) \\ \ddot{x}_2(t) &= \dot{x}_1(t) - a_1 \dot{y}(t) \\ 0 &= \ddot{x}_2(t) - \ddot{y}(t) . \end{aligned}$$

Aus der letzten Gleichung folgt durch zweimalige Integration

$$x_2(t) = y(t) .$$

Die erste Gleichung wird direkt übernommen und die zweite einmal integriert

$$\begin{aligned} \dot{x}_1(t) &= -a_0 x_2(t) + b_0 u(t) \\ \dot{x}_2(t) &= x_1(t) - a_1 x_2(t) . \end{aligned}$$

Damit wird

$$\begin{aligned} \begin{bmatrix} \dot{x}_1(t) \\ \dot{x}_2(t) \end{bmatrix} &= \begin{bmatrix} 0 & -a_0 \\ 1 & -a_1 \end{bmatrix} \begin{bmatrix} x_1(t) \\ x_2(t) \end{bmatrix} + \begin{bmatrix} b_0 \\ 0 \end{bmatrix} u(t) \\ y(t) &= [0 \quad 1] \begin{bmatrix} x_1(t) \\ x_2(t) \end{bmatrix} . \end{aligned} \tag{A2.17}$$

Das zugehörige Blockschaltbild zeigt Bild A2.8.

Die Zustandsgrößen sind

$$x_1(t) = \int \frac{c_F}{m} [y(t) - u(t)] \, \mathrm{d}t = \int \frac{1}{m} K_F(t) \, \mathrm{d}t$$

$$x_2(t) = \int \left[x_1(t) - \frac{c_D}{m} y(t) \right] \mathrm{d}t$$

$$= \int \left[\int \frac{1}{m} K_F(t) \, \mathrm{d}t + \int \frac{1}{m} K_D(t) \, \mathrm{d}t \right] \mathrm{d}t = y(t)$$

und können somit als Integrationen der wirkenden Kräfte interpretiert werden. $x_1(t)$ drückt die Geschwindigkeit $\dot{y}(t)$ durch die bisher einwirkende Federkraft, $x_2(t)$ den Weg $y(t)$ durch Wirkung aller Kräfte aus. Die physikalische Deutung der Zustandsgrößen ist also komplizierter als bei der Regelungs-Normalform.

A3 Einige Grundbegriffe der Wahrscheinlichkeitstheorie

Im folgenden werden einige elementare Begriffe der Wahrscheinlichkeitstheorie stichwortartig aufgezählt:

(1) Es werden zufällige (regellose) Vorgänge betrachtet, die man nicht exakt vorhersagen kann.
(2) Ein *Zufallsexperiment*, das unter gleichen Bedingungen oft wiederholt wird, liefert „im Mittel" eine gewisse Ergebnissicherheit (z.B. Werfen von Münzen und Würfeln, Messen einer Größe).
(3) Man betrachtet ein *Ereignis* A. Tritt dieses Ereignis bei N Experimenten ν-mal auf, dann wird als *Häufigkeit* des Ergebnisses die Zahl ν/N bezeichnet.
(4) Mit zunehmender Anzahl N der Experimente strebt die Häufigkeit einem bestimmten Wert P zu. Die Zahl $P(A)$ heißt die *Wahrscheinlichkeit* des Ereignisses A.
Die Wahrscheinlichkeit ist also näherungsweise gleich der Häufigkeit des Ereignisses A.
(5) Wenn A ein unmögliches Ereignis ist, ist $P = 0$.
Wenn A ein sicheres Ereignis ist, ist $P = 1 \cdot (\nu = N)$.
Es gilt also stets

$$0 \leqq P \leqq 1.$$

(6) Nun wird eine statistische Variable ξ betrachtet. Trägt man die Wahrscheinlichkeit $P(\xi \leqq x)$ auf, also die Wahrscheinlichkeit eines Experimentes dessen Ergebnisse $\xi \leqq x$ sind, dann erhält man die *Wahrscheinlichkeitsverteilung* (Verteilungsfunktion)

$$F(x) = P(\xi \leqq x).$$

Siehe Bild A3.1.
(7) Bei einer bezüglich der Amplitude kontinuierlichen statistischen Variablen wird mit

$$p(x) = \frac{\mathrm{d}F(x)}{\mathrm{d}x}$$

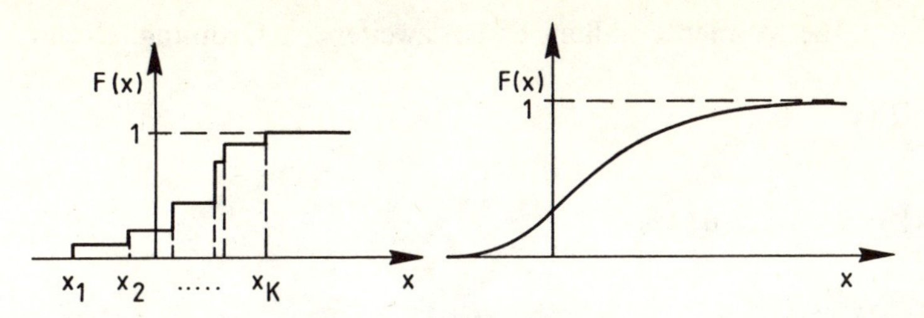

A3.1. Verteilungsfunktionen. **a** einer diskreten statistischen Variablen ξ; **b** einer stetigen statistischen Variablen ξ

die *Wahrscheinlichkeitsdichte* (Verteilungsdichtefunktion) bezeichnet. Es gilt dann

$$F(x) = P(\xi \leqq x) = \int_{-\infty}^{x} p(\xi)\,\mathrm{d}\xi$$

$$F(\infty) = P(\xi \leqq \infty) = \int_{-\infty}^{\infty} p(\xi)\,\mathrm{d}\xi = 1\,.$$

(8) Sind die $x_1, x_2, \ldots, x_k$ die möglichen Werte einer diskreten Zufallsvariablen ξ und $P_k = P(\xi = x_k)$ die entsprechenden Wahrscheinlichkeiten, dann wird bei einer großen Zahl N von Beobachtungen die Zufallsvariable etwa je $N \cdot P_k$-mal den Wert x_k annehmen. Das *arithmetische Mittel* $\bar{x}$ der N beobachteten Werte von ξ wird dann ungefähr

$$\bar{x} = E\{\xi\} = \frac{NP_1x_1 + NP_2x_2 + \cdots + NP_kx_k}{N} = \sum_{i=1}^{k} P_i x_i\,.$$

Mit $E\{\xi\}$ wird dabei der *Erwartungswert* von ξ bezeichnet. Man kann den Erwartungswert einer Zufallsvariablen als eine Größe auffassen, um die die Zufallsvariable schwankt.

(9) Bei einer kontinuierlichen Zufallsvariablen ξ gilt entsprechend

$$\bar{x} = E\{\xi\} \approx \int_{i=-\infty}^{+\infty} xp(x)\,\Delta x_i$$

da für die Häufigkeit der Werte ξ im Intervall $(x, x + \Delta x)$ gilt: $F(x + \Delta x) - F(x) = \Delta F(x) = p(x)\,\Delta x$. Durch Grenzübergang wird

$$\bar{x} = E(\xi) = \int_{-\infty}^{\infty} x\,p(x)\,\mathrm{d}x = \int_{-\infty}^{\infty} x\,\mathrm{d}F(x)\,.$$

Der Mittelwert ist also der Schwerpunkt der Verteilungsfunktion.

(10) Man bezeichnet mit

$$M_\nu = \int_{-\infty}^{\infty} x^\nu\,\mathrm{d}F(x)$$

mit $v = 0, 1, 2, \ldots$ die Momente nullter, erster, zweiter ... Ordnung. Es gilt

$$M_0 = \int_{-\infty}^{\infty} \mathrm{d}F(x) = 1$$

$$M_1 = E\{x\} = \bar{x} = \int_{-\infty}^{\infty} x \, \mathrm{d}F(x)$$

$$M_2 = E\{(x - \bar{x})^2\} = \sigma_x^2 = \int_{-\infty}^{\infty} (x - \bar{x})^2 \, \mathrm{d}F(x).$$

Das zweite Moment bezüglich des Mittelwertes $\bar{x}$ wird mit *Varianz* bezeichnet. σ_x wird *Standardabweichung* genannt.

(11) Bisher wurden Mittelwert und Varianz einer sehr großen Anzahl von Zufallsvariablen über die Verteilungsfunktion definiert. Ohne Kenntnis dieser Funktion bildet man beide Werte bekanntlich aus

$$\bar{x} = \lim_{N \to \infty} \frac{1}{N} \sum_{i=1}^{N} x_i$$

$$\sigma_x^2 = \lim_{N \to \infty} \frac{1}{N-1} \sum_{i=1}^{N} (x_i - \bar{x})^2 .$$

(12) Eine besonders ausgezeichnete Verteilungsdichtefunktion ist die *Gaußsche Verteilungsdichte* oder *Normalverteilung*

$$p(x) = \frac{1}{\sigma\sqrt{2\pi}} \mathrm{e}^{-(x-\bar{x})^2/2\sigma^2} .$$

Es gilt

$$P(\bar{x} - \sigma \leqq x \leqq x + \sigma) = 68{,}3\%$$

$$P(\bar{x} - 2\sigma \leqq x \leqq \bar{x} + 2\sigma) = 95{,}4\%$$

Eine besondere Eigenschaft normal verteilter Zufallsvariablen ist, daß lineare Transformationen dieser Zufallsvariablen wieder normal verteilte Zufallsvariable ergeben.

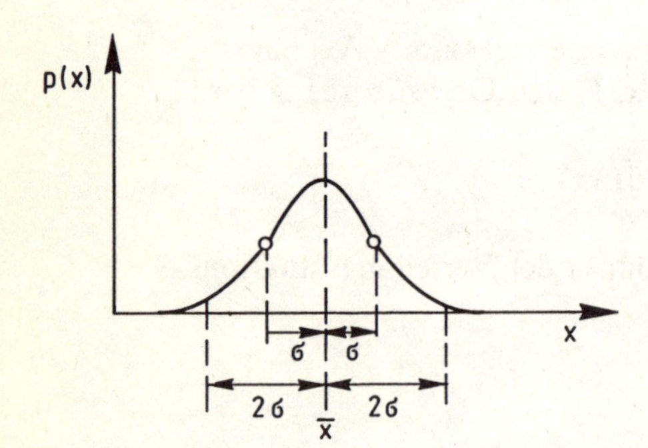

A3.2. Gaußsche Normalverteilung

(13) Die Wahrscheinlichkeit des Eintreffens zweier Ereignisse A und B werde mit $P(A, B)$ bezeichnet. Die *bedingte Wahrscheinlichkeit* von B unter der Voraussetzung, daß A eingetroffen ist, wird durch

$$P(B|A) = \frac{P(A, B)}{P(A)}$$

definiert. Hieraus folgt

$$P(A, B) = P(A)P(B|A) .$$

Zum Studium ausführlicher Erörterungen dieser wahrscheinlichkeitstheoretischen Begriffe sei auf die Bücher von z.B. van der Waerden (1971), Davenport–Root (1958) und Meschkowski (1968) verwiesen.

A4 Grundbegriffe der Schätztheorie

A4.1 Konvergenzbegriffe für stochastische Variable

Es wird eine *Folge von Zufallsgrößen* x_n, $n = 1, 2, \ldots$, betrachtet. Zur Untersuchung, ob diese Zufallsgrößen gegen eine *Zufallsvariable* x streben, gibt es verschiedene Konvergenzdefinitionen, die im folgenden kurz beschrieben werden. Eine ausführliche Behandlung findet man z.B. bei Richter (1956), Papoulis (1965), Doob (1953). Siehe auch Davenport, Root (1958) oder Arnold (1973).

Konvergenz in Verteilung

Eine *sehr schwache Konvergenz* liegt vor, wenn für die Verteilungsfunktionen $F_n(x)$ von x_n und $F(x)$ von x gilt

$$\lim_{n \to \infty} F_n(x) = F(x) \tag{A4.1}$$

für alle x, für die $F(x)$ stetig ist. Dies wird Konvergenz in Verteilung oder verteilungskonvergent genannt.

Konvergenz mit Wahrscheinlichkeit

Die Folge x_n konvergiert mit Wahrscheinlichkeit gegen x, wenn

$$\lim_{n \to \infty} P\{|x_n - x| > \varepsilon\} = 0 \quad \text{für jedes } \varepsilon > 0 \, . \tag{A4.2}$$

Dies ist eine *schwache Konvergenzdefinition.* Sie bedeutet, daß x_n für genügend großes n mit einer Wahrscheinlichkeit beliebig nahe bei 1 so gegen x konvergiert, daß $|x_n - x| \leqq \varepsilon$. ε kann beliebig klein sein, aber nicht Null. Für Gl. (A4.2) schreibt man auch, siehe z.B. Doob (1953), Goldberger (1964),

$$p\lim x_n = x \quad \text{oder} \quad p \lim_{n \to \infty} x_n = x \, . \tag{A4.3}$$

Konvergenz mit Wahrscheinlichkeit Eins

Eine *strenge Konvergenzforderung* folgt aus $\lim\limits_{n \to \infty} x_n = x$ oder

$$P\left\{\lim_{n \to \infty} x_n = x\right\} = 1 \; . \tag{A4.4}$$

Dies wird Konvergenz mit Wahrscheinlichkeit Eins genannt.

Konvergenz im quadratischen Mittel

Eine *noch strengere Konvergenz* kann formuliert werden, wenn die Größen x_n und x endliche Varianzen besitzen, d.h. $E\{x_n^2\} < \infty$ für alle n und $E\{x^2\} < \infty$. Die Folge x_n konvergiert im quadratischen Mittel gegen x, wenn gilt

$$\lim_{n \to \infty} E\{x_n - x)^2\} = 0 \; . \tag{A4.5}$$

Dies wird auch geschrieben (limit in the mean, Doob (1953), Davenport, Root (1958))

$$\underset{n \to \infty}{\text{l.i.m.}}\, x_n = x \; . \tag{A4.6}$$

Ein *Vergleich* der verschiedenen Konvergenzbegriffe ergibt folgende Relationen:

— Konvergenz im quadratischen Mittel schließt die Konvergenz mit Wahrscheinlichkeit ein. Die Umkehrung gilt jedoch nicht.
— Konvergenz mit Wahrscheinlichkeit Eins schließt Konvergenz in Wahrscheinlichkeit ein. Die Umkehrung gilt nicht.
— Konvergenz im quadratischen Mittel schließt Konvergenz mit Wahrscheinlichkeit Eins nicht ein und umgekehrt (Sage, Melsa (1971a), S. 35).
— Konvergenz mit Wahrscheinlichkeit schließt Konvergenz in Verteilung ein (Richter (1956), S. 374).

Folgende Beziehungen gelten für die *Erwartungswerte*:

— Konvergenz im quadratischen Mittel schließt ein

$$\lim_{n \to \infty} E\{x_n\} = E\left\{\lim_{n \to \infty} x_n\right\} = E\{x\} \tag{A4.7}$$

(Richter (1956), S. 377, Åström (1970), S. 35).

Wenn x eine *Konstante* x_0 ist, gilt:

— Konvergenz mit Wahrscheinlichkeit $p \lim x_n = x_0$ schließt ein

$$\lim_{n \to \infty} E\{x_n\} = x_0 \; . \tag{A4.8}$$

Die Umkehrung gilt jedoch nicht, Goldberger (1964), S. 118.

— Wenn jedoch

$$\lim_{n\to\infty} E\{x_n\} = x_0 \quad \text{und} \quad \lim_{n\to\infty} E\{(x_n - x_0)^2\} = 0 \tag{A4.9}$$

dann gilt $p\lim x_n = x_0$.

Theorem von Slutsky (Wilks (1962), Goldberger (1964)).
Wenn eine Folge von zufälligen Größen $x_n, n = 1, 2, \ldots$ mit Wahrscheinlichkeit gegen die Konstante x_0 konvergiert, also $p\lim x_n = x_0$, und $y = g(x_n)$ eine kontinuierliche Funktion ist, dann gilt auch $p\lim y = y_0$, wobei $y_0 = g(x_0)$.
Hieraus folgt

$$p\lim \boldsymbol{V}\boldsymbol{W} = [p\lim \boldsymbol{V}][p\lim \boldsymbol{W}] \tag{A4.10}$$

$$p\lim \boldsymbol{V}^{-1} = [p\lim \boldsymbol{V}]^{-1}\,. \tag{A4.11}$$

Nach Gl. (A4.8) schließt dies ein

$$\lim_{n\to\infty} E\{\boldsymbol{V}\boldsymbol{W}\} = \lim_{n\to\infty} E\{\boldsymbol{V}\} \lim_{n\to\infty} E\{\boldsymbol{W}\}\,. \tag{A4.12}$$

A4.2 Eigenschaften von Parameterschätzverfahren

Zur Erläuterung einiger Begriffe sei davon ausgegangen, daß ein Prozeß mit den Parametern

$$\boldsymbol{\theta}_0^T = [\theta_{10}, \theta_{20}, \ldots, \theta_{m0}]$$

gegeben sei. Diese Parameter seien jedoch nicht direkt meßbar, sondern nur eine Ausgangsgröße $y(k)$ des Prozesses, vgl. Einführung zu Kapitel 7. Der Zusammenhang zwischen den Parametern und den wahren Werten $y_M(k)$ der meßbaren Größe sei durch ein Modell gegeben

$$y_M(k) = f[\boldsymbol{\theta}; k] \quad k = 1, 2, \ldots, N\,.$$

Die wahren Werte $y_M(k)$ seien ebenfalls nicht bekannt, sondern nur fehlerbehaftete Meßwerte $y_P(k)$. Die Parameter

$$\boldsymbol{\theta}^T = [\theta_1, \theta_2, \ldots, \theta_m]$$

sollen nun so geschätzt werden, daß die Ausgangssignale $y_M(k)$ des Modells am besten mit den gemessenen Werten $y_P(k)$ übereinstimmen. Im folgenden werden die Schätzwerte mit $\hat{\boldsymbol{\theta}}$ und die wahren Werte mit $\boldsymbol{\theta}_0$ bezeichnet.

In bezug auf die Eigenschaften von Schätzverfahren werden folgende Begriffe verwendet, die Fisher etwa 1921 eingeführt hat, Fisher (1921, 1950).

Bias:

Wenn eine Schätzung für eine beliebige Anzahl N von Messungen einen systematischen Fehler

$$E\{\hat{\boldsymbol{\theta}}(N) - \boldsymbol{\theta}_0\} = E\{\hat{\boldsymbol{\theta}}(N)\} - \boldsymbol{\theta}_0 = \boldsymbol{b} \neq \boldsymbol{0} \tag{A4.13}$$

liefert, dann nennt man diesen Fehler *Bias*. (englisch: biased = verzerrt, schief). Für eine *biasfreie* (erwartungstreue) *Schätzung* gilt

$$E\{\hat{\boldsymbol{\theta}}(N) - \boldsymbol{\theta}_0\} = \boldsymbol{0} \quad \text{oder} \quad E\{\hat{\boldsymbol{\theta}}(N)\} = \boldsymbol{\theta}_0 . \tag{A4.14}$$

Konsistenz:

Eine Schätzung wird *konsistent* (englisch: consistent) genannt, wenn der Schätzwert umso besser wird, je größer die Zahl N der Meßwerte. Für $N \to \infty$ strebt eine konsistente Schätzung mit der Wahrscheinlichkeit Eins gegen den wahren Wert

$$\lim_{N \to \infty} P[(\hat{\boldsymbol{\theta}}(N) - \boldsymbol{\theta}_0) = \boldsymbol{0}] = 1 . \tag{A4.15}$$

Wenn eine Schätzung konsistent ist, dann besagt dies also nur, daß der Schätzwert für $N \to \infty$ gegen den richtigen Wert konvergiert. Es wird dabei nichts über die Güte des Schätzwertes bei endlichen N ausgesagt. Konsistente Schätzungen können deshalb für endliche N Bias haben und ein biasfreier Schätzwert muß nicht konsistent sein. Eine konsistente Schätzung ist jedoch stets asymptotisch biasfrei, so daß gilt

$$\lim_{N \to \infty} E\{\hat{\boldsymbol{\theta}}(N)\} = \boldsymbol{\theta}_0 . \tag{A5.16}$$

Eine Schätzung wird *konsistent im quadratischen Mittel* genannt, wenn zusätzlich zu Gl. (A4.15) für die Varianz des Schätzwertes gilt

$$\lim_{N \to \infty} E\{(\hat{\boldsymbol{\theta}}(N) - \boldsymbol{\theta}_0)(\hat{\boldsymbol{\theta}}(N) - \boldsymbol{\theta}_0)^T\} = \boldsymbol{0} . \tag{A4.17}$$

Dann streben also sowohl der Bias als auch die Varianz gegen Null.

Die Bedingungen für Konsistenz sind Konvergenzforderungen mit Wahrscheinlichkeit Eins, Gl. (A4.15), und im quadratischen Mittel, Gl. (A4.17).

Effizienz:

Eine Schätzung ist asymptotisch *effizient* (englisch: efficient), wenn sie unter allen biasfreien Schätzungen die kleinstmögliche Varianz besitzt also eine Minimalschätzung ist.

Erschöpfende Schätzung:

Eine Schätzung wird erschöpfend (englisch: sufficient) genannt, wenn sie alle Information über die beobachteten Werte enthält, aus denen die Parameter geschätzt werden. Fisher (1950) zeigte 1925, daß das in einer Schätzung enthaltene Maß an Information umgekehrt proportional zur Varianz ist. Deshalb muß eine erschöpfende Schätzung die kleinstmögliche Varianz besitzen. Eine erschöpfende Schätzung ist somit die effizienteste aller Schätzungen.

Ausführliche Erörterungen dieser Begriffe findet man z.B. bei Kendall, Stuart (1961, 1973) und Deutsch (1965).

Beispiel: Schätzung des Mittelwertes und der Varianz der stochastischen Variablen $x(1), x(2), \ldots, x(N)$.

Die Schätzgleichungen für den Mittelwert und die Varianz seien:

$$\hat{\bar{x}} = \frac{1}{N} \sum_{k=1}^{N} x(k)$$

$$\hat{\sigma}_x^2 = \frac{1}{N} \sum_{k=1}^{N} (x(k) - \hat{\bar{x}})^2 .$$

Sind diese Schätzwerte biasfrei und konsistent?

a) Mittelwert $\hat{\bar{x}}$

Für den Mittelwert gilt

$$E\{\hat{\bar{x}}\} = E\left\{\frac{1}{N} \sum_{k=1}^{N} x(k)\right\} = \frac{1}{N} \sum_{k=1}^{N} E\{x(k)\} = \frac{1}{N} N E\{x(k)\} = \bar{x} .$$

Diese Schätzung ist also biasfrei. Für die Varianz der Fehler des Schätzwertes gilt mit der Annahme, daß die $x(k)$ statistisch unabhängig sind

$$E\{(\hat{\bar{x}} - \bar{x})^2\} = E\left\{\left[\frac{1}{N} \sum_{k=1}^{N} (x(k) - \bar{x})\right]^2\right\} = \frac{1}{N^2} E\left\{\left[\sum_{k=1}^{N} (x(k) - \bar{x})^2\right]\right\}$$

$$= \frac{1}{N^2} N \sigma_x^2 = \frac{1}{N} \sigma_x^2 .$$

Da auch die Varianz der Schätzfehler für $N \to \infty$ gegen Null geht, ist der Schätzwert $\hat{\bar{x}}$ konsistent im quadratischen Mittel.

b) Varianz $\hat{\sigma}_x^2$

Es ist

$$E\{\hat{\sigma}_x^2\} = E\left\{\frac{1}{N} \sum_{k=1}^{N} (x(k) - \hat{\bar{x}})^2\right\} .$$

Durch Umformungen erhält man

$$\begin{aligned}\sum(x(k) - \hat{\bar{x}})^2 &= \sum[(x(k) - \bar{x}) - (\hat{\bar{x}} - \bar{x})]^2 \\ &= \sum(x(k) - \bar{x})^2 + \sum(\hat{\bar{x}} - \bar{x})^2 - 2(\hat{\bar{x}} - \bar{x})\sum(x(k) - \bar{x}) \\ &= \sum(x(k) - \bar{x})^2 + N(\hat{\bar{x}} - \bar{x})^2 - 2(\hat{\bar{x}} - \bar{x})N(\hat{\bar{x}} - \bar{x}) \\ &= \sum(x(k) - \bar{x})^2 - N(\hat{\bar{x}} - \bar{x})^2 .\end{aligned}$$

Somit erhält man

$$E\{\hat{\sigma}_x^2\} = \frac{1}{N}(N\sigma_x^2 - \sigma_x^2) = \frac{N-1}{N} \sigma_x^2 = \left(1 - \frac{1}{N}\right) \sigma_x^2 .$$

Der Schätzwert der Varianz hat also für endliche N einen Bias, der umso kleiner wird, je größer N. Für $N \to \infty$ verschwindet jedoch der Bias; der Schätzwert ist asymptotisch biasfrei. Der Schätzwert ist also konsistent.

Damit der Schätzwert der Varianz auch bei endlichen N biasfrei ist, muß man die Schätzgleichung

$$\hat{\sigma}_x^2 = \frac{1}{N-1} \sum_{k=1}^{N} (x(k) - \hat{\bar{x}})^2$$

verwenden. □

A5 Zur Ableitung von Vektoren und Matrizen

Der Vektor $\boldsymbol{x}$ sei eine Funktion der Parameter $a_1, a_2, \ldots, a_n$. Es sind nun die partiellen Ableitungen dieses Vektors nach den einzelnen Parametern gesucht. Hierzu werde ein partieller Ableitungsoperator als Vektor

$$\frac{\partial}{\partial \boldsymbol{a}} = \begin{bmatrix} \dfrac{\partial}{\partial a_1} \\ \vdots \\ \dfrac{\partial}{\partial a_n} \end{bmatrix}$$

definiert. Da dieser als Spaltenvektor definiert ist, kann er nicht auf

$$\boldsymbol{x} = \begin{bmatrix} x_1 \\ \vdots \\ x_p \end{bmatrix}$$

sondern nur auf seine Transponierte $\boldsymbol{x}^T$ angewendet werden. Dann ergibt sich

$$\frac{\partial \boldsymbol{x}^T}{\partial \boldsymbol{a}} = \begin{bmatrix} \dfrac{\partial x_1}{\partial a_1} & \dfrac{\partial x_2}{\partial a_1} & \cdots & \dfrac{\partial x_p}{\partial a_1} \\ \vdots & \vdots & & \vdots \\ \dfrac{\partial x_1}{\partial a_n} & \dfrac{\partial x_2}{\partial a_n} & \cdots & \dfrac{\partial x_p}{\partial a_n} \end{bmatrix}.$$

Falls $\boldsymbol{x}$ das Produkt zweier anderer Vektoren

$$x = \boldsymbol{v}^T \boldsymbol{w} = [v_1 \ldots v_p] \begin{bmatrix} w_1 \\ \vdots \\ w_p \end{bmatrix} = v_1 w_1 + \cdots + v_p w_p$$

ist, also ein Skalar, dann gilt

$$\frac{\partial}{\partial \boldsymbol{a}}[\boldsymbol{v}^T \boldsymbol{w}] = \frac{\partial \boldsymbol{v}^T}{\partial \boldsymbol{a}} \boldsymbol{w} + \frac{\partial \boldsymbol{w}^T}{\partial \boldsymbol{a}} \boldsymbol{v}$$

$$= \begin{bmatrix} \frac{\partial v_1}{\partial a_1} w_1 & + \cdots + & \frac{\partial v_p}{\partial a_1} w_p \\ \vdots & & \vdots \\ \frac{\partial v_1}{\partial a_n} w_1 & + \cdots + & \frac{\partial v_p}{\partial a_n} w_p \end{bmatrix} + \begin{bmatrix} \frac{\partial w_1}{\partial a_1} v_1 & + \cdots + & \frac{\partial w_p}{\partial a_1} v_p \\ \vdots & & \vdots \\ \frac{\partial w_1}{\partial a_n} v_1 & + \cdots + & \frac{\partial w_p}{\partial a_n} v_p \end{bmatrix}.$$

Wenn die Elemente des Vektors $\boldsymbol{v}$ keine Funktion der Parameter a_i sind und $\boldsymbol{w} = \boldsymbol{a}$, dann gilt

$$\frac{\partial}{\partial \boldsymbol{a}}[\boldsymbol{v}^T \boldsymbol{a}] = \boldsymbol{v} .$$

Falls, umgekehrt, die Elemente $\boldsymbol{w}$ keine Funktion der Parameter a_i sind und $\boldsymbol{v} = \boldsymbol{a}$, dann wird

$$\frac{\partial}{\partial \boldsymbol{a}}[\boldsymbol{a}^T \boldsymbol{w}] = \boldsymbol{w} .$$

Die letzten beiden Gleichungen gelten analog für die Matrizen $\boldsymbol{V}$ und $\boldsymbol{W}$ anstelle der vektoren $\boldsymbol{v}$ und $\boldsymbol{w}$

$$\frac{\partial}{\partial \boldsymbol{a}}[\boldsymbol{V}\boldsymbol{a}] = \boldsymbol{V}$$

$$\frac{\partial}{\partial \boldsymbol{a}}[\boldsymbol{a}^T \boldsymbol{W}] = \boldsymbol{W}$$

$$\frac{\partial}{\partial \boldsymbol{a}}[\boldsymbol{a}^T \boldsymbol{A}\boldsymbol{a}] = \frac{\partial}{\partial \boldsymbol{a}}[\underbrace{(\boldsymbol{a}^T \boldsymbol{A}\boldsymbol{a})}_{\boldsymbol{v}^T} \cdot \boldsymbol{a}] + \frac{\partial}{\partial \boldsymbol{a}}[a^T \cdot \underbrace{(\boldsymbol{A} \cdot \boldsymbol{a})}_{\boldsymbol{w}}]$$

$$= \boldsymbol{v} + \boldsymbol{w} = [\boldsymbol{a}^T \boldsymbol{A}]^T + \boldsymbol{A}\boldsymbol{a} = \boldsymbol{A}^T \boldsymbol{a} + \boldsymbol{A}\boldsymbol{a}$$

$$= 2\boldsymbol{A}\boldsymbol{a} \text{ (mit } \boldsymbol{A}^T = \boldsymbol{A} \text{ falls } \boldsymbol{A} \text{ symmetrisch)} .$$

A6 Satz zur Matrizeninversion

Wenn $\boldsymbol{A}, \boldsymbol{C}$ und $(\boldsymbol{A}^{-1} + \boldsymbol{B}\boldsymbol{C}^{-1}\boldsymbol{D})$ nichtsinguläre quadratische Matrizen sind und

$$\boldsymbol{E} = [\boldsymbol{A}^{-1} + \boldsymbol{B}\boldsymbol{C}^{-1}\boldsymbol{D}]^{-1} \tag{A6.1}$$

ist, dann gilt

$$\boldsymbol{E} = \boldsymbol{A} - \boldsymbol{A}\boldsymbol{B}(\boldsymbol{D}\boldsymbol{A}\boldsymbol{B} + \boldsymbol{C})^{-1}\boldsymbol{D}\boldsymbol{A}\ . \tag{A6.2}$$

Beweis:

Es gilt:

$$\boldsymbol{E}^{-1} = \boldsymbol{A}^{-1} + \boldsymbol{B}\boldsymbol{C}^{-1}\boldsymbol{D}\ . \tag{A6.3}$$

Multipliziert mit E von links

$$\boldsymbol{I} = \boldsymbol{E}\boldsymbol{A}^{-1} + \boldsymbol{E}\boldsymbol{B}\boldsymbol{C}^{-1}\boldsymbol{D}\ . \tag{A6.4}$$

Multipliziert mit A von rechts

$$\boldsymbol{A} = \boldsymbol{E} + \boldsymbol{E}\boldsymbol{B}\boldsymbol{C}^{-1}\boldsymbol{D}\boldsymbol{A}\ . \tag{A6.5}$$

Multipliziert mit B von rechts

$$\begin{aligned} \boldsymbol{A}\boldsymbol{B} &= \boldsymbol{E}\boldsymbol{B} + \boldsymbol{E}\boldsymbol{B}\boldsymbol{C}^{-1}\boldsymbol{D}\boldsymbol{A}\boldsymbol{B} \\ &= \boldsymbol{E}\boldsymbol{B}\boldsymbol{C}^{-1}[\boldsymbol{C} + \boldsymbol{D}\boldsymbol{A}\boldsymbol{B}] \end{aligned} \tag{A6.6}$$

$$\boldsymbol{A}\boldsymbol{B}[\boldsymbol{C} + \boldsymbol{D}\boldsymbol{A}\boldsymbol{B}]^{-1} = \boldsymbol{E}\boldsymbol{B}\boldsymbol{C}^{-1}\ . \tag{A6.7}$$

Multipliziert von rechts mit $-\boldsymbol{D}\boldsymbol{A}$

$$-\boldsymbol{A}\boldsymbol{B}[\boldsymbol{D}\boldsymbol{A}\boldsymbol{B} + \boldsymbol{C}]^{-1}\boldsymbol{D}\boldsymbol{A} = -\boldsymbol{E}\boldsymbol{B}\boldsymbol{C}^{-1}\boldsymbol{D}\boldsymbol{A}\ . \tag{A6.8}$$

Führt man Gl. (A6.5) ein, wird

$$\boldsymbol{A} - \boldsymbol{A}\boldsymbol{B}[\boldsymbol{D}\boldsymbol{A}\boldsymbol{B} + \boldsymbol{C}]^{-1}\boldsymbol{D}\boldsymbol{A} = \boldsymbol{E}\ . \tag{A6.9}$$

w.z.b.w.

Dieser Satz gilt auch für $\boldsymbol{D} = \boldsymbol{B}^T$. Der Vorteil dieses Satzes ist darin zu sehen, daß man anstelle von drei Matrizeninversionen in Gl. (A6.1) nur noch eine Inversion in Gl. (A6.2) benötigt. Falls $\boldsymbol{D} = \boldsymbol{B}^T$, $\boldsymbol{B}$ ein Spaltenvektor ist und $\boldsymbol{C}$ ein Skalar, dann ist anstelle von zwei Inversionen nur noch eine Division erforderlich.

Dieser Satz wird in Abschnitt 8.2.1 benötigt. Aus Vergleich von Gl. (A6.1) mit Gl. (8.2.7) folgt:

$$\left.\begin{aligned} \boldsymbol{E} &= \boldsymbol{P}(k+1) \\ \boldsymbol{A}^{-1} &= \boldsymbol{P}^{-1}(k) \\ \boldsymbol{B} &= \boldsymbol{\psi}(k+1) \\ \boldsymbol{C}^{-1} &= 1 \\ \boldsymbol{D} &= \boldsymbol{\psi}^T(k+1) \end{aligned}\right\} \tag{A6.10}$$

und somit aus Gl. (A6.2)

$$\boldsymbol{P}(k+1) = \boldsymbol{P}(k) - \boldsymbol{P}(k)\boldsymbol{\psi}(k+1)[\boldsymbol{\psi}^T(k+1)\boldsymbol{P}(k)\boldsymbol{\psi}(k+1)+1]^{-1} \cdot \boldsymbol{\psi}^T(k+1)\boldsymbol{P}(k) \tag{A6.11}$$

was die Gl. (8.2.13) liefert.

A7 Positiv reelle Übertragungsfunktionen

A7.1 Kontinuierliche Signale

Es wird ein nichtlineares und zeitvariantes System betrachtet, daß sich nach Bild A7.1 aufteilen läßt in jeweils einen

— linearen, zeitinvarianten Vorwärtszweige $H(s)$
— nichtlinearen, zeitvarianten Rückführzweig R_{NL}.

Der Rückführzweig erfülle die Popov-Integral-Ungleichung, Popov (1973),

$$\eta(t_1) = \int_0^{t_1} v(t)\varepsilon(t)\,\mathrm{d}t \geqq -c_0^2 \quad \text{für alle } t_1 \geqq 0\,. \tag{A7.1}$$

Die Gesamtanordnung ist dann (asymptotisch) hyperstabil, wenn die Übertragungsfunktion des *Vorwärtszweiges $H(s)$ positiv reell ist*, siehe z.B. Desoer, Vidyasagar (1975), Guillemin (1957), Anderson (1968), Landau (1979). Eine Übertragungsfunktion ist dann positiv reell, wenn:

a) $H(s)$ ist reell für reelle s.

b) Die Pole von $H(s)$ erfüllen $Re(s) < 0$.

Pole mit $Re(s) = 0$ sind einfach.

c) Für alle reelle ω gilt $Re(i\omega) > 0$

$-\infty < \omega < \infty$. (A7.2)

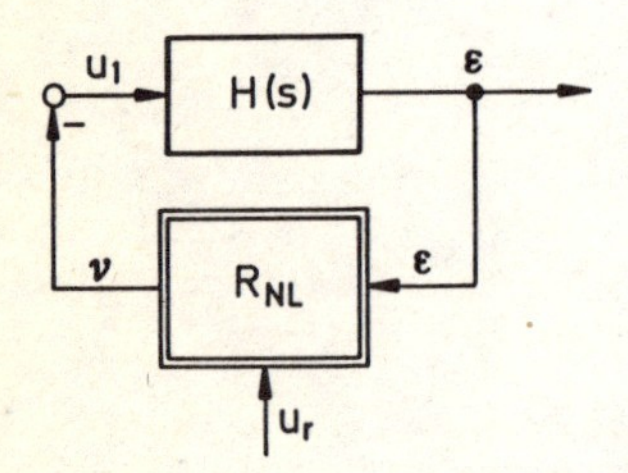

A7.1. Aufteilung eines nichtlinearen Systems in einen linearen Vorwärtszweig $H(s)$ und in einen nichtlinearen Rückwärtszweig R_{NL}

Dies ist der Fall, wenn für $H(s) = \mathrm{B}(s)/\mathrm{A}(s)$ gilt, Landau (1979),

— $\mathrm{A}(s)$ und $\mathrm{B}(s)$ sind asymptotisch stabil.
— Der Polüberschuß ist

$$\mathrm{grad}[\mathrm{A}(s)] - \mathrm{grad}[\mathrm{B}(s)] = |m - n| \leqq 1 \,. \tag{A7.3}$$

Übertragungsfunktionen sind also dann positiv reell, wenn die maximale Phasenverschiebung $|\varphi| < 90°$ ist. Beispiele sind:

$$H(s) = \frac{b_0}{1 + a_1 s} \quad \text{oder} \quad \frac{\mathrm{b}_0 + b_1 s}{1 + a_1 s + a_2 s^2} \,. \tag{A7.4}$$

Für den Fall von mehreren Ein- und Ausgangsgrößen gilt:

Der Rückführzweig erfülle die Popov-Integral-Ungleichung

$$\eta(t_1) = \int_0^{t_1} \boldsymbol{v}^T(t)\boldsymbol{\varepsilon}(t)\,\mathrm{d}t \geqq -c_0^2 \quad \text{für alle } t_1 \geqq 0 \,. \tag{A7.5}$$

Die Gesamtanordnung ist dann asymptotisch hyperstabil, wenn die quadratische Übertragungsfunktionsmatrix $\boldsymbol{H}(s)$ positiv reell ist.

Eine Übertragungsfunktionsmatrix mit reellen Übertragungsfunktionen ist dann positiv reell, wenn:

a) Die Pole von $\boldsymbol{H}(s)$ erfüllen $Re(s) < 0$.
Pole mit $Re(s) = 0$ sind einfach.

b) Die Matrix $\boldsymbol{H}(\mathrm{i}\omega) + \boldsymbol{H}^T(-\mathrm{i}\omega)$ ist eine positiv definite hermitesche Matrix für alle reelle ω. (A7.6)

(Für eine hermitesche Matrix gilt

$$\boldsymbol{H}(s) = \boldsymbol{H}^T(s^*)$$

mit $s = \delta + \mathrm{i}\omega$ und $s^* = \delta - \mathrm{i}\omega$. Eine hermitesche Matrix ist quadratisch und hat reelle Eigenwerte).

Der skalare Fall (A7.2) folgt aus (A7.6).

Es gilt ferner für ein lineares System

$$\dot{\boldsymbol{x}}(t) = \boldsymbol{A}\boldsymbol{x}(t) + \boldsymbol{B}\boldsymbol{u}(t)$$

$$y(t) = \boldsymbol{C}\boldsymbol{x}(t) \tag{A7.7}$$

daß die Übertragungsfunktions-Matrix

$$\boldsymbol{H}(s) = \boldsymbol{C}^T[s\boldsymbol{I} - \boldsymbol{A}]^{-1}\boldsymbol{B} \tag{A7.8}$$

positiv reell ist, wenn eine symmetrische positiv definite Matrix $\boldsymbol{Q}$ und eine symmetrisch positiv semidefinite Matrix $\boldsymbol{M}$ existiert, so daß

$$\boldsymbol{Q}\boldsymbol{A} + \boldsymbol{A}^T\boldsymbol{Q} = -\boldsymbol{M} = -\boldsymbol{L}\boldsymbol{L}^T \tag{A7.9}$$

$$\boldsymbol{B}^T\boldsymbol{Q} = \boldsymbol{C} \tag{A7.10}$$

siehe Landau (1979).

A7.2 Zeitdiskrete Signale

Für Systeme mit zeitdiskreten Signalen existieren entsprechende Beziehungen. Man erhält sie im wesentlichen aus den Bedingungen für positiv reelle Übertragungsfunktionen für kontinuierliche Signale wenn man die Transformation $s = (z-1)/(z+1)$ verwendet, Hitz und Anderson (1969).

Wenn der Rückführzweig in Bild A7.1

$$\eta(k_1) = \sum_{k=0}^{k_1} v(k)\varepsilon(k) \geqq -c_0^2 \quad \text{für alle } k_1 \geqq 0 \tag{A7.11}$$

erfüllt, dann ist die Gesamtanordnung (asymptotisch) hyperstabil, wenn die Übertragungsfunktion des Vorwärtszweiges $H(z)$ positiv reell ist.

Eine Übertragungsfunktion $H(z)$ ist dann positiv reell, wenn:

a) Die Pole von $H(z)$ liegen im Inneren des Einheitskreises der z-Ebene. Pole auf dem Einheitskreis sind einfach.

b) Es gilt

$$Re[H(z)] > 0\,. \tag{A7.12}$$

Im Mehrgrößenfall gilt:

Der Rückführzweig erfülle

$$\eta(k_1) = \sum_{k=0}^{k_1} \boldsymbol{v}^T(k)\boldsymbol{\varepsilon}(k) \geqq -c_0^2 \quad \text{für alle } k_1 \geqq 0\,. \tag{A7.13}$$

Die Gesamtanordnung ist dann asymptotisch hyperstabil, wenn die Übertragungsfunktionsmatrix $\boldsymbol{H}(z)$ positiv reell ist.

Eine Übertragungsfunktionsmatrix mit reellen Übertragungsfunktionen ist dann positiv reell, wenn:

a) Die Pole von $\boldsymbol{H}(z)$ liegen innerhalb des Einheitskreises. Pole auf dem Einheitskreis sind einfach.

b) Die Matrix

$$\boldsymbol{H}(z) + \boldsymbol{H}^T(z^*) = \boldsymbol{H}(e^{T_0 i\omega}) + \boldsymbol{H}^T(e^{-T_0 i\omega})$$

ist eine positiv definite hermitesche Matrix für alle reelle ω. (A7.14)

Literaturverzeichnis

Ackermann J (1972): Abtastregelung. Berlin: Springer-Verlag

Ackermann J (1983): Abtastregelung. 2. Auflage Bd I u. II. Berlin: Springer-Verlag

Aitken AC (1952): Statistical mathematics. Edinburgh: Oliver and Boyd

Akaike H (1970): Statistical predictor identification. Ann Inst Statist Meth 22, 203–217

Albert A, Sittler RW (1965): A method for computing least squares estimators that keep up with the data. SIAM J Control 3, 384–417

Albert AE, Gardner LA (1967): Stochastic approximation and nonlinear regression. Cambridge, Mass.: M.I.T.-Press

Ammon W (1967): Der Einfluß unvermeidbarer Fehler auf die Berechnung des Frequenzganges aus der Sprungantwort. Regelungstechnik 15, 456–460

Anderson BDO (1968): A simplified viewpoint of hyperstability. IEEE Trans Autom Control AC-13, 292–294

Anderson BDO (1985): Identification of scalar errors-in-variables models with dynamics. Automatica 21, 709–716

Andronikov AM, Bekey GA, Hadaegh FY (1983): Identifiability of nonlinear systems with hysteretic elements. J. Dyn Syst Meas Control 105, 209–214

Arnold L (1973): Stochastische Differentialgleichungen. München: Oldenbourg

Åström KJ (1968): Lectures on the identification problem – The least squares method. Report 6808, Lund Institute of Technology, Sweden

Åström KJ (1970): Introduction to stochastic control theory. New York: Academic Press

Åström KJ (1980): Maximum likelihood and prediction error methods. Automatica 16, 551–574

Åström KJ, Bohlin T (1966): Numerical identification of linear dynamic systems from normal operating records. IFAC-Symposium Theory of selfadaptive Control Systems, Teddington, 1965. New York: Plenum Press

Åström KJ, Eykhoff P (1971): System identification – a survey. Automatica 7, 123–162

Åström KJ, Källström CG (1973): Application of system identification techniques to the determination of ship dynamics. IFAC-Symp Identification. Amsterdam: North Holland and Automatica (1981) 17, 187–198

Atherton DP (1982): Nonlinear control engineering. London: Van Nostrand Reinhold

Ba Hli F (1954): A general method for the time domain network synthesis. Trans IRE on Circuit Theory 1, 21–28

Balakrishnan AV, Peterka V (1969): Identification in automatic control systems. 4th IFAC-Congress, Warszawa

Balchen JG (1962): Ein einfaches Gerät zur experimentellen Bestimmung des Frequenzganges von Regelungsanordnungen. Regelungstechnik 10, 200–205

Bamberger W (1978): Verfahren zur On-line-Optimierung des statischen Verhaltens nichtlinearer, dynamisch träger Prozesse. KfK-PDV-Bericht 159, Kernforschungszentrum Karlsruhe

Barlow JL, Ipsen I (1987): Scaled Givens-rotations for the solution of linear least squares problems on systolic arrays. SIAM J. Sci. Comput., 8, No. 5

Bartels E (1966): Praktische Systemanalyse mit Korrelationsverfahren. Regelungstechnik 14, 49–55

Bartlett MS (1946): On the theoretical specification and sampling properties of autocorrelated time series. J. Royal Stat Soc B 8, 27–41

Bastl W (1966): Korrelationsverfahren in der Kernreaktormeßtechnik. Regelungstechnik 14, 56–63

Baur U (1976): On-line Parameterschätzverfahren zur Identifikation linearer, dynamischer Prozesse mit Prozeßrechnern – Entwicklung, Vergleich, Erprobung. Dissertation Universität Stuttgart. KfK-PDV-Bericht-65, Kernforschungszentrum Karlsruhe

Baur U, Isermann R (1977): On-line identification of a heat exchanger with a process computer – a case study. Automatica 13, 487–496

Bellman R, Åström KJ (1970): On structural identifiability. Math. Biosciences 7, 329–338

Bendat JS, Piersol AG (1967): Measurement and analysis of data. New York: Wiley-Interscience (3rd printing)

Bendat JS, Piersol AG (1971): Random data: analysis and measurement procedures. New York: Wiley-Interscience

Bender E (1972): Analyse und digitale Simulation des Stellungsregelkreises. 4. Tagung des NAMUR-VDI/VDE-Ausschusses Regelung und Steuerung in der Verfahrenstechnik, 8./9.6.72 Frankfurt

Bergland GD (1969): Fast fourier transform hardware implementations – An overview. IEEE Trans Audio Electroacoust 17, 104–119

Bergmann S (1983): Digitale parameteradaptive Regelung mit Mikrorechner. Dissertation TH Darmstadt, Fortschritt-Ber VDI-Z Reihe 8, Nr. 55

Biermann GJ (1977): Factorization methods for discrete sequential estimation. New York: Academic Press

Blandhol E, Balchen JG (1963): Determination of system dynamics by use of adjustable models. Automatic and Remote Control (Proc. 2nd IFAC-Congress, Basle). London: Butterworth 315–323

Blessing P (1979): Identification of the input/output and noise-dynamics of linear multivariable system. Proc. 5th IFAC-Symp Identification, Darmstadt. Oxford Pergamon-Press

Blessing P (1980): Ein Verfahren zur Identifikation von linearen, stochastisch gestörten Mehrgrößensystemen. KfK-PDV-Bericht 181, Kernforschungszentrum Karlsruhe

Blessing P, Baur U, Isermann R (1976): Identification of multivariable systems with recursive correlation, least squares parameter estimation and use of a compensating technique. Proc. 4th IFAC-Symp Identification, Tbilisi (USSR), Amsterdam: North Holland

Blum J (1954): Multidimensional stochastic approximation procedures. Ann Math Statist 25, 737–744

Bohlin T (1971): On the problem of ambiguities in maximum likelihood identification. Automatica 7, 199–210

Boom AJW van den (1982): System Identification – on the variety and coherence in parameter – and order estimation methods. Dissertation TH Eindhoven

Boom A van den, Enden A van den (1973): The determination of the order of process- and noise dynamics. Proc. of 3rd IFAC-Symp Identification, Amsterdam: North Holland

Bos A van den (1967): Construction of binary multifrequency testsignals. 1st IFAC-Symp Identification, Prag

Bos A van den (1970): Estimation of linear system coefficients from noisy responses to binary multifrequency testsignals. Proc. of 2nd IFAC-Symp Identification, Prag

Bos A van den (1973): Selection of periodic testsignals for estimation on linear system dynamics. Proc. of 3rd IFAC-Symp Identification, The Hague

Bos A van den (1976): Identification hardware and instrumentation. Proc. of 4th IFAC-Symp Identification Param Estim, Tbilisi (USSR), Amsterdam: North Holland

Box GEP, Jenkins GM (1970): Time series analysis, forecasting and control. San Francisco: Holden Day

Brammer K, Siffling G (1975): Stochastische Grundlagen des Kalman-Filters. Wahrscheinlichkeitsrechnung und Zufallsprozesse. München: Oldenbourg

Brauer A (1953): On a new class of Hadamard determinants. Math Z 58, 219–226

Briggs PAN, Godfrey KR, Hammond PH (1967): Estimation of process dynamic characteristics by correlation methods using pseudo random signals. IFAC-Symposium Identification, Prag 3, 10

Briggs PAN, Hammond PH, Hughes MTG, Plumb GO (1964–65): Correlation analysis of process dynamics using pseudo-random binary test perturbations. Proc Inst Mech Eng 179, 37–51

Brigham EO (1974): The fast Fourier transform. Englewood Cliffs: Prentice-Hall

Bronstein IN, Semendjajew KA (1979): Taschenbuch der Mathematik, Thun: Verlag Harri Deutsch

Butchart RL, Shackeloth B (1966): Synthesis of model reference adaptive control systems by Ljapunov's second method. Proc. IFAC-Symp Adaptive Control, Teddington (1965). Instrument Soc America (ISA)

Bux D, Isermann R (1967): Vergleich nichtperiodischer Testsignale zur Messung des dynamischen Verhaltens von Regelstrecken. Fortschritt-Ber VDI-Z Reihe 8, Nr. 9

Chow PEK, Davies AC (1964): The synthesis of cyclic code generators. Electron Eng 253–259

Clarke DW (1967): Generalized least squares estimation of the parameters of a dynamic model. Preprints IFAC-Symp Identification. Prag

Clymer AB (1959): Direct system synthesis by means of computers. Trans AIEE 77, part I (Communications and Electronics), 798–806

Corran ER, Cummins JD, Hopkinson A (1964): Identification of some cross-flow heat exchanger dynamic responses be measurement with low-level binary pseudo random input signals. Atomic Energy Establishment, Winfrith (AEEW), Dorset (England), Rep. No. 373

Cramér H (1946): Mathematical methods of statistics. Princeton: Princeton University Press

Cuénod M, Sage AP (1968): Comparison of some methods used for process identification. Automatica 4, 235–269

Cummins JC (1964): A note on errors and signal to noise ratio of binary cross-correlation measurements of system impulse response. Atom Energy Establishment, Winfrith (AEEW), Dorset (England) Rep. No. R 329

Darowskikh LN (1962): Experimental determination of automatic control systems links transfer functions by means of standard electronic models. Autom Remote Control 23, 1180–1187

Dasgupta S, Anderson BDO, Kaye RI (1988): Identification of physical parameters in structured systems. Automatica 24, 217–225

Davenport W, Root W (1958): An introduction to the theory of random signals and noise. New York: McGraw-Hill

Davies WDT (1970): System identification for self-adaptive control. London: Wiley-Interscience

Davies WDT, Douce JL (1967): On-line system identification in the presence of drift. IFAC-Symposium Identification, Prag Nr. 3. 12

Deutsch R (1965): Estimation theory. Englewood Cliffs, N.J.: Prentice Hall

Deutsch R (1969): Systems analysis techniques. Englewood Cliffs N.J.: Prentice Hall

Desoer CA, Vidyasagar M (1975): Feedback systems; input-output properties, New York: Academic Press

Dietz U (1985): Regelung eines Systems mit nichtdifferenzierbarer Nichtlinearität. Fachgebiet Meß-, Steuer- und Regeltechnik, GH-Universität, Duisburg

Doetsch G (1967): Anleitung zum praktischen Gebrauch der Laplace-Transformation und der z-Transformation. München: Oldenbourg

Doob JL (1953): Stochastic processes. New York: J. Wiley

Dotsenko VI, Faradzhev RG, Charkartisvhili GS (1971): Properties of maximal length sequences with p-levels. Automatika i Telemechanika H. 8, 189–194

Draper ChS, Kay WMc, Lees S (1953): Methods for associating mathematics solutions with commons forms. Instrument Engineering Vol. II. New York: McGraw-Hill

Durbin J (1954): Errors in variables. Rev Int Statist Inst 22, 23–32

Durbin J (1960): Estimation of parameters in time-series regression models. J R Statist Soc Ser B 22, 139–153

Dvoretzky A (1956): On stochastic approximation. Proc. 3rd Berkley Symp Math Statist and Prob (J. Neyman Ed.) Berkley (California): University of California Press 39–55

Ehrenburg L, Wagner M (1966): Erprobung der Methode der Korrelationsfunktionen für die Bestimmung der Dynamik industrieller Anlagen. Messen, Steuern, Regeln 9, 41–45

Elsden CS, Ley AJ (1969): A digital transfer function analyser based on pulse rate techniques. Automatica 5, 51–60

Endl K, Luh W (1972): Analysis II, Frankfurt: Akad. Verlagsgesellschaft

Everett D (1966): Periodic digital sequences with pseudonoise properties. GEC J Sci Technol 33, 115–126

Eykhoff P (1961): Process parameter estimation using an analog model. Proc. 3rd Internat Analog Computation Meetings, Opatija (Yugoslavia) Sept. 1961, 276–290

Eykhoff P (1963): Some fundamental aspects of process parameter estimation. IEEE-Trans Autom Control AC-8, 347–357

Eykhoff P (1964): Process parameter estimation. Progress in Control Engineering. London: Heywood Vol. 2, 162–206

Eykhoff P (1967): Process parameter and state estimation, Automatica 4, 205–233

Eykhoff P (1974): System identification. London: J. Wiley

Eykhoff P (Ed.) (1981): Trends and progress in system identification. Oxford: Pergamon Press

Eykhoff P, Grinten PMEM van der, Kwakernaak H, Veltman BPTh (1966): Systems modelling and identification. Automatic and remote Control, 3rd IFAC-Congress, London, 1966, London/Munich: Butterworth/Oldenbourg

Eykhoff P, Smith OJM (1962): Optimalizing control with process dynamics identification. IRE Trans Autom Control AC-7, 140–155

Eykhoff PMEM et al. (1966): Systems modelling and identification. Surveypaper IFAC-Congress, London: Inst. Mech. Eng.

Fischer AF (1967): Einführung in die statistische Übertragungstheorie. Mannheim: Bibliographisches Institut

Fisher RA (1921): On the mathematical foundation of theoretical statistics. Phil Trans A 222, 309

Fisher RA (1950): Contributions to mathematical statistics. New York: J. Wiley

Fletcher R, Powell MJD (1963): A rapid descent method for minimisation. Comput J 6, 163–168

Föllinger O (1974): Lineare Abtastsysteme. München: Oldenbourg

Föllinger O (1978): Regelungstechnik. Berlin: Elitera

Föllinger O (1980): Regelungstechnik, Berlin: AEG-Telefunken

Föllinger O, Franke D (1982): Einführung in die Zustandsbeschreibung dynamischer Systeme. München: Oldenbourg

Fortescue TR, Kershenbaum LS, Ydstie BE (1981): Implementation of self-tuning regulators with variable forgetting factor. Automatica 17, 831–835

Freyermuth B (1990): Modellgestützte Fehlerdiagnose von Industrierobotern mittels Parameterschätzung. Robotersysteme 6, 202–210

Fuhrt BP, Carapic M (1975): On-line maximum likelihood algorithm for the identification of dynamic systems. 4th IFAC-Symp Identification, Tbilisi (USSR)

Gabor D et al. (1961): A universal nonlinear filter predictor and simulator which optimizes itself by a learning process. Proc IEE Vol 108 B, No 40, 422–438

Gallmann PG (1975): An iterative method for the identification of nonlinear systems using an Uryson-model. IEEE Trans Autom Control AC-20, 771–775

Gantmacher FR (1960, 1974): Matrix theory, Vol 1 and 2. New York, Chelsea

Gauss KF (1809): Theory of the motion of the heavenly bodies moving about the sun in conic sections. New York: Dover Publications (1963 reprint)

Gauss KF (1887): Abhandlungen zur Methode der kleinsten Quadrate. Hrsg: Börsch A, Simon P. Berlin: Stankiewicz' Buchdruckerei

Geiger G (1985): Technische Fehlerdiagnose mittels Parameterschätzung und Fehlerklassifikation am Beispiel einer elektrisch angetriebenen Kreiselpumpe. Dissertation TH Darmstadt. Fortschritt-Ber. VDI-Z Reihe 8, Nr. 91

Genin Y (1968): A note on linear minimum variance estimation problems: IEEE Trans Autom Control AC-13, 103

Gibson JE (1963): Nonlinear automatic control. New York: McGraw Hill

Godfrey KR (1970): The application of pseudo-random sequences to industrial processes. 2nd IFAC-Symp Identification, Prag. Preprints Academia-Verlag

Godfrey KR (1986): Three-level m-sequences. Electron lett 2, 241–243

Goedecke W (1985): Fault detection in a tubular heat exchanger based on modelling and parameter estimation. Proc. 6th IFAC-Symp Identification Syst Param Estim, York. Oxford: Pergamon Press

Goedecke W (1987): Fehlererkennung an einem thermischen Prozeß mit Methoden der Parameterschätzung. Dissertation TH Darmstadt. Fortschritt Ber VDI-Z Reihe 8, Nr. 130, Düsseldorf: VDI-Verlag

Goldberger AS (1964): Econometric theory. New York: J. Wiley

Göldner K (1965): Zur Berechnung des Frequenzganges aus der Übergangsfunktion. Messen, Steuern, Regeln 8, 412–415

Golub GH, Loan CF van (1980): An analysis of the total least squares problems. SIAM J Numer Anal 17, 883–893

Golub GH, Reinsch C (1970): Singular value decomposition and least squares solutions. Numer Meth 14, 403–420

Godman TP, Reswick JB (1956): Determination of systems characteristics from normal operation records. Trans ASME 78, 259–271

Goodwin GC, Payne RL (1977): Dynamic system identification; experiment design and data analysis. New York: Academic Press

Graupe D (1972): Identification of systems. New York: Van Nostrand Reinhold

Gröbner W (1966): Matrizenrechnung. Mannheim: BI-Hochschultaschenbücher-Verlag

Guidorzi R (1979): Canonical structures in the identification of multivariable systems. Automatica 11, 361–374

Guillemin EA (1957): Synthesis of passive networks. New York: J. Wiley

Guillemin EA (1966): Mathematische Methoden des Ingenieurs. München: Oldenbourg

Gustavsson I (1973): Survey of applications of identification in chemical and physical processes. 3rd IFAC-Symp Identification, The Hague. Amsterdam: North Holland

Gustavsson I, Ljung L, Söderström T (1974): Identification of linear multivariable process-dynamics using closed loop experiments. Report 7401 Lund Inst of Technology, Dep of Aut Control

Gustavsson I, Ljung L, Söderström T (1977): Identification of processes in closed loop – identifiability and accuracy aspects. Automatica 13, 59–75

Haber R (1979): Eine Identifikationsmethode zur Parameterschätzung bei nichtlinearen dynamischen Modellen für Prozeßrechner. KfK-PDV-Bericht 175, Kernforschungszentrum Karlsruhe

Hägglund T (1984): Adaptive control of systems subject to large parameter changes. Proc IFAC-Congress Budapest. Oxford: Pergamon Press

Hägglund T (1985): Recursive estimation of slowly time-varying parameters. 7th IFAC Symp Identification Syst Param Estim, York Proc. Oxford: Pergamon Press

Hamel P, Koehler R et al. (1980): Systemidentifizierung am Institut für Flugmechanik der DFVLR, Braunschweig

Hammerstein A (1930): Nichtlineare Integralgleichungen nebst Anwendungen. Acta Mathematica 54, 117–176

Hardtwig E (1968): Fehler- und Ausgleichsrechnung. Mannheim: Bibliographisches Institut

Hartree DR (1958): Numerical analysis. Oxford: The Clarendon Press

Hastings-James R, Sage MW (1969): Recursive generalized least procedure for on-line identification of process parameters. Proc IEEE 166, 2057–2062

Hang CC (1974): On the design of multivariable model-reference adaptive control systems. Int J. Control 19, 365–372

Hang CC, Parks PC (1973): Comparative studies of model reference adaptive control systems. IEEE Trans Autom Control AC-18, 419–428

Hänsler E (1983): Grundlagen der Theorie statistischer Signale. Berlin: Springer-Verlag

Held V, Maron Chr (1988): Estimation of Friction Characteristics, Inertial and Coupling Coefficients in Robotic Joints Based on Current and Speed Measurements. IFAC-Symposium Robot Control 1988 (SYROCO '88) Karlsruhe, Oktober 1988. Oxford: Proc. Pergamon Press

Held V (1989): Identifikation der Trägheitsparameter von Industrierobotern. Robertersysteme 5, 11–119

Hengst M (1967): Einführung in die mathematische Statistik. Mannheim: Bibliographisches Institut

Hensel H (1987): Methoden des rechnergestützten Entwurfs und Echtzeiteinsatzes zeitdiskreter Mehrgrößenregelungen und ihre Realisierung in einem CAD-System. Dissertation TH Darmstadt, Fortschritt-Ber VDI-Z Reihe 20, Nr. 4

Hensel H, Isermann R, Schmidt-Mende P (1986): Experimentelle Identifikation und rechnergestützter Reglerentwurf bei technischen Prozessen. Chem Ing Tech 58, 875–887

Himmelblau DM (1968): Process analysis by statistical methods. New York: J. Wiley

Hitz L, Anderson BDO (1969): Discrete positive-real transfer functions and their application to system stability. Proc IEE 116, 135–155

Ho BL, Kalman RE (1966): Effective construction of linear state variable models from input/output functions. Regelungstechnik 14, 545–548

Ho YC (1962): On the stochastic approximation method and optimal filtering theory. J Math Anal 6, 152–154

Hoffmann U, Hofmann H (1971): Einführung in die Optimierung. Weinheim: Verlag Chemie

Holst J, Poulsen NK (1985): A robust self-tuning controller for timevarying dynamic systems. Proc. 7th IFAC-Symposium on Identification and Syst Par Estim, York. Oxford: Pergamon Press

Hougen JO (1964): Experiences and experiments with process dynamics. Chem Eng Prog Monogr Ser 4, Vol 60

Householder AS (1957): A survey of some closed methods for inverting matrices. J Soc Industr Appl Math 5, 155–168

Householder AS (1958): A class of methods for inverting matrices. J Soc Industr Appl Math 6, 189–195

Hughes MIG, Norton ARM (1962): The measurement of control system characteristics by means of crosscorrelator. Proc Inst Elec Eng 109, Part B, 77–83

Hung JC, Liu CC, Chou PY (1980): Proc. 14th Asilomar Conf. Circuits, Systems and Computers, Pacific Grove, California

IFAC-Symp Identification Syst Param Estim Proceedings: (1967) Prag: Akademia-Verlag; (1970) Prag: Akademia-Verlag; (1973) The Hague: North Holland, Amsterdam; (1976) Tbilisi: Proc. North Holland, Amsterdam; (1979) Darmstadt: Pergamon Press, Oxford; (1982) Washington: Pergamon Press, Oxford; (1985) York: Pergamon Press, Oxford

Illiff KW (1974): Identification of aircraft stability and control derivatives in the presence of turbulence. In: Par Est Techn and Appl in Flight Testing. NASA TN D-7647

Isermann R (1963): Frequenzgangmessung an Regelstrecken durch Eingabe von Rechteckschwingungen. Regelungstechnik 11, 404–407

Isermann R (1967): Zur Messung des dynamischen Verhaltens verfahrenstechnischer Regelstrecken mit determinierten Testsignalen. Regelungstechnik 15, 249–257

Isermann R (1969): Über die erforderliche Genauigkeit der Frequenzgänge von Regelstrecken. Regelungstechnik 17, 454–462

Isermann R (1971a): Experimentelle Analyse der Dynamik von Regelsystemen. Mannheim: Bibliographisches Institut Nr. 515/515a

Isermann R (1971b): Theoretische Analyse der Dynamik industrieller Prozesse. Mannheim: Bibliographisches Institut Nr. 764/764a

Isermann R (1971c): Vergleich der Genauigkeiten und Mindestmeßzeiten einiger Identifikationsverfahren. Regelungstechnik und Prozeßdatenverarbeitung 19, 339–344

Isermann R (1972): Identification of the static behavior of very noisy dynamic processes. Preprints of 1972 IEEE-Conference on Cybernetics and Society, Washington D.C. und Regelungstechnik und Prozeßdatenverarbeitung 21, 1973, 118–125

Isermann R (1973): Testcases for comparison of different identification and parameter estimation methods using simulated processes. 3rd IFAC-Symp Identification. Amsterdam (North Holland), paper E-2

Isermann R (1974): Prozeßidentifikation – Identifikation und Parameterschätzung dynamischer Prozesse mit diskreten Signalen. Berlin: Springer Verlag

Isermann R (1977): Digitale Regelsysteme. Berlin: Springer Verlag

Isermann R (Hrsg.) (1980): IFAC-Tutorials System Identification. Oxford: Pergamon Press, auch Automatica 16, 505–587

Isermann R (1981): Digital control systems. Berlin: Springer-Verlag

Isermann R (1984a): Process fault detection on modeling and estimation methods – a survey. Automatica 20, 387–404

Isermann R (1984b): Rechnerunterstützter Entwurf digitaler Regelungen mit Prozeßidentifikation. Regelungstechnik 32, 179–189, 227–234

Isermann R (1984c): Fehlerdiagnose mit Prozeßmodellen. Technisches Messen 51, 345–355

Isermann R (1987): Digitale Regelsysteme, Bd. 1 und 2, 2. Auflage. Berlin: Springer Verlag

Isermann R (1988): Wissensbasierte Fehlerdiagnose technischer Prozesse. Automatisierungstechnik 36, H.9, 421–426

Isermann R (1989): Beispiele für die Fehlerdiagnose mittels Parameterschätzung. Automatisierungstechnik 37, H.9, 336–343

Isermann R (1990): Estimation of physical parameters for dynamic process with application to an industrial robot. American Control Conference, San Diego and International Journal of Control (1991)

Isermann R (1991): Schätzung physikalischer Parameter für dynamische Prozesse. Automatisierungstechnik 39, H.9, S. 323–328, H.10, S. 371–375

Isermann R, Baur (1973): Results of testcase A. 3rd IFAC-Symposium on Identification. Amsterdam: North Holland, paper E-3

Isermann R, Baur U (1974): Two-step process identification with correlation analysis and least-squares parameter estimation. J Dyn Syst Meas Control 96 Series G, 426–432

Isermann R, Baur U, Bamberger W, Kneppo P, Siebert H (1973): Comparison of six on-line identification and parameter estimation methods with three simulated processes. 3rd IFAC-Symposium on Identification. Amsterdam: North Holland, paper E-1 und IFAC Automatica (1974) 81–103

Isermann R, Baur U, Blessing P (1975): Testcase C for comparison of different identification and parameter estimation methods using simulated processes. Proc. 6th IFAC-Congress, Boston. Oxford: Pergamon Press

Isermann R, Baur U, Kurz H (1974): Identifikation linearer Prozesse mittels Korrelation und Parameterschätzung, Regelungstechnik und Prozeßdatenverarbeitung 22, Heft 8

Isermann R, Freyermuth B, He X (1991): Modellgestützte Fehlerdiagnose elektromechanischer Antriebe mittels Parameterschätzung. Antriebstechnisches Kolloquium ATK, 4./5.6.91, TH Aachen

Isermann R, Lachmann KH, Matko D (1991): Adaptive digital control systems. London: Prentice Hall

Isermann R, Lachmann KH, Matko D (1992): Adaptive digital control systems. London: Prentice Hall

Isobe T, Totani T (1963): Analysis and design of a parameter-perturbation adaptive system for application to process-control. Automatic and Remote Control. Proc. 2nd IFAC-Congress Basle 315–323

Izawa K, Furuta K (1967): Measurement of plant dynamics. Bull JSME 10, 68–76

Jategaonkar RV (1985): Parametric identification of discontinuous nonlinearities. Proc. IFAC-Symp Identification Param. Estim., York. Oxford: Pergamon Press

Jazwinski AH (1970): Stochastic processes and filtering theory. New York: Academic Press

Jenkins G, Watts D (1969): Spectral analysis and its application. San Francisco: Holden Day

Jensen JR (1959): Notes on measurement of dynamic characteristics of linear systems, Part III Report Servoteknisk forsksingslaboratorium, Copenhagen Jan. 1959

Johnston J (1963, 1972): Econometric methods. New York: McGraw Hill

Jordan M (1986): Strukturen zur Identifikation von Regelstrecken mit integralem Verhalten. Int. Bericht, Inst. Regelungstechnik, TH Darmstadt

Joseph P, Lewis J, Tou J (1961): Plant identification in the presence of disturbances and application to digital adaptive systems. Trans. AIEE (Appl and Ind) 80, 18–24

Kallenbach R (1987): Kovarianzmethoden zur Parameteridentifikation zeitkontinuierlicher Systeme. Fortschritt-Bericht, VDI-Zsch., Reihe 11, Nr. 92

Kalman RE (1958): Design of a self-optimizing control system. Trans ASME 80, 468–478

Kaminski PG, Bryson AE, Schmidt SF (1971): Discrete square root filtering. A survey of current techniques. IEEE Trans Autom Control AC-16, 727–735

Kant D, Winkler D (1971): Numerische Lösung schlecht konditionierter linearer Gleichungssysteme auf dem Prozeßrechner. Regelungstechnik und Prozeßdatenverarbeitung 19, 145–149, 211–214

Kashyap RL (1970): Maximum-Likelihood identification of stochastic linear systems. IEEE Trans Autom Control AC-15, No. 1, 35–34

Kaufmann H (1959): Dynamische Vorgänge in linearen Systemen der Nachrichten- und Regelungstechnik. München: Oldenbourg

Kendall MG, Stuart A (1958, 1969: Vol 1), (1961, 1973: Vol 2), (1966, 1968: Vol 3): The advanced theory of statistics. London: Griffin

Kiefer J, Wolfowitz J (1952): Statistical estimation of the maximum of a regression function. Ann Math Statist 23, 462–466

Kippo AK (1980): Identification of linear multivariable systems – a review. Report No 40. Dep of Process Engineering, University of Oulu (Finnland)

Kitamori T (1960): Applications of orthogonal functions to the determination of process dynamic characteristics and to the construction of self optimizing control systems. Automatic and Remote control. Proc 1st IFAC-Congress, Moscow

Klinger A (1968): Prior information and bias in sequential estimation. IEEE Trans Autom Control AC-13, 102–103

Knapp T, Isermann R (1990): Supervision and coordination of parameter-adaptive controllers. American Contr. Conf., San Diego 1990

Knapp T (1991): Process Identification, Controller Design and Digital Control with a Personal Computer. Mediterranean Electrotechnical Conference, melecon '91, Ljubljana, Jugoslawien

Kofahl R (1984): Ein Verfahren zur On-line-Identifikation und adaptiven Regelung von Systemen mit nichtholomorphen Nichtlinearitäten. Int. Bericht, Inst für Regelungstechnik, TH Darmstadt

Kofahl R (1986): Verfahren zur Vermeidung numerischer Fehler bei Parameterschätzung und Optimalfilterung. Automatisierungstechnik 421–431

Kofahl R (1988): Robuste parameteradaptive Regelungen. Fachbericht Nr. 19. Messen, Steuern, Regeln. Berlin: Springer

Kofahl R, Isermann R (1985): A simple method for automatic tuning of PID-controllers based on process parameter estimation. American Control Conference, Boston

Koopmans T (1937): Linear regression analysis of economic time series. Haarlem: De Erven F Bohn, The Netherlands

Kopacek P (1978): Identifikation zeitvarianter Systeme. Braunschweig: Vieweg

Kreuzer W (1975): Ein parametrisches Modell für lineare zeitvariante Systeme. Regelungstechnik 23, 307–312

Krolikowski A, Eykhoff P (1985): Input signal design for system identification: a comparative analysis. 7th IFAC-Symp Identification, York. Oxford: Pergamon Press

Kumar R, Moore JB (1979a): Towards bias elimination in least squares identification via detection techniques. Proc. 5th IFAC-Symp Identification, Darmstadt. Oxford: Pergamon Press

Kumar R, Moore JB (1979b): Convergence of adaptive minimum variance algorithms via weighting coefficient selection. Techn Rep No EE 7917. Universität of Newcastle (Australia)

Kuo BC (1970): Discrete data control systems. Englewood-Cliffs N.J.: Prentice-Hall

Küpfmüller K (1928): Über die Dynamik der selbsttätigen Verstärkungsregler. ENT 5, 456–467

Kurz H (1977): Recursive process identification in closed loop with switching regulators. Proc. 4th IFAC-Symp Dig. Comp Applic to Proc Contr, Amsterdam: North Holland

Kurz H (1979): Digital parameter-adaptive control of processes with unknown constant or time-varying deadtime. 5th IFAC-Symp Identification Param Estim, Darmstadt. Oxford: Pergamon Press

Kurz H, Goedecke W (1981): Digital parameter-adaptive control of processes with unknown deadtime. Automatica 17, 245–252

Kurz H, Isermann R (1975): Methods for on-line process identification in closed loop. Proc. 6th IFAC-Congress Boston. Oxford: Pergamon Press

Kushner H (1962): A simple iterative procedure for the identification of the unknown parameters of a linear time-varying discrete system. Joint Automatic Control Conference New York 1–8

Kwakernaak H, Sivan R (1972): Linear optimal control systems. New York: Wiley-Interscience

Lachmann KH (1983): Parameteradaptive Regelalgorithmen für bestimmte Klassen nichtlinearer Prozesse mit eindeutigen Nichtlinearitäten. Dissertation TH Darmstadt, Fortschritt-Ber VDI-Z Reihe 8, Nr. 66

Lachmann KH (1985): Selbsteinstellende nichtlineare Regelalgorithmen für eine bestimmte Klasse nichtlinearer Prozesse. Automatisierungstechnik 33, 210–218

Landau ID (1979): Adaptive Control – the model reference approach. New York: M Dekker

Laning JH, Battin RH (1956): Random processes in automatic control. New York: Mc Graw Hill

Lee RCK (1964): Optimal estimation, identification and control. Cambridge, Mass: M.I.T. Press

Leonhard W (1972): Diskrete Regelsysteme. Mannheim: Bibliographisches Institut 523/523a

Leonhard W (1973): Statistische Analyse linearer Regelsysteme. Stuttgart: Teubner

Leonhardt St, Glotzbach J, Ludwig Chr.: Rekursive Parameterschätzverfahren und ihre Parallelisierung. Int. Bericht 1/91. Inst. f. Regelungstechnik, TH Darmstadt

Larminat Ph de (1979): On overall stability of certain adaptive control systems. 5th IFAC-Symp Identification Syst Param Estim, Darmstadt. Oxford: Pergamon Press

Levin MJ (1960): Optimum estimation of impulse response in the presence of noise. IRE Trans on Circuit Theory 50–56

Levin MJ (1964): Estimation of a system pulse transfer function in the presence of noise. IEEE Trans Autom Control AC-9, 229–335

Levin MJ, Morris J (1959): Estimation of characteristics of linear systems in the presence of noise. Technical Report IBM 2, Department of Electrical Engineering, Columbia University, New York April 1959

Levy EC (1959): Complex curve fitting. IRE Trans Autom Control 4, 37–43

Lindorff DP (1965): Theory of sampled-data control systems. New York: J. Wiley

Lindorff DP, Carroll RL (1973): Survey of adaptive control using Ljapunov design. Int J Control 18, 897

Liewers P (1964): Einfache Methode zur Drifteliminierung bei der Messung von Frequenzgängen. Messen, Steuern, Regeln 7, 384–388

Liewers P, Buttler E (1967): Measurement of correlation functions of reactor noise by means of the polarity correlation method. IFAC-Symp Identification, Prag

Ljung L (1977a): On positive real transfer functions and the convergence of some recursive schemes. IEEE Trans Autom Control AC-22, No 4, 539–551

Ljung L (1977b): Analysis of recursive stochastic algorithms. IEEE Trans Autom Control AC-22, No 4, 551–575

Ljung L (1987): System identification: theory for the user. Englewood Cliffs: Prentice Hall

Ljung L (1991): Optimal and ad hoc adaptation mechanisms. European Control Conference, Grenoble Juli 2–5, 1991

Ljung L, Gustavsson, I, Söderström T (1974): Identification of linear multivariable systems operating under feedback control. IEEE Trans Autom Control AC-19, 836–840

Ljung L, Morf M, Falconer D (1978): Fast calculation of gain matrices for recursive estimation schemes. Int J Control 27, 1–19

Ljung L, Söderström T (1983): Theory and practice of recursive identification. Cambridge, Mass: MIT Press

Mäncher H (1980): Vergleich verschiedener Rekursionsalgorithmen für die Methode der kleinsten Quadrate. Diplomarbeit I/822, Inst. für Regelungstechnik, TH Darmstadt

Mäncher H, Hensel H (1985): Determination of order and deadtime for multivariable discrete-time parameter estimation methods. 7th IFAC-Symp Identification, York. Oxford: Pergamon Press

Mann HB, Wald W (1943): On the statistical treatment of linear stochastic difference equations. Econometrica 11, 173–220

Mann W (1978): "OLID-SISO" Ein Program zur On-line-Identifikation dynamischer Prozesse mit Prozeßrechnern – Benutzeranleitung. Gesellschaft für Kernforschung, Karlsruhe, Ber E-PDV 114

Margolis M, Leondes CT (1959): A parameter tracking servo for adaptive control systems. IRE Trans Autom Control AC-4, 100–111

Maron Chr (1989): Identification and adaptive control of mechanical system with friction. IFAC-Symp. on Adaptive Control and Signal Processing, Glasgow

Maron Chr (1991): Methoden zur Identifikation und Lageregelung mechanischer Prozesse mit Reibung. Diss. TH Darmstadt. Fortschrittbericht, VDI-Zsch., Reihe 8, Nr, 246

Maršik J (1966): Versuche mit einem selbsteinstellenden Modell zur automatischen Kennwertermittlung von Regelstrecken. Messen, Steuern, Regeln 9, 210–213

Maršik J (1967): Quick-response adaptive identification. IFAC-Symposium Identification Prag

Markt und Technik (1986): Marktübersicht Spektrum Analysatoren. Markt und Technik 27, 86–96

Matko D, Schumann R (1982): Comparative stochastic convergence analysis of seven recursive parameter estimation methods. 6th IFAC-Symp Identification Syst Param Estim., Washington, June 1982. Oxford: Pergamon Press

Mehra RK (1970): Maximum likelihood identification of aircraft parameters. Joint Automatic Control Conference 442–444

Mehra RK (1973): Case studies in aircraft parameter identification. 3rd IFAC-Symposium on Identification. Amsterdam: North Holland

Mehra RK (1974): Optimal input signals for parameter estimation in dynamic systems – survey and new results. IEEE Trans Autom Control AC-19, 753–768

Mehra RK, Tyler JS (1973): Case studies in aircraft parameter identification. Proc. 3rd IFAC-Symp Identification Syst Param Estim. Amsterdam: North Holland, 117–144

Mendel JM (1973): Discrete techniques of parameter estimation. New York: Dekker

Mesch F (1964): Selbsteinstellung auf vorgegebenes Verhalten – ein Vergleich mehrerer Systeme. Regelungstechnik 12, 356–364

Mesch F (1966): Anwendung statisticher Methoden bei der Auswertung von Flugversuchen.

VDI-Bildungswerk: Lehrgang 'Anwendung theoretischer Verfahren der Regelungstechnik" BW 596

Mesch R (1964): Vergleich von Frequenzgangmeßverfahren bei regellosen Störungen. Messen, Steuern, Regeln 7, 162–166

Meschkowski H (1968): Wahrscheinlichkeitsrechnung. Mannheim: Bibliographisches Institut Nr. 285/285a

Miller BJ (1962): A general method of computing system parameters with an application to adaptive control. Conf. paper AIEE CP 62–96

Millnert M (1984): Adaptive control of abruptly changing systems. Proc. 9th IFAC-Congress Budapest. Oxford: Pergamon Press

Müller JA (1968): Regelstreckenanalyse mittels adaptiver Modelle. Messen, Steuern, Regeln 11, 78–80, 146–152

Nahi NE (1969): Estimation theory and applications. New York: J. Wiley

Narendra KS, Kudva P (1974): Stable adaptive schemes for system identification and control. Parts I, II IEEE Trans Syst Man Cypern SMC-4, 542–560

Natke HG (1977): Die Korrektur des Rechenmodells eines elastomechanischen Systems mittels gemessener erzwungener Schwingungen. Ing. Archiv 46, 168–184

Natke HG (1983): Einführung in Theorie und Praxis der Zeitreihen- und Modalanalyse-Identifikation schwingungsfähiger elastomechanischer Systeme. Braunschweig: Vieweg

Neumann D, Isermann R, Nold S (1988): Comparison of some parameter estimation methods for continuous-time models. IFAC-Symposium on Identification, Bejing

Niederlinski A, Hajdasinski A (1979): Multivariable system identification – a survey. IFAC-Symp Identification, Darmstadt. Oxford: Pergamon Press

Nieman RE, Fisher DG, Seborg DE (1971): A review of process identification and parameter estimation techniques. Int J Control 13, 209–264

Nold S, Isermann R (1986): Identifiability of process coefficients for technical failure diagnosis. 25th IEEE-Conf. on Dec. and Control, 10./12. Dez. 86, Athen

NORATOM (1964): Instrument for statistical analog computations. Technical Description. Noratom, Holmenveien 20, Oslo 3 (Norwegen)

Norton JP (1986): An introduction to identification. London: Academic Press

Nour Eldin HA, Heister M (1980, 1981): Zwei neue Zustandsdarstellungsformen zur Gewinnung von Kroneckerindizes, Entkopplungsindizes und eines Prim-Matrix-Produktes. Regelungstechnik 28, 420–425 und 29, 26–30

Oppelt W (1972): Kleines Handbuch technischer Regelvorgänge. Weinheim: Verlag Chemie

Ortega JM, Rheinboldt WC (1970): Iterative solutions of nonlinear equations in several variables. New York: Academic Press

Osburn PV, Whitaker HP, Kezer A (1961): New developments in the design of adaptive control systems. Inst Aeronautical Sciences, paper 61-99

Otto H (1968): Über die Möglichkeit des Einsatzes der Methode der Spektralanalyse zur Kennwertermittlung in hydraulischen Systemen. Messen, Steuern, Regeln 11, 212–215

Palmgren A (1964): Grundlagen der Wälzlagertechnik, Stuttgart: Franckh

Panuska V (1969): An adaptive recursive least squares identification algorithm. Proc. IEEE Symp Adaptive Processes, Decision and Control

Papoulis A (1962): The Fourier integral and its application. New York: McGraw Hill

Papoulis A (1965): Probability, random variables and stochastic processes. New York: McGraw Hill

Parks PC (1966): Ljapunov redesign of model reference adaptive control systems. IEEE Trans Autom Control AC-11, 362–367

Parks PC (1967): Stability problems of modelreference and identification systems. IFAC-Symposium on Identification, Prag

Parks PC (1981): Stability and convergence of adaptive controllers – continuous systems. In: Harris CJ, Billings SA (ed.) Self-tuning and adaptive control. London: P. Peregrinus

Perriot-Mathonna DM (1984): Improvements in the application of stochastic estimation algorithms for parameter jump detection. IEEE Trans Autom control AC-29, 962–969

Peter K, Isermann R (1989): Parameter adaptive PID-Control based on continuous-time process models. IFAC-Symposium on Adaptive Systems, Glasgow (UK)

Peter K, Isermann R (1990): Parameter-Adaptive Control Based on Continuous-Time Process Models. 11th IFAC World Congress, 13.-17. August 1990, Tallin, UdSSR

Peter K (1992): Parameteradaptive Regelalgorithmen auf der Basis zeitkontinuierlicher Prozeßmodelle. Dissertation TH Darmstadt

Peterka V (1975): A square root filter for real time multivariate regression. Kybernetika 11, 53–67

Peterka V (1981): Bayesian approach to system identification. In: Eykhoff P (Ed.), Trends and progress in system identification. Oxford: Pergamon Press

Pfannstiel D, Knapp T (1991): Selftuning and adaptive control with personal computers. 9th IFAC Symposium on Identification, Budapest. Oxford: Proc. Pergamon Press

Pittermann F, Schweizer G (1966): Erzeugung und Verwendung von binärem Rauschen bei Flugversuchen. Regelungstechnik 14, 63–70

Plaetschke E, Mulder JA, Breeman JH (1982): Flight test results of five input signals for aircraft parameter estimation. 6th IFAC-Symp Identification, Washington, June 1982. Oxford: Pergamon Press

Popov VM (1972): Invariant description of linear time-invariant controllable systems. SIAM J Control 10, 252–264

Popov VM (1973): Hyperstability of automatic control systems. New York: Springer

Pressler G (1967): Regelungstechnik I. Mannheim: Bibliographisches Institut. 3. Auflage

Raab U (1990): Application of digital control techniques for the design of actuators. VDI/VDE-Tagung Actuator 90, Bremen

Raab U (1992): Stellglieder Mikroelektronik, Intern. Bericht TH Darmstadt

Radke F (1984): Ein Mikrorechnersystem zur Erprobung parameteradaptiver Regelverfahren. Dissertation TH Darmstadt. Fortschritt-Ber VDI-Z Reihe 8, Nr. 77

Radtke M (1966): Zur Approximation linearer aperiodischer Übergangsfunktionen. Messen, Steuern, Regeln 9, 192–196

Rajbmann NS, Čadeev VM (1980): Identifikation – Modellierung industrieller Prozesse. Berlin: VEB-Verlag

Rake H (1965): Selbsteinstellende Systeme nach dem Grandientenverfahren. Dissertation TH Hannover

Rake H (1972): Korrelationsanalyse und Betriebsverhalten eines Hochofens. Regelungstechnik und Prozeßdatenverarbeitung 20, 9–12

Raksanyi A, Lecourtier Y, Walter E, Venot A: Identifiability and distinguishability testing via computer algebra. Mathematical biosciences 77, S. 245–266

Reiersøl O (1941) Confluence analysis by means of lag moments and other methods of confluence analysis. Econometrica 1–23

Reiß Th, Wanke P (1991): Fräsen und Bohren – Modellgestützte Überwachung des Zerspanprozesses. wt Werkstatt-Technik 81, 273–277

Reinisch K (1979): Analyse und Synthese kontinuierlicher Steuerungssysteme. Berlin: VEB-Verlag Technik

Rentzsch M (1988): Analyse des Verhaltens rekursiver Parameterschätzverfahren beim Einbringen von A-priori-Information. Diplomarbeit Nr. I/1322 am Inst. f. Regelungstechnik, TH Darmstadt

Richalet J, Rault A, Pouliquen R (1971): Identification des processus par la méthode du modèle. Paris, London, New York: Gordon and Breach

Richter H (1956): Wahrscheinlichkeitstheorie. Berlin: Springer-Verlag

Robbins H, Monro S (1951): A stochastic approximation method. Ann Math Statist 22, 400-407

Roberts PD (1967): Orthogonal transformations applied to control system identification and optimisation. IFAC-Symposium Identification, Prag

Rödder P (1973): Systemidentifikation mit stochastischen Signalen im geschlossenen Regelkreis – Verfahren mit Fehlerabschätzung. Dissertation TH Aachen. Kurzfassung in Regelungstechnik 22, 282–283 (1974)

Rödder P (1974): Nichtbeachtung der Rückkopplung bei der Systemanalyse mit stochastischen Signalen. Regelungstechnik 22, 154–156

Roether F (1986): Identifikation mechanischer Systeme mit zeitdiskreten Parameterschätzmethoden. Fortschritt-Bericht, VDI-Zsch., Reihe 8, Nr. 114

Rossen RH, Lapidus L (1972): Minimum realizations and system modeling. 1. Fundamentaltheory and algorithms. AIChe J 18, 673–684

Sagara S, Wada K, Gotanda H (1979): On asymptotic bias of linear least squares estimator. Proc. 5th IFAC-Symp Identification Syst Param Estim, Darmstadt.

Sage AP, Melsa JL (1971a): Estimation theory with applications to communications and control. New York: McGraw Hill

Sage AP, Melsa JL (1971b): System identification. New York: Academic Press

Sakrison DJ (1966): Stochastic approximation. Advan Commun Syst 2, 51–106

Saridis GN (1974): Comparison of six on-line identification algorithms. Automation 10, 69–79

Saridis GN, Stein G (1968a, b): Stochastic approximation algorithms for discrete time system identification. IEEE Trans Autom Control AC-13, 515–523, 592–594

Sawaragi V, Soeda T, Nakamizo T (1981): Classical methods and time series estimation. In: Eykhoff P (ed.) Trends and progress in system identification. Oxford: Pergamon Press

Schäfer O, Feissel W (1965): Ein verbessertes Verfahren zur Frequenzgang-Analyse industrieller Regelstrecken. Regelungstechnik 3, 225–229

Schenk Ch, Tietze V (1970): Aktive Filter. Elektronik 19, 329–334, 379–382, 421–424

Schetzen M (1980): The Volterra- and Wiener-theory of nonlinear systems. New York: J. Wiley

Scheurer HG (1973): Ein für den Prozeßrechnereinsatz geeignetes Identifikationsverfahren auf der Grundlage von Korrelationsfunktionen. Dissertation Universität Trier – Kaiserslautern

Schlitt H (1960): Systemtheorie für regellose Vorgänge. Berlin: Springer-Verlag

Schlitt H (1968): Stochastische Vorgänge in linearen und nichtlinearen Regelkreisen. Braunschweig: Vieweg

Schlitt H, Dittrich F (1972): Statistische Methoden der Regelungstechnik. Mannheim: Bibliographisches Institut Nr. 526

Schumann R (1982): Digitale parameteradaptive Mehrgrößenregelung. Dissertation TH Darmstadt. KfK-PDV-Bericht 217, Kernforschungszentrum Karlsruhe

Schumann R (1986): Konvergenz und Stabilität von digitalen parameteradaptiven Reglern. Automatisierungstechnik 34, 32–38, 66–71

Schumann A (1991): INID – A computer software for experimental modeling. 9th IFAC-Symp. on Identification, Budapest, Oxford: Proc. Pergamon Press

Schumann R, Lachmann KH, Isermann R (1981): Towards applicability of parameter-

adaptive control algorithms. 8th IFAC-Congress Kyoto. Oxford: Pergamon Press
Schüssler HW (1973): Digitale Systeme zur Signalbearbeitung. Berlin: Springer-Verlag
Schüssler W (1961): Messung des Frequenzverhaltens linearer Schaltungen am Analogrechner. Elektron Rundsch 471–477
Schüßler HW (1990): Netzwerke, Signale und Systeme. Bd. 1, Berlin: Springer
Schwarz H (1967, 1971): Mehrfach-Regelungen, Band I. Berlin: Springer-Verlag
Schwarz H (1970): Mehrfach-Regelungen, Band II. Berlin: Springer Verlag
Schwarz RG (1980): Identifikation mechanischer Mehrkörpersysteme. Fortschritt-Bericht. VDI-Zsch., Reihe 8, Nr. 30
Schwarze G (1962): Bestimmung der regelungstechnischen Kennwerte aus der Übergangsfunktion ohne Wendetangenten-Konstruktion. Messen, Steuern, Regeln 5, 447–449
Schwarze G (1964a): Algorithmische Bestimmung der Ordnung und Zeitkonstanten bei P-, I- und D-Gliedern mit zwei unterschiedlichen Zeitkonstanten und Verzögerung bis 6. Ordnung. Messen, Steuern, Regeln 7, 10–19
Schwarze G (1964b): Neue Ergebnisse zur Bestimmung der Zeitkonstanten im Zeitbereich für P-Systeme bis 10. Ordnung unter Verwendung von Zeitprozentkennwerten. Messen, Steuern, Regeln 7, 166–171
Schwarze G (1965): Übersicht über die Zeitprozent-Kennwertmethode zur Ermittlung der Übertragungsfunktion aus Gewichtsfunktion, Übergangsfunktion und Anstiegsantwort. Messen, Steuern, Regeln 8, 356–359
Schwarze G (1968): Regelungstechnik für Praktiker. Formeln, Kurven, Tabellen. Automatisierungstechnik Nr. 50. Berlin: VEB-Verlag Technik
Schweizer G (1966): Praktische Anwendung statistischer Verfahren. VDI-Bildungswerk: Lehrgang "Anwendung theoretischer Verfahren" BW 597
Seifert W (1962): Kommerzielle Frequenzgangmeßeinrichtungen. Regelungstechnik 10, 350–353
Senning MF (1982): Processparameter identification – total least squares approach. Preprints 3rd IFAC/IFIP Symp Software for Computer Control, Madrid
Siegel M (1985): Parameteradaptive Regelung zeitvarianter Prozesse. Studienarbeit Institut für Regelungstechnik, TH Darmstadt
Silverman LM (1971): Realization of linear dynamical systems. IEEE Trans Autom Control AC-16, 554–567
Simoju MP (1957): The determination of the coefficients of the transfer function of linearized links in autocontrol systems. Autom Remote Control 18, No 6, 514–528
Sinha NK, Lastman GJ (1982): Identification of continuous time multivariable systems from sampled data. Int J Control 35, 117
Sins AW (1967): The determination of a system transfer function in presence of output noise. (in Dutch). Thesis, E.E. Dept., University of Eindhoven (Netherland)
Slotboom HW et al. (1964): Application of automatic control in the chemical and oil industries. Automatic and Remote Control, 2nd IFAC-Congress Basle 1963. London/Munich: Butterworth/Oldenbourg, 222–228
Söderström T (1973): An on-line algorithm for approximate maximum likelihood identification of linear dynamic systems. Report 7308. Dept. of Automatic Control, Lund Inst. of Technology
Söderström T (1977): On model structure testing in system identification. Int J Control 26, 1–18
Söderström T (1981): Identification of stochastic linear systems in presence of input noise. Automatica 17, 713–725

Söderström T, Ljung L, Gustavsson I (1974): A comparative study of recursive identification methods. Dept. of Automatic Control, Lund Inst. of Technology, Report 7427

Söderström T, Ljung L, Gustavsson I (1978): A theoretical analysis of recursive identification methods. Automatica 14, 231–244

Söderström T, Stoica P (1983): Instrumental variable methods for system identification. Lecture Notes in Control and Information Sciences Nr. 57, Berlin: Springer

Söderström T, Stoica P. (1989): System identification. New York, London: Prentice Hall

Solo V (1979): The convergence of AML. IEEE Trans Autom Control AC-24, 958–962

Solo V (1981): The convergence of an instrumental-variable-like recursion. Automatica 17, 545–547

Solodownikow WW (1959): Grundlagen der selbsttätigen Regelung. Bd. I. München: Oldenbourg

Solodownikow WW (1963): Einführung in die statistische Dynamik linearer Regelungssysteme. München: Oldenbourg

Sorenson HW (1980): Parameter estimation – principles and problems. New York: Dekker

Specht R (1986): Ermittlung von Getriebelose und Getriebereibung bei Robotergelenken mit Gleichstromantrieben. VDI-Bericht 598. Düsseldorf: VDI-Verlag

Specht R (1989): Parameterschätzung und digitale adaptive Regelung eines Industrieroboters. Dissertation TH Darmstadt

Spellucci P, Törnig W (1985): Eigenwertberechnung in den Ingenieurswissenschaften. Stuttgart: Teubner

Speth W (1969): Simple method for the rapid self-adaptation of automatic controllers in drive applications. 4th IFAC-Congress Warschau

Staffin HK, Staffin R (1965): Approximation transfer functions from frequency response data. Instrum Control Syst 38, 137–144

Staley RM, Yue PC (1970): On system parameter identifiability. Inf Sciences 2, 127–138

Stearns SD (1975): Digital signal analysis. Rochelle Park: Hayden Book. Deutsche Übersetzung (1979): Digitale Verarbeitung analoger Signale. München: Oldenbourg

Steiglitz K, McBride LE (1965): A technique for the identification of linear systems. IEEE Trans Autom Control AC-10, 461–464

Stepner DE, Mehra RK (1973): Maximum likelihood identification and optimal input design for identifying aircraft stability and control derivatives. NASA Report No CR 2200

Stewart GW (1973): Introduction to matrix computations. New York: Academic Press

Stewart IL (1959): Theorie und Entwurf elektrischer Netzwerke. Berlin: VEB-Verlag Technik und Stuttgart: Berliner Union

Stoica P, Söderström T (1977): A method for the identification of linear systems using the generalized least squares principle. IEEE Trans Autom Control AC-22, 631–634

Stoica P, Söderström T (1982): Bias correction in least squares identification. Int J Control 35, 449–457

Strejc V (1959): Näherungsverfahren für aperiodische Übergangscharakteristiken. Regelungstechnik 7, 124–128

Strejc V (1960): Auswertung der dynamischen Eigenschaften von Regelstrecken bei gemessenen Ein- und Ausgangssignalen allgemeiner Art. Messen, Steuern, Regeln 3, 7–11

Strejc V (1967): Synthese von Regelsystemen mit Prozeßrechnern. Prag: Verlag der Tschechoslowakischen Akademie der Wissenschaften

Strejc V (1980): Least squares parameter estimation. Automatica 16, 535–550

Strejc V (1981): State space theory of discrete linear control. New York: J. Wiley

Stribeck R (1902): Die wesentlichen Eigenschaften der Gleit- und Rollenlager. Zeitschrift des VDI, Nr. 36

Strmčnik, S, Bremsak F (1979): Some new transformation algorithms in the identification of continuous-time multivariable systems using discrete identification methods. 5th IFAC-Symp Identification, Darmstadt. Oxford: Pergamon Press

Strobel H (1967, 1968): Das Approximationsproblem der experimentellen Systemanalyse. Messen, Steuern, Regeln 10, 460–464; 11, 29–34, 73–77

Strobel H (1968): Systemanalyse mit determinierten Testsignalen. Berlin: VEB-Verlag Technik

Strobel H (1975): Experimentelle Systemanalyse. Berlin: Akademieverlag

Takahashi Y, Rabins RM, Auslander DM (1972): Control and dynamic Systems. Reading: Addison, Wesley

Thoma M (1973): Theorie linearer Regelsysteme. Braunschweig: Vieweg

Tomizuka M, Jabbari A, Horowitz R, Auslander DM, Denome M (1985): Modelling and Identification of mechanical systems with nonlinearities. Proc. IFAC-Symp Identification Param Estim, York. Oxford: Pergamon Press

Törnig W (1979): Numerische Mathematik für Ingenieure und Physiker. Band I und II. Berlin: Springer-Verlag

Truxal JG (1960): Entwurf automatischer Regelsysteme. München: Oldenbourg

Tsafestes SG (1977): Multivariable control system identification using pseudo random test input. Int Control Theory and Applic 5, 58–66

Tse E, Anton JJ (1972): On the identifiability of parameters. IEEE Trans Autom Control AC-17, 637–646

Tuis L (1975): Anwendung von mehrwertigen pseudozufälligen Signalen zur Identifikation nichtlinearer Regelsysteme. Lehrstuhl für Meß- und Regeltechnik, Ruhr-Universität Bochum Nr. 6

Unbehauen H (1966): Kennwertermittlung von Regelungssystemen anhand des gemessenen Verlaufs der Übergangsfunktion. Messen, Steuern, Regeln 9, 188–195

Unbehauen H (1968): Fehlerbetrachtungen bei der Auswertung experimentell mit Hilfe determinierter Testsignale ermittelter Zeitcharakteristiken von Regelsystemen. Messen, Steuern, Regeln 11, 134–140

Unbehauen H, Göhring B (1974): Tests for determining the model order in parameter estimation. Automatica 10, 233–244

Unbehauen H, Göhring B, Bauer B (1974): Parameterschätzverfahren zur Systemidentifikation. München: Oldenbourg

Unbehauen H, Rao GP (1987): Identification of continuous systems. Amsterdam: North-Holland Publ. Comp.

Unbehauen R (1966): Ermittlung rationaler Frequenzgänge aus Meßwerten. Regelungstechnik 14, 268–273

Unbehauen R (1980): Systemtheorie, 3. Auflage. München: Oldenbourg

Veltmann BPTh, Kwakernaak H (1961): Theorie und Technik der Polaritätskorrelation für die dynamische Analyse niederfrequenter Signale und Systeme. Regelungstechnik 9, 357–364

Vince I (1971): Mathematische Statistik mit industriellen Anwendungen. Budapest: Akadémiai Kiadó

Voigt KU (1991): Regelung und Steuerung eines dynamischen Motorenprüfstandes. 36. Internat. Wissenschaftliches Kolloquium, 21.-24.10.1991, TH Ilmenau

Volterra V (1959): Theory of functionals and integrals and integro-differential equations. Dover, London

Waerden BL van der (1957, 1971): Mathematische Statistik. Berlin: Springer-Verlag

Walter E (1982): Identifiability of state space models. Springer lecture notes in Biomathematics No. 46. Berlin: Springer Verlag

Wanke P (1991): Model based fault diagnosis of the main drive of a horizontal milling machine. IFAC-Symp. on Identification, Budapest, Oxford: Pergamon Press

Wanke P, Reiß Th (1991): Model based fault diagnosis of the main and feed drives of a flexible milling center. IFAC Symposium SAFEPROCESS, Baden-Baden, Oxford: Pergamon Press

Weihrich G (1973): Optimale Regelung linearer stochastischer Prozesse. München: Oldenbourg

Welfonder E (1966): Kennwertermittlung an gestörten Regelstrecken mittels Korrelation und periodischen Testsignalen. Fortschritt-Ber BDI-Z Reihe 8, Nr. 4

Welfonder E (1969): Regellose Signalverläufe, statistische Mittelung unter realen Bedingungen. (Abbruch- und Durchlaßfehler bei Anwendung der Korrelationstheorie) Dissertation Universität Stuttgart. Fortschritt-Ber VDI-Z Reihe 8, Nr. 12

Werner GW (1965): Entwicklung einfacher Verfahren zur Kennwertermittlung an linearen, industriellen Regelstrecken mit Testsignalen. Dissertation TH Ilmenau

Werner GW (1966): Auswertung graphisch vorliegender Gewichtsfunktionen. Messen, Steuern, Regeln 9, 375–380

Westlake JR (1968): A handbook of numerical matrix inversion and solution of linear equations. New York: J. Wiley

Whitaker HP (1958): Design of model reference adaptive control system for aircraft. Report R-164 Instrument Lab., MIT Boston

Wilde D (1964): Optimum seeking methods. Englewood Cliffs, N.J.: Prentice-Hall

Wilfert HH (1969): Signal- und Frequenzganganalyse an stark gestörten Systemen. Berlin: VEB Verlag Technik

Wilks SS (1962): Mathematical statistics. New York: J. Wiley

Wong KY, Polak E (1967): Identification of linear discrete time systems using the instrumental variable method. IEEE Trans Autom Control AC 12, 707–718

Woodside CM (1971): Estimation of the order of linear systems. Automatica 7, 727–733

Xianya X, Evans RJ (1984): Discrete-time adaptive control for deterministic time-varying systems. Automatica 20, 309–319

Young PC (1968): The use of linear regression and related procedures for the identification of dynamic processes. Proc. 7th IEEE Symposium on Adaptive Processes, UCLA

Young PC (1970): An instrumental variable method for real-time identification of a noisy process. IFAC-Automatica 6, 271–287

Young PC (1981): Parameter estimation for continuous-time models – a survey. Automatica 17, 23–39

Young PC (1984): Recursive estimation and time-series analysis. Berlin: Springer-Verlag

Young PC, Shellswell SH, Neethling CG (1971): A recursive aproach to time-series analysis. Report CUED/B-Control/TR16, University of Cambridge (England)

Zadeh LA (1962): From circuit theory to system theory. Proc. IRE 50, 856–865

Zorn J (1963): Methods of evaluating Fourier transforms with applications to control engineering. Dissertation TH Delft (Holland)

Zurmühl R (1984): Matrizen und ihre Anwendungen, Bd. 1 und 2, 5. Auflage. Berlin: Springer-Verlag

Zurmühl R (1965): Praktische Mathematik. Berlin: Springer-Verlag

Sachverzeichnis